高等学校规划教材

电液比例与伺服控制

杨征瑞　花克勤　徐　轶　编著

北　京
冶　金　工　业　出　版　社
2022

内 容 提 要

本书系统介绍了电液比例与伺服控制技术的基础理论、基本元件、系统组成及性能特点。全书共分十章，系统地、循序渐进地阐述了电液比例与伺服控制中的各种控制元件、动力元件及系统的工作原理、性能特点、建模和分析方法，并从实用的角度出发，简要介绍了系统的校正方法、实用基本回路及其应用、伺服比例放大器的原理和应用、比例与伺服系统的使用和维护常识。本书内容取材适当，每章配有一定数量的思考题和习题，便于教学与自学。

本书可作为高等学校机械电子专业、流体传动与控制专业方向及有关专业教材，也可供从事机械电气方面工作的工程技术人员参考。

图书在版编目（CIP）数据

电液比例与伺服控制/杨征瑞，花克勤，徐轶编著．—北京：冶金工业出版社，2009.8（2022.8 重印）

高等学校规划教材

ISBN 978-7-5024-4622-2

Ⅰ.电…　Ⅱ.①杨…　②花…　③徐…　Ⅲ.电液伺服系统—比例控制—高等学校—教材　Ⅳ.TH137.5

中国版本图书馆 CIP 数据核字（2009）第 128816 号

电液比例与伺服控制

出版发行　冶金工业出版社　　电　话　（010）64027926
地　　址　北京市东城区嵩祝院北巷 39 号　　邮　编　100009
网　　址　www.mip1953.com　　电子信箱　service@mip1953.com

责任编辑　宋　良　郭冬艳　美术编辑　彭子赫　版式设计　张　青
责任校对　侯　瑚　责任印制　禹　蕊

北京虎彩文化传播有限公司印刷
2009 年 8 月第 1 版，2022 年 8 月第 7 次印刷
787mm×1092mm　1/16；16.75 印张；449 千字；257 页
定价 36.00 元

投稿电话　（010）64027932　投稿信箱　tougao@cnmip.com.cn
营销中心电话　（010）64044283
冶金工业出版社天猫旗舰店　yjgycbs.tmall.com
（本书如有印装质量问题，本社营销中心负责退换）

前言

电液比例与伺服控制技术是流体传动与控制技术的重要分支,也是自动控制技术的重要分支。由于结合了液压技术能传递较大功率、刚性大、响应快等优越性与电子控制技术的灵活性,尤其是近年来电液比例技术的迅猛发展,使电液比例与伺服控制技术应用到几乎所有的工业部门和航空、航天、军事领域中。电液比例与伺服控制技术的基础都是工程流体力学、自动控制理论、电力电子技术和液压传动与控制技术。它们虽然各有特点、区别,应用场合也有所不同,但在组件的结构、性能及分析问题的方法上,有很多相通、相似的地方。它们互相渗透、互相影响,现代的电液比例控制与电液伺服控制技术已越来越难区分。这是科技发展的必然趋势。

本书系统介绍了电液比例与伺服控制技术的基础理论、基本组件、系统组成及性能特点。全书共分十章,系统地、循序渐进地阐述了电液比例与伺服控制中的各种控制元件、动力元件及系统的工作原理、性能特点、建模和分析方法,并从实用的角度出发,简要介绍了系统的校正方法、实用基本回路及其应用、伺服比例放大器的原理和应用、比例与伺服系统的使用和维护常识。本书是在总结了过去数年编者的教学实践的基础上写成的,同时尽可能地吸收了国内外电液比例与伺服控制技术的最新研究成果和应用实例。

电液比例与伺服控制技术既有共同的理论基础、相似的液压组件结构、相同的性能分析方法,又有各自的结构特点和性能特点,应用方面也不尽相同。因此,本书在第 1 章概括介绍了电液比例控制和伺服控制的基本概念、系统组成、分类特点、发展概况后,在第 2、3 章着重介绍了电液比例与伺服控制技术中共有的液压放大元件、液压动力元件的结构、工作原理及建模方法、组件性能及其分析方法;第 4、5 章主要介绍由以上元件组合而成的各种电液伺服阀结构、工作原理和性能评判方法,各种电液伺服系统的组成、工作原理、建模方法、性能分析方法和常用的系统校正方法,这些分析方法和分析结论也可应用到后面涉及的比例控制组件和系统的研究中；第6、7章主要介绍各种电液比例控制阀和电液比例控制泵的结构、工作原理和性能特点；第8章主要介绍各种电液比例控制的实用基本回路及应用，以进一步增加对电液比例和控制技术的理解；第9章从实用的角度出发简要介绍了伺服与比例控制放大器的一般结构、工作原理及其应用；第10章简要介绍了电液比例与伺服控制系统使用和维护的一些常识。

教学上对本书内容的取舍及讲授的先后次序，教师可根据专业的需要、学时的多少、学生的基础知识水平来确定，有些内容可让学生自学掌握。本书的1、2、3、7章主要由杨征瑞教授编写，4、6、8章主要由花克勤教授编写，5、9、10章由徐轶副教授编写。全书由杨征瑞教授统稿。

在编写本书过程中，曾得到MOOG上海公司的李晓亚先生和上海应用技术学院周志俊同志的多方面的支持、帮助，在此一并表示深切的谢意。

受编者水平所限，书中不当之处，诚请读者提出宝贵意见。

编 者

2008年10月

目　　录

1 电液比例与伺服控制系统概述

1.1 电液比例与伺服控制技术的发展概况

从广义上说，凡是系统的被控量（输出）能随输入或指令信号的变化连续地、成比例地得到控制的系统，都可以称为比例控制系统。液压伺服控制系统应属于比例控制系统的范畴。但人们习惯上将采用电液比例控制元件的系统称为电液比例控制系统，将采用液压伺服控制元件的系统称为液压伺服控制系统。

电液比例和伺服控制技术是液压技术的重要分支，也是自动控制技术的重要分支。流体传动与控制技术已有很长的历史，但作为现代电液控制系统的发展，只需追溯到第二次世界大战期间。当时由于军事上的需要，在第二次世界大战后期，由于喷气式飞机的飞行速度很高，因此对控制系统的快速性、动态精度和功率-重量比提出了更高的要求。1940 年底，在飞机上首先出现了电液伺服控制系统。当时的控制阀是由伺服电机驱动。伺服电机的惯量大，使其成为限制系统动态特性的主要环节。经过 10 多年的发展，至 20 世纪 50 年代后期，相继研制成了高响应的永磁式力矩马达和以喷嘴挡板阀为先导阀的电液伺服阀，使电液伺服系统成为当时响应最快、控制精度最高的伺服系统，为电液伺服技术的发展奠定了实践基础。到了 60 年代，由于各种反馈控制技术的应用，进一步提高了电液伺服阀的性能。许多工业部门和技术领域对高响应、高精度、高功率-重量比和大功率控制系统不断发展的需要，又进一步促进了电液伺服控制技术的发展，使电液伺服技术日臻成熟，使其广泛应用于各工业部门和军事领域，应用在飞机、船舶、航天器、近代科学实验装置及武器控制装置上。

20 世纪 60 年代后期，各类民用工程对电液控制技术的需求显得更加广泛和迫切。但是由于传统的伺服阀对流体介质的清洁度要求十分苛刻，制造成本和维护费用都较高昂，系统能耗也比较大，使其难以为一般工业用户所接受。而普通的电液传动控制又不能满足对较高质量控制系统的要求。因此，人们希望开发一种可靠、廉价，控制精度和响应特性能满足一般工业控制系统实际需要的电液控制系统。这就使 20 世纪 60 年代末、70 年代初在发展工业伺服阀的同时，开始出现了电液比例技术的发展。初期的比例阀则是在传统的工业用液压阀的基础上，采用可靠、廉价的电-机械转换器（比例电磁铁）和与之相适应的阀内设计，从而开发出对油质要求与一般工业阀相近，阀内压力损失小，性能又能满足大部分工业控制要求的电液比例控制元件。

电液比例与伺服技术发展到今天，大致可以分为以下几个阶段：

（1）20 世纪 40 年代初期，从喷气式飞机上使用的电液伺服系统开始，是电液伺服技术的成长期。

（2）20 世纪 50 ~ 60 年代，可以认为是电液伺服技术的发展时期。这时各种高性能的电液伺服阀不断产生，使电液伺服系统成为当时响应最快、控制精度最高的控制系统，也是连接电子技术与大功率控制设备之间的重要桥梁，得到广泛的应用。

（3）自 1967 年瑞士 Beringer 公司生产的 *KL* 比例复合阀起，到 1970 年日本油研公司申请的两项压力和流量比例阀专利为止，是电液比例技术的成长期。这个时期内，只是比例型的电-机械转换元件——比例电磁铁应用于传统传动控制用的液压阀中，代替开关型电磁铁或手动调节机构。阀的结构原理和设计准则几乎没有变化，不含受控参数的反馈闭环，其工作频宽仅在1～5Hz之间，稳态滞环4%～7%，多用于开环控制。

(4) 1975～1980年间，可以认为是电液比例技术发展的第二阶段。在这一阶段，耐高压比例电磁铁与比例放大器技术日趋成熟，采用各种内反馈原理的比例元件大量问世，比例元件的工作频宽在5～15Hz之间，稳态滞环也减小到3%，不仅用于开环控制，也开始用于闭环控制。

(5) 20世纪80年代，比例技术走入进一步发展的第三阶段。比例元件的设计原理进一步完善，采用了压力、流量、位移内反馈、电反馈、动压反馈和电校正等手段，使阀的稳态精度、动态响应性能都有了进一步的提高。除因受制造成本所限，比例阀的零位仍保留有一定的死区外，其他的稳态与动态性能均已和工业伺服阀无异。另一重大进展是比例技术与插装技术开始结合，开发出各种不同功能和规格的二通、三通型比例插装阀。同时，在产品的机电一体化方面跨出了重要一步。将小型化的传感器和电子器件集成在阀内，形成机电一体化的比例元件。此外，电液比例容积元件相继开发出现，为大功率的工程控制系统的节能提供了技术基础。

(6) 20世纪后期开始了一个新的发展时期。一方面由于比例技术的深入发展和大量广泛的应用，另一方面出现了新层面上的伺服技术与比例技术相结合的产物，即伺服比例阀，使闭环比例控制技术得到了进一步的发展。实际上，在一定的频率范围内，伺服控制与比例控制将愈来愈难以区分，伺服比例阀集中了原本伺服阀和比例阀的长处，这是电液比例与伺服控制技术发展的必然趋势。

1.2　液压伺服系统基本概念及典型系统举例

1.2.1　液压伺服系统的基本概念及工作特点

凡是输出能以一定精度自动、快速、准确地复现输入变化规律的自动控制系统称为伺服系统。而采用液压控制元件和液压执行元件的伺服系统称为液压伺服系统。为了说明液压伺服系统的工作原理及其工作特点，现以图1-1所示的某重型机床工作台的位置伺服控制系统为例来加以说明和分析。

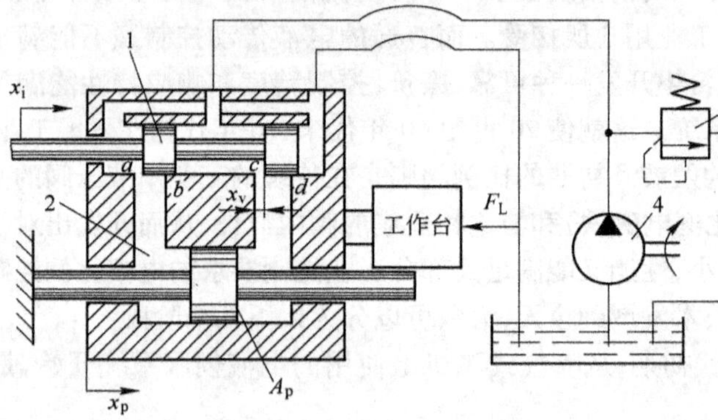

图1-1　液压伺服控制系统原理图

1—控制阀；2—液压缸；3—溢流阀；4—液压泵

图中，液压泵4是系统的液压能源，通过溢流阀3的调节，向系统供给恒定压力的压力油。伺服控制阀1的阀体与液压缸2的缸体刚性连成一体。当控制阀阀芯处于中间位置时，由于阀的凸肩宽度与阀体窗口沉割槽宽度相等，因此阀的四个控制阀口 a、b、c、d 均关闭，液压缸无流量进出，液压缸不动。如果给阀芯一个位移，如图所示，向右移动 x_i，则阀口 a、c 开启，b、d 关闭。压

力油经阀口 c 进入液压缸右腔，液压缸左腔的压力油则通过阀口 a 流回油箱，液压缸体向右移动 x_p。由于液压缸体与控制阀体是固连成一体的，因此，缸体的向右移动将使阀口 a、c 关小。阀的开口量 $x_v = x_i - x_p$，只要阀的开口 $x_v \neq 0$，缸体将继续向右运动，直至 $x_v = 0$，缸体停止运动，处于一个新的平衡位置，从而完成了液压缸输出位移对阀芯输入位移的跟随运动。如果阀芯反向运动，液压缸也做反向跟随运动。

通过以上分析，我们可以看出液压伺服系统有以下工作特点：

（1）在这个系统中，液压缸的输出位移是完全跟随阀芯的输入位移。阀芯向左或向右移动一个距离时，缸体也跟着向左或向右移动一个距离。阀芯移动速度快，缸体移动速度也跟着加快。也就是说，液压伺服系统的输出量能以一定精度、自动、快速地复现输入信号的变化。因此，液压伺服系统也称为液压跟踪系统或液压随动系统。这种跟踪、随动系统属于比例控制系统的范畴。

（2）在这个系统中，输出位移之所以能自动、快速而准确地复现输入位移的变化，是因为缸体和阀体固连在一起，构成了负反馈的闭环控制。在控制过程中，液压缸的输出位移 x_p 能连续不断地反馈到阀体上，与阀芯的输入位移 x_i 比较，直到液压缸的输出位移 x_p 等于阀的输入位移 x_i 为止。因此液压伺服系统是一个负反馈控制系统。

（3）在这个系统中，只有当伺服阀的控制阀口有开口量 x_v 时，液压缸缸体才有运动，才有位移输出。而控制阀的开口量 x_v 是液压缸的输出位移 x_p 的反馈量与阀的输入位移 x_i 相比较后得出的偏差量。因此，液压伺服系统实际是靠偏差工作的。这个偏差控制液压缸向减小偏差的方向运动，直至偏差为零。即以偏差来消除偏差，这也是负反馈控制的原理。上述液压伺服系统工作原理可用图 1-2 所示的方块图表示。

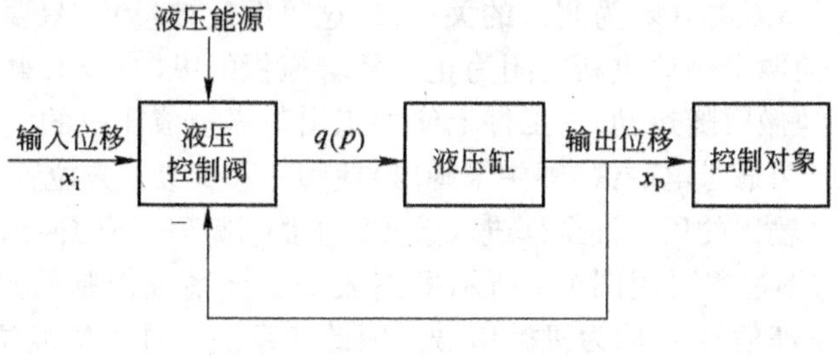

图 1-2　液压伺服系统工作原理方块图

（4）在这个系统中，移动滑阀阀芯所需的信号输入功率是很小的，而系统的输出功率却可以很大，因此液压伺服系统实际也是一种功率放大装置。功率放大所需的能量由液压能源供给，供给的能量是根据伺服系统的偏差量自动控制的。因此液压伺服系统实际也是一种自动控制能源输入的装置。

1.2.2　典型液压伺服系统举例

1.2.2.1　车床液压仿形刀架

车床液压仿形刀架是用于车床上成批加工阶梯轴或具有纵向曲线轮廓工件的自动装置。图 1-3 所示为液压仿形刀架的结构原理图。仿形刀架装在车床拖板后部，随拖板一起做纵向移动（移动速度 v_s）。为适应车削直角台肩，仿形刀架液压缸轴线与车床主轴中心线安装成 $\alpha = 45° \sim 60°$ 的斜角，仿形刀架可按照固定在床身支架上的靠模的轮廓形状车削工件。液压泵站设在车床旁边，向系统供给所需的压力油。

仿形刀架的活塞杆固定在刀架底座上。液压缸体、伺服阀体和刀体固连在一起，可以在刀架

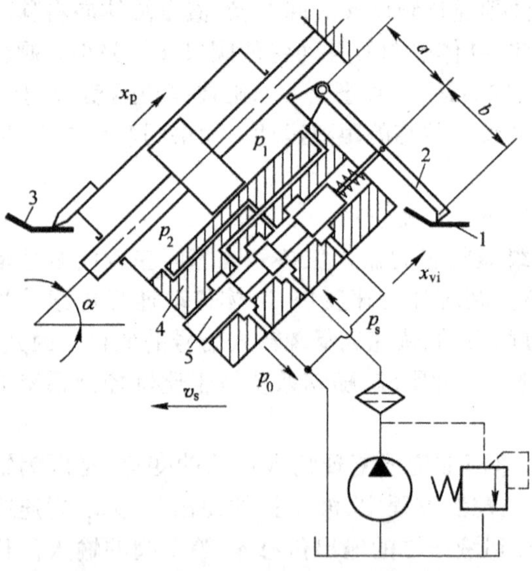

图 1-3　车床液压仿形刀架结构原理图
1—靠模；2—杠杆；3—工件；4—缸体阀体组合；5—伺服阀阀芯

底座的导轨上沿液压缸轴向移动。伺服阀阀芯在弹簧作用下通过阀杆使杠杆上的触销压在靠模 1 上。当杠杆上的触销还没有碰到靠模时，伺服阀阀芯在弹簧的作用下处于最下方的位置。液压泵输出的压力油通过精滤器、伺服阀的 p_s 口、伺服阀，进液压缸下腔 p_2 腔，驱动缸体带着刀具快速接近工件。液压缸上腔 p_1 腔压力油则通过伺服阀和 p_0 口流回油箱。当杠杆触销触到靠模后，就会使杠杆绕其支轴摆动，阀杆和阀芯便在阀体中相对后移，直到 p_s 至 p_2 与 p_1 至 p_0 的通道被切断，刀架不再运动，完成刀架的快速趋近运动。

车削圆柱面时，拖板纵向移动，杠杆的触销沿靠模上的圆柱母线滑动，伺服阀阀口均处于关闭状态，没有油液进、出液压缸，液压缸体不动，整个仿形刀架随拖板一起做纵向运动，刀具就在工件表面车削出圆柱面。

当杠杆触销碰到靠模上的凸肩、凹槽、斜面或成形表面时，触销尖就会有一个向前或向后的位移输入，杠杆绕其支轴转动，使阀芯相对阀套产生相应的位移输入 x_{vi}，阀口打开，刀架就做相应的向前或向后的移动 x_p，并在移动过程中杠杆以触销为支点做反向摆动，使阀口开度逐渐关小，阀口开度为 $x_v=x_{vi}-x_f$（式中 x_f 为阀口的关小量，这里即反馈量）。只要 $x_v\neq 0$，液压缸将继续运动，直到阀芯恢复到使两个阀口重新关闭为止。随着拖板的纵向移动，触销不断地从靠模上获得输入位移，刀架不断地做跟随运动，在工件上便加工出与靠模成比例的相同形状的工件来。

仿形加工结束，系统可通过电磁铁（图中未画出）使阀芯移到最上方位置，这时 p_s 至 p_1 与 p_2 至 p_0 的通道被接通，液压泵输出的压力油全部进入液压缸上腔，液压缸下腔回油，仿形刀架快速退回。

上述仿形刀架的仿形过程可用图 1-4 所示框图表示。该系统控制的是仿形刀架的位置，其闭环的输入信号 x_{vi} 和反馈信号 x_f 均为机械信号。因此该系统可称为机液位置伺服系统。

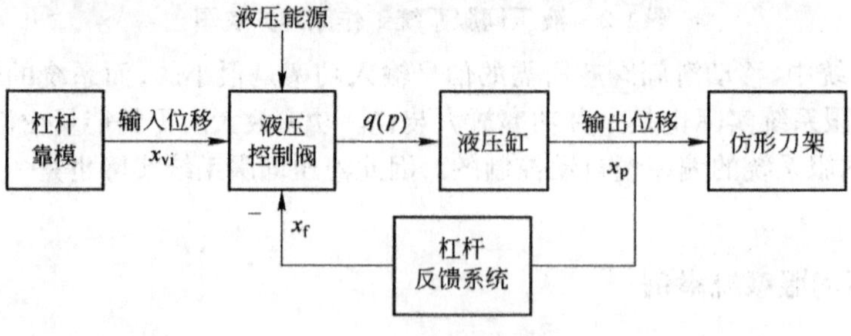

图 1-4　仿形刀架工作原理方块图

1.2.2.2　工作台位置控制伺服系统

如图 1-5 所示为双电位器电液位置控制伺服系统的工作原理图。该系统是以控制工作台的位置为目的，使工作台的位置能按指令电位器给定的规律变化。该系统由指令电位器、反馈电位器、伺服放大器、电液伺服阀、液压缸和工作台等组成。该电液伺服阀是一种能使输出阀口开度及流量随输入电流变化，并正比于输入控制电流的电液控制元件。

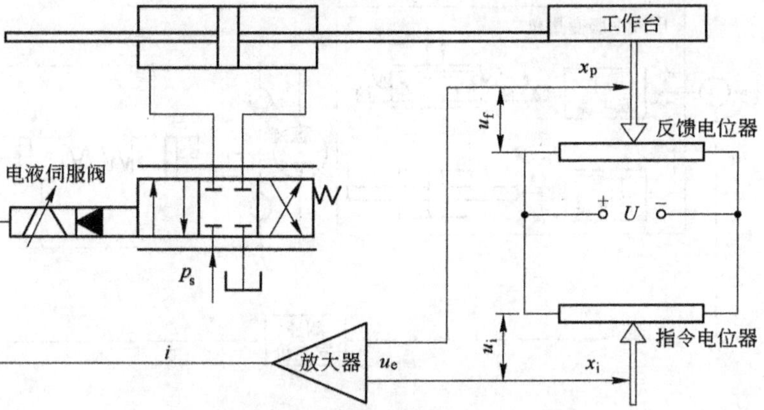

图 1-5 双电位器工作台电液位置控制伺服系统

指令电位器将滑臂的位移 x_i 转换为指令电压 u_i，被控工作台的位置 x_p 由反馈电位器检测并转换为反馈电压 u_f。两个电位器与直流电源（电压为 U）组成一个惠斯顿电桥，检测输入量与输出量之间的偏差 $u_e=u_i-u_f=K(x_i-x_p)$，K 为比例系数。当系统平衡时，就是指令电压 u_i 与反馈电压 u_f 相等时，电桥输出 $u_e=0$，此时伺服放大器输出电流 i 为零。电液伺服阀处于阀口关闭位置，没有流量输出，工作台不动。当输入电位器滑臂有一个位移时，如向右有一个位移 x_i，产生的输入电压经伺服放大器放大后，变为电液伺服阀的控制电流信号 i，控制电液伺服阀有一个相应的开口量，输出压力油，推动工作台右移。随着工作台的右移，电桥的输出偏差电压逐渐减小，当工作台的位移 $x_i=x_p$ 时，电桥的输出电压 $u_e=0$，电液伺服阀重新关闭，工作台平衡在新的平衡位置。如果指令电位器滑臂反向运动，工作台也反向运动。框图 1-6 表示了该系统的工作原理。

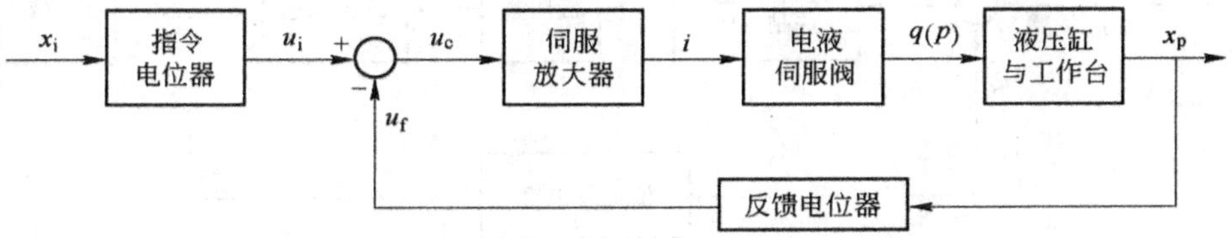

图 1-6 电液位置控制伺服系统工作原理框图

该位置控制系统闭环的输入信号 u_i 和反馈信号 u_f 均为电信号，因此称其为电液位置伺服系统。

1.2.2.3 伺服变量泵控制液压马达的速度控制系统

图 1-7 所示的是一电液泵控式速度控制系统原理图。该系统的液压控制元件是一电液伺服变量泵，它与液压马达组成泵控液压动力元件，对液压马达的速度进行控制。电液变量泵既是系统的液压能源，又是系统的控制元件。电液伺服变量泵由液压泵的主体部分和电液伺服变量机构部分组成。图中的电液伺服变量机构采用与上例相似的电液位置控制系统，对泵的斜盘（或摆缸）位置进行闭环控制和调节，以使泵输出与被控速度相适应的流量，对系统转速 ω 实现控制。

若系统中不设测速发电机，不对液压马达的速度进行检测和反馈，该速度控制系统为开环控制。这种系统在负载发生变化时，系统的压力就会发生相应的变化，影响系统泄漏量，而产生控制速度误差。因此，它只适用于控制精度要求不高或负载变化不大的场合。

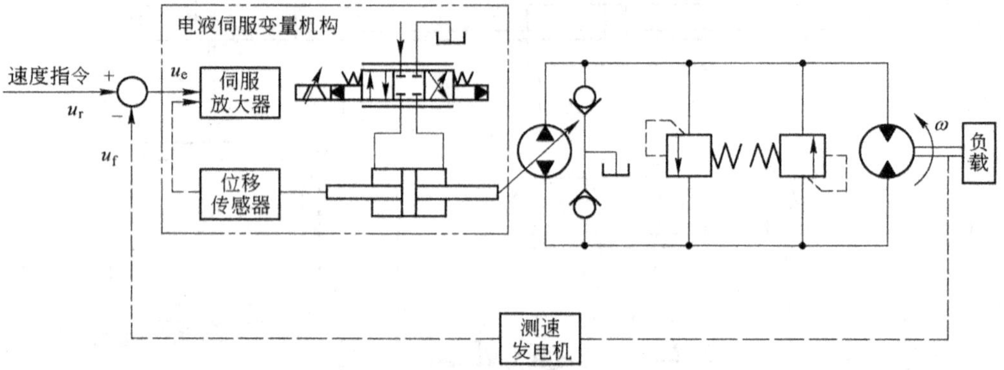

图 1-7　电液泵控式速度控制系统原理图

若系统的被控速度经测速发电机检测，转换为反馈信号 u_f，并反馈回系统输入端，与输入信号 u_r 进行比较，构成闭环控制，得出的偏差信号 $u_e = u_r - u_f$ 作为变量控制机构的输入信号。对应一个 u_e，伺服变量泵有一个对应的斜盘倾角位置，泵就有对应的流量输出，液压马达有对应的转速 ω。所以，这是一个有差系统。

当系统因负载等因素变化引起被控转速有一个变化 $\Delta\omega$ 时，反馈信号和偏差信号分别有一个 Δu_f 和 Δu_e 的变化，于是变量泵的倾角、输出流量均作相应的调节，直至液压马达转速等于所设定的转速。可见这种系统的液压马达转速能自动跟随输入信号的变化，并使其不受各种干扰的影响。因此这种系统适用于速度控制精度要求较高的场合，其工作原理可用图 1-8 所示的框图表示。

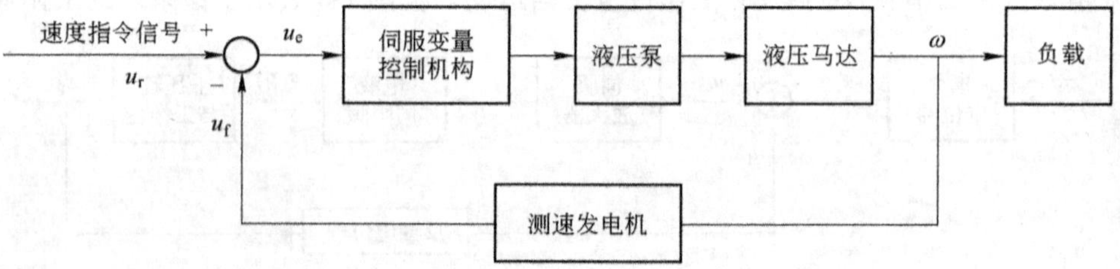

图 1-8　电液泵控闭环速度控制系统工作原理框图

由于这种速度控制系统的输入信号、反馈信号均为电气信号，因此称为电液速度控制系统。如果没有测速发电机将转速检测反馈，则该系统属于开环速度控制系统；若有测速发电机将转速检测反馈，则系统属于闭环速度控制系统。

1.3　电液比例控制系统工作原理及特点

1.3.1　液压开关型控制与比例控制系统

图 1-9 为采用传统的开关型液压控制阀的多级速度控制系统。当电磁铁 1DT 通电时，液压油经换向阀左位进入液压缸无杆腔，其速度决定于被选中的调速阀的开口面积。调速阀被选中与否由 3DT 至 nDT 中对应的电磁铁是否通电与否来决定。若在工作循环中需要变换多级速度，则需要的调速阀与二位二通电磁阀的个数与变速级数相同。多级速度的高低则是通过预调各级调速阀的开口量来实现。

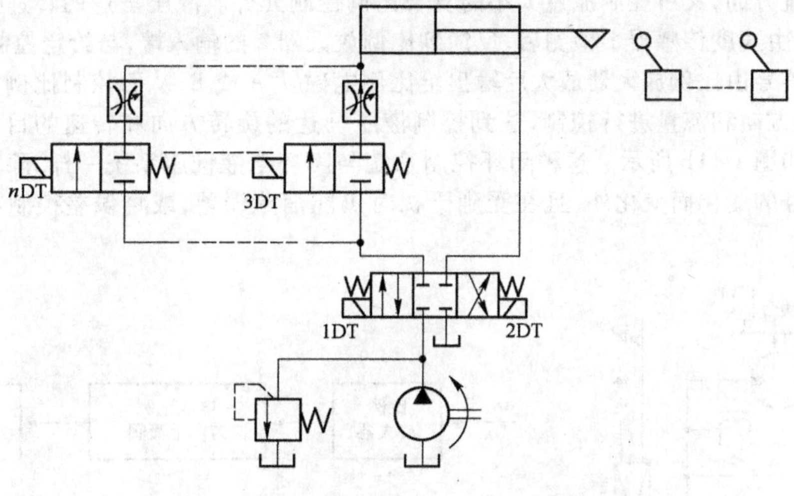

图 1-9 开关型液压控制阀的多级速度控制系统

图 1-10a 为采用比例调速阀的开环比例速度控制系统液压原理图。液压缸运动方向取决于电磁阀的两个电磁铁中是 1DT 还是 2DT 通电，运动速度则由电液比例调速阀 1 控制。电液比例调速阀能根据输入电流的大小自动控制输出流量，并与输入电流成比例。因此，改变给定信号电流的大小不仅可以方便地实现多级和无级调速，还可以大大改善速度换接中的平稳性。这种系统的控制原理可用图 1-10b 表示。这是一种开环控制系统，具有结构简单、调节方便的优点，但被控速度易受系统泄漏等各种干扰因素的影响。

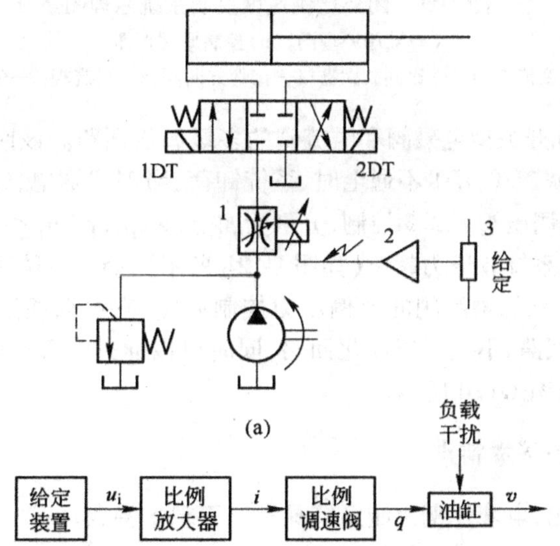

图 1-10 开环比例速度控制系统

(a)液压原理图；(b)控制原理框图

1—比例调速阀；2—比例放大器；3—给定电位器

图 1-11a 所示为一闭环电液比例速度控制系统液压原理图。它是在开环比例阀控液压马达的基础上增加了速度反馈元件而构成的。其中的比例控制元件是电液比例方向阀 3，它是

既可控制液流方向，又可控制流量大小的复合比例控制元件。液压马达的转速经机械传动装置比例增速，由速度传感器1检测后，反馈到比例放大器2的输入端，与给定控制信号相比较，得出的偏差信号由比例放大器放大后输出给比例电磁铁A或B，从而控制比例方向阀的开口量，对液流的方向和流量进行控制，达到控制液压马达的旋转方向和转速的目的。其闭环控制原理框图如图1-11b所示。这种闭环控制系统与闭环电液伺服系统一样，除了能使被控速度随输入信号的变化而变化外，且在受到干扰时仍能消除误差，或将误差控制在所要求的精度范围内。

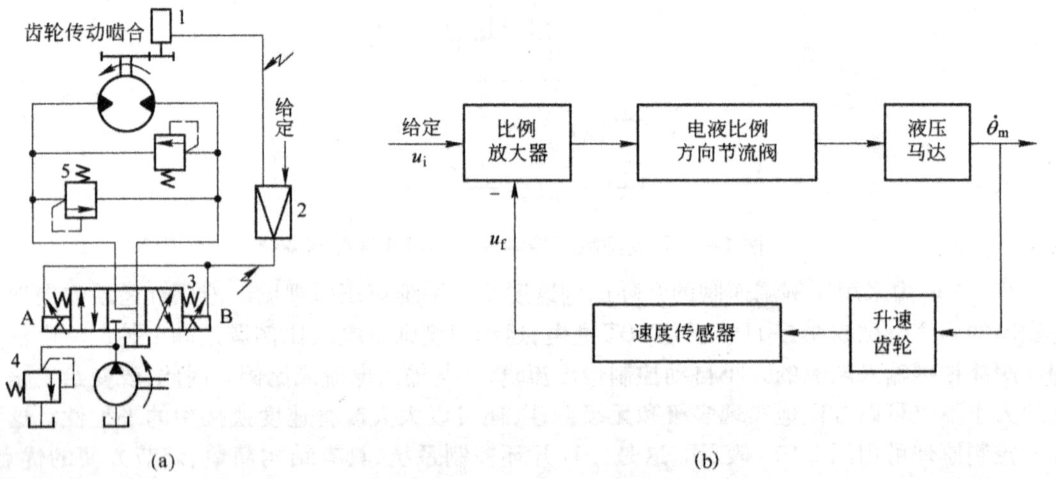

图1-11　闭环比例速度控制系统原理图

(a)液压原理图；(b)控制原理框图

1—速度传感器；2—比例放大器；3—比例方向阀；4—溢流阀；5—安全阀

图1-12a为采用传统开关型电磁阀和溢流阀的多级调压回路。该回路可以实现三级调压及液压卸荷功能。当电磁铁3DT、4DT不通电时，系统卸荷，当3DT通电，1DT、2DT分别通电或断电时，系统压力p可由远程调压阀1、2、3控制，分别为p_1、p_2和p_3(p_1、p_2<p_3)。由于是开关型控制，因此在压力换接过程中，系统有压力超调(如图1-12b所示)，而且系统采用的元件也较多。图1-12c所示的系统是采用了比例溢流阀的比例压力控制回路，它可以通过输入不同的控制电流实现相同的多级压力控制回路，不仅可以简化回路，同时可以通过合理的输入信号，使各级压力转换变得平滑而无冲击(如图1-12d所示)。

1.3.2　电液比例控制的基本特点

从以上分析可以看出，电液比例控制系统具有以下基本特点。

A　电液比例控制系统是一个比例跟踪系统

电液比例控制系统与液压伺服系统一样，是一个跟踪系统。它的被控输出量能以一定精度自动跟踪输入控制信号的变化而变化。由表1-1可以看出，现今的比例控制元件的性能比其发展初期已有显著的提高。比例元件(不包括新近开发的伺服比例阀)除了为降低成本仍有一定的中位死区外，在滞环、重复精度等主要稳态性能上已与伺服阀相当。在工作频宽方面比伺服阀低，但能满足大部分工业系统的控制要求。对介质过滤精度要求、阀内压力损失和价格方面，又接近于开关阀，因此得到越来越广泛的应用。

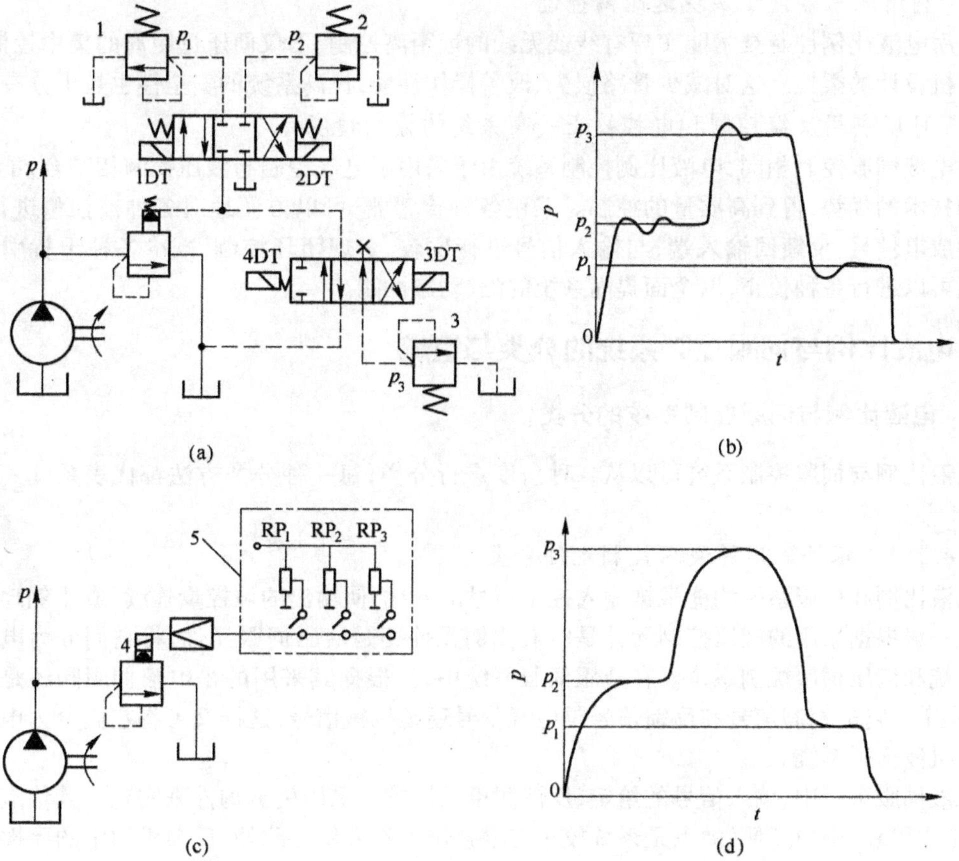

图 1-12　多级调压回路

(a)采用开关型阀的多级调压回路；(b)采用开关型阀的多级调压回路的调压特性曲线；
(c)采用电液比例溢流阀的多级调压回路；(d)采用电液比例溢流阀的多级调压回路调压特性曲线

1～3—远程调压阀；4—比例溢流阀；5—电气输入装置

表 1-1　伺服、比例、开关元件性能对照表(不含伺服比例阀)

参　数	电液伺服阀	电液比例阀	早期电液比例阀	开关阀
滞环/%	1～3	1～3	4～7	
重复精度/%	0.5	0.5	1	
过滤精度/μm	5	25	25	25
中位死区	无	有	有	有
阀内压力损失/MPa	1/3 供油压力	0.5～2	0.5～2	0.5～2
频宽/Hz	50～500	1～50	1～5	
线圈功率/W	0.05～5	10～24	10～30	
价格比	6～10	3～5	3～5	1

B　明显简化液压系统，实现复杂功能

由上述二例可以明显地看出，由于电液比例控制系统能通过输入预定规律的控制信号，对系统的被控量进行连续、成比例的控制，这一功能不仅能改善控制性能，而且可大大简化液压系统。另外还有多种复合功能的比例阀(例如比例方向阀)，使系统更为简化。这样不仅对降低成本有利，还可大大提高系统的控制性能和工作可靠性。

C　利用电信号便于实现远距离控制

采用电液比例控制技术能实现有线或无线的远距离控制，不仅便于远距离的集中控制，也可改善主机设计的柔性。这对减少管路损失、改善操作性能，提高系统的安全性也是十分有利的。

D　可以利用反馈控制和电控校正提高系统的控制精度

与电液伺服控制相同，电液比例控制系统由于采用了电气控制与液压控制相结合，能充分发挥两种技术的优势，得到高质量的控制。采用各种传感器，可以方便地对各种被控量进行检测，并转换成电信号，反馈回输入端，与输入信号进行比较，实现闭环控制，减少各种干扰引起的误差。还可以进行各种校正，以全面提高系统的静、动态性能。

1.4　电液比例与伺服控制系统的分类与组成

1.4.1　电液比例与伺服控制系统的分类

电液比例与伺服控制系统可以从各种角度进行分类，每一种分类方法都代表系统一定的特点。

1.4.1.1　根据采用的液压控制元件分类

电液比例和伺服系统均能根据输入控制信号的变化，使输出的被控量连续、成比例地得到控制。但一般根据采用的液压控制元件是电液比例元件还是液压伺服元件，将它们分为电液比例控制系统和液压伺服控制系统。在液压伺服系统中，又根据其采用的是电液伺服阀还是机液伺服阀，决定了它的控制信号和反馈信号是电气信号还是机械信号，这样又可将它们分为电液伺服系统和机液伺服系统。

机液伺服系统中，输入信号的给定、反馈测量及比较均采用机械构件来实现。其优点是结构简单、工作可靠、维护简便；缺点是系统校正与增益调整不方便。此外，反馈机构中的摩擦和间隙等会对系统的性能带来不利的影响。机液伺服系统常用于响应和精度要求不高的场合，绝大部分用于位置控制系统，也常用于电液比例和伺服控制元件中的局部反馈控制。

电液比例与电液伺服控制系统由于采用的控制元件不同，性能上有所差别。电液伺服阀基本无死区，响应快，因此常用于要求响应较快、精度较高的重要控制系统。而电液比例控制系统则通常用于一般要求的工业控制系统。电液比例控制系统和电液伺服控制系统都属于电液控制系统，它们均综合了电气控制和液压控制两方面的优点，即具有电气方面对信号的检测、反馈、校正和放大灵活方便，同时又具有液压动力元件输出功率大、响应速度快、抗负载干扰刚性大的特点。两者相结合，使电液控制系统有很大的灵活性和适应性。电液控制系统还能较方便地与计算机技术相结合，充分利用计算机的信息处理能力，使系统具有更复杂的功能和更广泛的适应性。本书主要围绕这两种电液控制系统进行系统的介绍。

1.4.1.2　根据被控物理量分类

根据被控物理量的不同，可以将电液伺服与比例控制系统分为位置控制系统、速度控制系统、力控制系统、压力控制系统和其他物理量的控制系统。

1.4.1.3　按液压动力元件的类型分类

液压控制元件与液压执行元件的组合称为液压动力元件。它是电液比例和伺服系统的重要组成部分。液压动力元件的性能将直接影响电液控制系统的静、动态性能。电液控制系统按其控制元件控制原理的不同可分为节流控制式（阀控式）和容积控制式（变量泵控制或变量马达控制）两大类。这两大类动力元件又可根据其采用的执行元件不同可分为阀控液压缸、阀控液压马达、泵控液压缸和泵控液压马达四类。

阀控系统的优点是响应速度快、控制精度高、结构简单;缺点是效率低。由于它的性能优越,得到广泛的应用,特别是在快速、高精度的中、小功率系统中得到广泛的应用。泵控系统的优点是效率高。缺点是响应速度较慢,结构较复杂。泵控系统适用于大功率、对响应速度要求不高的场合。

1.4.1.4 按系统的控制方式分类

电液比例与伺服控制系统按其控制方式来分,可以分为开环控制和闭环控制两种。凡是系统的被控量被检测、反馈回输入端,与输入信号进行比较,用其偏差信号进行控制的系统,称为闭环控制系统。凡是不对被控量进行检测和反馈的系统,称为开环控制系统。开环控制系统结构简单、操作方便,一般不存在稳定性的问题,但系统精度易受内、外部干扰的影响,因此用于对控制精度要求一般的情况。闭环控制系统不仅能使被控输出量随输入信号的变化而变化,而且在受到干扰时仍能消除偏差,或将偏差控制在所要求的精度范围内。但闭环控制存在一个稳定性问题,控制调节比较复杂,因此一般用于精度要求较高的重要场合。从原理上讲,闭环控制和开环控制均可用于电液比例和伺服系统,但就对目前大多数情况而言,闭环控制主要用于伺服控制,开环控制主要用于比例控制。随着闭环比例阀和伺服比例阀的出现,比例控制系统中采用闭环控制的也在增加,这是比例控制技术与伺服技术相互融合、发展的结果。实际上,现在的伺服控制与比例控制已愈来愈难以区分。

1.4.2 电液比例与伺服控制系统的组成

电液比例与伺服系统尽管其结构不同,功能也各异,但都可以归纳为由一些基本功能元件所组成,如图 1-13 所示。图中虚线所示为可能实现的检测与反馈。包含被控量反馈的系统称为闭环控制系统,不包括被控量反馈的系统称为开环控制系统。比例阀、伺服阀本身常常带有各种内反馈,也可构成实际的局部小闭环控制,但一般只要不带被控量的反馈,不称为闭环系统。

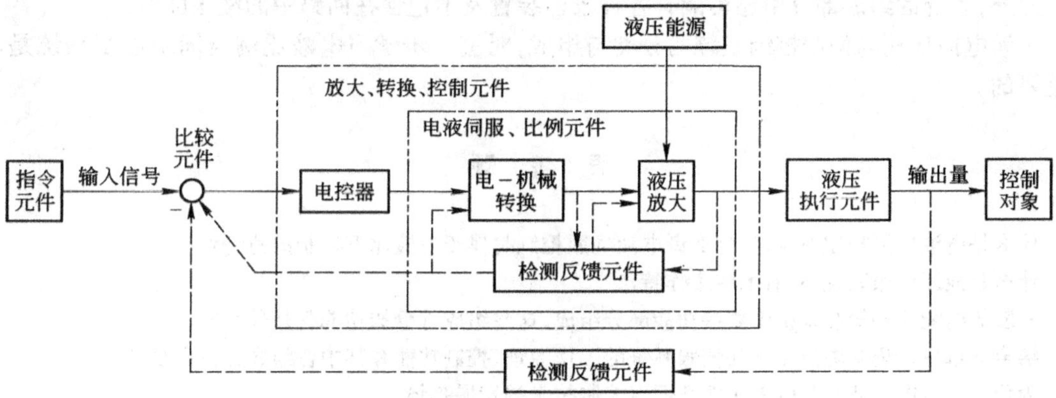

图 1-13 电液伺服比例控制系统组成框图

由图 1-13 可见,组成电液伺服与比例控制系统的功能元件大致可包括以下几个部分:

(1)指令输入元件。该元件也称指令元件,它给出输入信号(指令信号)加于系统的输入端。对于电液比例和电液伺服控制系统,指令输入元件一般是各种电气电子设备(如指令电位器、计算机等)。

(2)检测反馈元件。检测系统的输出量或中间变量,并转换为与之相比较的输入信号相同且相当的物理量的反馈信号,反馈回输入端,与输入信号进行比较的元件。由图 1-13 可见,系统中有两类检测反馈元件。一类是系统的输出被控量的检测与反馈,这是构成闭环控制系统所必需的元件。对于电液控制系统,它可以是各类传感器。而在开环控制系统中,则不需此类元件。还有一类是电液控制元件内部的检测反馈装置。这类检测反馈装置只是为控制元件的工作原理或元件性能改善而设置的,检测元件系统的中间变量构成内部小闭环。根据检测、反馈、比较量的不同,它们可以是各种机械的、液压的,也可以是电气电子装置。

(3)比较元件。这里指的是将输出反馈信号与输入信号进行比较,给出系统偏差信号的元件。对于电液控制系统,它可以由各种电气电路(例如惠斯顿电桥)或电子器件来完成。比较元件是闭环控制系统必需的元件。在开环控制系统中因无反馈检测的需要,所以无此元件。

(4)放大、转换、控制元件。将偏差或输入信号放大、转换成液压信号(流量或压力),以控制液压执行元件运动的元件。其中放大部分可能由多级组成,但最后一级放大一定是液压放大。前几级放大称为前置级放大,它可以是电子电气的,也可以是液压的放大环节。在电液控制系统中,一般均有一个电控器,它完成功率放大与运算控制的功能,将功率放大后的电信号输入电液伺服或电液比例元件。而电液伺服元件与电液比例元件均由两部分组成,一部分是电-机械转换部分,一部分是液压放大部分。电液比例元件中的电-机械转换部分一般采用比例电磁铁,而电液伺服元件中的电-机械转换部分一般采用力矩马达或力马达。由它们将电控器输入的电信号转换为阀运动部件的角位移和直线位移,通过阀来控制输出流量和压力,或通过阀来控制变量泵的输出流量和压力。由于电-机械转换部分输出给阀的功率很小,而阀输出的液压功率很大,因此电液控制元件中的液压部分也称为液压放大部分。在机液伺服系统中,放大、转换、控制元件就是机液伺服阀,不需要电控器和电-机械转换部分。

(5)液压执行元件。产生调节动作,加于控制对象,实现调节任务的元件,如液压缸和液压马达。

(6)控制对象。被控制的机械设备或其他物体。控制对象对执行元件来说,是一种负载。作用在执行元件上的负载性质及大小,将直接影响系统的静、动态性能。

此外,系统的组成部分中还可能有各种校正装置及不包含在回路中的液压能源。

了解电液比例与伺服控制系统的分类与组成,对进一步学习电液比例与伺服控制系统是非常重要的。

思 考 题

1-1 什么是电液比例控制系统,为什么说电液伺服控制是属于电液比例控制的范畴?

1-2 什么是液压伺服系统,它有哪些工作特点?

1-3 一般的电液比例控制系统由哪些功能部分组成,这些组成部分的功能各是什么?

1-4 结合本章各例说明电液比例和伺服系统的工作原理、控制功能和其中各组成元件的功能。

1-5 为什么说机电一体化是电液比例和伺服控制技术的发展趋势?

2 液压放大元件

液压放大元件是一种依据对液体的节流原理，以输入机械控制信号（位移与转角）来控制液压信号（流量与压力）输出的元件。在液压伺服与比例控制系统中，它实际上是一种机械-液压转换装置，输入功率很小，但输出的液压功率可很大，在功率放大的同时对液压能量起控制作用，因此也称其为液压控制阀。它是液压伺服与比例控制系统的主要控制元件，其静、动态特性对液压伺服与比例控制系统的性能有很大影响。

液压放大元件具有结构简单、单位体积输出功率大、工作可靠和动态性能好等优点，因此得到广泛应用。本章主要介绍它们的结构形式、工作原理、静态特性及设计准则。

2.1 液压放大元件的结构与分类

液压伺服与比例控制系统中用到的液压放大元件包括滑阀（见图 2-1）、锥阀（见图 2-4）、喷嘴挡板阀（见图 2-5）、射流式控制阀（见图 2-6）以及它们的组合（见图 2-7）。

2.1.1 圆柱滑阀

圆柱滑阀是借助阀芯与阀套间的相对运动，改变节流阀口通流面积的大小，来改变可变液阻的大小，从而控制液流的流量和压力。滑阀的控制性能好，在液压伺服与比例控制系统中得到广泛的应用。滑阀的结构形式多样，如图 2-1 所示。滑阀的结构形式可从不同的角度来分类。

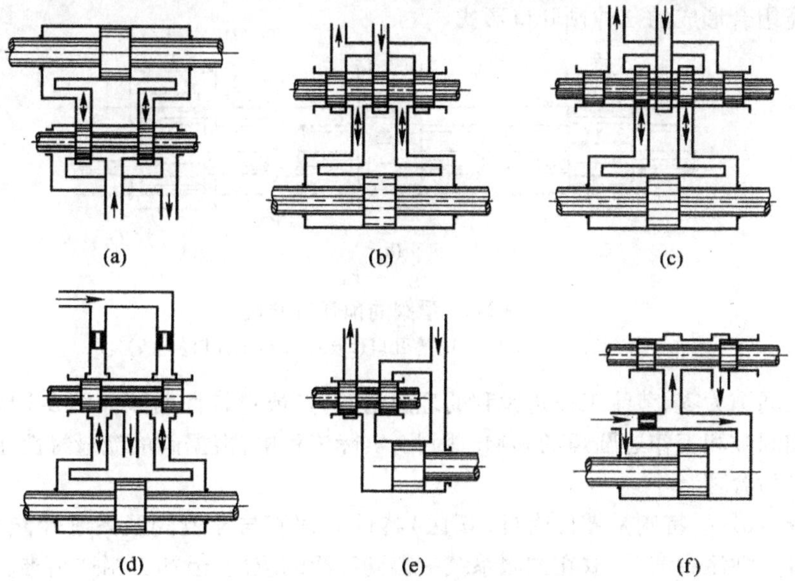

图 2-1 滑阀的结构形式

（a）二凸肩四边阀（四通阀）；（b）三凸肩四边阀（四通阀）；（c）四凸肩四边阀（四通阀）；（d）带两个固定阻尼孔的正开口双边阀（四通阀）；（e）双边阀（三通阀）；（f）单边阀（二通阀）

2.1.1.1 按阀的进、出通道数来划分

按阀的进、出通道数分类，可以分为四通阀（如图 2-1a、b、c、d）、三通阀（如图 2-1e）和二通阀

(见图 2-1f)。

四通阀有两个负载通道,可用来控制双作用液压缸和液压马达作双向运动。三通阀只有一个负载通道,它由两个可变节流口(可变液阻)来共同控制差动液压缸的一个控制腔(缸的无杆腔)。为了实现液压缸的双向调节运动,需在液压缸的有杆腔加上一个固定的偏置压力。这个偏置压力一般可以从供油压力处引入,也可利用重物或弹簧产生。二通阀(单边阀)只有一个可变节流口(可变阻尼),必须与一个固定节流孔(固定阻尼)配合使用,才能控制液压缸的一个控制腔;而在液压缸的另一腔也必须加上一个固定的偏置压力,才能使其做双向调节运动。

2.1.1.2　按滑阀的节流工作边数来划分

按滑阀形成可变节流控制口的工作棱边数,可分为四边阀(见图 2-1a、b、c)、双边阀(见图 2-1d、e)和单边阀(见图 2-1f)。

当滑阀有一个位移时,四边阀在阀芯上有四条节流工作边控制四个可变节流口,可同时控制双作用式液压缸的两个工作腔。液压缸的每个工作腔由两个可变节流口控制,控制性能最好;单边阀在阀芯上只有一条节流工作边控制一个可变节流口,以控制液压缸的一个工作腔,控制性能较差;双边阀控制性能居中。为了保证节流边开口的准确性,四边阀须同时保证三个轴向尺寸的制造精度,双边阀只须保证一个轴向尺寸的制造精度,单边阀则无须保证轴向尺寸的制造精度。因此从结构工艺性看,四边阀最复杂,单边阀最简单。四边阀一般用于要求较高的伺服比例系统,而对要求不高的系统,则可用单边阀或双边阀。

2.1.1.3　按滑阀的预开口形式划分

根据阀芯凸肩与阀套槽宽的不同组合或阀芯凸肩在阀套槽间的位置不同,滑阀的预开口形式可分为负开口(正重叠)、零开口(零重叠)和正开口(负重叠)三种。图 2-2 所示为不同阀芯凸肩与阀套槽宽组合形成的三种预开口形式。

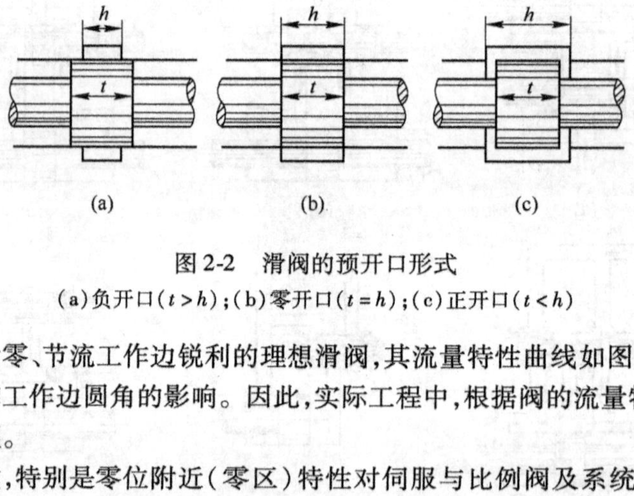

图 2-2　滑阀的预开口形式

(a)负开口($t>h$);(b)零开口($t=h$);(c)正开口($t<h$)

对于径向间隙为零、节流工作边锐利的理想滑阀,其流量特性曲线如图 2-3 所示。实际上阀总是存在径向间隙和工作边圆角的影响。因此,实际工程中,根据阀的流量特性曲线来确定阀的预开口形式更为合理。

阀的预开口形式,特别是零位附近(零区)特性对伺服与比例阀及系统性能有很大的影响。零开口阀具有线性流量增益,故在伺服系统中得到广泛的应用,但加工制造困难。负开口阀由于流量增益具有死区,将影响控制系统的稳态误差,因此在高精度的伺服系统中较少采用。但由于其密封性能较好,加工较简单,因此在一般的比例控制系统中仍有广泛的应用。正开口阀在正开口范围内流量增益大,超出正开口范围,增益降低;零位压力灵敏度低,泄漏量大,功率损耗大,因此它只适用于利用连续液流使油液维持合适温度等特殊场合。

2.1.1.4　按阀芯、阀套形成的节流窗口的形状划分

阀芯、阀套形成的节流窗口的形状有矩形、圆形、三角形等多种形状。矩形节流窗口的面积

与阀芯位移成正比，可以获得线性的流量增益，在伺服与比例阀中用得最多。在有径向间隙及一定搭叠量的比例方向阀中，为了实现准确节流，阀芯形状经特别加工和修正，阀芯的圆周上开有若干个节流槽，节流槽口的形状为三角形、矩形、圆形及其它们的组合。

2.1.1.5 按阀芯的凸肩数目划分

按阀芯的凸肩数目划分，滑阀有二凸肩、三凸肩、四凸肩等各种滑阀（见图2-1）。二通阀一般采用二凸肩，三通阀和四通阀可以由二凸肩阀组成，也可以由二凸肩以上的滑阀组成。如图2-1a所示，二凸肩四通阀结构简单、阀芯长度短，但阀芯轴向移动时导向性差，阀芯上的凸肩容易被阀套槽勾住、卡住，更不能做成全周开口的阀。另外，阀芯两端回油流道中的液流阻力不同，阀芯两端面所受的液压力不等，使阀芯不能稳定在确定位置，对阀的控制造成困难。四凸肩四通阀导向性能和密封性能均较好，但轴向尺寸较大。三凸肩轴向尺寸较适中。

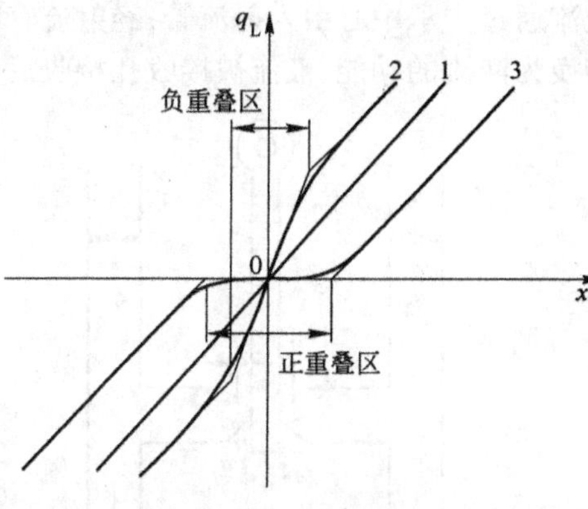

图2-3 不同开口形式的流量特性曲线

1—零开口；2—正开口；3—负开口

2.1.2 锥阀

锥阀的一般结构如图2-4所示。现有的压力控制阀，其先导阀和主阀几乎均采用锥阀。锥阀最大的优点是关闭时密封性能好，开启时无死区，加工方便，流量特性也属于薄壁型节流口，通流能力强，因此得到广泛应用。锥阀阀口的通流截面是一个圆台表面，是阀芯位移的非线性函数。

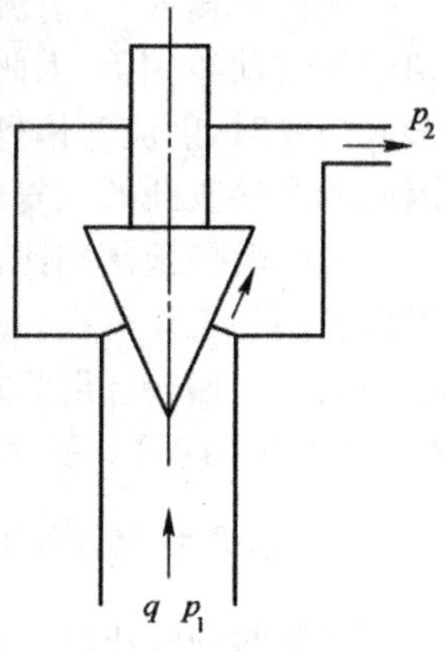

图2-4 锥阀

2.1.3 喷嘴挡板阀

喷嘴挡板阀有单喷嘴挡板阀与双喷嘴挡板阀之分。如图2-5所示的为一种常用的双喷嘴挡板阀。在挡板1的两边，对称设置了两个喷嘴2与3。只有一个喷嘴的为单喷嘴挡板阀。挡板可绕其支点转轴偏转。当挡板在中间位置时，它与两个喷嘴的间隙相等，从油源来的、具有压力p_s的压力油，分别通过两个对称的固定阻尼孔4与5，再通过两个喷嘴与挡板的间隙流回油箱。两液流的阻尼相等，因而两控制腔的压力$p_1=p_2$。此时液压缸两腔的压差为零，液压缸停止不动，流进流出阀的负载控制流量$q_L=0$。如挡板向右偏转一角度，右喷嘴挡板间间隙减小，液阻增大，左喷嘴挡板间间隙增大，液阻减小，因此$p_1>p_2$，液压缸活塞（也可以是滑阀阀芯）在压力差的作用下将向左运动。如挡板向左偏转时，压力变化相反，液压缸活塞运动方向也相反。

喷嘴挡板阀的优点是不像滑阀那样需要保证严格的制造公差，因此制造成本低，而且移动部件挡板的惯量小，响应速度高。它的主要缺点是零位泄漏大，因此只能在小功率系统中应用，常用做两级电液伺服阀和比例阀的第一级液压放大。

2.1.4 射流式控制阀

射流式控制阀按其运动部件的不同，可分为射流管式和偏转板式两种。图2-6所示为射流管阀的结构原理图，它主要由射流管1与接收器3组成。射流管可绕其支撑中心o偏转。接收器3上有两个圆形接收孔，二接收孔分别与液压缸两腔相通。来自油源的恒压力p_s、恒流量q_s的液流通过支承中心引入射流管，经射流管喷嘴向接收器喷射，压力油的液压能通过射流管的喷嘴转换为液流的动能，液流被接收孔接收后，又将动能转换为压力能。

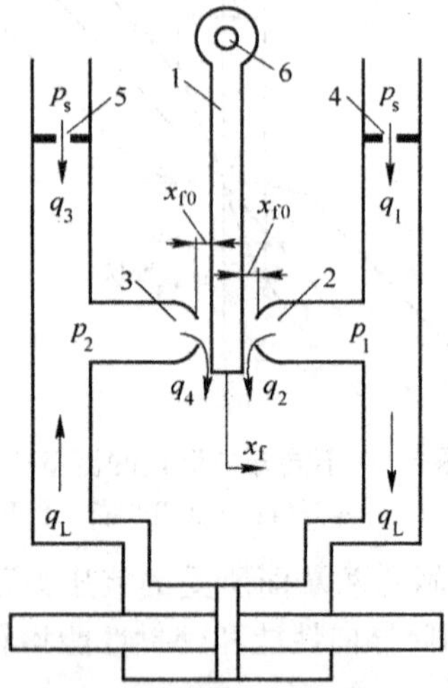

图 2-5　喷嘴挡板阀
1—挡板；2，3—喷嘴；4，5—固定阻尼孔；6—转轴

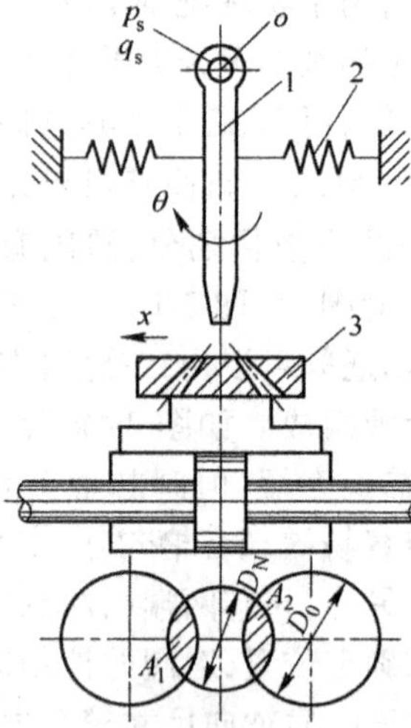

图 2-6　射流管阀的结构原理
1—射流管；2—对中复位弹簧；3—接收器

无信号输入时，射流管由对中复位弹簧 2 保持在两个接收孔的中间位置，两个接收孔所接收到的射流动能相等，因此两个接收孔的恢复压力也相等，液压缸两腔压力相等，活塞不动。当有输入信号时，射流管偏离中间位置，两个接收孔所接收到的射流动能不等，一个增加，一个减小，因此两个接收孔的恢复压力也不相等，其压差使液压缸活塞运动。

与喷嘴挡板阀相比，射流管阀最大的特点是对油液的清洁度要求不高，抗污染能力强，因此提高了阀的工作可靠性。但射流管的转动惯量比喷嘴挡板的要大，因此它的响应性能比喷嘴挡板阀的差。偏转板射流式阀移动的是接收器作用的偏转板，移动部分惯量小，响应就可加快（见 4.3.1 有关内容）。射流式阀一般也用于电液伺服阀与比例阀的前置级。

2.1.5　组合式多级液压放大

单级阀的液压放大往往不能满足液压执行元件对控制功率的要求，需要进行多级放大后，才能满足要求。如图 2-7 所示的为常见的喷嘴挡板阀和圆柱滑阀组成的二级液压阀。

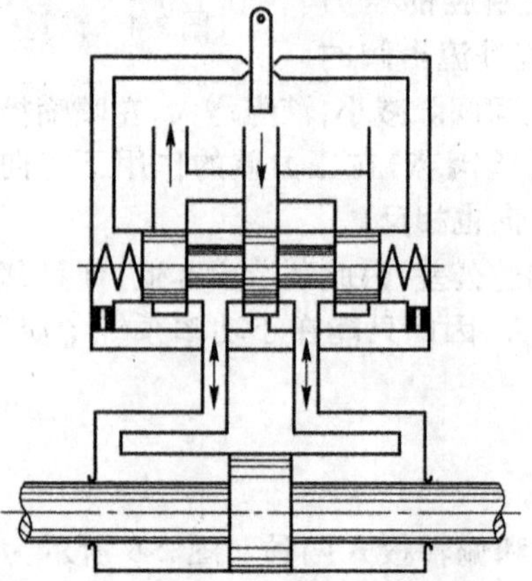

图 2-7　喷嘴挡板阀与圆柱滑阀组成的二级液压阀

2.2　液压控制阀静特性的一般分析

液压控制阀的静特性即阀的压力-流量特性，是指阀在稳态时，阀的负载控制压力 p_L（或 p_c）、负载控制流量 q_L 和阀位移 x_v（或 x_f）三者之间的关系。即 $q_L=f(x_v,p_L)$。它表示阀的工作能力和性能，对液压伺服与比例控制系统的静、动态特性均有很大的影响。液压控制阀的静特性可以用方程、曲线和特性参数（阀系数）表示。静特性曲线和阀系数可以从实际的阀测出，对于各种结构的阀也可以用解析法推导得出。

这一节以常用的四通滑阀(四边阀)为例进行分析,分析的方法和所得的一般关系式对以后几节所介绍的各种结构控制阀的分析也是适用的。

2.2.1 滑阀的压力-流量方程的一般表达式

设有一四通滑阀如图 2-8a 所示,系统由一个压力为 p_s 的恒压源供油,通过阀芯移动来控制液压执行元件(双杆活塞液压缸或液压马达,图中未画出)两腔的压力 p_1、p_2,及进出阀口的控制流量 q_L。当阀芯处于图示中间位置时,阀的四个节流窗口的通流截面积相等,液流通过这四个窗口的液压阻尼相等。负载腔压力 $p_1=p_2$,液压执行元件双杆活塞液压缸或液压马达不动,负载流量 $q_L=0$。当阀有一个正向位移($x_v>0$)时,窗口 4、2 面积增大,液压阻尼减小,窗口 1、3 面积减小,液压阻尼增大。负载腔压力 p_1 在窗口 1、4 的控制下,压力升高,负载腔压力 p_2 在窗口 2、3 的控制下,压力降低,在压力差 p_1-p_2 的作用下,液压缸或液压马达运动,液压执行元件通过液压阀输入、输出压力油流量为 q_L。若阀有一个反向位移($x_v<0$)时,p_1、p_2 变化相反,则液压执行元件反向运动,控制流量 q_L 也反向。

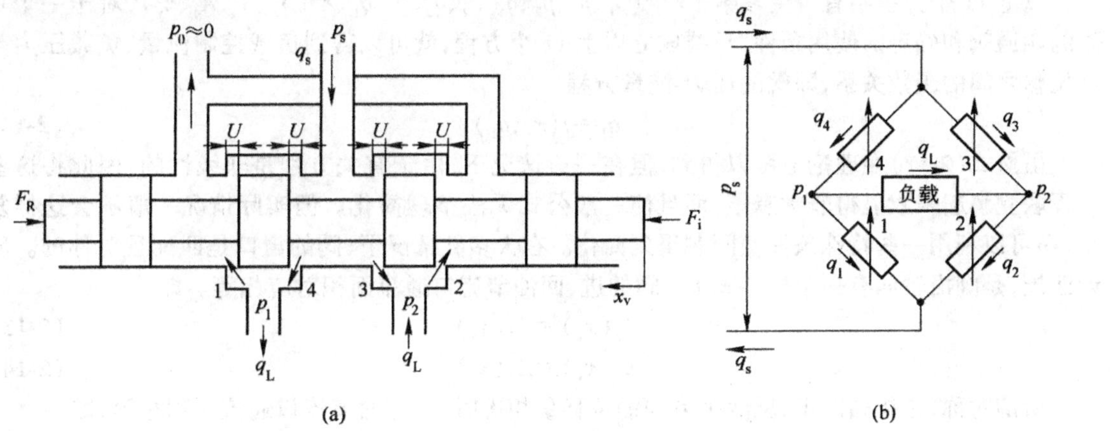

图 2-8 三凸肩四通阀

(a)四通滑阀结构原理图;(b)等效液压桥路

将流量类比成电流,压力类比成电位,则压力差可类比成两点的电压,液流通过的液压阻尼即液阻可类比成电阻,四个窗口所形成的液阻随阀芯移动而变化,这是四个可变液阻,若有固定阻尼孔形成的液阻则可称为固定液阻。图 2-8a 所示的液压阀可类比画成一个等效桥路,如图 2-8b所示。这是一个四臂可变的液压全桥,同时控制液压执行元件(阀的负载)的两个控制腔。由 2.1 节各种阀的工作原理可知,执行元件的一个控制腔由两个液阻共同控制,两个液阻组成一个液压半桥。一个液压半桥中至少要有一个可变液阻,才可控制负载控制腔的压力变化。这里的液压执行元件是广义的,也可以是液压阀中的滑阀等。液压桥路的概念对分析各种伺服比例控制阀的原理是非常有用的。

在推导滑阀的压力-流量方程时,首先定义负载压力

$$p_L=p_1-p_2 \tag{2-1}$$

由液压阀控制的流进、流出液压执行元件的流量称为负载控制流量 q_L,简称负载流量。根据液流的连续性原理,由图 2-8 可知,流进、流出双杆活塞液压缸(或液压马达)两腔的负载流量为

$$q_L=q_4-q_1 \tag{2-2}$$

$$q_L=q_2-q_3 \tag{2-3}$$

根据节流口的流量公式可得各节流口流量为

$$q_1 = C_d A_1 \sqrt{2p_1/\rho} \tag{2-4}$$

$$q_2 = C_d A_2 \sqrt{2p_2/\rho} \tag{2-5}$$

$$q_3 = C_d A_3 \sqrt{2(p_s - p_2)/\rho} \tag{2-6}$$

$$q_4 = C_d A_4 \sqrt{2(p_s - p_1)/\rho} \tag{2-7}$$

式中　C_d——阀口的流量系数，对于薄壁型阀口 $C_d = 0.60 \sim 0.65$；

ρ——油液的密度，一般取 $\rho = 900\text{kg/m}^3$。

控制阀口的面积决定于阀的几何形状，它们都是阀位移 x_v 的函数

$$A_1 = A_1(x_v) \tag{2-8}$$

$$A_2 = A_2(x_v) \tag{2-9}$$

$$A_3 = A_3(x_v) \tag{2-10}$$

$$A_4 = A_4(x_v) \tag{2-11}$$

以上 11 个方程中有可变参数 13 个（p_L、p_1、p_2、q_1、q_2、q_3、q_4、q_L、A_1、A_2、A_3、A_4、x_v），对于一个具体的四通阀和确定的使用条件，只要联立以上 11 个方程，就可以得到负载控制流量、负载压力与阀位移之间的函数关系，即阀的压力-流量方程

$$q_L = f(x_v, p_L) \tag{2-12}$$

虽然式(2-12)在理论上可以得到，但在一般情况下，由于有关方程是非线性的，因此将这些方程联立解起来就显得非常麻烦，而且使一般公式无法整理简化。但实际情况一般不会这样复杂，还可以利用一些特殊条件使问题得到简化。在大多数情况下，阀的窗口是匹配且对称的。所谓匹配，是阀沿轴向有一个位移 x_v 时，阀的进、回油节流口通流面积对应相等。即

$$A_1(x_v) = A_3(x_v) \tag{2-13}$$

$$A_2(x_v) = A_4(x_v) \tag{2-14}$$

所谓对称，是指阀向正、反两个方向的位移量相等时，相应的节流口通流面积相等，即

$$A_1(x_v) = A_2(-x_v) \tag{2-15}$$

$$A_3(x_v) = A_4(-x_v) \tag{2-16}$$

在匹配且对称的情况下，图 2-8b 所示桥路上斜对角两个桥臂液阻上的流量相等，即

$$q_1 = q_3 \tag{2-17}$$

$$q_2 = q_4 \tag{2-18}$$

这个结论可以用反证法证明如下：如果 $q_2 \neq q_4$，假设 $q_2 > q_4$，由式(2-2)和式(2-3)可得 $q_3 > q_1$。由式(2-4)～式(2-7)及式(2-13)、式(2-14)可得 $p_s < p_1 + p_2$ 和 $p_s > p_1 + p_2$，显然，这两个结论是矛盾的。因此 q_2 不能大于 q_4。同样也可以证明，q_2 不能小于 q_4。因此只能是 $q_2 = q_4$。同理可证只能是 $q_1 = q_3$。同时也证明了

$$p_s = p_1 + p_2 \tag{2-19}$$

联立式(2-1)和式(2-19)，可得

$$p_1 = \frac{1}{2}(p_s + p_L) \tag{2-20}$$

$$p_2 = \frac{1}{2}(p_s - p_L) \tag{2-21}$$

式(2-20)和式(2-21)说明，对于匹配且对称的四通阀，空载（$p_L = 0$）时，与负载相连的两个管道中的压力均为 $p_s/2$。当加上负载后，一个管道中压力升高 $p_L/2$，另一个管道中压力降低 $p_L/2$。

升高与降低值相等。

由式(2-2)、式(2-18)、式(2-4)、式(2-5)、式(2-20)和式(2-21)可得恒压源情况下匹配且对称的四通阀的压力-流量方程

$$q_L = C_d A_2(x_v)\sqrt{\frac{1}{\rho}(p_s - p_L)} - C_d A_1(x_v)\sqrt{\frac{1}{\rho}(p_s + p_L)} \tag{2-22}$$

阀的压力-流量方程式(2-22)即为阀的静特性方程,它表示稳态时,阀输出的负载控制流量 q_L 一般受阀芯位移 x_v 的控制,但是还要受负载压力 p_L 的影响。

另一个一般关系在今后阀的研究中也是很有用的。参看图2-8注意到阀的供油量 q_s 有以下关系

$$q_s = q_1 + q_2 \tag{2-23}$$

$$q_s = q_3 + q_4 \tag{2-24}$$

同样,由式(2-23)、式(2-4)、式(2-5)、式(2-8)、式(2-9)、式(2-20)和式(2-21)可得供油流量

$$q_s = C_d A_2(x_v)\sqrt{\frac{1}{\rho}(p_s - p_L)} + C_d A_1(x_v)\sqrt{\frac{1}{\rho}(p_s + p_L)} \tag{2-25}$$

2.2.2　控制阀的静特性曲线

控制阀的静特性也可以较直观地用静特性曲线表示。这些曲线通常可以由实验得到,对某些较理想的控制阀也可以由解析的方法求得。阀的负载控制压力 p_L、负载流量 q_L 和阀位移 x_v 三者之间的静态关系可用三条静特性曲线来表示。

(1)阀的流量特性曲线。

阀的流量特性曲线是负载压降 p_L 等于常值时,负载流量 q_L 与阀芯位移 x_v 之间的关系曲线。若负载压降 $p_L=0$ 时的流量特性曲线称为空载流量特性曲线。如图2-9所示。

(2)阀的压力特性曲线。

阀的压力特性曲线,是阀负载流量 q_L 等于常值时,负载压降 p_L 与阀芯位移 x_v 之间的关系曲线。通常阀的压力特性是指负载流量 $q_L=0$,即切断负载时的压力特性,如图2-10所示。

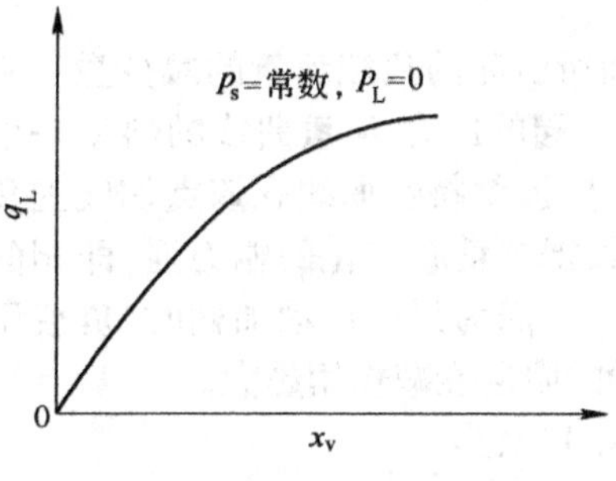

图2-9　阀的空载流量特性

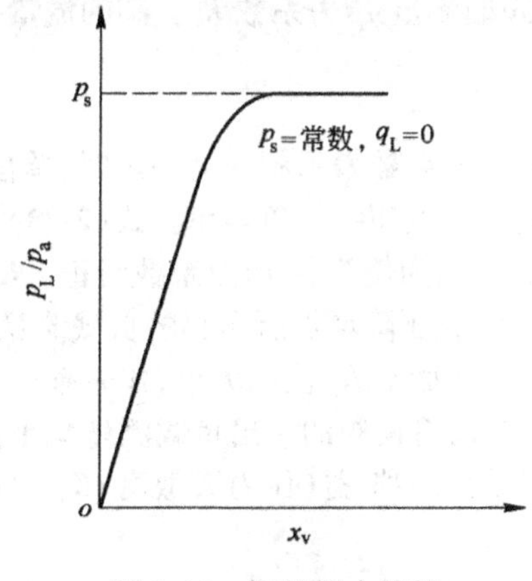

图2-10　阀的压力特性

(3)阀的压力-流量特性曲线。

阀的压力-流量特性曲线是阀位移 x_v 一定时,负载流量 q_L 与负载压力 p_L 之间的关系曲线。如设定一个个阀位移,就可得到一条条压力-流量特性曲线,构成一个压力-流量特性曲线族,如图2-12所示。这个曲线族将全面描述阀的静态特性,从中可以获得阀的全部静特性参数。阀在最

大位移时的压力-流量特性曲线可以表示阀的工作能力和规格，当负载所需要的压力和流量工作点能够被阀在最大位移时的压力-流量特性曲线所包围，就说明这个阀能满足负载的要求。

2.2.3　阀的线性化分析和阀系数

2.2.3.1　线性化分析

阀的压力-流量方程是伺服、比例系统分析时的重要方程，但阀的压力-流量特性是非线性的，利用线性理论对系统进行分析时，必须将阀的压力-流量方程线性化。即将式(2-22)在某一工作点 $A(q_{LA},p_{LA},x_{vA})$ 附近展开成泰勒级数

$$q_L=q_{LA}+\left.\frac{\partial q_L}{\partial x_v}\right|_A\Delta x_v+\left.\frac{\partial q_L}{\partial p_L}\right|_A\Delta p_L+\left.\frac{\partial^2 q_L}{\partial x_v^2}\right|_A\Delta x_v^2+\left.\frac{\partial^2 q_L}{\partial p_L^2}\right|_A\Delta p_L^2+\cdots$$

如果将工作范围限制在工作点 A 附近，则高阶无穷小可以忽略，上式可写成

$$q_L=q_{LA}+\left.\frac{\partial q_L}{\partial x_v}\right|_A\Delta x_v+\left.\frac{\partial q_L}{\partial p_L}\right|_A\Delta p_L$$

也可写成

$$q_L-q_{LA}=\Delta q_L=\left.\frac{\partial q_L}{\partial x_v}\right|_A\Delta x_v+\left.\frac{\partial q_L}{\partial p_L}\right|_A\Delta p_L \tag{2-26}$$

这就是阀的压力-流量方程以增量形式表示的线性化流量方程。该式表示，阀输出的负载控制流量 q_L 的变化，随阀芯控制位移 x_v 的变化而变化，同时还要受负载压力 p_L 变化的影响。式中的两个偏导数表示阀芯的位移变化和负载压力变化对阀的负载控制流量变化的影响程度，它是代表阀特性的性能参数，称为阀系数。液压控制阀的阀系数共有三个：

(1)阀的流量增益 K_q。阀的流量增益 K_q 定义为

$$K_q=\frac{\partial q_L}{\partial x_v} \tag{2-27}$$

阀的流量增益表示负载压降一定时，单位阀位移所引起的负载流量变化的大小。它是流量特性曲线在某一点切线的斜率。其值越大，表示流量特性曲线在该点切线的负斜率越大，阀对负载流量控制越灵敏。

(2)阀的流量-压力系数 K_c。阀的流量-压力系数 K_c 定义为

$$K_c=-\frac{\partial q_L}{\partial p_L} \tag{2-28}$$

流量-压力系数表示阀开度一定时，单位负载压降增加所引起的负载流量的减少量。它是压力-流量曲线某点切线的负斜率。式(2-28)中的负号是由于阀的压力-流量曲线的斜率一般是负值，冠以负号是为使流量-压力系数为正。K_c 值小，表示压力-流量特性曲线在该点切线的负斜率越小，单位负载压降增加所引起的负载流量的减少量小，阀抵抗负载变化的能力强，即阀的刚度大。从动态角度看，K_c 值的大小，代表系统一种阻尼的大小。因为系统振动加剧时，负载压力增大，K_c 值越大，将使阀的输出负载流量减小得越多，对振动的阻尼衰减作用越大。

(3)阀的压力增益(压力灵敏度)K_p。阀的压力增益 K_p 定义为

$$K_p=\frac{\partial p_L}{\partial x_v} \tag{2-29}$$

通常，压力增益 K_p 是指 $q_L=0$ 时单位阀位移所引起的负载压力的变化大小。它是压力特性曲线上某点切线的斜率。此值越大，表示压力特性曲线在该点切线的斜率越大，表示阀对负载压力控制灵敏度越高。

(4)阀系数之间的关系。因为$\frac{\partial p_L}{\partial x_v}=-\frac{\partial q_L/\partial x_v}{\partial q_L/\partial p_L}$，因此阀的三个阀系数间有以下关系：

$$K_p = \frac{K_q}{K_c} \tag{2-30}$$

式(2-30)表明,已知三个阀系数中的两个时,第三个阀系数就可用该式求得。

2.2.3.2 线性化流量方程的表达式

在定义了阀系数后,式(2-26)所表示的阀的线性化流量方程可改写为

$$\Delta q_L = K_q \Delta x_v - K_c \Delta p_L \tag{2-31}$$

式(2-22)和式(2-31)是以后所要介绍的液压动力元件三个基本方程中的一个基本方程及其增量式,方程中的两个阀系数虽然是阀的静特性参数,它们对系统的静、动态特性都有很大的影响,这些阀系数在确定系统的稳定性、响应特性和稳态误差时都是非常重要的。例如在位置伺服比例控制系统中,流量增益将直接影响系统的开环增益,因而对系统稳定性、响应特性和稳态误差有直接影响。流量-压力系数将直接影响阀控动力元件的阻尼比和速度刚度,压力增益表示动力元件启动负载的能力。

对于阀系数,还有一点必须引起足够的注意,即阀系数值是随工作点而变的。对于液压伺服系统来说,零位工作点的阀系数最为重要。这一方面是因为零位是伺服系统的经常工作点,另一方面是因为一般阀在零位时流量增益最大,流量-压力系数最小,因而系统这时的开环增益最大,液压阻尼比最小,零位工作点是系统稳定性最差的工作点。因此,在进行系统稳定性分析时,都要采用零位阀系数进行计算。

式(2-31)所表示的线性化流量方程的精确度和适用范围与变量的变化范围及阀的线性度有关。变量的变化范围小,线性化后的精确度就高;阀的线性好,所允许的变量变化范围可大。

2.3 零开口四边阀的静特性

本节主要讨论在伺服阀与伺服比例阀中应用最广泛的零开口四边阀的静特性。先讨论理想零开口四边阀的静特性,再讨论实际零开口四边阀的静特性。

2.3.1 理想零开口四边滑阀的静特性

理想滑阀是指径向间隙为零,工作边锐利的滑阀。讨论理想零开口滑阀的静特性可以不考虑径向间隙和工作边圆角的影响,因此阀的开口面积与阀芯位移的关系比较容易确定。理想零开口阀的压力-流量特性方程可以用解析的方法来求得。

2.3.1.1 理想零开口四边滑阀的压力-流量特性方程

理想零开口四边滑阀及其等效液压桥路如图2-11所示。图中的液压桥路与图2-8中的液压桥路是相同的。假设该理想零开口四边滑阀是匹配且对称的,因此当阀芯处于阀套的中间位置时,四个控制节流口全部关闭。当阀芯左移 x_v($x_v>0$)时,$A_1(x_v)=A_3(x_v)=0$,由式(2-22)可得

$$q_L = C_d A_2(x_v)\sqrt{\frac{1}{\rho}(p_s - p_L)} \tag{2-32}$$

当阀芯右移 x_v($x_v<0$)时,$A_2(x_v)=A_4(x_v)=0$,由式(2-22)可得

$$q_L = -C_d A_1(x_v)\sqrt{\frac{1}{\rho}(p_s + p_L)} \tag{2-33}$$

式中,负号表示负载流量方向与图中假设方向相反。因为阀是匹配且对称的,则$A_2(x_v)=A_1(-x_v)$,可将式(2-32)与式(2-33)合并为

$$q_L = C_d |A_2| \frac{x_v}{|x_v|}\sqrt{\frac{1}{\rho}\left(p_s - \frac{x_v}{|x_v|}p_L\right)} \tag{2-34}$$

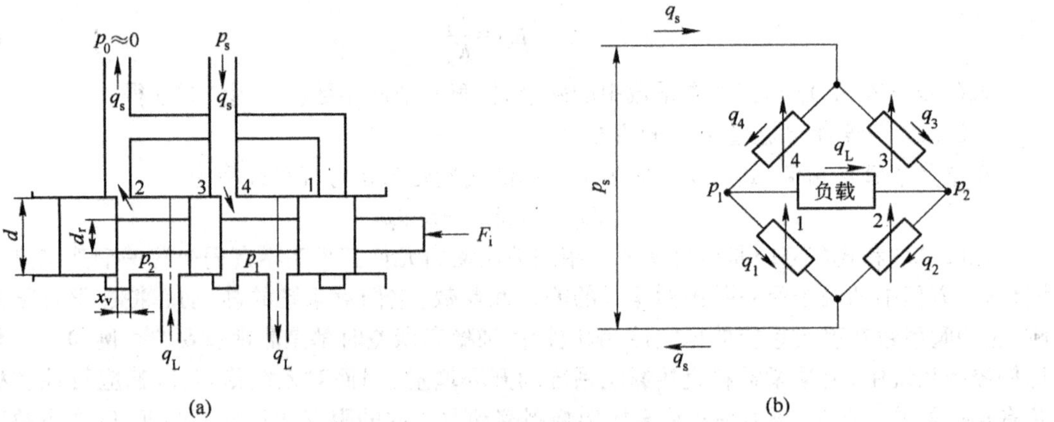

图 2-11 理想零开口四边滑阀

(a)结构原理图;(b)等效桥路

若节流阀口为矩形阀口,其面积梯度为 w,即

$$A_2 = wx_v \tag{2-35}$$

代入式(2-34)得

$$q_L = C_d w x_v \sqrt{\frac{1}{\rho}\left(p_s - \frac{x_v}{|x_v|}p_L\right)} \tag{2-36}$$

式(2-36)就是匹配且对称、具有矩形阀窗口的理想零开口四边滑阀的压力-流量方程。

2.3.1.2 零开口四边阀的静特性曲线

为了使方程所描述的静特性曲线具有通用性,将式(2-36)化成无因次形式

$$\bar{q}_L = \bar{x}_v \sqrt{1 - \frac{\bar{x}_v}{|\bar{x}_v|}\bar{p}_L} \tag{2-37}$$

式中 $\bar{x}_v$——无因次阀芯位移,$\bar{x}_v = x_v / x_{vm}$,其中 x_{vm} 为阀芯的最大位移;

$\bar{p}_L$——无因次负载压力,$\bar{p}_L = p_L / p_s$;

$\bar{q}_L$——无因次负载流量,$\bar{q}_L = q_L / q_{0m}$,其中 $q_{0m} = C_d w x_{vm}\sqrt{\frac{1}{\rho}p_s}$,为最大阀芯位移时的空载流量。

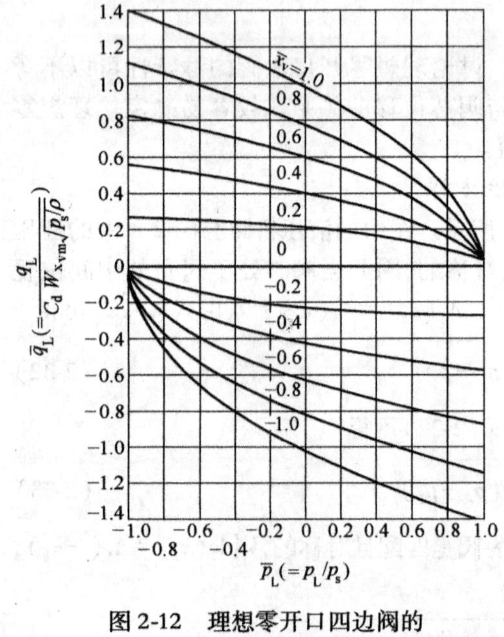

图 2-12 理想零开口四边阀的无因次压力-流量曲线

无因次压力-流量曲线如图 2-12 所示。因为阀窗口是匹配且对称的,因此压力-流量曲线对称于原点。图中的Ⅰ、Ⅲ象限是稳态时的液压马达工况,Ⅱ、Ⅳ象限是瞬态过程才发生的泵工况。例如,有一个阀芯正位移 x_v,外负载力与液压缸活塞运动方向相反,$p_1 > p_2$,当负载突然减小时,活塞将发生瞬时前冲,这时会使 p_1 减小,p_2 增大,p_L 成负值,液压缸的负载流量增大。

2.3.1.3 理想零开口四边阀的阀系数

根据上一节对阀系数的定义,再由式(2-36)求得理想零开口四边阀的三个阀系数。

阀的流量增益
$$K_q=\frac{\partial q_L}{\partial x_v}=C_d w\sqrt{\frac{1}{\rho}(p_s-p_L)} \tag{2-38}$$

流量-压力系数
$$K_c=-\frac{\partial q_L}{\partial p_L}=\frac{C_d w x_v\sqrt{\frac{1}{\rho}(p_s-p_L)}}{2(p_s-p_L)} \tag{2-39}$$

压力增益
$$K_p=\frac{\partial p_L}{\partial x_v}=\frac{2(p_s-p_L)}{x_v} \tag{2-40}$$

其零位工作点对于伺服系统的动态性能分析是最重要的工作点。零开口四边阀零位时，$x_v=0$，$q_L=0$，$p_L=0$，将这个零位条件代入以上各式，可得理想零开口四边阀的三个零位阀系数

$$K_{q0}=\left.\frac{\partial q_L}{\partial x_v}\right|_0=C_d w\left.\sqrt{\frac{1}{\rho}(p_s-p_L)}\right|_0=C_d w\sqrt{\frac{1}{\rho}p_s} \tag{2-41}$$

$$K_{c0}=-\left.\frac{\partial q_L}{\partial p_L}\right|_0=\left.\frac{C_d w x_v\sqrt{\frac{1}{\rho}(p_s-p_L)}}{2(p_s-p_L)}\right|_0=0 \tag{2-42}$$

$$K_{p0}=\left.\frac{\partial p_L}{\partial x_v}\right|_0=\frac{K_{q0}}{K_{c0}}=\left.\frac{2(p_s-p_L)}{x_v}\right|_0=\infty \tag{2-43}$$

由式(2-38)可以看出，零开口四边阀的流量增益随工作点而变化，而零位流量增益是最大的，它使系统在零位附近工作时稳定性最差。因此，在验算系统稳定性时，应该用零位流量增益 K_{q0} 来计算。零位流量增益 K_{q0} 决定于供油压力 p_s 和阀的面积梯度 w，当供油压力 p_s 一定时，K_{q0} 唯一地由阀的面积梯度 w 决定。因此，在设计控制系统时，合理地确定阀的面积梯度 w 是很重要的。

实验证明，按理想零开口阀计算的 K_{q0} 值与实际零开口阀的实验值比较接近，因此可以比较放心的应用式(2-41)来计算零开口四边阀的零位流量增益，但是由式(2-42)和式(2-43)计算出的 K_{c0} 与 K_{p0} 值与实际零开口阀的实验值相差较大，原因是没有考虑阀芯与阀套间的间隙等实际结构的影响，实际零开口阀在零位时是有泄漏的。

2.3.2 实际零开口四边滑阀的静特性

实际零开口滑阀因有径向间隙，往往还有正或负的重叠量，同时阀口工作边不可避免地存在小圆角。因此在阀的零位附近某个微小位移范围内（例如 $|x_v|<0.025\text{mm}$），阀的泄漏是不可忽略的。这个泄漏特性决定了实际零开口阀的零位特性与理想零开口阀的不同，过了这个范围，因为径向间隙等影响可以忽略，实际零开口阀的特性与理想零开口阀相差不多。

2.3.2.1 实际零开口四边阀零区特性的实验研究

实际零开口四边阀零区特性可以通过实验研究的方法来确定。实验系统的原理图如图2-13所示。在被试零开口四边阀3的供油口接上油源，其压力调节为 p_s，关闭负载口 p_1 和 p_2，并在这两个阀口及供油口处分别安装上压力表4、5、6，以便读出各阀口的压力值。在阀的 p_0 口接一量杯7，以测量泄漏流量。在供油压力 p_s 一定的情况

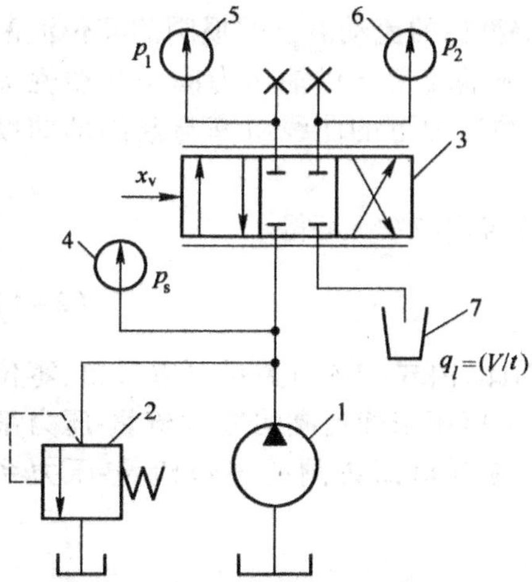

图2-13 零开口四边阀零区特性的实验系统原理图
1—液压泵；2—溢流阀；3—被试零开口四边阀；4～6—压力表；7—量杯

下，移动改变阀芯位移 x_v，在一定时间 t 内可分别测得各位移 x_v 情况下的 p_1、p_2、$p_L(=p_1-p_2)$、$q_l(=V/t)$（式中 V 为时间 t 内的泄漏油液体积），得到三条特性曲线：

（1）压力特性曲线。将测得的阀位移 x_v 与负载压力 p_L 数据进行整理所得的压力特性曲线如图 2-14 所示，该曲线在原点处的切线斜率就是阀的零位压力增益 K_{p0}。由图可以看出，零开口四边滑阀只要有一个很小的阀位移 x_v，负载压力 p_L 就很快增加到 p_s，这说明零开口四边阀的零位压力增益是很高的（可达 10^{12} 数量级），但 K_{p0} 不是无穷大。

（2）泄漏流量特性曲线。将测得的阀位移 x_v 与泄漏流量 q_l 数据进行整理，得到泄漏流量特性曲线，如图 2-15 所示。由该曲线可以看出，泄漏流量最大处是阀芯在零位的位置。因为这时阀的密封长度最短。随着阀芯位移，回油密封长度增大，泄漏流量急剧减小。泄漏流量曲线可用来度量阀在中位时的功率损失的大小。

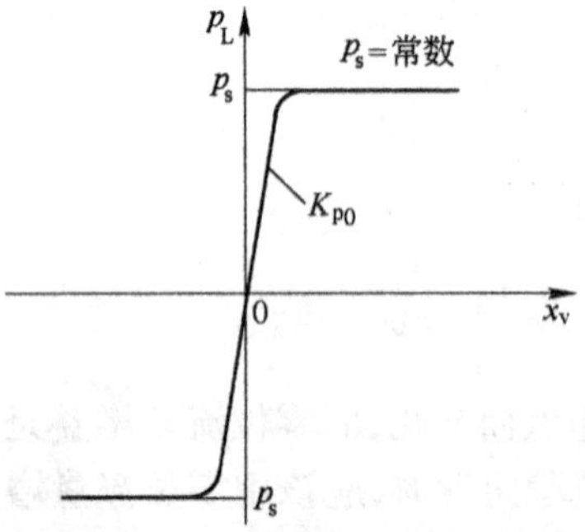

图 2-14　切断负载时的压力特性

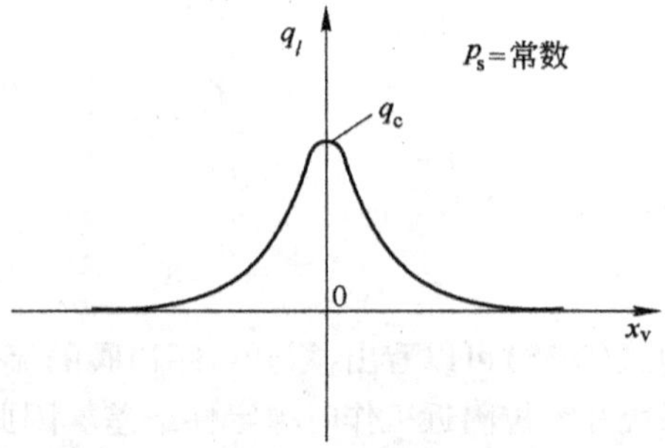

图 2-15　泄漏流量特性

（3）零位泄漏流量特性曲线。如果调节改变供油压力 p_s，就可测得一组如图 2-15 所示的曲线图，找到图中最大泄漏流量 q_c 和对应的供油压力 p_s，整理得零位泄漏流量特性曲线，如图 2-16 所示。

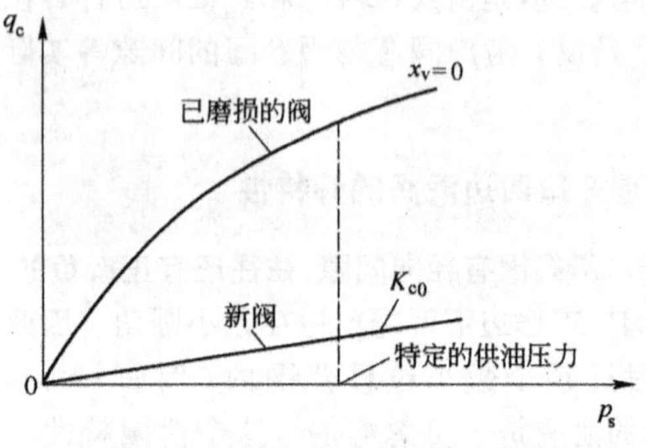

图 2-16　零位泄漏流量特性曲线

图 2-16 给出了一个新阀和一个已磨损的旧阀的零位泄漏流量特性曲线。由图可以看出，新阀的零位泄漏流量小，且流量与供油压力 p_s（即阀间隙的压差）成正比，是层流型的流动。已磨损阀的零位泄漏流量较新阀大，泄漏流量与供油压力间呈非线性关系，但在特定供油压力下的曲线斜率与新阀的曲线斜率相差不大。

由式(2-22)与式(2-25)可得

$$\frac{\partial q_s}{\partial p_s}=-\frac{\partial q_L}{\partial p_L}=K_c \tag{2-44}$$

实际阀在零位时的供油量即为阀的零位泄漏流量。因此，由式(2-44)关系可以看出，零位泄漏流量特性曲线不仅可用来判断阀的加工配合质量，还可以用来确定阀的零位流量-压力系数。即用零位泄漏流量曲线在供油压力下的斜率来确定零开口四边阀的零位流量-压力系数 K_{c0}。

2.3.2.2　实际零开口四边阀零位阀系数的近似计算

由前述实验结果表明，实际零开口四边阀零位泄漏流量曲线在特定供油压力下的曲线斜率，新阀与旧阀相差不大（约 2～3 倍），因此可按新阀的层流流动状态确定阀的流量-压力系数 K_{c0}。层流状态下，液体通过矩形锐边阀口的流量公式为

$$q=\frac{\pi r_c^2 w}{32\mu}\Delta p \tag{2-45}$$

式中 r_c——阀芯与阀套间的径向间隙；

w——阀的面积梯度；

μ——油液的动力黏度；

Δp——阀口两端的压力差。

图 2-11 所示的零开口四边阀的零位泄漏流量是两个窗口(3 和 4)泄漏流量之和。零位时，每个窗口的压力降为 $p_s/2$，因此零位时阀的总泄漏流量为

$$q_c=q_s=\frac{\pi r_c^2 w}{32\mu}p_s \tag{2-46}$$

由式(2-44)与式(2-46)可得实际零开口四边阀的零位流量-压力系数 K_{c0}

$$K_{c0}=-\frac{\partial q_L}{\partial p_L}=\frac{\partial q_s}{\partial p_s}=\frac{\pi r_c^2 w}{32\mu} \tag{2-47}$$

实际零开口四边阀的零位压力增益可由式(2-30)、式(2-41)和式(2-47)求得

$$K_{p0}=\frac{K_{q0}}{K_{c0}}=\frac{32\mu C_d\sqrt{p_s/\rho}}{\pi r_c^2} \tag{2-48}$$

上式表明，实际零开口四边阀的压力增益主要取决于阀的径向间隙的大小，而与阀的面积梯度无关。式(2-47)和式(2-48)虽然是一近似计算公式，但实践证明，由此得到的计算值与实验值是比较吻合的。

例 2-1 一实际零开口四边滑阀的径向间隙 $r_c=5\times10^{-6}$m，油液的动力黏度 $\mu=18\times10^{-3}$Pa·s，密度 $\rho=900$kg/m³，阀口的流量系数 $C_d=0.625$，供油压力为 7MPa，阀的面积梯度 $w=25.13\times10^{-3}$m，求该零开口四边滑阀的三个零位阀系数。

解：阀的零位流量增益

$$K_{q0}=C_d w\sqrt{\frac{p_s}{\rho}}=0.625\times25.13\times10^{-3}\times\sqrt{\frac{7\times10^6}{900}}=1.385\text{m}^2/\text{s}$$

阀的零位流量压力系数

$$K_{c0}=\frac{\pi r_c^2 w}{32\mu}=\frac{(5\times10^{-6})^2\times25.13\times10^{-3}\pi}{32\times18\times10^{-3}}=3.427\times10^{-12}\text{m}^3/(\text{s}\cdot\text{Pa})$$

阀的零位压力增益 $K_{p0}=\frac{K_{q0}}{K_{c0}}=\frac{1.385}{3.427\times10^{-11}}=0.404\times10^{12}\text{Pa/m}$

可见，实际零开口四边滑阀的压力增益是很大的，这也是该类阀得到广泛应用的原因之一。

2.4 正开口与负开口四边阀的静特性

2.4.1 正开口四边阀的静特性

2.4.1.1 正开口四边阀的静特性方程

参看图 2-8，匹配且对称的正开口四边阀(四通阀)的阀芯在阀套的中间位置时，四个节流窗口有相同的开口量 U，假设阀在正开口范围内工作，即 $|x_v|\leqslant U$，当阀芯按图示方向有一位移 x_v 时，则有

$$\left.\begin{aligned}A_1=A_3=w(U-x_v)\\A_2=A_4=w(U+x_v)\end{aligned}\right\} \tag{2-49}$$

将式(2-49)代入式(2-22)，可得正开口四边阀的静特性方程

$$q_L = C_d w(U + x_v)\sqrt{\frac{1}{\rho}(p_s - p_L)} - C_d w(U - x_v)\sqrt{\frac{1}{\rho}(p_s + p_L)} \tag{2-50}$$

将上式两边除以 $C_d wU\ \sqrt{p_s/\rho}$，得无因次压力-流量方程

$$\frac{q_L}{C_d wU\ \sqrt{p_s/\rho}} = \left(1 + \frac{x_v}{U}\right)\sqrt{1 - \frac{p_L}{p_s}} - \left(1 - \frac{x_v}{U}\right)\sqrt{1 + \frac{p_L}{p_s}} \tag{2-51}$$

令：$\dfrac{q_L}{C_d wU\ \sqrt{p_s/\rho}} = \bar{q}_L$——无因次负载流量；

$x_v/U = \bar{x}_v$——无因次阀位移；

$p_L/p_s = \bar{p}_L$——无因次负载压力。

无因次压力-流量方程式(2-51)就可简化为

$$\bar{q}_L = (1 + \bar{x}_v)\ \sqrt{1 - \bar{p}_L} - (1 - \bar{x}_v)\ \sqrt{1 + \bar{p}_L} \tag{2-52}$$

2.4.1.2　正开口四边阀的静特性曲线

根据式(2-52)作图，正开口四边阀无因次压力-流量特性曲线示于图2-17。由图可以看出，这些曲线的线性度比零开口四边阀好得多。当 x_v 变化均匀时，这些曲线的间隔也较均匀。这说明正开口四边滑阀的另外两个特性，流量特性和压力特性的线性度也应是较好的。因此，正开口四边滑阀在正开口范围内是比较线性的液压元件，这是四个液压桥臂高度对称的结果。当阀在正开口区域以外工作时，同一时刻只有两个节流窗口起控制作用，其压力-流量特性和零开口阀是一样的。

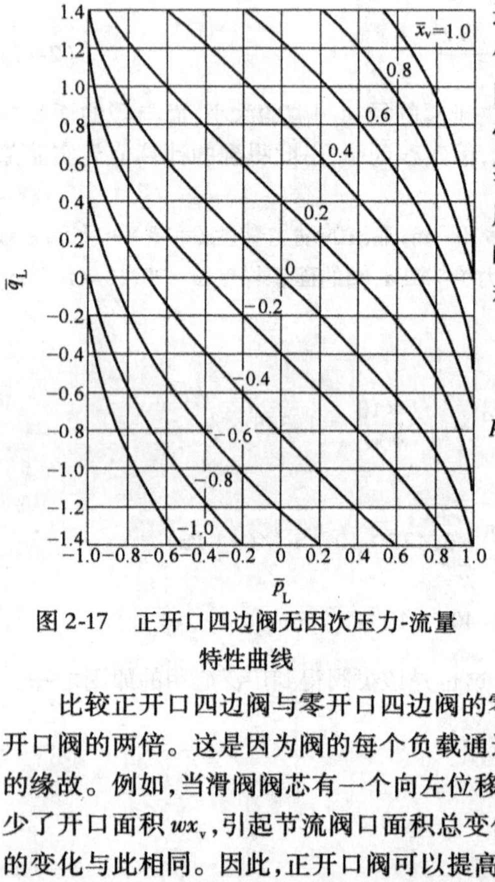

图2-17　正开口四边阀无因次压力-流量特性曲线

2.4.1.3　正开口四边阀的零位阀系数

对式(2-50)微分，代入零位条件 $x_v = 0, q_L = 0, p_L = 0$，得正开口四边阀零位阀系数为

$$K_{q0} = \left.\frac{\partial q_L}{\partial x_v}\right|_0 = 2C_d w\sqrt{\frac{1}{\rho}p_s} \tag{2-53}$$

$$K_{c0} = -\left.\frac{\partial q_L}{\partial p_L}\right|_0 = \frac{C_d wU\ \sqrt{p_s/\rho}}{p_s} \tag{2-54}$$

$$K_{p0} = \left.\frac{\partial p_L}{\partial x_v}\right|_0 = \frac{K_{q0}}{K_{c0}} = \frac{2p_s}{U} \tag{2-55}$$

比较正开口四边阀与零开口四边阀的零位阀系数，可以看出，正开口阀的流量增益 K_{q0} 是零开口阀的两倍。这是因为阀的每个负载通道口的负载流量 q_L 分别是由两个节流窗口同时控制的缘故。例如，当滑阀阀芯有一个向左位移 x_v 时，节流阀口4增加了开口面积 wx_v，节流阀口1减少了开口面积 wx_v，引起节流阀口面积总变化量为 $2wx_v$，流量变化也就增加了一倍。节流阀口2、3的变化与此相同。因此，正开口阀可以提高流量增益，改善阀的静态曲线的线性度。

正开口四边阀的压力增益 K_{p0} 比零开口四边阀低，并且与实际零开口四边阀一样，正开口四边阀的压力增益 K_{p0} 与阀的面积梯度 w 无关，而流量-压力系数 K_{c0} 与面积梯度 w 有关。因为在零位附近，正开口阀的情况与实际零开口是相似的。

2.4.1.4　正开口四边阀的零位泄漏流量

正开口四边阀的零位泄漏流量是窗口3、4泄漏流量之和，即

$$q_c = 2C_d wU\sqrt{\frac{1}{\rho}p_s} \tag{2-56}$$

这种正开口四边阀有较大的零位泄漏流量，因此它不适合大功率控制的场合。

将式(2-56)与式(2-53)和式(2-54)对比可以看出，正开口四边阀的零位阀系数也可从零位泄漏流量求出

$$K_{q0} = \frac{q_c}{U} \tag{2-57}$$

与

$$K_{c0} = \frac{q_c}{2p_s} \tag{2-58}$$

在实际应用中，有时采用部分正开口，即将正开口量规定为阀的最大行程的一部分，以便增大系统的阻尼作用。但这是以降低压力增益和增大零位泄漏流量为代价的，并且这样做使阀的流量特性变为非线性的。

2.4.2 负开口滑阀分析

在比例阀中，为了降低制造成本，改善密封性能，很多阀采用了负开口。如图2-18所示为匹配且对称的负开口阀，这种阀的阀芯在中位时，有相同的搭叠量 x_d。阀芯在搭叠量内移动时，没有流量输出；阀芯位移量 x_v 超过搭叠量 x_d 时，静特性如零开口四边阀。其压力-流量方程为

$$q_L = 0 \qquad (|x_v| < x_d) \tag{2-59}$$

$$q_L = C_d w\left(x_v - \frac{x_v}{|x_v|}x_d\right)\sqrt{\frac{1}{\rho}\left(p_s - \frac{x_v}{|x_v|}p_L\right)} \qquad (|x_v| > x_d) \tag{2-60}$$

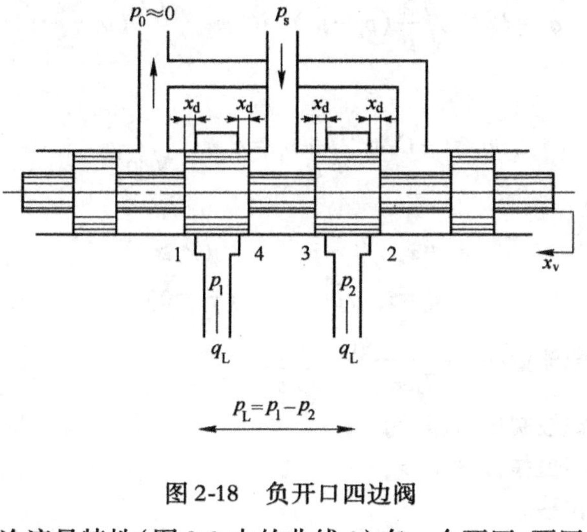

图2-18 负开口四边阀

负开口四边阀的理论流量特性(图2-3中的曲线3)有一个死区，死区的大小为 $2x_d$。

2.5 双边滑阀的静特性

如图2-19所示，双边(三通)滑阀只有一个负载口通负载的一个控制腔，因此它一般用来控制差动液压缸。为了控制液压缸的双向运动，一般在液压缸的有杆腔通入油源恒定压力为 p_s 的压力油，则当阀芯运动时，无杆腔的控制压力可在 $0 \sim p_s$ 范围内变化。为了使液压缸在两个方向上具有相同的控制能力和加、减速能力，应合理设计液压缸的两腔作用面积，使控制腔的压力 p_c 在阀零位时为 $p_s/2$，即

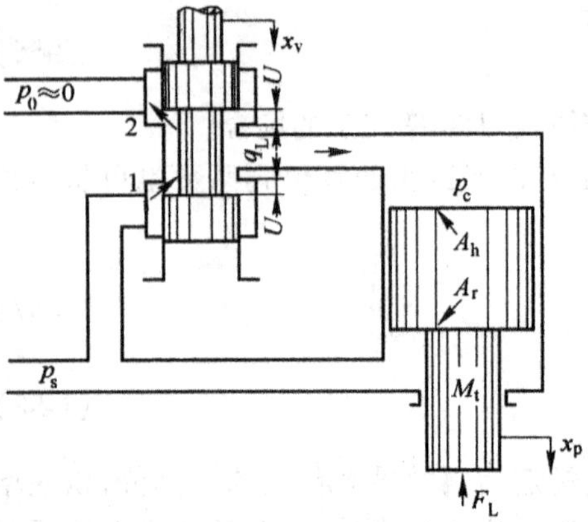

图 2-19 带差动液压缸的双边滑阀

$$p_{c0}=p_s/2 \tag{2-61}$$

当液压缸无负载作用时，液压缸两腔的作用面积关系应是

$$A_h=2A_r \tag{2-62}$$

当有单向恒定外负载 F_L 作用时，阀在零位时，活塞上的力平衡方程为

$$p_cA_h=p_sA_r\pm F_L$$

根据式(2-61)，液压缸两腔的面积关系应为

$$\frac{A_r}{A_h}=\frac{1}{2}\mp\frac{F_L}{p_sA_h} \tag{2-63}$$

式中，当 F_L 与 p_sA_r 方向一致时取负号，反之取正号。

双边滑阀由于其结构简单，制造方便，在机液伺服系统和比例阀的先导级控制中应用广泛。常用的双边滑阀有零开口型和正开口型两种，下面分别讨论它们的静特性。

2.5.1 零开口双边滑阀的静特性

2.5.1.1 零开口双边滑阀的静特性方程

在图 2-19 中，令 $U=0$，即成零开口双边滑阀。当阀芯离开中位有一个位移时，只有一个节流窗口通流，另一个节流窗口关闭，则阀的压力-流量方程可直接写出

当 $x_v\geqslant 0$ 时

$$q_L=C_dA_1\sqrt{\frac{2}{\rho}(p_s-p_c)}=C_dwx_v\sqrt{\frac{2}{\rho}(p_s-p_c)} \tag{2-64}$$

当 $x_v\leqslant 0$ 时

$$q_L=-C_dA_2\sqrt{\frac{2}{\rho}p_c}=C_dwx_v\sqrt{\frac{2}{\rho}p_c} \tag{2-65}$$

写成无因次形式

$$\bar{q}_L=\bar{x}_v\sqrt{1-\bar{p}_c}\qquad(x_v\geqslant 0) \tag{2-66}$$

$$\bar{q}_L=\bar{x}_v\sqrt{\bar{p}_c}\qquad(x_v\leqslant 0) \tag{2-67}$$

式中 $\bar{q}_L$——无因次负载流量，$\bar{q}_L=\dfrac{q_L}{C_dwx_{vm}\sqrt{2p_s/\rho}}$；

$\bar{p}_c$——无因次负载控制压力，$\bar{p}_c=p_c/p_s$；

$\bar{x}_v$——无因次阀芯位移，$\bar{x}_v=x_v/x_{vm}$；

x_{vm}——阀芯最大位移。

2.5.1.2 零开口双边滑阀的压力-流量特性曲线

零开口双边滑阀的压力-流量特性方程(2-66)、(2-67)与零开口四边滑阀的方程(2-37)相似，因此零开口双边滑阀的压力-流量特性曲线与零开口四边滑阀的形状是相似的，只要将图2-12的坐标及其值改变一下。横坐标 $\bar{p}_L$ 改为 $\bar{p}_c$，横坐标上的值 −1、0、1 值分别改为 0、1/2、1，其他数值按比例改变；纵坐标名 $\bar{q}_L$ 不变，实际定义(括号内的内容)已变化，因此纵坐标值均要除以$\sqrt{2}$。

2.5.1.3 零开口双边滑阀的零位阀系数

零开口双边滑阀的零位工作点可由 $x_v=0$、$q_L=0$、$p_c=p_s/2$ 来确定。在这一点对式(2-64)和

式(2-65)求偏导,可得零开口双边滑阀的零位阀系数

$$K_{q0}=\left.\frac{\partial q_L}{\partial x_v}\right|_0=C_d w\sqrt{\frac{1}{\rho}p_s} \tag{2-68}$$

$$K_{c0}=-\left.\frac{\partial q_L}{\partial p_L}\right|_0=\left.\frac{C_d w x_v\sqrt{\frac{1}{\rho}p_s}}{p_s}\right|_0=0 \tag{2-69}$$

$$K_{p0}=\left.\frac{\partial p_L}{\partial x_v}\right|_0=\left.\frac{K_{q0}}{K_{c0}}=\frac{p_s}{x_v}\right|_0=\infty \tag{2-70}$$

将以上理想零开口双边滑阀的阀系数与理想零开口四边滑阀的相比较,流量增益是相同的,压力增益实际是四边阀的一半。以后分析将会看到,由常值负载力和摩擦负载力所引起的稳态误差,零开口双边滑阀将是零开口四边滑阀的两倍。因此,这种阀常用于负载力较小,或允许误差较大的场合。

2.5.2 正开口双边滑阀的静特性

2.5.2.1 正开口双边滑阀的静特性方程

参看图2-19,该阀的负载流量 q_L 与负载腔的控制压力 p_c 是由两个阀口1、2同时工作控制的。设阀芯按图示方向有一位移 x_v,则负载通道控制的负载流量 q_L 为

$$q_L=q_1-q_2=C_d w(U+x_v)\sqrt{\frac{2}{\rho}(p_s-p_c)}-C_d w(U-x_v)\sqrt{\frac{2}{\rho}p_c} \tag{2-71}$$

式(2-71)即为正开口双边滑阀的静特性方程。写成无因次形式为

$$\bar{q}_L=(1+\bar{x}_v)\sqrt{1-\bar{p}_c}-(1-\bar{x}_v)\sqrt{\bar{p}_c} \tag{2-72}$$

式中 $\bar{q}_L$——无因次负载流量,$\bar{q}_L=\dfrac{q_L}{C_d wU\sqrt{2p_s/\rho}}$;

$\bar{p}_c$——无因次负载控制压力,$\bar{p}_c=p_c/p_s$;

$\bar{x}_v$——无因次阀芯位移,$\bar{x}_v=x_v/U$。

2.5.2.2 正开口双边滑阀的静特性曲线

正开口双边滑阀的压力-流量特性方程(2-72)与正开口四边滑阀的方程(2-52)相似,因此正开口双边滑阀的压力-流量特性曲线与正开口四边滑阀的形状是相似的,要将图2-17的坐标及其值改变一下。横坐标 $\bar{p}_L$ 改为 $\bar{p}_c$,横坐标上的值 -1、0、1 值分别改为 0、1/2、1(其他数值按比例改变);纵坐标名 $\bar{q}_L$ 不变,实际定义已变化,因此纵坐标值均要除以$\sqrt{2}$。

2.5.2.3 正开口双边滑阀的零位阀系数

正开口双边滑阀的零位工作点仍为 $x_v=0$、$q_L=0$、$p_c=p_s/2$。在这一点对式(2-71)求偏导,可得正开口双边滑阀的零位阀系数

$$K_{q0}=\left.\frac{\partial q_L}{\partial x_v}\right|_0=2C_d w\sqrt{\frac{1}{\rho}p_s} \tag{2-73}$$

$$K_{c0}=-\left.\frac{\partial q_L}{\partial p_L}\right|_0=\frac{2C_d wU\sqrt{p_s/\rho}}{p_s} \tag{2-74}$$

$$K_{p0}=\left.\frac{\partial p_L}{\partial x_v}\right|_0=\frac{K_{q0}}{K_{c0}}=\frac{p_s}{U} \tag{2-75}$$

与正开口四边阀的零位阀系数做一比较,可以看出它们的流量增益是相同的,零位压力增益

是正开口四边阀的一半。因为正开口四边阀有两个控制通道，且为差动工作，而正开口双边阀仅有一个控制通道。

2.5.2.4　正开口双边滑阀的零位泄漏流量

正开口双边滑阀的零位泄漏流量为正开口四边滑阀的一半。

$$q_c = C_d w U \sqrt{\frac{1}{\rho} p_s} \tag{2-76}$$

2.6　喷嘴挡板阀静特性分析

在液压伺服与比例控制系统中，另一类常用的控制阀是喷嘴挡板阀。与滑阀相比，喷嘴挡板阀具有结构简单，加工容易，运动部件质量惯性小等优点。但其零位功率损耗大，所以只适合于小功率系统。在二级伺服与比例方向阀中，很多采用喷嘴挡板阀作为第一级液压放大元件。

2.6.1　单喷嘴挡板阀静特性分析

单喷嘴挡板阀的结构原理如图 2-20a 所示。它由固定节流短孔（直径为 D_0）、喷嘴和挡板组成。喷嘴与挡板间的环形间隙构成可变节流口（可变液阻），它与固定阻尼孔（固定液阻）组成一液压半桥，对液压缸的控制腔压力 p_c 形成控制（见图 2-20b）。单喷嘴挡板阀实际上是一个三通阀，只有一条负载通道，只能用来控制单杆活塞液压缸的一个控制腔（无杆腔）。而另一有杆腔通以恒压压力油，一般与恒压油源相通，压力为 p_s，用来与控制腔的压力作用相比较，以控制液压缸（或下一级控制滑阀）的双向运动。当挡板与喷嘴间的间隙减小时，由于可变液阻增大，使控制压力 p_c 增大，$p_c A_h > p_s A_r$，液压缸活塞向上运动。当挡板与喷嘴间的间隙增大时，由于可变液阻减小，使控制压力 p_c 减小，$p_c A_h < p_s A_r$，液压缸活塞向下运动。

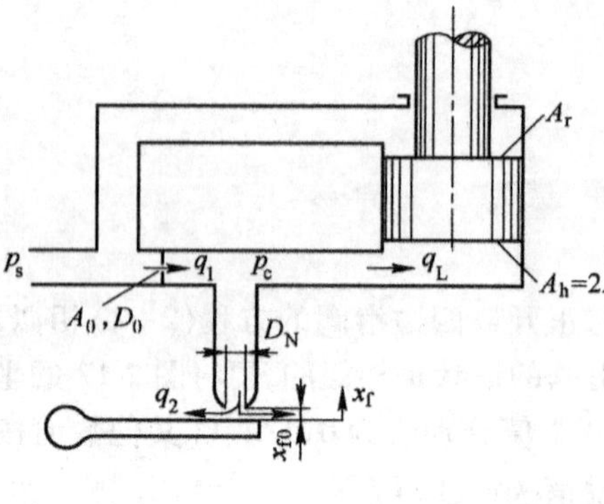

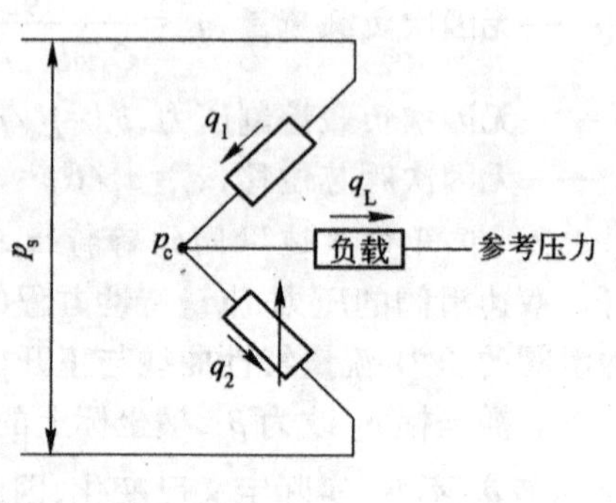

图 2-20　单喷嘴挡板阀工作原理
(a)结构原理图；(b)等效桥路

2.6.1.1　单喷嘴挡板阀的静特性方程

根据液流的连续性原理，由图 2-20 可得单喷嘴挡板阀输出到其负载的控制流量 q_L 为

$$q_L = q_1 - q_2 = C_{d0} A_0 \sqrt{\frac{2(p_s - p_c)}{\rho}} - C_{df} A_f \sqrt{\frac{2p_c}{\rho}} \tag{2-77}$$

式中　C_{d0}——固定节流孔的流量系数；

A_0——固定节流孔的通流面积，$A_0 = \pi D_0^2/4$；

C_{df}——喷嘴挡板间可变固定节流口的流量系数；

A_f——喷嘴挡板间可变节流口的通流面积，$A_f=\pi D_N(x_{f0}-x_f)$；

D_N——喷嘴孔直径；

x_{f0}——喷嘴挡板间的零位间隙；

x_f——挡板偏离零位的位移。

将可变节流口的通流面积表达式代入式(2-77)，可得单喷嘴挡板阀的静特性方程

$$q_L=q_1-q_2=C_{d0}A_0\sqrt{\frac{2(p_s-p_c)}{\rho}}-C_{df}\pi D_N(x_{f0}-x_f)\sqrt{\frac{2p_c}{\rho}} \tag{2-78}$$

2.6.1.2　单喷嘴挡板阀的设计准则与零位条件

单喷嘴挡板阀在零位时，液压缸应是不动，即 $q_L=0$。由式(2-77)可得单喷嘴挡板阀在零位时的压力特性方程

$$\frac{p_c}{p_s}=\left[1+\left(\frac{C_{df}A_f}{C_{d0}A_0}\right)^2\right]^{-1}$$

该方程表示的是单喷嘴挡板阀在零位时的压力特性，也称切断负载特性，控制压力 p_c 随 $C_{df}A_f/C_{d0}A_0$ 变化，如图 2-21 所示。

将可变节流口的通流面积表达式代入上式，有

$$\frac{p_c}{p_s}=\left[1+\left(\frac{C_{df}\pi D_N(x_{f0}-x_f)}{C_{d0}A_0}\right)^2\right]^{-1} \tag{2-79}$$

令 $\alpha=\frac{C_{df}\pi D_N x_{f0}}{C_{d0}A_0}$，则式(2-79)可写成

$$p_c=\left\{1+\left[\alpha-\frac{C_{df}\pi D_N x_f}{C_{d0}A_0}\right]^2\right\}^{-1}p_s \tag{2-80}$$

由式(2-80)可知，p_c 随 x_f 而变化。压力增益为 $K_p=\partial p_c/\partial x_f$，显然，压力增益 K_p 随 α 变化。如令

$$\frac{\partial K_p}{\partial\alpha}=\frac{\partial p_c/\partial x_f}{\partial\alpha}=0$$

可得 $\alpha=1$。说明 $\alpha=1$ 时，压力增益 K_p 有最大值。

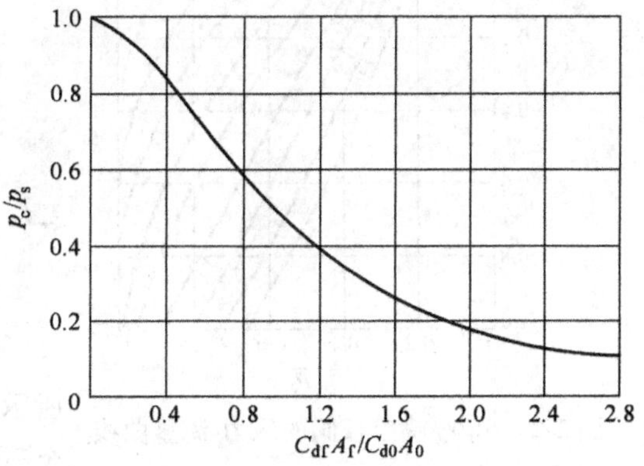

图 2-21　单喷嘴挡板阀切断负载时的特性

如果取这一点作为阀的零位工作点，就意味着阀在零位时压力增益最大，这是液压伺服系统所希望的。因此，在液压伺服阀的设计中，常将 $\alpha=1$ 作为单喷嘴挡板阀的设计准则，即

$$\alpha=\frac{C_{df}\pi D_N x_{f0}}{C_{d0}A_0}=1 \tag{2-81}$$

这时

$$x_f=0,q_L=0,p_{c0}=p_s/2 \tag{2-82}$$

式(2-82)即为单喷嘴挡板阀的零位条件。零位条件和设计准则在求单喷嘴挡板阀零位阀系数都是很有用的。从以上分析可以看出，按设计准则设计出来的单喷嘴挡板阀，不仅拥有最高的零位压力增益，同时使零位时阀的控制压力 p_{c0} 为 $p_s/2$，这样，使阀对负载控制压力的升高值与降低值相同。

2.6.1.3　单喷嘴挡板阀的压力-流量特性曲线

将式(2-81)的设计准则代入阀的静特性方程式(2-78)，并将其无量纲化，得

$$\bar{q}_L=\sqrt{1-\bar{p}_c}-(1-\bar{x}_f)\sqrt{\bar{p}_c} \tag{2-83}$$

式中　$\bar{q}_L$——无因次负载流量，

$$\bar{q}_L = \frac{q_L}{C_{d0}A_0\sqrt{2p_s/\rho}};$$

$\bar{p}_c$——无因次负载控制压力，$\bar{p}_c = p_c/p_s$；

$\bar{x}_f$——无因次挡板位移，$\bar{x}_f = x_f/x_{f0}$。

单喷嘴挡板阀的压力-流量特性曲线示于图2-22。由图2-22可以看出，该阀的特性是不对称的，这是由于阀的结构是非对称的缘故。

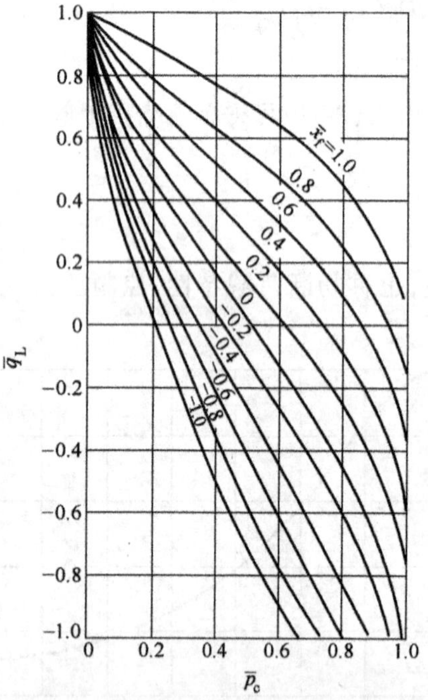

图2-22　单喷嘴挡板阀的压力-流量曲线

2.6.1.4　单喷嘴挡板阀的零位阀系数

由阀的压力-流量方程式(2-78)、设计准则式(2-81)和零位条件式(2-82)可得阀的零位阀系数

$$K_{q0} = \left.\frac{\partial q_L}{\partial x_f}\right|_0 = C_{df}\pi D_N\sqrt{\frac{1}{\rho}p_s} \tag{2-84}$$

$$K_{c0} = -\left.\frac{\partial q_L}{\partial p_c}\right|_0 = \frac{2C_{df}\pi D_N x_{f0}}{\sqrt{\rho p_s}} \tag{2-85}$$

$$K_{p0} = \left.\frac{\partial p_L}{\partial x_f}\right|_0 = \frac{K_{q0}}{K_{c0}} = \frac{p_s}{2x_{f0}} \tag{2-86}$$

2.6.1.5　阀在零位时泄漏流量

$$q_c = C_{df}\pi D_N x_{f0}\sqrt{p_s/\rho} \tag{2-87}$$

2.6.2　双喷嘴挡板阀静特性分析

2.6.2.1　双喷嘴挡板阀的压力-流量特性

双喷嘴挡板阀的结构原理图与等效桥路图如图2-23所示，它是将两个喷嘴对称置于挡板的两边。零位时两个喷嘴与挡板的距离均为 x_{f0}。当挡板向一侧有一个偏离位移 x_f 时，一个喷嘴挡板间的间隙减小，对应控制腔压力增大；另一个喷嘴挡板间的间隙增大，对应控制腔压力减小。双喷嘴挡板相当于一个四通阀，可以用来控制双作用液压缸。

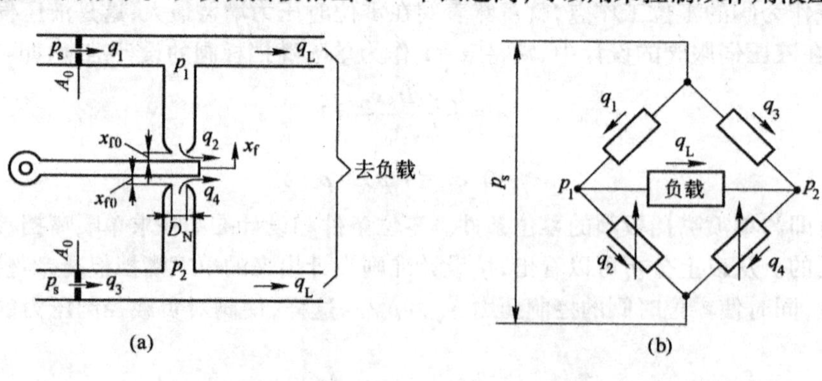

图2-23　双喷嘴挡板阀原理图及等效桥路图
(a)结构原理图；(b)等效桥路

根据流量连续性原理，由图2-23可得

$$\left.\begin{aligned} q_L &= q_1 - q_2 = C_{d0}A_0\sqrt{\frac{2(p_s-p_1)}{\rho}} - C_{df}\pi D_N(x_{f0}-x_f)\sqrt{\frac{2p_1}{\rho}} \\ q_L &= q_4 - q_3 = C_{df}\pi D_N(x_{f0}+x_f)\sqrt{\frac{2p_2}{\rho}} - C_{d0}A_0\sqrt{\frac{2(p_s-p_2)}{\rho}} \end{aligned}\right\} \tag{2-88}$$

负载压力

$$p_L = p_1 - p_2 \tag{2-89}$$

由以上原理可知，若采用式(2-81)所示的设计准则，就可使两个单喷嘴挡板阀对各自的控制压力 p_1、p_2 在零位时的压力灵敏度最高。显然，按差动原理组合起来的双喷嘴挡板阀，零位时对负载压力 $p_L=p_1-p_2$ 控制的灵敏度应该也是最高的。因此，式(2-81)所示的设计准则对于双喷嘴挡板阀也是适用的。利用该设计准则，可将式(2-88)、式(2-89)无量纲化

$$\bar{q}_L = \sqrt{2(1-\bar{p}_1)} - (1-\bar{x}_f)\sqrt{2\bar{p}_1} \tag{2-90}$$

$$\bar{q}_L = (1+\bar{x}_f)\sqrt{2\bar{p}_2} - \sqrt{2(1-\bar{p}_2)} \tag{2-91}$$

$$\bar{p}_L = \bar{p}_1 - \bar{p}_2 \tag{2-92}$$

式中 $\bar{q}_L$——无因次负载流量，$\bar{q}_L = \dfrac{q_L}{C_{d0}A_0\sqrt{p_s/\rho}}$；

$\bar{p}_1$——p_1 腔无因次负载控制压力，$\bar{p}_1 = p_1/p_s$；

$\bar{p}_2$——p_2 腔无因次负载控制压力，$\bar{p}_2 = p_2/p_s$；

$\bar{p}_L$——无因次负载控制压力，$\bar{p}_L = p_L/p_s$；

$\bar{x}_f$——无因次挡板位移，$\bar{x}_f = x_f/x_{f0}$。

将上面的三个方程结合起来，才能确定双喷嘴挡板阀的压力-流量特性曲线。具体方法如下：先选定一个 $\bar{x}_f$，给出一系列的 $\bar{q}_L$，利用式(2-90)和式(2-91)可以求出对应的 $\bar{p}_1$、$\bar{p}_2$，再用式(2-92)求出对应的 $\bar{p}_L$。根据这一系列的 $\bar{q}_L$、$\bar{p}_L$，可画出一根选定 $\bar{x}_f$ 下的压力-流量特性曲线。再选定一个个 $\bar{x}_f$，照样可画出其他压力-流量特性曲线，完成如图 2-24 所示的压力-流量特性曲线族。

由图 2-24 所示的压力-流量特性曲线可以看出，它比图 2-22 所示的单喷嘴挡板阀的压力-流量特性曲线对称性好，线性度也好，而且线性范围大。这是由于阀的对称结构及其差动原理的结果。因此，双喷嘴挡板阀广泛应用于伺服与比例阀的前置级控制中。

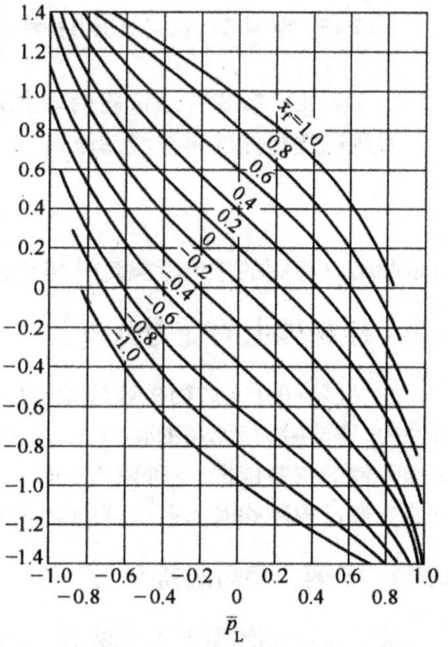

图 2-24 双喷嘴挡板阀的压力-流量曲线

2.6.2.2 双喷嘴挡板阀的压力特性

双喷嘴挡板阀在偏离零位时，一个喷嘴挡板的控制压力升高，另一个喷嘴挡板的控制压力降低。在切断负载($q_L=0$)的情况下，每个喷嘴挡板的无量纲控制压力 $\bar{p}_1$、$\bar{p}_2$ 随 $\bar{x}_f$ 的变化可由式(2-90)和式(2-91)得到

$$\bar{p}_1 = \frac{1}{1+(1-\bar{x}_f)^2} \tag{2-93}$$

$$\bar{p}_2 = \frac{1}{1+(1+\bar{x}_f)^2} \tag{2-94}$$

将上两式相减，得双喷嘴挡板阀的压力特性方程

$$\bar{p}_L = \bar{p}_1 - \bar{p}_2 = \frac{1}{1+(1-\bar{x}_f)^2} - \frac{1}{1+(1+\bar{x}_f)^2} \tag{2-95}$$

其压力特性曲线如图 2-25 所示。

2.6.2.3　双喷嘴挡板阀的零位阀系数

为了求得双喷嘴挡板阀的零位阀系数，可将式(2-88)的两式在零位附近结合设计准则线性化，可得

$$\Delta q_L = \frac{\partial q_L}{\partial x_f}\bigg|_0 \Delta x_v + \frac{\partial q_L}{\partial p_1}\bigg|_0 \Delta p_1 = C_{df}\pi D_N\sqrt{\frac{p_s}{\rho}}\Delta x_f - \frac{2C_{df}\pi D_N x_{f0}}{\sqrt{\rho p_s}}\Delta p_1 \tag{2-96}$$

$$\Delta q_L = \frac{\partial q_L}{\partial x_f}\bigg|_0 \Delta x_v + \frac{\partial q_L}{\partial p_2}\bigg|_0 \Delta p_2 = C_{df}\pi D_N\sqrt{\frac{p_s}{\rho}}\Delta x_f + \frac{2C_{df}\pi D_N x_{f0}}{\sqrt{\rho p_s}}\Delta p_2 \tag{2-97}$$

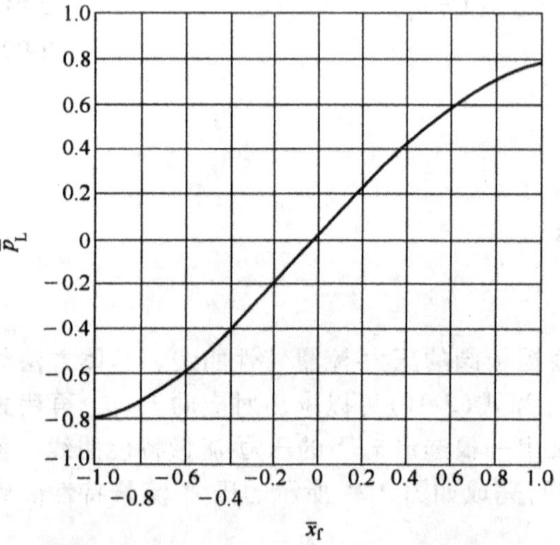

图 2-25　双喷嘴挡板阀的压力特性曲线

将以上两式相加再除以 2，并由式(2-89)可得双喷嘴挡板阀流量方程的增量式

$$\Delta q_L = C_{df}\pi D_N\sqrt{\frac{p_s}{\rho}}\Delta x_f - \frac{C_{df}\pi D_N x_{f0}}{\sqrt{\rho p_s}}\Delta p_L \tag{2-98}$$

由式(2-98)可直接得出双喷嘴挡板阀的零位阀系数

$$K_{q0} = \frac{\partial q_L}{\partial x_f}\bigg|_0 = C_{df}\pi D_N\sqrt{\frac{p_s}{\rho}} \tag{2-99}$$

$$K_{c0} = -\frac{\partial q_L}{\partial p_L}\bigg|_0 = \frac{C_{df}\pi D_N x_{f0}}{\sqrt{\rho p_s}} \tag{2-100}$$

$$K_{p0} = \frac{\partial p_L}{\partial x_f}\bigg|_0 = \frac{K_{q0}}{K_{c0}} = \frac{p_s}{x_{f0}} \tag{2-101}$$

将以上零位阀系数与单喷嘴挡板阀的零位阀系数相比较可知，两者的流量增益是相同的，而双喷嘴挡板阀的压力灵敏度增加了一倍。

2.6.2.4　双喷嘴挡板阀的零位泄漏流量

双喷嘴挡板阀的零位泄漏流量为

$$q_c = 2C_{df}\pi D_N x_{f0}\sqrt{\frac{p_s}{\rho}} \tag{2-102}$$

与单喷嘴挡板阀的零位泄漏流量相比较，双喷嘴挡板阀的零位泄漏流量增大了一倍。

2.7　控制阀上的受力分析

控制阀中的阀芯、挡板等运动部件，运动时会受到各种阻力，这些力包括控制阀运动部件的惯性力、摩擦阻力、弹簧的弹性力、外加负载力及液动力。控制阀的总阻力的大小是设计控制阀驱动元件的主要依据，各种阻力的性质和大小还将直接影响控制阀的静、动态性能。这里主要分析液流通过控制阀时阀所受到的液动力。

2.7.1　动量方程与液动力

液流通过控制阀时，会有液流力(液动力)作用在阀芯上。应用动量原理求解这个液动力较方便。求解的方法一般是应用动量方程，先根据液流上的动量变化求出控制阀固体壁面对液流

的作用力,再根据作用与反作用的关系求出控制阀所受的反作用力。

根据动量定律,作用在物体上全部外力的矢量和$\Sigma \boldsymbol{F}$等于物体动量的变化率。即

$$\Sigma \boldsymbol{F}=\frac{\mathrm{d}\boldsymbol{I}}{\mathrm{d}t} \tag{2-103}$$

式中 $\boldsymbol{I}$——物体某瞬时的动量。

根据上式推导流动液体的动量方程时,应在液流的流束中取出一控制体积。如在图2-26所示的流束中,在任意时刻t,任意取出被通流截面1、2所限制的控制体积,通流截面1、2处的平均流速分别为v_1和v_2。经过时间间隔dt后,控制体积1、2截面移动到1′2′位置,在dt时间内控制体积中液体质量的动量变化为

$$\begin{aligned}\mathrm{d}\boldsymbol{I}&=\boldsymbol{I}_{1'2't+\mathrm{d}t}-\boldsymbol{I}_{12t}\\&=(\boldsymbol{I}_{22't+\mathrm{d}t}+\boldsymbol{I}_{1'2t+\mathrm{d}t})-(\boldsymbol{I}_{1'2t}+\boldsymbol{I}_{11't})\\&=(\boldsymbol{I}_{22't+\mathrm{d}t}-\boldsymbol{I}_{11't})+(\boldsymbol{I}_{1'2t+\mathrm{d}t}-\boldsymbol{I}_{1'2t})\end{aligned} \tag{2-104}$$

2.7.1.1 液流做稳定流动的情况

当液流是理想液体,做稳定流动时,则有

$$\boldsymbol{I}_{1'2t+\mathrm{d}t}=\boldsymbol{I}_{1'2t}$$

因此,控制体积中的动量变化为

$$\mathrm{d}\boldsymbol{I}=\boldsymbol{I}_{22't+\mathrm{d}t}-\boldsymbol{I}_{11't}=[m\boldsymbol{v}]_{22'}-[m\boldsymbol{v}]_{11'}$$

上式说明,液流做稳定流动时,控制体积的动量变化为22′与11′两段液体的动量之差。根据动量的定义,这两段液体的动量分别为

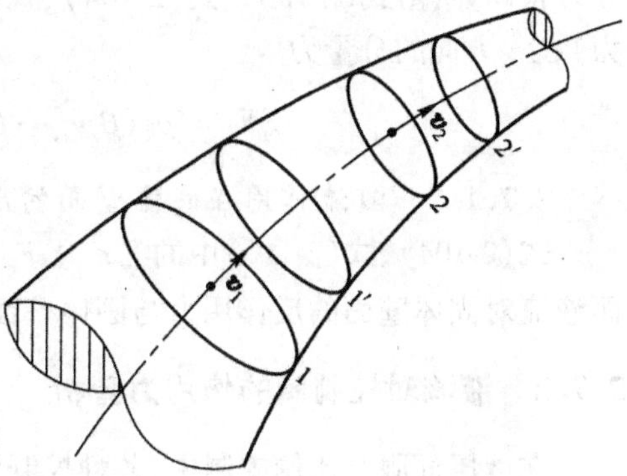

图2-26 动量方程推导用简图

$$[m\boldsymbol{v}]_{22'}=(\rho q\mathrm{d}t)\boldsymbol{v}_2$$
$$[m\boldsymbol{v}]_{11'}=(\rho q\mathrm{d}t)\boldsymbol{v}_1$$

式中,q为流束中的流量。因此,液流做稳定流动时,作用在液体控制体积上的作用合力

$$\boldsymbol{F}_\mathrm{b}=\frac{\mathrm{d}\boldsymbol{I}}{\mathrm{d}t}=\rho q(\boldsymbol{v}_2-\boldsymbol{v}_1) \tag{2-105}$$

式(2-105)即为理想液体做恒定流动时的动量方程。对于实际液体,由于油液的黏性作用,流束截面上的各点速度是不同的。各截面的动量应该用各点速度积分计算,这与按式(2-105)用平均流速v来计算各截面的动量是不等的,如用平均流速v来计算实际液体的各截面的动量时,必须进行修正。动量修正系数β表示液体的真实动量与采用平均流速计算出的动量之比。因此,实际液体的动量方程应修正表示为

$$\boldsymbol{F}_\mathrm{b}=\rho q(\beta_2\boldsymbol{v}_2-\beta_1\boldsymbol{v}_1) \tag{2-106}$$

式中,各截面的动量修正系数β与流动状态有关,层流时取$\beta=1.33$,近似值常用$\beta=1$;紊流时取$\beta=1$。

式(2-106)表明,液体在做稳定流动时,作用在液流上的液流力等于单位时间液体流出控制体积表面与流入控制体积表面的液体动量之差。这是由于液体在不同位置上具有不同速度(加速或减速)所需加的力,这个作用在控制体积上的力,称为稳态液动力。

在式(2-106)中,$\boldsymbol{F}_\mathrm{b}$、$\boldsymbol{v}_1$、$\boldsymbol{v}_2$均为向量。在具体应用时常用到某一方向上的动量方程。对于指定方向(如x方向)作稳定流动时,x方向稳态液动力$F_{\mathrm{b}x}$应表示为

$$F_{\mathrm{b}x}=\rho q(\beta_2 v_{2x}-\beta_1 v_{1x}) \tag{2-107}$$

式中,v_{1x}、v_{2x}为1、2截面流速在x方向的分量。

2.7.1.2 液流作非稳定流动的情况

如果液流做非稳定流动,液体不仅在控制体积表面(即在流进、流出位置)有动量变化,而且

在控制体积内部，液体的速度也随时间变化，也有动量变化。即 $I_{1'2t+dt} \neq I_{1'2t}$。由于时间 d$t$ 很短，控制体积 1′2 与 12 近似相等，因此它们的差值为

$$I_{1'2t+dt} - I_{1'2t} = I_{12t+dt} - I_{12t} = \mathrm{d}\left[\int_V \rho u \mathrm{d}V\right] \tag{2-108}$$

控制体积内部液体速度变化（加速或减速）所需要的固体壁面对它的作用力，称为瞬态液动力 F_t。其在 x 方向的分量为

$$F_{tx} = \frac{\mathrm{d}}{\mathrm{d}t}\left[\int_V \rho u_x \mathrm{d}V\right] \tag{2-109}$$

式中，u_x 为控制体积中微元体积 dV 中液体速度在 x 方向的分量。

很明显，由式(2-103)、式(2-104)、式(2-107)、式(2-109)可得控制体积的总液流力（总液动力）在 x 方向的分量为

$$\Sigma F_x = \rho q(\beta_2 v_{2x} - \beta_1 v_{1x}) + \frac{\mathrm{d}}{\mathrm{d}t}\left[\int_V \rho u_x \mathrm{d}V\right] = F_{bx} + F_{tx} \tag{2-110}$$

2.7.1.3 液流作用在固体壁面的反作用力

式(2-104)、式(2-110)中的 ΣF、ΣF_x 是控制体积中液体受到的作用合力及其 x 方向的分量，而液流对固体壁面的反作用力与固体壁面对液体的作用力大小相等、方向相反。

2.7.2 液流对控制阀的作用力分析

在液压伺服与比例控制中，各种控制阀依靠阀芯和挡板等的移动来改变阀口大小，从而形成可变液阻，对液流进行控制。但是，当液流通过阀腔流过阀口时，会给阀芯和挡板一个作用力，这将影响控制阀的工作性能。研究液流对控制阀的作用力，要用到动量原理和动量方程。下面结合具体控制阀实例进行分析。

例 2-2 作用在滑阀上的液动力分析

图 2-27 所示为一二通控制滑阀的示意图。滑阀的面积梯度为 w，液体从阀口流入滑阀，试求液流对阀芯的轴向作用力。

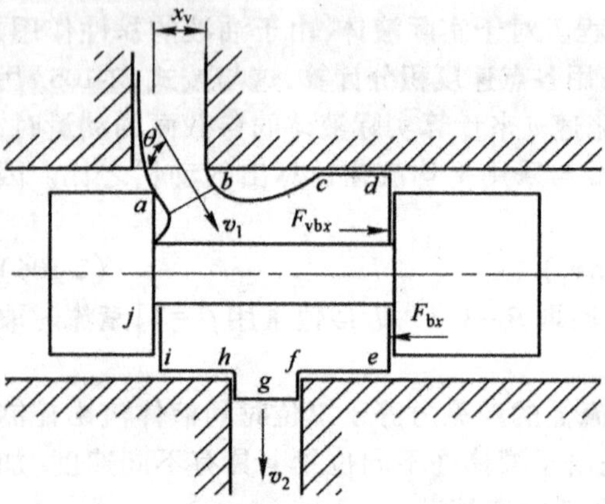

图 2-27 滑阀中的稳态液动力计算

解： 对于滑阀阀芯上受到液流的轴向作用力，要分两种情况：

（1）阀口开度为 x_v 固定不变，液体做稳定流动的情况。

这种情况如图 2-27 所示，在阀腔中的液体动量没有变化，液流受到阀芯的轴向作用，只有轴向稳态液动力 F_{bx}，这可以通过式(2-107)所示的动量方程求得。应用动量方程的关键，在于正确选取控制体积，该控制体积应包括对液流的作用力所产生的全部动量变化。在本例中，根据液流的流动情况，在阀芯两凸肩之间选取控制体积 $abcdefghij$，该控制体积包括阀入口的最小收缩截面 ab，该处的流速为 v_1，它与轴线的夹角为 θ；在阀出口处流速为 v_2，它与轴线的夹角为 90°。

由式(2-107)可求得液流受阀芯作用的轴向稳态液动力 F_{bx}

$$F_{bx} = \rho q(\beta_2 v_{2x} - \beta_1 v_{1x}) = \rho q(\beta_2 v_2 \cos 90° - \beta_1 v_1 \cos\theta) = -\rho q \beta_1 v_1 \cos\theta \tag{2-111}$$

式中的负号说明液流受阀芯的轴向作用力的方向与 v_{1x} 的投影方向相反，是向左。而阀芯受到液

流的反作用力

$$F_{vbx} = -F_{bx} = \rho q\beta_1 v_1 \cos\theta \tag{2-112}$$

式(2-112)说明，滑阀阀芯上受到液流的反作用力 F_{vbx} 大小等于 F_{bx}，为 $\rho q\beta_1 v_1\cos\theta$，而方向与之相反（向右），是使阀口关闭的方向。该力简称为阀芯上受到的稳态液动力。

可以证明，对于滑阀，无论液流是从阀口流进还是流出，阀芯上所受到的稳态液动力方向，都是使阀口关闭的方向。读者可以自行分析。

上式中通过阀口的流量 q 为

$$q = C_d w x_v \sqrt{\frac{2}{\rho}\Delta p} \tag{2-113}$$

通过阀口收缩截面的流速 v_1 为

$$v_1 = C_v \sqrt{\frac{2}{\rho}\Delta p} \tag{2-114}$$

式中，C_v 为阀口最小收缩截面液流的速度系数，对于薄壁型小孔 $C_v = 0.97 \sim 0.98$；

将式(2-113)、式(2-114)代入式(2-112)得

$$F_{vbx} = -F_{bx} = 2C_d C_v w \Delta p \cos\theta x_v = K_{bs} x_v \tag{2-115}$$

式(2-112)、式(2-115)说明，液流作用在滑阀阀芯上的作用力即稳态液动力 F_{vbx}，其大小随流量和压力而变化，高压、大流量时这个力还是相当大的。F_{vbx} 与阀口开度 x_v 成正比，这相当于一个弹性力。其等效弹性系数 $K_{bs} = 2C_d C_v w \Delta p \cos\theta$。

(2) 当阀芯以 dx_v/dt 速度移动时的情况。

阀芯移动方向如图 2-28 所示。这时不仅进、出阀口流速不同，液流受阀芯一个轴向稳态液动力作用，同时阀口的流量随时间还发生变化，阀腔中液体的流速也随时间发生变化。根据动量原理，这时阀腔中液体还要受到一个滑阀对它的瞬态液动力，同时液流也给阀芯一个瞬态液动力的反作用力，简称阀芯上受到的瞬态液动力。仍设二凸肩间油液体积为控制体积，控制体积中液流的有效液流长度 L 为滑阀进、出口间的轴向距离，阀腔的有效作用面积为 A，设控制体积中液体为集中质量，其有效液体质量为 $m(=\rho AL)$，平均流速为 v。根据式(2-109)，控制腔中液体所受的瞬态液动力为

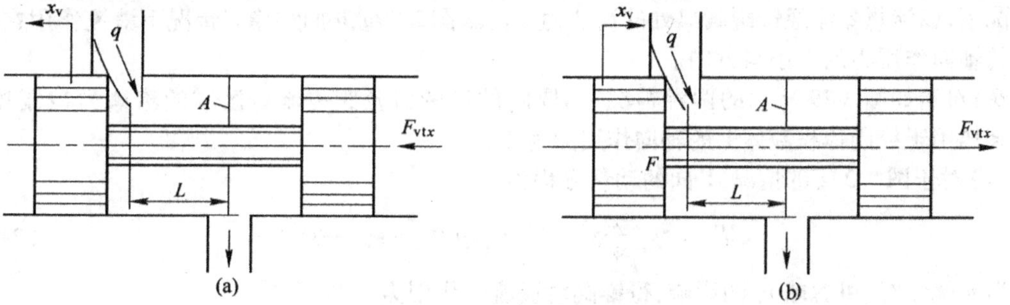

图 2-28 滑阀上的瞬态液动力计算

$$F_{tx} = \frac{d}{dt}\left[\int_V \rho u_x dV\right] = \frac{d}{dt}[mv] = m\frac{dv}{dt} = \rho AL\frac{dv}{dt}$$
$$= \rho L\frac{dAv}{dt} = \rho L\frac{dq}{dt} \tag{2-116}$$

当阀口前后压力差 Δp 不变或变化影响不大时，由式(2-113)可得

$$\frac{dq}{dt} = C_d w \sqrt{\frac{2}{\rho}\Delta p}\frac{dx_v}{dt}$$

将上式代入式(2-116)，可得控制腔中液体所受的瞬态液动力

$$F_{tx} = C_d wL\sqrt{2\rho\Delta p}\frac{dx_v}{dt} = B_t\frac{dx_v}{dt} \tag{2-117}$$

这个液流力对阀芯的反作用力，即阀芯上受到的瞬态液动力 F_{vtx} 与 F_{tx} 大小相等，方向相反。即

$$F_{vtx} = -F_{tx} = -C_d wL\sqrt{2\rho\Delta p}\frac{dx_v}{dt} = -B_t\frac{dx_v}{dt} \tag{2-118}$$

式中，负号表示 F_{vtx} 与 F_{tx} 的方向相反。由式(2-118)可以看出，阀芯上受到瞬态液动力的大小与阀芯移动速度成正比，相当于一个黏性摩擦力，其等效黏性摩擦系数为

$$B_t = C_d wL\sqrt{2\rho\Delta p}$$

这个瞬态液动力方向与滑阀阀芯移动方向、液流在阀腔中的流动方向有关。当阀芯移动方向如图 2-28a 所示向左时，阀口开大，通过阀口的流量呈增大的趋势，则阀腔中液流的流速 v 加大，因此可以推断阀芯对液流的轴向作用力的方向是向右。液流对阀芯的轴向反作用力，即阀芯受到的轴向瞬态液动力的方向是使阀口开大的向左方向。图 2-28b 的情况是阀芯向右运动的情况，阀口关小，通过阀口的流量呈减小的趋势，则阀腔中液流的流速 v 减小，因此可以推断阀芯对液流的轴向瞬态液动力的方向是向左。则阀芯受到的轴向瞬态液动力的方向是使阀口关小的向右方向。

以上两种情况，阀芯上所受到的瞬态液动力方向均是与阀芯运动方向相同的阻尼力，为负黏性阻尼力。可以证明，液流通过滑阀的流向相反时，阀芯上所受到的瞬态液动力均为与阀芯运动方向相反的正黏性摩擦阻力。读者可以用相同的原理方法自己进行分析。

这时滑阀芯上受到液流的轴向总作用力为稳态液动力与瞬态液动力的叠加。由式(2-110)、式(2-115)与式(2-118)可得

$$F_{vx} = F_{vbx} + F_{vtx} = 2C_d C_v w\Delta p\cos\theta x_v \pm C_d wL\sqrt{2\rho\Delta p}\frac{dx_v}{dt} \tag{2-119}$$

式中的“±”号，F_{vtx} 与 F_{vbx} 方向相同时取正号，反之则取负号。

例题 2-3　图 2-29 所示的锥阀锥角为 2φ，当液流在阀进口处压力为 p_1、出口处压力为 $p_2=0$ 的情况下，以流量 q 流经锥阀阀口处的流速为 v_2。求图 2-29a、b 两种稳态情况下液流作用在锥阀芯上的轴向作用力的大小与方向。

解：对于如图 2-29 所示的两种情况，均取阀的进油口及阀控制口区域的液体为控制体积。设锥阀作用于控制体积液体上的轴向作用力为 F。

(1)对于图 2-29a 的情况，Y 向的动量方程为

$$\Sigma F_Y = p_1\frac{\pi}{4}d^2 - F = \rho q(\beta v_2\cos\varphi - \beta v_1) \tag{2-120}$$

当 $v_1 \ll v_2$ 时，可忽略 v_1 的影响，得锥阀对液流的作用力

$$F = p_1\frac{\pi}{4}d^2 - \rho q\beta v_2\cos\varphi \tag{2-121}$$

(2)对于图 2-29b 的情况，Y 向的动量方程为

$$\Sigma F_Y = p\frac{\pi}{4}(d_2^2 - d_1^2) - p\frac{\pi}{4}(d_2^2 - d^2) - F = \rho q(\beta v_2\cos\varphi - \beta v_1) \tag{2-122}$$

同样，当 $v_1 \ll v_2$ 时，可忽略 v_1 的影响，得锥阀对液流的作用力

$$F = p\frac{\pi}{4}(d^2 - d_1^2) - \rho q\beta v_2\cos\varphi \tag{2-123}$$

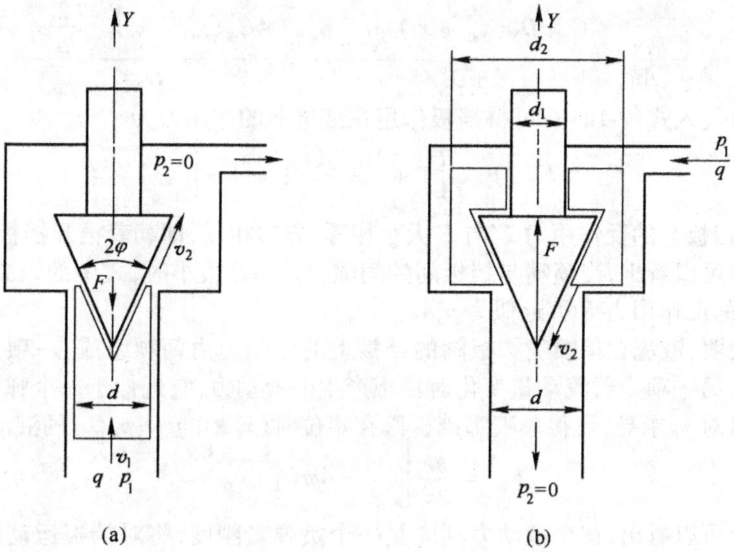

图 2-29 锥阀芯上的稳态液动力分析

在上述两种情况下,液流对锥阀的反作用力,即液流对阀芯的反作用力大小都等于各自的 F,而方向与 F 相反,即与图中 F 方向相反。在图 2-29a 的情况,液流作用力图使锥阀口进一步打开;而在图 2-29b 的情况,液流作用力图使锥阀口关闭。由此可以看出,液流对锥阀芯的作用力方向并不是固定不变的,而是对具体问题要做具体的分析。

例 2-4 如图 2-30 所示一单喷嘴挡板阀,其喷嘴孔直径为 D_N,喷嘴端面的外径为 D,在喷嘴孔至喷嘴端面间的环形面积上的压力可以忽略,设单喷嘴挡板阀的控制压力为 p_c,求液流作用在挡板上的作用力。

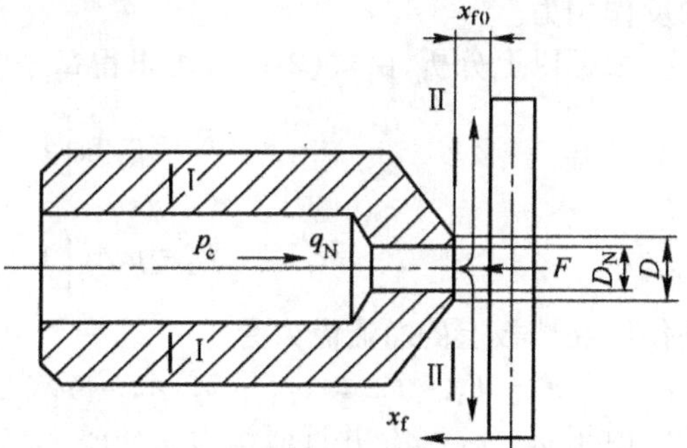

图 2-30 单喷嘴挡板阀作用在挡板上的液流力

由动量原理可得,挡板作用在液流上的作用力 F 为

$$F = p_N A_N + \rho q_N v_N \tag{2-124}$$

式中 A_N——喷嘴孔面积 $A_N = \pi D_N^2/4$;

p_N——喷嘴孔处的压力;

q_N——通过喷嘴的流量;

v_N——喷嘴孔出口断面处的液流流速。

压力 p_N 可由断面Ⅰ-Ⅰ和断面Ⅱ-Ⅱ的伯努利方程求得

$$p_N = p_c - \frac{1}{2}\rho v_N^2 \tag{2-125}$$

将式(2-125)代入式(2-124),可得

$$F = \left(p_c + \frac{1}{2}\rho v_N^2\right)A_N \tag{2-126}$$

喷嘴孔出口断面处的流速

$$v_N = \frac{q_N}{A_N} = \frac{C_{df}\pi D_N(x_{f0} - x_f)\sqrt{\dfrac{2}{\rho}p_c}}{\pi D_N^2/4} = \frac{4C_{df}(x_{f0} - x_f)\sqrt{\dfrac{2}{\rho}p_c}}{D_N} \tag{2-127}$$

将式(2-127)代入式(2-124),可得挡板作用在液流上的作用力为

$$F = p_c A_N\left[1 + \frac{16C_{df}^2(x_{f0} - x_f)^2}{D_N^2}\right] \tag{2-128}$$

液流作用在挡板上的反作用力 F' 与 F 大小相等,方向相反,即朝着推开挡板的方向。

由式(2-128)可以看出,当喷嘴与挡板间的间隙($x_{f0} - x_f$)很小时,式中的第二项可以忽略,液流作用在挡板上的反作用力 F 可近似为 $p_c A_N$。

式(2-128)说明,液流在单喷嘴挡板阀的挡板上的作用力由两项组成,一项为静压力作用于挡板上的液压力,另一项为射流动量变化对挡板产生的液动力,它近似于一个弹性力。

将式(2-128)对 x_f 求导,可得单喷嘴挡板阀在零位时($x_f = 0, p_c = p_s/2$)的液动力刚度为

$$K_{bs} = \left.\frac{\partial F}{\partial x_f}\right|_0 = -4\pi C_{df}^2 p_s x_{f0} \tag{2-129}$$

由式(2-129)可以看出,这个液动力刚度是一个负弹簧刚度,将对挡板运动的稳定性产生不利的影响。

例 2-5　如在例 2-4 中的挡板的另一边再对称安装一个喷嘴,即成图 2-31 所示的双喷嘴挡板阀。该双喷嘴挡板阀两腔的控制压力分别为 p_1、p_2,试分析液流作用在该双喷嘴挡板阀的挡板上的反作用力。

根据以上分析,由式(2-128)可求得每个喷嘴作用于挡板上的液流力分别为

$$\left.\begin{aligned} F_1 &= p_1 A_N\left[1 + \frac{16C_{df}^2(x_{f0} - x_f)^2}{D_N^2}\right] \\ F_2 &= p_2 A_N\left[1 + \frac{16C_{df}^2(x_{f0} + x_f)^2}{D_N^2}\right] \end{aligned}\right\} \tag{2-130}$$

则作用在挡板上的净液流力为

$$F = F_1 - F_2 = (p_1 - p_2)A_N + 4\pi C_{df}^2(x_{f0}^2 + x_f^2)(p_1 - p_2) - 8\pi C_{df}^2 x_{f0}(p_1 + p_2)x_f \tag{2-131}$$

由于 $p_1 - p_2 = p_L$,并近似认为 $p_1 + p_2 = p_s$,则上式可改写为

$$F = F_1 - F_2 = p_L A_N + 4\pi C_{df}^2(x_{f0}^2 + x_f^2)p_L - 8\pi C_{df}^2 x_{f0} p_s x_f \tag{2-132}$$

在喷嘴挡板阀的设计中,为了保证喷嘴挡板间的环形节流面积是可控的节流面积,避免产生流量饱和现象,应使喷嘴孔面积远远大于这环形节流面积,通常取

$$\pi D_N x_{f0} \leqslant \frac{1}{4} \times \frac{\pi D_N^2}{4}$$

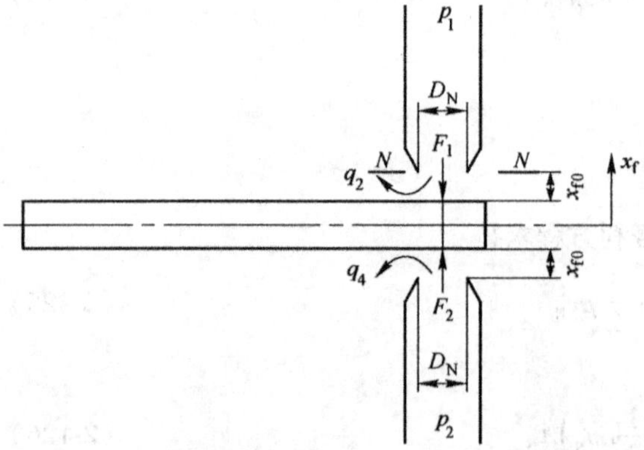

图 2-31　双喷嘴挡板阀作用在挡板上的液动力

将上式化简后得 $x_{f0} \leqslant D_N/16$,而且又由于 $x_f < x_{f0}$,因此式(2-132)中的第二项与第一项相比,可以完全忽略。所以式(2-132)可化简为

$$F = F_1 - F_2 = p_L A_N - 8\pi C_{df}^2 x_{f0} p_s x_f \tag{2-133}$$

式(2-133)表示,液流作用在双喷嘴挡板阀的挡板上的液流力也是由两项组成,即一项为静压力作用于挡板上的液压力,另一项近似为射流动量变化对挡板产生的液动力,很明显,其液动力刚度是单喷嘴挡板阀的二倍。挡板在中位时,$p_L = 0$, $x_f = 0$,挡板受力处于平衡状态。

思考题

2-1　为什么说液压控制阀是一个转换、放大、控制元件?

2-2　指出图 2-1 所示各种滑阀的节流棱边,它们的负载流量 q_L 的通道。

2-3　什么是控制阀的静特性,控制阀的静特性有几种表示方法?

2-4　实际零开口四边阀的三个阀系数如何求取,它们与理想零开口四边阀的阀系数有什么异同点,阀的径向间隙对阀系数有什么影响?

2-5　比较零开口双边阀、四边阀与正开口双边阀、四边阀的特性(包括方程、曲线、阀系数和零位泄漏)的异同点,并阐明理由。

2-6　单喷嘴挡板阀为什么是一个三通阀,双喷嘴挡板阀为什么是一个四通阀,它们对执行元件的控制上有什么不同? 一般喷嘴挡板阀为什么采用式(2-81)的设计准则,它有什么优点?

2-7　什么是阀的零位工作点,各种阀的零位工作条件是什么?

2-8　射流管阀有哪些特点,射流管阀的工作原理与滑阀、喷嘴挡板阀有什么异同?

2-9　什么是作用在滑阀阀芯上的稳态液动力和瞬态液动力,它们的大小和方向如何确定,它们都是什么性质的力?

习　题

2-1　一半周通油的零开口四边滑阀,其阀芯直径 $d=6\times10^{-3}$ m,径向间隙 $r_c=5\times10^{-6}$ m,供油压力 $p_s=70\times10^5$ Pa,采用 10 号航空油,40℃时工作,流量系数 $C_d=0.625$,求阀的三个零位阀系数。

2-2　有一个四通阀控系统,供油压力 $p_s=21\times10^6$ Pa,系统要求阀的最大空载流量为 25L/min,系统的稳定性要求阀的零位流量增益 $K_{q0}=2.072\text{m}^2/\text{s}$,试计算确定滑阀的直径 d 和最大开口量 x_{vm}。计算时取流量系数 $C_d=0.625$,油液密度 $\rho=900\text{kg/m}^3$。

2-3　有一个正开口量 $U=0.05\times10^{-3}$ m 的四通滑阀,在 $p_s=7\times10^6$ Pa 时测得泄漏流量 $q_c=5$L/min,求阀的三个零位阀系数,并写出该阀在零位附近的线性化流量方程。

2-4　如图 2-11 所示的全周开口四边阀,其直径 $d=8\times10^{-3}$ m,供油压力 $p_s=21\times10^6$ Pa,最大开口量 $x_{vm}=0.5\times10^{-3}$ m,求阀在空载时的最大稳态液动力。

2-5　已知一双喷嘴挡板阀的供油压力 $p_s=21\times10^6$ Pa,零位泄漏流量 $q_c=7.5\times10^{-6}\text{m}^3/\text{s}$,试设计计算确定喷嘴直径 D_N,喷嘴挡板间的零位间隙 x_{f0},固定阻尼孔直径 D_0,并求出阀的三个零位阀系数。计算时取 $C_{d0}=0.8$,$C_{df}=0.64$,油液密度 $\rho=900\text{kg/m}^3$。

2-6　如图 2-32 所示为一单边滑阀控制液压缸,设固定阻尼孔通流面积为 A_0,流量系数为 C_{d0},液压缸两腔作用面积比为 $A_r:A_c=1:2$,阀芯直径为 d_v,图示 x_v 方向为阀位移的正方向,恒压油源压力为 p_s。

(1)求液压缸平衡不动时,阀的开口量 U;

(2)写出阀的压力-流量方程;

(3)写出阀的零位条件;

(4)求出阀的三个零位阀系数及零位泄漏流量。

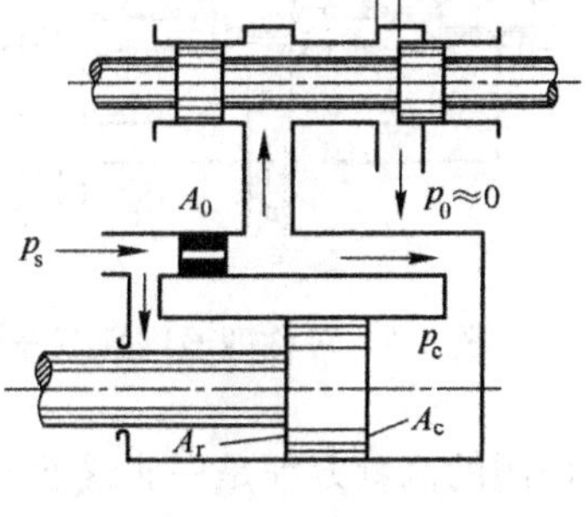

图 2-32　习题 2-6 图

3 液压动力元件

液压动力元件是由液压控制元件与液压执行元件组成的。按照液压控制元件的不同，液压动力元件可以分为阀控式和泵控式两种。液压执行元件可以是液压缸（也可是下一级的控制滑阀）或液压马达，因此，液压动力元件可以分为四种基本形式，即阀控液压缸、阀控液压马达、泵控液压缸、泵控液压马达。

在大多数的液压伺服或比例控制系统的性能研究分析中，液压动力元件是一个重要部件，它的动态性能对整个系统的性能有很大影响。而液压动力元件的特性又与其负载特性密切相连。本章重点学习建立几种典型液压动力元件的数学模型，分析它们的主要性能参数，讨论动力元件与负载的参数匹配问题。这是分析与设计液压伺服与比例控制元件及系统的基础。

3.1 四通阀（四边阀）控液压缸的数学模型

四通阀（四边阀）控液压缸是伺服与比例控制系统中最常用的液压动力元件。按照液压缸的结构不同，可以是对称型的双杆活塞液压缸，也可以是非对称型的单杆活塞液压缸。四通阀可以是阀口对称型的，也可以是阀口非对称型的。本节主要分析对称阀控制对称型的双杆活塞液压缸组成的液压动力元件，这是最基本，也是最常见的液压动力元件。

3.1.1 基本方程及其拉氏变换式

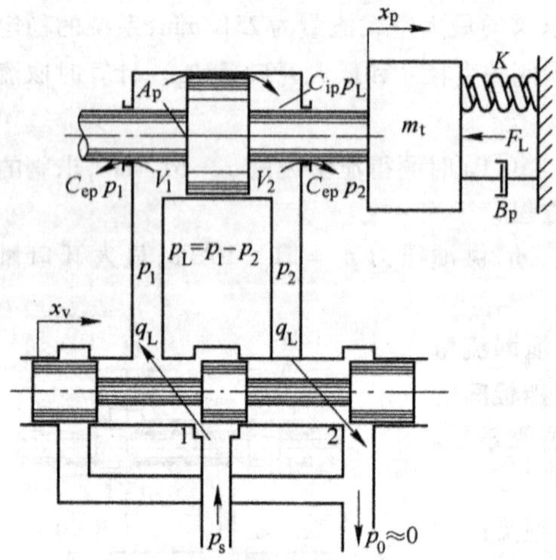

图 3-1 对称四通阀控双杆活塞液压缸

对称四通阀控双杆活塞液压缸的原理如图 3-1 所示。它由四通阀与带有弹性负载、黏性摩擦负载、惯性负载和任意外加负载的液压缸组成。液压缸的工作面积为 A_p，系统供油压力 p_s 恒定不变，回油压力 p_0 约为零。

这种液压动力元件的动特性一般由三个基本方程描述，即液压控制阀的负载流量方程、液压缸的流量连续性方程和液压缸与其相连负载的动力学平衡方程。

3.1.1.1 阀的负载流量方程

假定该阀是匹配而且对称的零开口四边阀，由式（2-36），零开口四通阀流进或流出液压缸的负载流量（第一象限）为

$$q_L = C_d w x_v \sqrt{\frac{1}{\rho}(p_s - p_L)} \tag{3-1}$$

该阀的流量方程是一非线性方程，要用线性理论对该动力元件进行分析时，必须对其进行线性化处理。由式（3-1）可得四通阀的线性化流量方程为

$$\Delta q_L = K_q \Delta x_v - K_c \Delta p_L \tag{3-2}$$

这是一个增量方程。该式表示，阀在某一工作点的负载流量变化 Δq_L，是由阀的位移变化 Δx_v 和负载压力变化 Δp_L 两种因素引起的流量变化之和，这两种因素所引起的负载流量变化的变化率分别为该工作点的流量增益 K_q 与流量-压力系数 K_c。当有一正方向的阀位移增量 Δx_v

时,将引起负载流量的增加;若有一个负载压力的增加 Δp_L 时,将引起负载流量减少。上式的拉氏变化式可写为

$$q_L(s) = K_q x_v(s) - K_c p_L(s) \tag{3-3}$$

式中 $x_v(s)$——Δx_v 的拉氏变换式;

$p_L(s)$——Δp_L 的拉氏变换式;

$q_L(s)$——Δq_L 的拉氏变换式。

一般液压伺服系统工作点经常在阀的零位附近,此时阀的负载流量的拉氏变换式应写成

$$q_L(s) = K_{q0} x_v(s) - K_{c0} p_L(s) \tag{3-4}$$

3.1.1.2 液压缸的流量连续性方程

假定:阀与液压缸的连接管道对称且短而粗,管道中的压力损失、流体质量影响及管道动特性均可忽略不计;液压缸每个工作腔内各处压力相等;油液体积弹性模量及油温为常数;液压缸内、外泄漏为层流。

由图 3-1 可以看出,阀流进液压缸进油腔的流量连续性方程为

$$q_L = A_p \frac{dx_p}{dt} + C_{ip}(p_1 - p_2) + C_{ep}p_1 + \frac{V_1}{\beta_e}\frac{dp_1}{dt} \tag{3-5}$$

从液压缸回油腔流回阀的流量连续性方程为

$$q_L = A_p \frac{dx_p}{dt} + C_{ip}(p_1 - p_2) - C_{ep}p_2 - \frac{V_2}{\beta_e}\frac{dp_2}{dt} \tag{3-6}$$

式中 A_p——双杆活塞液压缸的有效作用面积;

x_p——活塞位移;

C_{ip}——液压缸内泄漏系数;

C_{ep}——液压缸外泄漏系数;

β_e——油液的等效体积弹性模量(包括油液、混入油液中的空气、连接管道及缸体的机械柔度的影响);

V_1——液压缸进油腔的容积(包括连接管道、液压缸进油腔及其阀腔容积);

V_2——液压缸回油腔的容积(包括连接管道、液压缸回油腔及其阀腔容积)。

在式(3-5)与式(3-6)中,等号右边的第一项是推动活塞运动所需要的流量,第二项是经过活塞与缸体内孔间隙的内泄漏流量,第三项是经过活塞杆与缸盖孔间隙的外泄漏流量,第四项是油液在进、回油腔由于压力变化引起油液压缩性所需要的流量。

液压缸进、回油腔的工作容积可分别表示为

$$V_1 = V_{01} + A_p x_p \tag{3-7}$$

与

$$V_2 = V_{02} - A_p x_p \tag{3-8}$$

式中 V_{01}——液压缸进油腔的初始容积;

V_{02}——液压缸回油腔的初始容积。

将式(3-7)与式(3-8)代入式(3-5)、式(3-6),然后将式(3-5)与式(3-6)相加后再除以2,可得液压缸流量连续性方程

$$q_L = A_p \frac{dx_p}{dt} + C_{ip}(p_1 - p_2) + \frac{C_{ep}}{2}(p_1 - p_2) + \frac{1}{2\beta_e}\left(V_{01}\frac{dp_1}{dt} - V_{02}\frac{dp_2}{dt}\right) + \frac{A_p x_p}{2\beta_e}\left(\frac{dp_1}{dt} + \frac{dp_2}{dt}\right) \tag{3-9}$$

由于 $p_1 + p_2 = p_s$，由前面假设 p_s 是恒定不变的，因此有

$$\frac{dp_1}{dt} + \frac{dp_2}{dt} = 0 \tag{3-10}$$

另外，由于 $p_L = p_1 - p_2$，$p_1 = (p_s + p_L)/2$，$p_2 = (p_s - p_L)/2$，因此有

$$\frac{dp_1}{dt} = \frac{1}{2}\frac{dp_L}{dt} = -\frac{dp_2}{dt} \tag{3-11}$$

假设活塞在液压缸的中间位置，进、回油腔的初始容积相等，均为 V_0，即

$$V_{01} = V_{02} = V_0 = V_t/2 \tag{3-12}$$

式中，V_t 为液压缸两腔的总容积，这是一个定值。将式(3-10)～式(3-12)代入式(3-9)，可将式(3-9)简化为

$$q_L = A_p\frac{dx_p}{dt} + C_{tp}p_L + \frac{V_t}{4\beta_e}\frac{dp_L}{dt} \tag{3-13}$$

式中　C_{tp}——液压缸总泄漏系数，

$$C_{tp} = C_{ip} + \frac{C_{ep}}{2} \tag{3-14}$$

式(3-13)中假设活塞在液压缸的中间位置，进、回油腔的初始容积相等，这是一种谨慎的、偏安全的假设，因为可以证明，这时的油液压缩性影响最大，液压动力元件的液压固有频率与液压阻尼比最小，系统的稳定性最差。验算系统稳定性时，首先应验算这个位置时的稳定性。

式(3-13)是四边阀控对称液压缸流量连续性方程的常用形式。式(3-13)等号右边的第一项为推动液压缸活塞运动所需要的流量，第二项为液压缸内、外总泄漏所需要的流量，第三项为液压缸两腔的总容积中油液由于压力变化引起油液压缩性所需要的总流量。由于式(3-3)为增量式的拉氏变换式，因此式(3-13)也应取成增量式

$$\Delta q_L = A_p\frac{d\Delta x_p}{dt} + C_{tp}\Delta p_L + \frac{V_t}{4\beta_e}\frac{d\Delta p_L}{dt} \tag{3-15}$$

上式的拉氏变换式为

$$q_L(s) = A_p s x_p(s) + \left(C_{tp} + \frac{V_t}{4\beta_e}s\right)p_L(s) \tag{3-16}$$

式中　$x_p(s)$——液压缸活塞位移增量 Δx_p 的拉氏变换式。

3.1.1.3　液压缸与负载的动力学平衡方程

忽略库仑摩擦等非线性负载，根据牛顿第二定律，由图 3-1 可得活塞上的动力学平衡方程为

$$A_p p_L = m_t\frac{d^2x_p}{dt^2} + B_p\frac{dx_p}{dt} + Kx_p + F_L \tag{3-17}$$

式中　m_t——折算到活塞轴上的活塞与负载的总等效质量；

B_p——活塞与负载的黏性摩擦系数；

K——负载的弹簧刚度；

F_L——作用在活塞上的任意外加负载力。

对式(3-17)取成增量式

$$A_p\Delta p_L = m_t\frac{d^2\Delta x_p}{dt^2} + B_p\frac{d\Delta x_p}{dt} + K\Delta x_p + \Delta F_L \tag{3-18}$$

式(3-18)的拉氏变换式为

$$A_p p_L(s) = (m_t s^2 + B_p s + K)x_p(s) + F_L(s) \tag{3-19}$$

式中　$F_L(s)$——外加负载力变化 ΔF_L 的拉氏变换式。

3.1.2　四通阀控对称液压缸的方块图及传递函数

3.1.2.1　方块图

式(3-3)、式(3-16)与式(3-19)是表示四通阀控对称液压缸的动态过程的三个基本方程的拉氏变换式，由它们可以根据不同系统的输入输出参数绘制出各种液压动力元件的传递函数方块图。图3-2为阀位移 x_v 为控制输入，F_L 为干扰输入，液压缸位移 x_p 为输出的传递函数方块图。

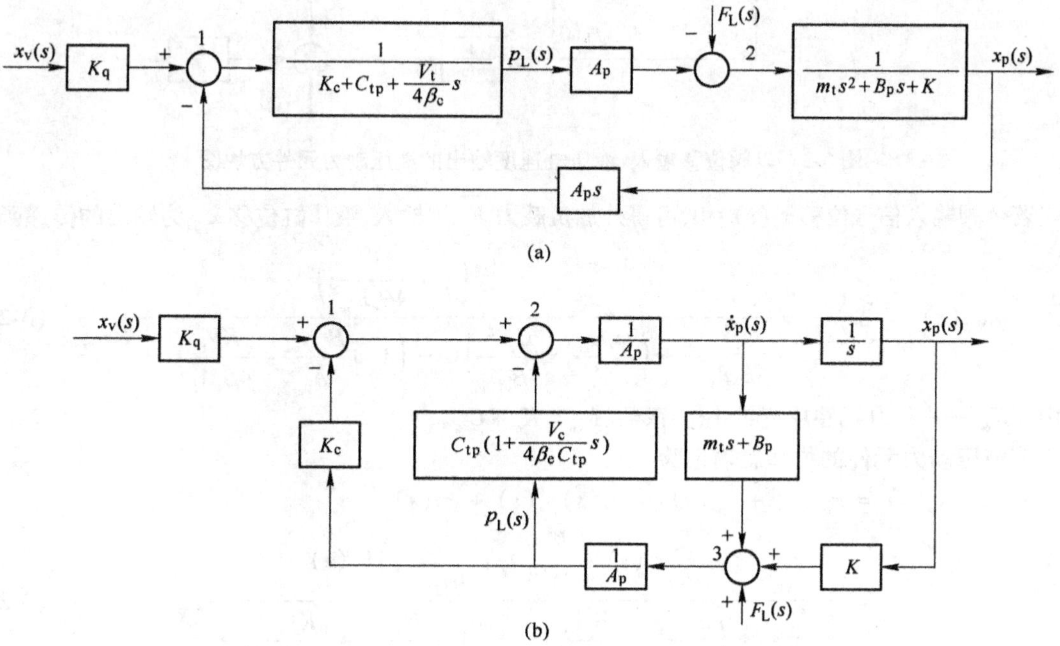

图3-2　阀控液压缸的传递函数方块图

(a)由负载压力获得液压缸活塞位移的方块图；(b)由负载流量获得液压缸活塞位移的方块图

对于这三个基本方程，同样的输入输出参数，根据不同的理解和处理方法，可绘制成不同形式的传递函数方块图。图3-2所示的两个方块图均为阀位移 x_v 为控制输入、液压缸位移 x_p 为输出的传递函数方块图。图3-2a是由式(3-3)与式(3-16)合并得1相加点，再由式(3-19)得2相加点。这种方块图一般表示主要由负载压力获得液压缸的输出位移；图3-2b是由式(3-3)得1相加点，再由式(3-16)得2相加点，由式(3-19)得3相加点。这种方块图一般表示主要由负载流量获得液压缸的输出位移。这里必须指出，传递函数方块图形式可以不同，但由它们推得的传递函数应该是相同的。

同理可绘制出如图3-3所示为阀位移 x_v 为输入、液压缸速度 x_p 为输出的传递函数方块图。也可根据需要绘制出其他参数作为输入、输出的传递函数方块图。

3.1.2.2　传递函数与输出方程

由方块图或三个基本方程即可得该液压动力元件的传递函数。例如，由图3-2，该动力元件有两种输入量，阀位移 x_v 为一种输入。外加任意负载 F_L 是一种干扰量，也是一种输入。令外加任意负载 $F_L(s)=0$，可得阀位移 x_v 为输入、液压缸位移 x_{p1} 为输出的传递函数

$$\varphi_1(s)=\frac{x_{p1}(s)}{x_v(s)}=\frac{K_q/A_p}{\frac{m_tV_t}{4\beta_eA_p^2}s^3+\left(\frac{m_tK_{ce}}{A_p^2}+\frac{B_pV_t}{4\beta_eA_p^2}\right)s^2+\left(1+\frac{B_pK_{ce}}{A_p^2}+\frac{KV_t}{4\beta_eA_p^2}\right)s+\frac{KK_{ce}}{A_p^2}} \tag{3-20}$$

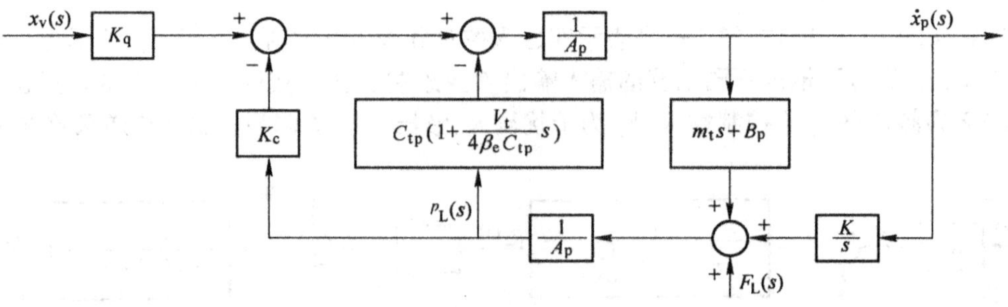

图 3-3　以阀位移输入、液压缸速度输出的液压动力元件方块图

若令阀输入信号位移 $x_v(s)=0$,可得外加负载力 F_L 为输入,液压缸位移 x_{p2} 为输出的传递函数

$$\varphi_2(s)=\frac{x_{p2}(s)}{F_L(s)}=\frac{-\frac{K_{ce}}{A_p^2}\left(1+\frac{V_t}{4\beta_eK_{ce}}s\right)}{\frac{m_tV_t}{4\beta_eA_p^2}s^3+\left(\frac{m_tK_{ce}}{A_p^2}+\frac{B_pV_t}{4\beta_eA_p^2}\right)s^2+\left(1+\frac{B_pK_{ce}}{A_p^2}+\frac{KV_t}{4\beta_eA_p^2}\right)s+\frac{KK_{ce}}{A_p^2}} \tag{3-21}$$

式中　K_{ce}——动力元件总流量-压力系数,$K_{ce}=K_c+C_{tp}$。

该液压动力元件的位移总输出为

$$x_p(s)=x_{p1}(s)+x_{p2}(s)=\varphi_1(s)x_v(s)+\varphi_2(s)F_L(s)$$

$$=\frac{\frac{K_q}{A_p}x_v(s)-\frac{K_{ce}}{A_p^2}\left(1+\frac{V_t}{4\beta_eK_{ce}}s\right)F_L(s)}{\frac{m_tV_t}{4\beta_eA_p^2}s^3+\left(\frac{m_tK_{ce}}{A_p^2}+\frac{B_pV_t}{4\beta_eA_p^2}\right)s^2+\left(1+\frac{B_pK_{ce}}{A_p^2}+\frac{KV_t}{4\beta_eA_p^2}\right)s+\frac{KK_{ce}}{A_p^2}} \tag{3-22}$$

式(3-22)表明,液压缸的总输出位移由两部分组成,式中的第一项可以看成是,无负载干扰时,阀输入位移 x_v 引起的液压缸位移 x_{p1};式中的第二项可以看成是,阀开口一定时,外加负载力 F_L 变化输入所引起的液压缸输出位移的减少 x_{p2}。

同理可推得液压缸的总输出速度,以及各种输入引起速度输出的传递函数等。

3.1.3　传递函数的简化

在以上建立的数学模型中,考虑了负载的惯性、黏性摩擦、弹性及任意外加负载,又考虑了油液的压缩性及液压缸的泄漏等影响因素,因此推导出的传递函数式(3-20)、式(3-21)与输出方程式(3-22)均较复杂。实际系统的负载往往比较简单,根据具体情况,有些因素是可以忽略不计的,这样传递函数将可以进一步简化。由式(3-20)和式(3-21)可以看出,对于位置控制系统,无论是对指令输入 x_v 的传递函数,还是对干扰输入 F_L 的传递函数,其特征方程均是较通用的三阶形式。传递函数的简化,实际是特征方程的简化。为了今后分析问题方便,应将特征方程最后进行因式分解,化成标准形式。

下面对最常用的位置控制系统的液压动力元件的传递函数进行简化和分析。

3.1.3.1　没有弹性负载($K=0$)的情况

在液压伺服或比例控制系统中,常常遇到没有弹性负载($K=0$)、以惯性负载为主的情况,这

时式(3-22)就可变为

$$x_p(s)=\frac{\frac{K_q}{A_p}x_v(s)-\frac{K_{ce}}{A_p^2}\left(1+\frac{V_t}{4\beta_e K_{ce}}s\right)F_L(s)}{\frac{m_tV_t}{4\beta_e A_p^2}s^3+\left(\frac{m_tK_{ce}}{A_p^2}+\frac{B_pV_t}{4\beta_e A_p^2}\right)s^2+\left(1+\frac{B_pK_{ce}}{A_p^2}\right)s} \tag{3-23}$$

在这种系统中,黏性摩擦系数 B_p 一般较小,由黏性摩擦力 B_psx_p 引起的阀流量减小及油缸泄漏量的总和 $K_{ce}B_psx_p/A_p$ 很小,由这个流量损失引起的速度损失 $K_{ce}B_psx_p/A_p^2$ 就更小,远远小于活塞的实际运动速度 sx_p,即

$$\frac{B_pK_{ce}}{A_p^2}\ll 1$$

因此,式(3-23)就简化为

$$x_p(s)=\frac{\frac{K_q}{A_p}x_v(s)-\frac{K_{ce}}{A_p^2}\left(1+\frac{V_t}{4\beta_e K_{ce}}s\right)F_L(s)}{s\left[\frac{m_tV_t}{4\beta_e A_p^2}s^2+\left(\frac{m_tK_{ce}}{A_p^2}+\frac{B_pV_t}{4\beta_e A_p^2}\right)s+1\right]} \tag{3-24}$$

或

$$x_p(s)=\frac{\frac{K_q}{A_p}x_v(s)-\frac{K_{ce}}{A_p^2}\left(1+\frac{V_t}{4\beta_e K_{ce}}s\right)F_L(s)}{s\left(\frac{s^2}{\omega_h^2}+\frac{2\zeta_h}{\omega_h}s+1\right)} \tag{3-25}$$

式中 ω_h——液压固有频率,$\omega_h=\sqrt{\frac{4\beta_eA_p^2}{V_tm_t}}=\sqrt{\frac{K_h}{m_t}}$; (3-26)

ζ_h——液压阻尼比,$\zeta_h=\frac{K_{ce}}{A_p}\sqrt{\frac{\beta_em_t}{V_t}}+\frac{B_p}{4A_p}\sqrt{\frac{V_t}{\beta_em_t}}$。 (3-27)

其中,K_h 为液压弹簧刚度,是液压缸两腔在完全封闭的情况下,由于液体的压缩性所形成的液压弹簧的刚度。

$$K_h=\frac{4\beta_eA_p^2}{V_t} \tag{3-28}$$

当 B_p 较小可以忽略不计时,ζ_h 可近似写成

$$\zeta_h=\frac{K_{ce}}{A_p}\sqrt{\frac{\beta_em_t}{V_t}} \tag{3-29}$$

这时

$$\frac{2\zeta_h}{\omega_h}=\frac{K_{ce}m_t}{A_p^2} \tag{3-30}$$

令 $F_L(s)=0$,由式(3-25)可得液压缸位移 x_p 对阀的指令输入位移 x_v 的传递函数

$$\frac{x_p(s)}{x_v(s)}=\frac{K_q/A_p}{s\left(\frac{s^2}{\omega_h^2}+\frac{2\zeta_h}{\omega_h}s+1\right)} \tag{3-31}$$

令 $x_v(s)=0$,由式(3-25)可得液压缸位移 x_p 对外加负载干扰输入 F_L 的传递函数

$$\frac{x_p(s)}{F_L(s)}=\frac{-\frac{K_{ce}}{A_p^2}\left(1+\frac{V_t}{4\beta_eK_{ce}}s\right)}{s\left(\frac{s^2}{\omega_h^2}+\frac{2\zeta_h}{\omega_h}s+1\right)} \tag{3-32}$$

3.1.3.2　有弹性负载（$K \neq 0$）的情况

在四通阀控对称液压缸的控制系统中，带弹性负载的情况也是常见的。在两级液压放大器中，功率级滑阀两端装有弹簧时，其两端的作用面积可以看做是一液压缸两腔的作用面积。这种情况也可看做是带弹性负载的阀控对称液压缸。

在黏性系数 B_p 较小时，同样有 $\frac{B_p K_{ce}}{A_p^2} \ll 1$，输出方程式(3-22)就可表示为

$$x_p(s) = \frac{\frac{K_q}{A_p}x_v(s) - \frac{K_{ce}}{A_p^2}\left(1 + \frac{V_t}{4\beta_e K_{ce}}s\right)F_L(s)}{\frac{m_t V_t}{4\beta_e A_p^2}s^3 + \left(\frac{m_t K_{ce}}{A_p^2} + \frac{B_p V_t}{4\beta_e A_p^2}\right)s^2 + \left(1 + \frac{KV_t}{4\beta_e A_p^2}\right)s + \frac{KK_{ce}}{A_p^2}} \tag{3-33}$$

或改写成

$$x_p(s) = \frac{\frac{K_q}{A_p}x_v(s) - \frac{K_{ce}}{A_p^2}\left(1 + \frac{V_t}{4\beta_e K_{ce}}s\right)F_L(s)}{\frac{s^3}{\omega_h^2} + \frac{2\zeta_h}{\omega_h}s^2 + \left(1 + \frac{K}{K_h}\right)s + \frac{K_{ce}K}{A_p^2}} \tag{3-34}$$

式中，ω_h、ζ_h、K_h 见式(3-26)、式(3-27)和式(3-28)。式(3-34)的三阶特征方程式可以分解成一个一阶和一个二阶因子的乘积，即

$$x_p(s) = \frac{\frac{K_q}{A_p}x_v(s) - \frac{K_{ce}}{A_p^2}\left(1 + \frac{V_t}{4\beta_e K_{ce}}s\right)F_L(s)}{\left[\left(1 + \frac{K}{K_h}\right)s + \frac{K_{ce}K}{A_p^2}\right]\left(\frac{s^2}{\omega_0^2} + \frac{2\zeta_0}{\omega_0}s + 1\right)} \tag{3-35}$$

将式(3-35)的分母展开，并使其与式(3-34)的分母对应项系数相等，可得

$$\frac{1 + \frac{K}{K_h}}{\omega_0^2} = \frac{1}{\omega_h^2} \tag{3-36}$$

$$\frac{K_{ce}K}{A_p^2\omega_0^2} + \left(1 + \frac{K}{K_h}\right)\frac{2\zeta_0}{\omega_0} = \frac{2\zeta_h}{\omega_h} \tag{3-37}$$

与

$$1 + \frac{K}{K_h} + \frac{K_{ce}K}{A_p^2}\frac{2\zeta_0}{\omega_0} = 1 + \frac{K}{K_h} \tag{3-38}$$

由式(3-36)可得动力元件综合固有频率 ω_0

$$\omega_0 = \omega_h\sqrt{1 + \frac{K}{K_h}} \tag{3-39}$$

由式(3-37)可得动力元件综合阻尼比 ζ_0

$$\zeta_0 = \frac{1}{2\omega_0}\left[\frac{K_{ce}}{A_p^2}\frac{K_h}{\left(1 + \frac{K}{K_h}\right)} + \frac{B_p}{m_t}\right] \tag{3-40}$$

由式(3-38)可得

$$1 + \frac{K}{K_h} + \frac{K_{ce}K}{A_p^2}\frac{2\zeta_0}{\omega_0} = \left(1 + \frac{K}{K_h}\right)\left(1 + \frac{K_{ce}K}{A_p^2}\frac{2\zeta_0}{\omega_0}\frac{1}{1 + \frac{K}{K_h}}\right) = 1 + \frac{K}{K_h}$$

由上式可以看出,为了使式(3-38)成立,必须使

$$\frac{K_{ce}K}{A_p^2}\frac{2\zeta_0}{\omega_0}\frac{1}{\left(1+\dfrac{K}{K_h}\right)}\ll 1 \tag{3-41}$$

将式(3-39)与式(3-40)代入上式,整理得

$$\left[\frac{K_{ce}^2 K m_t}{A_p^4\left(1+\dfrac{K}{K_h}\right)^2}+\frac{K_{ce}B_p}{A_p^2}\frac{K_h}{K+K_h}\right]\ll 1 \tag{3-42}$$

由于 $\dfrac{K_{ce}B_p}{A_p^2}\ll 1$,而 $\dfrac{K_h}{K+K_h}$ 总是小于1,因此 $\dfrac{K_{ce}B_p}{A_p^2}\dfrac{K_h}{K+K_h}\ll 1$ 总是满足的。这样式(3-42)成立的条件就成为

$$\left[\frac{K_{ce}\sqrt{Km_t}}{A_p^2\left(1+\dfrac{K}{K_h}\right)}\right]^2\ll 1 \tag{3-43}$$

这个式(3-43)一般总是满足的。但对每一种具体情况,还是要检查 $\dfrac{K_{ce}B_p}{A_p^2}\ll 1$ 和式(3-43)的条件是否满足。

式(3-35)还可写成标准环节形式

$$x_p(s)=\frac{\dfrac{K_{p0}A_p}{K}x_v(s)-\dfrac{1}{K}\left(1+\dfrac{V_t}{4\beta_e K_{ce}}s\right)F_L(s)}{\left(\dfrac{s}{\omega_r}+1\right)\left(\dfrac{s^2}{\omega_0^2}+\dfrac{2\zeta_0}{\omega_0}s+1\right)} \tag{3-44}$$

式中 K_{p0}——动力元件总压力增益;

ω_r——动力元件的转折频率。

$$K_{p0}=\frac{K_q}{K_{ce}} \tag{3-45}$$

$$\omega_r=\frac{K_{ce}K}{A_p^2\left(1+\dfrac{K}{K_h}\right)}=\frac{K_{ce}}{A_p^2\left(\dfrac{1}{K}+\dfrac{1}{K_h}\right)} \tag{3-46}$$

将式(3-35)或式(3-44)与式(3-25)相比较可以看出,引入弹性负载后,出现了一个惯性环节,代替了无弹性负载时的积分环节,固有频率 ω_0 比 ω_h 增加了 $\sqrt{1+K/K_h}$ 倍,阻尼比 ζ_0 比 ζ_h 减小了。

式(3-35)或式(3-44)是全面考虑了负载惯性、黏性摩擦和弹性、液体的压缩性和液压执行元件的泄漏等因素而得到的传递函数通用简化形式。只要满足两个简化条件,都可以应用。至于忽略一些因素或考虑一些特殊情况(如 $K/K_h\ll 1$ 、$K/K_h\gg 1$ 等情况)的简化形式,都可方便地由这两个公式导出。

3.1.3.3 *以惯性负载为主,不考虑油液压缩性的情况*

这种情况下,考虑负载质量 m_t,忽略其他负载,即 $B_p=0, K=0, F_L=0$;不考虑油液压缩性,即 $\beta_e=\infty$。此时液压缸活塞位移 x_p 对阀输入位移 x_v 的传递函数可由式(3-22)得到

$$\frac{x_p(s)}{x_v(s)}=\frac{K_q/A_P}{s\left(\dfrac{m_t K_{ce}}{A_p^2}s+1\right)}=\frac{K_q/A_P}{s\left(\dfrac{s}{\omega_1}+1\right)} \tag{3-47}$$

式中 ω_1——惯性环节的转折频率。

$$\omega_1 = \frac{A_p^2}{m_t K_{ce}} \tag{3-48}$$

3.1.3.4　有弹性负载，考虑油液压缩性，忽略其他负载的情况

这种情况下，$K \neq 0$，忽略其他负载，即 $B_p = 0, m_t = 0, F_L = 0$，考虑油液压缩性。此时液压缸位移 x_p 对阀输入位移 x_v 的传递函数可由式(3-22)得到

$$\frac{x_p(s)}{x_v(s)} = \frac{K_q/A_p}{\left(1 + \frac{K}{K_h}\right)s + \frac{K_{ce}K}{A_p^2}} = \frac{A_p K_q / K K_{ce}}{\frac{s}{\omega_r} + 1} \tag{3-49}$$

式中　ω_r——惯性环节的转折频率。

$$\omega_r = \frac{K K_{ce}}{A_p^2\left(1 + \frac{K}{K_h}\right)} \tag{3-50}$$

3.1.3.5　$m_t = 0, B_p = 0, K = 0, F_L = 0$ 的空载情况

这种情况下，液压缸位移 x_p 对阀输入位移 x_v 的传递函数可由式(3-22)得到

$$\frac{x_p(s)}{x_v(s)} = \frac{K_q/A_p}{s} \tag{3-51}$$

从以上分析可以看出，液压动力元件的传递函数形式与负载情况及考虑因素有密切关系。负载情况不同，考虑因素不同，传递函数与输出方程形式有很大的差别。对于对称阀控制对称液压执行元件的位置控制系统，当不考虑负载弹性时，液压动力元件的传递函数中总有一个积分环节；当考虑弹性负载时，这个积分环节就变为惯性环节；同时考虑负载的惯性及油液压缩性时，液压动力元件的传递函数中总有一个振荡环节；当忽略油液压缩性或负载惯性时，这个振荡环节就变为惯性环节；空载时，液压动力元件的传递函数是一个积分环节。

3.2　四通阀控制液压马达的数学模型

四通阀控制液压马达也是一种较常见的液压动力元件。图 3-4 是四通阀控液压马达的工作原理图。它是由四通阀与带有弹性负载、黏性摩擦负载、惯性负载和任意外加负载力矩的液压马达组成的。液压马达的弧度排量为 D_m，系统供油压力 p_s 恒定不变，回油压力 p_0 约为零。对于它的分析方法与四通阀控液压缸基本相同，其动态过程也可由三个基本方程表示。

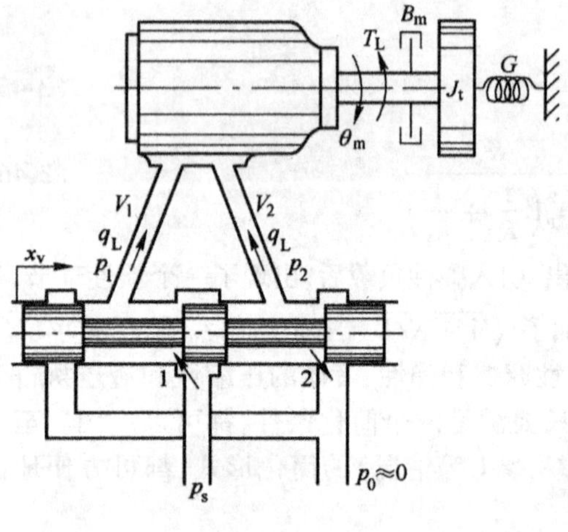

图 3-4　四通阀控液压马达工作原理图

3.2.1　基本方程及其拉氏变换式

3.2.1.1　阀的负载流量方程

假定该阀是匹配而且对称的零开口四通阀，因此阀的负载流量方程同式(3-1)，其拉氏变换式同式(3-3)，即

$$q_L(s) = K_q x_v(s) - K_c p_L(s) \tag{3-52}$$

3.2.1.2　液压马达的流量连续性方程

假设：阀与液压马达的连接管道对称且短而粗，管道中的压力损失、流体质量对管道动特性的影响均可忽略不计；液压马达每个工作腔内各处压力相等；油液体积弹性模量及油温为常数，

液压马达内、外泄漏为层流。

与液压缸的分析方法相似，由图3-5分析可知，阀输出的流量除了供液压马达转动所需流量外，还要补偿液压马达的内、外泄漏及油液压缩性所需的流量，因此，阀流进或流出液压马达的流量连续性方程增量式的拉氏变换式可表示为

$$q_L(s) = D_m s\theta_m(s) + \left(C_{tm} + \frac{V_t}{4\beta_e}s\right)p_L(s) \tag{3-53}$$

式中 θ_m——液压马达的转角位移；

C_{tm}——液压马达的总泄漏系数，$C_{tm} = C_{im} + C_{em}$；

C_{im}——液压马达的内泄漏系数；

C_{em}——液压马达外泄漏系数；

V_t——液压马达进、回油腔的总容积，$V_t = V_1 + V_2$；

V_1——液压马达进油腔的容积（包括连接管道、液压马达进油腔及其阀腔容积）；

V_2——液压马达回油腔的容积（包括连接管道、液压马达回油腔及其阀腔容积）。

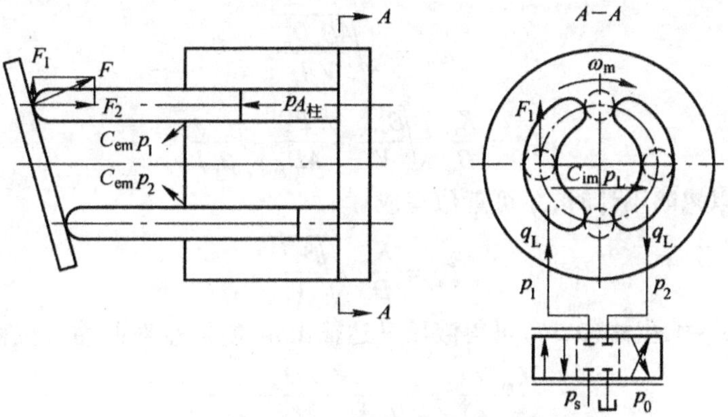

图3-5 液压马达流量连续性分析原理图

式(3-53)等号右边第一项为液压马达转动所需的流量，第二项为液压马达内、外泄漏及液压马达两腔油液压缩所需的流量。

3.2.1.3 液压马达轴的动力学力矩平衡方程

设液压马达轴上作用了惯性负载力矩、黏性摩擦负载力矩、弹性负载力矩和任意外加负载力矩，液压马达轴的动力学力矩平衡方程的拉氏变换式为

$$D_m p_L(s) = (J_t s^2 + B_m s + G)\theta_m(s) + T_L(s) \tag{3-54}$$

式中 J_t——折算到马达轴上的负载的总转动惯量；

B_m——折算到马达轴上的黏性摩擦系数；

G——折算到马达轴上的负载的扭转弹簧刚度；

T_L——折算到马达轴上的任意外加负载力矩。

3.2.2 输出方程与传递函数

将式(3-52)、式(3-53)和式(3-54)与式(3-3)、式(3-16)和式(3-19)相比较，可以看出，它们的基本方程形式是完全相同的，只需将阀控对称液压缸基本方程中的结构参数和负载参数改成阀控液压马达的相应参数即可。由于阀控对称液压缸与阀控液压马达的基本方程形式相同，因此只要将式(3-22)中液压缸的参数改为液压马达的相应参数，即可得到阀控液压马达在阀芯位

移 x_v 与外负载力矩 T_L 同时输入时，马达的总输出角位移

$$\theta_m(s)=\frac{\dfrac{K_q}{D_m}x_v(s)-\dfrac{K_{ce}}{D_m^2}\left(1+\dfrac{V_t}{4\beta_e K_{ce}}s\right)T_L(s)}{\dfrac{V_tJ_t}{4\beta_e D_m^2}s^3+\left(\dfrac{J_tK_{ce}}{D_m^2}+\dfrac{B_mV_t}{4\beta_e D_m^2}\right)s^2+\left(1+\dfrac{B_mK_{ce}}{D_m^2}+\dfrac{GV_t}{4\beta_e D_m^2}\right)s+\dfrac{GK_{ce}}{D_m^2}} \tag{3-55}$$

式中　K_{ce}——阀控液压马达总流量-压力系数，$K_{ce}=K_c+C_{tm}$。

对于阀控液压马达，弹簧负载是较少见的。当 $G=0$，且 $\dfrac{B_mK_{ce}}{D_m^2}\ll 1$ 时，式(3-55)

可化简为

$$\theta_m(s)=\frac{\dfrac{K_q}{D_m}x_v(s)-\dfrac{K_{ce}}{D_m^2}\left(1+\dfrac{V_t}{4\beta_e K_{ce}}s\right)T_L(s)}{s\left(\dfrac{s^2}{\omega_h^2}+\dfrac{2\zeta_h}{\omega_h}s+1\right)} \tag{3-56}$$

式中　ω_h——液压固有频率；

ζ_h——液压阻尼比。

$$\omega_h=\sqrt{\frac{4\beta_e D_m^2}{V_tJ_t}} \tag{3-57}$$

$$\zeta_h=\frac{K_{ce}}{D_m}\sqrt{\frac{\beta_eJ_t}{V_t}}+\frac{B_m}{4D_m}\sqrt{\frac{V_t}{\beta_eJ_t}} \tag{3-58}$$

当 B_m 较小可以忽略不计时，ζ_h 可近似写成

$$\zeta_h=\frac{K_{ce}}{D_m}\sqrt{\frac{\beta_eJ_t}{V_t}} \tag{3-59}$$

这时，令 $T_L(s)=0$，由式(3-56)可得液压马达输出角位移 θ_m 对阀输入位移 x_v 的传递函数

$$\frac{\theta_m(s)}{x_v(s)}=\frac{K_q/D_m}{s\left(\dfrac{s^2}{\omega_h^2}+\dfrac{2\zeta_h}{\omega_h}s+1\right)} \tag{3-60}$$

令 $x_v(s)=0$，由式(3-56)可得液压马达位移 θ_m 对负载干扰输入 T_L 的传递函数

$$\frac{\theta_m(s)}{T_L(s)}=\frac{-\dfrac{K_{ce}}{D_m^2}\left(1+\dfrac{V_t}{4\beta_e K_{ce}}s\right)}{s\left(\dfrac{s^2}{\omega_h^2}+\dfrac{2\zeta_h}{\omega_h}s+1\right)} \tag{3-61}$$

有关阀控液压马达方块图、传递函数的其他形式的简化和动态特性分析与阀控液压缸是相似的，这里不再赘述。

3.3　阀控液压动力元件的参数分析

液压动力元件是液压伺服与比例控制系统的重要组成部分，液压动力元件的性能参数将直接影响液压伺服与比例控制系统的性能。下面联系一典型的液压伺服系统——液压扭矩放大器来对液压动力元件的性能参数进行分析。

3.3.1　液压扭矩放大器

3.3.1.1　液压扭矩放大器的组成与工作原理

图 3-6a 所示为一液压扭矩放大器的结构原理图，它是一种典型的机液伺服系统的应用例。

由图 3-6a 可以看出，这种液压扭矩放大器主要由四通阀滑 1、液压马达 3 组成的液压动力元件与丝杆螺母副 2 组成。当由输入装置（如步进电机）输入一转角 θ_r 时，由丝杆螺母副 2 将其转换为阀芯位移 x_v，控制液压马达进、出油两腔的压力油，驱动液压马达旋转，输出转角 θ_m。这个转角 θ_m 同时又通过丝杆螺母副 2 使阀芯 1 复位。这里，丝杆螺母实际形成一误差检测器。这样液压马达轴完全跟踪了阀芯输入转角而转动，形成机液位置伺服系统，其控制原理方块图如图 3-6b 所示。液压扭矩放大器的液压马达输出扭矩可以很大，而驱动阀芯转动所需的扭矩很小，因此称其为液压扭矩放大器。如果阀芯的输入转角 θ_r 来自步进电机，这就构成了由步进电机与液压扭矩放大器组成的电液脉冲马达，见图 3-6b。电液脉冲马达的输出转角与步进电机的输入脉冲数成正比，而输出转速与步进电机的输入脉冲频率成正比。电液脉冲马达在开环数字程序控制系统中得到了广泛应用。

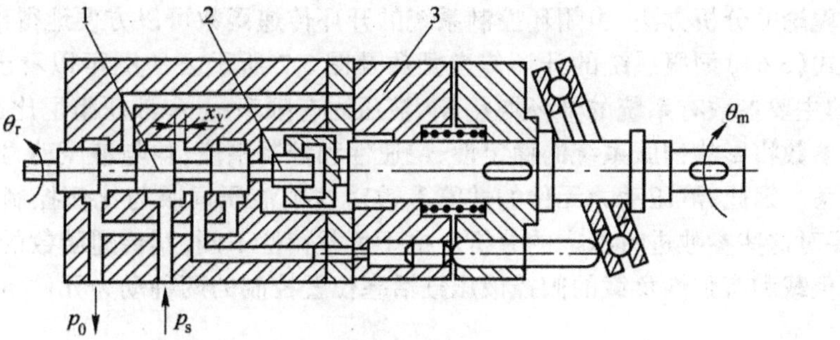

(a)

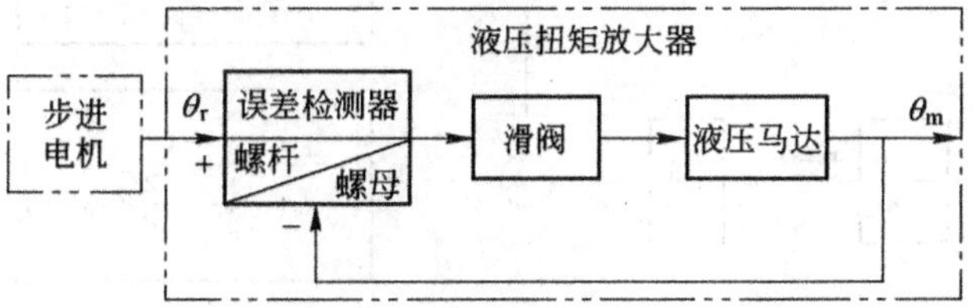

(b)

图 3-6 液压扭矩放大器

（a）液压扭矩放大器结构原理图；（b）液压扭矩放大器与电液脉冲马达控制原理方块图

1—四通滑阀；2—丝杆螺母副；3—液压马达

3.3.1.2 液压扭矩放大器方块图与传递函数

由以上介绍可知，液压扭矩放大器的丝杆螺母副是将转角变为阀芯位移 x_v 的转换机构，又是将输出转角 θ_m 反馈并与输入转角 θ_r 进行比较的机构，其反馈、转换及比较关系为

$$x_v = \frac{t}{2\pi}(\theta_r - \theta_m)$$

将上式取其增量式，并进行拉氏变换，得

$$x_v(s) = \frac{t}{2\pi}[\theta_r(s) - \theta_m(s)] \tag{3-62}$$

式中 t——丝杆导程。

由前述阀控液压马达的动态分析可知，以惯性负载为主，对阀位移输入 x_v，并有外加负载转矩 T_L 时，液压马达的输出角位移 θ_m 可由式（3-56）得到

$$\theta_m(s) = \frac{\frac{K_q}{D_m}x_v(s) - \frac{K_{ce}}{D_m^2}\left(1 + \frac{V_t}{4\beta_e K_{ce}}s\right)T_L(s)}{s\left(\frac{s^2}{\omega_h^2} + \frac{2\zeta_h}{\omega_h}s + 1\right)} \tag{3-63}$$

根据式(3-62)与式(3-63),可画出如图 3-7 所示的液压扭矩放大器传递函数方块图。

根据方块图,可写出液压扭矩放大器的开环传递函数为

$$G(s)H(s) = \frac{K_v}{s\left(\frac{s^2}{\omega_h^2} + \frac{2\zeta_h}{\omega_h}s + 1\right)} \tag{3-64}$$

式中　K_v——开环放大系数(也称开环增益)。

$$K_v = tK_q/2\pi D_m \tag{3-65}$$

根据控制理论的分析方法,由闭环控制系统的开环传递函数可以方便地得出闭环系统的静、动态性能。由式(3-64)伺服系统的开环传递函数及图 3-7 所示方块图可以看出,影响伺服系统静、动态性能的主要参数有系统的开环增益 K_v、液压固有频率 ω_h 和液压阻尼比 ζ_h,还有系统的速度刚度。这些参数将影响伺服系统的稳定性、快速性和控制精度,均与液压动力元件的性能参数有着密切的联系。因此,液压动力元件的性能参数对这个液压伺服与比例控制系统来说是至关重要的,有必要对这些参数进行深入的分析。由于负载特性不同,其传递函数的形式也不同。下面按没有弹性负载和有弹性负载的阀控液压缸活塞位置控制的两种动力元件情况进行分析。

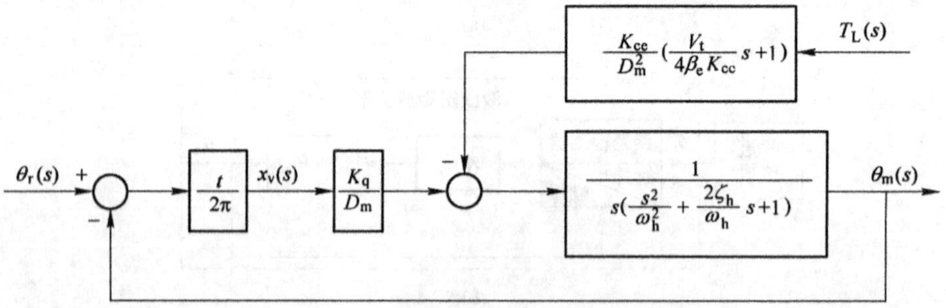

图 3-7　液压扭矩放大器的传递函数方块图

3.3.2　没有弹性负载时液压动力元件的频率特性分析

3.3.2.1　液压缸位移输出 x_p 对阀输入位移 x_v 的频率特性

对称阀控制对称液压缸的位移输出 x_p 对阀位移输入 x_v 的传递函数式(3-31)表明,它由一个积分环节、一个振荡环节和一个比例环节组成,其波德图如图 3-8 所示。它与式(3-64)表示的未经校正的闭环伺服比例控制系统的开环频率特性有直接关系。将式(3-64)、式(3-65)与式(3-31)相比较,可以看出,一般只有开环增益 K_v 与动力元件的比例环节 K_q/A_p 差一个比例系数,而液压固有频率 ω_h、液压阻尼比 ζ_h 均相同,为液压动力元件的参数。因此,图 3-8 所示的液压动力元件的波德图与闭环伺服比例控制系统的开环波德图相比,也只是幅频特性曲线上下移动,而相频特性曲线相同。由图 3-8 和式(3-31)可见,影响动力元件频率特性的主要性能参数有三个,即速度放大系数 K_q/A_p、液压固有频率 ω_h 和液压阻尼比 ζ_h。ζ_h 的变化表现为谐振峰值不同和相频特性曲线形状的改变,ω_h 的变化表现为谐振峰值所对应的频率位置的变化,K_q/A_p 的变化将使

幅频特性曲线上下移动，并使穿越频率 ω_c 变化，但相频特性不变。下面着重对这三个综合参数和影响这三个综合参数变化的因素进行分析，为进一步分析和设计伺服与比例控制元件和系统打下基础。

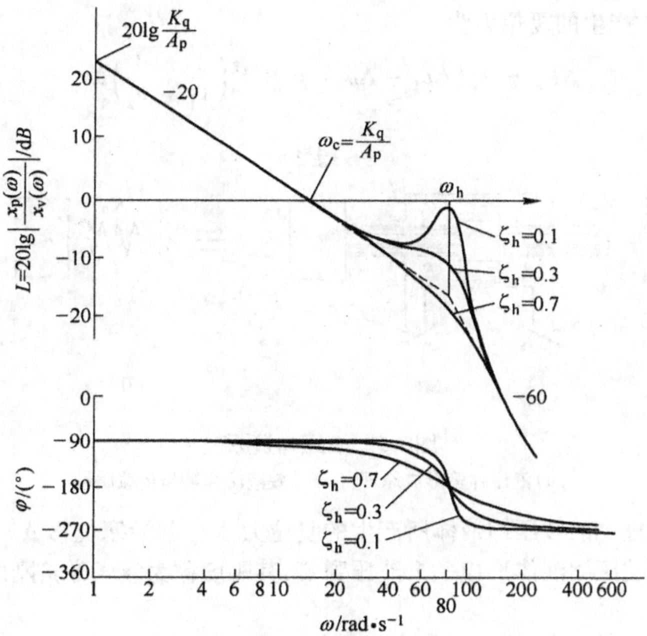

图 3-8　无弹性负载时的动力元件波德图

A　速度放大系数 K_q/A_p

由于在无弹性负载的情况下，液压动力元件的传递函数中有一个积分环节，因此表示该液压动力元件在稳态时，液压缸的输出速度与阀的输入位移成正比，其比例系数为 K_q/A_p，因此称 K_q/A_p 为速度放大系数。它表示阀对液压缸活塞速度控制的灵敏度。速度放大系数的大小将直接影响系统的精度、响应速度和稳定性。由图 3-8 所示的波德图和式(3-64)、式(3-65)可以看出，提高动力元件的速度放大系数，将使系统的开环增益提高，穿越频率提高，这将提高系统的精度和响应速度，但会使系统稳定裕量减小，稳定性变差。

对于液压动力元件，一般由负载大小确定 A_p 后，速度放大系数就随阀的流量增益 K_q 变化。如第 2 章中所述，不同结构的阀，具有不同的流量增益。即使是同一个阀，不同工况下，其流量增益也不同。一般阀在零位工作点时，阀的流量增益 K_{q0} 最大，阀的流量-压力系数 K_{c0} 最小，系统的稳定性最差。故在计算系统稳定性时，应取零位流量增益 K_{q0}。阀的流量增益随负载压力的增加而降低。当 $p_L = 2p_s/3$ 时，K_q 下降到 K_{q0} 的 57.7%。K_q 下降使频宽下降，使系统的响应速度和精度均下降。为了保证执行机构良好的控制性能和工作速度，通常将负载压力控制在 $p_L \leqslant 2p_s/3$ 范围内。在计算系统的稳态精度时，应取工作范围中的最小流量增益 K_q 值。

B　液压固有频率 ω_h

当没有弹性负载时，液压固有频率是负载质量与液压缸工作腔中油液压缩性所形成的液压弹簧相互作用的结果。如图 3-9a 所示，假设液压缸是无摩擦、无泄漏的，两个工作腔中充满高压液体并被完全封闭。由于液体的压缩性，当活塞产生位移 Δx_p 时，使一腔压力升高 Δp_1，另一腔压力降低 Δp_2，Δp_1 和 Δp_2 分别为

$$\Delta p_1 = \frac{\beta_e A_p}{V_1}\Delta x_p$$

$$\Delta p_2 = -\frac{\beta_e A_p}{V_2}\Delta x_p$$

两腔被压缩液体产生的复位力为

$$\Delta F_h = A_p(\Delta p_1 - \Delta p_2) = \beta_e A_p^2\left(\frac{1}{V_1} + \frac{1}{V_2}\right)\Delta x_p$$

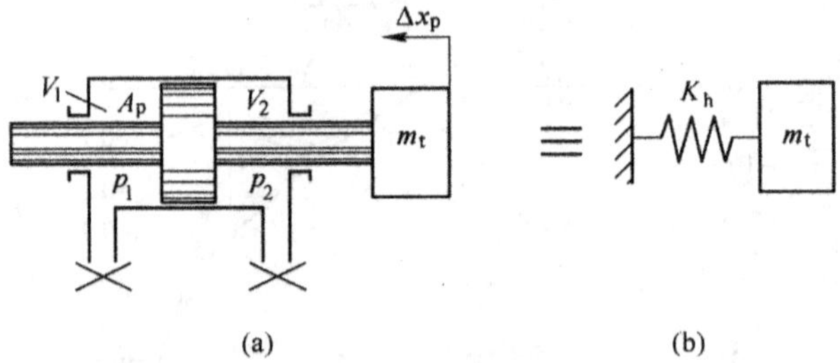

图 3-9　液压弹簧原理
(a)液压弹簧形成原理;(b)等效液压弹簧与负载质量

上式表明,液压缸中的被压缩液体所产生的复位力 ΔF_h 与活塞位移 Δx_p 成正比,它相当于一个弹性力,液压缸两腔压缩液体形成一个液压弹簧,其刚度称为液压弹簧刚度。由上式可得液压弹簧刚度 K_h 为

$$K_h = \frac{\Delta F_h}{\Delta x_p} = \beta_e A_p^2\left(\frac{1}{V_1} + \frac{1}{V_2}\right) \tag{3-66}$$

式(3-66)表明,液压缸两腔压缩液体所形成的液压弹簧,其总刚度等于各腔所形成的液压弹簧的刚度之和,它随活塞位置而变化。液体压缩腔容积越小,其刚度越大。因此活塞运动到它的行程的任一端时,则较小容积的那一腔的刚度最大,并在总刚度中起主要作用,于是液压弹簧刚度最大。可以证明,当活塞在中间位置,即 $V_1 = V_2 = V_0 = V_t/2$ 时,K_h 最小,这时有

$$K_h = \frac{2\beta_e A_p^2}{V_0} = \frac{4\beta_e A_p^2}{V_t} \tag{3-67}$$

应当指出,以上液压弹簧刚度 K_h 是在液压缸完全被封闭的状态下推导出来的,实际上,液压阀并不能将液压缸的两个工作腔完全封闭。但在动态时,在一定频率范围内,液压阀的泄漏来不及起作用,液压缸对外力的响应特性中,也的确反映出这样一种液压弹簧的存在。因此,对阀控液压执行元件来说,这种液压弹簧刚度应理解为“动态弹簧刚度”。静态时,这种液压弹簧刚度是不呈现的。

液压弹簧与负载质量相互作用构成一个液压弹簧-质量系统,其等效结构如图 3-9b 所示。该系统活塞在中间位置时的无阻尼自然频率(也称液压固有频率)ω_h 为

$$\omega_h = \sqrt{\frac{K_h}{m_t}} = \sqrt{\frac{2\beta_e A_p^2}{V_0 m_t}} = \sqrt{\frac{4\beta_e A_p^2}{V_t m_t}} \tag{3-68}$$

这是液压动力元件最低的液压固有频率,它会影响系统的稳定性。由波德图可见,液压固有频率 ω_h 增大,系统的稳定裕量可以增大,稳定性可以提高,才有可能借提高系统增益来提高系统的频宽和精度。因此,这个参数的选择对液压伺服与比例控制系统设计是很重要的。由式(3-68)可见,提高液压固有频率 ω_h 的措施有:

(1)适当增大液压缸的作用面积 A_p。一般液压缸的作用面积是根据负载大小来确定的。增大 A_p 可提高液压固有频率 ω_h,但会将使阀、连接管道与液压能源装置的尺寸和重量也随之增大,因此增大 A_p 时要注意取值适当。

(2)减小总压缩容积 V_t。这里主要指的是减小液压缸的无效容积和连接管道的容积。应使阀尽量靠近液压缸,最好直接将阀安装在液压缸上。另外,在行程较长时,可以考虑采用液压马达与机械机构相结合的执行机构。

(3)提高油液的等效体积弹性模量 β_e。油液的等效体积弹性模量 β_e 不仅受油液本身的体积弹性模量的影响,还受混入空气和管道、缸体的机械柔度的影响,其中以低压时混入空气的影响最大。因此,采取各种措施减少空气的混入是很必要的。从提高液压固有频率的角度出发,应尽量避免使用软管。在计算液压固有频率时,等效体积弹性模量 β_e 是一个很难确定的量,为了使计算接近实测,一般取 $\beta_e = 700\text{MPa}$。

(4)减小活塞上的总等效质量 m_t。活塞上的总等效质量 m_t,除了活塞及其相连的负载总质量 m 外,还应注意阀与液压缸连接管道中的油液总质量 m_0 折算到活塞上的等效质量。

图 3-10 所示为管道油液惯性引起的压力损失计算图,设管道的通流面积为 a,长度为 l,管道内油液在压差 $(p_1 - p_2)$ 作用下加速运动,可将管道中油液视为集中质量,其瞬时运动速度为 v_T。根据牛顿第二定律有

$$(p_1 - p_2)a = m_0 \frac{dv_T}{dt} = \rho a l \frac{dv_T}{dt} \tag{3-69}$$

由式(3-69)可得管道中油液加速运动时所造成的压力损失为

$$p_1 - p_2 = \rho l \frac{dv_T}{dt} \tag{3-70}$$

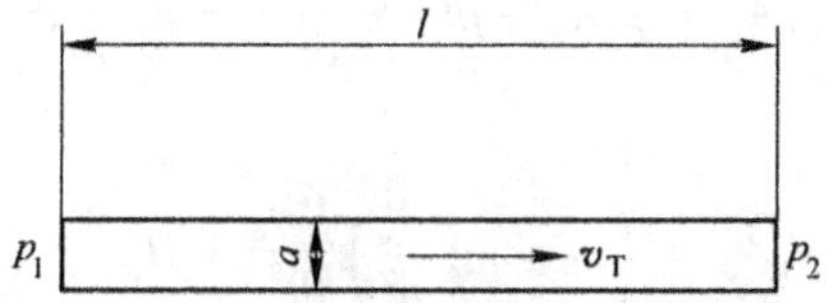

图 3-10 管道油液惯性引起的压力损失计算图

将以上规律应用于对称阀控对称液压缸的液压动力元件中,如图 3-11 所示。设进油路连接管道长度为 l_1,回油路连接管道长度为 l_2,进、回油管路的通流截面积均为 a,阀输出口的压力分别为 p_1、p_2,液压缸两腔的压力分别为 p'_1、p'_2。由液流的连续性原理可得

$$a v_T = A_p \frac{dx_p}{dt}$$

则

$$v_T = \frac{A_p}{a} \frac{dx_p}{dt} \tag{3-71}$$

由式(3-70)和式(3-71)可得进油管路中由于油液惯性引起的压力损失为

$$\Delta p_1 = p_1 - p'_1 = \rho l_1 \frac{dv_T}{dt} = \rho l_1 \frac{A_p}{a} \frac{d^2 x_p}{dt^2} \tag{3-72}$$

同理可得回油管路中由于油液惯性引起的压力损失为

$$\Delta p_2 = p'_2 - p_2 = \rho l_2 \frac{dv_T}{dt} = \rho l_2 \frac{A_p}{a} \frac{d^2 x_p}{dt^2} \tag{3-73}$$

由于 $p'_1 = p_1 - \Delta p_1$，$p'_2 = p_2 + \Delta p_2$，并设进、回油总长度 $l = l_1 + l_2$，则液压缸两腔的压力差为

$$p'_1 - p'_2 = p_1 - p_2 - (\Delta p_1 + \Delta p_2) = p_L - \rho(l_1 + l_2)\frac{A_p}{a}\frac{d^2x_p}{dt^2} = p_L - \rho l\frac{A_p}{a}\frac{d^2x_p}{dt^2} \quad (3\text{-}74)$$

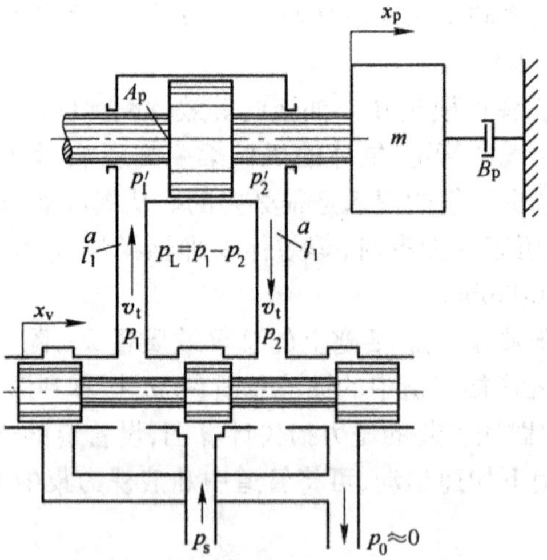

图 3-11　考虑液流惯性的对称四通阀控双杆活塞液压缸

对于图 3-11 所示的对称阀控对称液压缸的液压动力元件，活塞与负载的动力学平衡方程为

$$(p'_1 - p'_2)A_p = p_L A_p - \rho l\frac{A_p^2}{a}\frac{d^2x_p}{dt^2} = m\frac{d^2x_p}{dt^2} + B_p\frac{dx_p}{dt}$$

或写成

$$p_L A_p = \left(m + m_0\frac{A_p^2}{a^2}\right)\frac{d^2x_p}{dt^2} + B_p\frac{dx_p}{dt} \quad (3\text{-}75)$$

式中，$m_0 = \rho al$，为进、回油管路中油液总质量；$m_0A_p^2/a^2$ 为进、回油管路中油液总质量折算到活塞上的等效质量；m 为活塞及其相连的负载总质量；活塞上的等效总质量 m_t 为

$$m_t = m + m_0\frac{A_p^2}{a^2} \quad (3\text{-}76)$$

由以上各式可以看出，在计算液压固有频率时，细长管道中油液的等效质量是不容忽视的。

C　液压阻尼比 ζ_h

由式(3-27)可以看出，影响液压阻尼比 ζ_h 的因素较多，但除了总流量-压力系数 K_{ce}、负载的黏性摩擦系数 B_p 外，其他因素均在考虑其他参数时就确定了。在液压伺服系统中，一般黏性摩擦较小，因此影响液压阻尼比 ζ_h 的因素主要是总流量-压力系数 K_{ce}。而 $K_{ce} = K_c + C_{tp}$，其中 K_c 随阀位移和负载工况的不同会有很大的变化。零位时，K_c 值最小，阻尼比也最小，系统的稳定性在这时也是最差的。因此，在计算系统稳定性时，应取 K_{c0} 值计算 ζ_h。但计算的 ζ_h 值一般较小。实验证明，库仑摩擦对零位区域的阻尼比影响较大。实际的零位阻尼比要比计算值大，实测的零位阻尼比至少在 0.1～0.2 之间，或更高些。

液压阻尼比 ζ_h 随工况会有很大的变化，当速度和负载较大时，可使 $\zeta_h > 1$，其变化范围可有 20～30 倍之大。液压阻尼比是又一个难以准确计算的"软量"，这是液压伺服与比例控制系统又

一特点,在进行系统设计、分析、校正时应特别注意这一点。

液压阻尼比将要影响到液压伺服与比例控制系统的稳定性和稳定裕量。为了达到满意的性能要求,液压阻尼比应具有适当值。一般液压伺服系统是低阻尼的,因此提高液压阻尼比对改善系统性能是十分重要的。在动力元件设计时,一般可采取以下几种方法:

(1)采用正开口阀。采用正开口阀,并增大阀的预开口量 U,可以提高阀的 K_{c0} 值,并且减小 K_c 的变化范围,从而使 ζ_h 值增大,使 ζ_h 的变化范围减小。

(2)设置旁路泄漏通道。在液压缸的两个工作腔之间设置旁路泄漏通道,以增加泄漏系数 C_{tp},从而使 ζ_h 值增大。

以上两种方法都是以增大功率损失为代价的,其中采用正开口阀时的功率损失更大些,而采用旁路泄漏使系统受温度变化影响较大。这两种方法都是为增加 K_{ce} 设置的,但这样做法都将使阀的压力增益下降,系统的刚性下降,因而会增大外负载和静摩擦力引起的误差。

(3)增大负载黏性阻尼。在负载结构上设置恰当的黏性阻尼器,以增加 B_p 来提高 ζ_h,同时可以改善系统的低速爬行问题。但黏性阻尼器高速时会产生相当大的热量,必须设法将热量传导出去。

3.3.2.2 对负载干扰 F_L 输入的频率特性分析

当有负载干扰 F_L 输入时,将对液压缸的输出位移和输出速度有影响,这种影响可以用位置刚度和速度刚度来表示。下面分别研究对称阀控对称液压缸的动态位置刚度和速度刚度。

A 位置刚度特性

传递函数式(3-32)表示对称阀控对称液压缸的动态位置柔度特性 $x_p(s)/F_L(s)$,动态位置刚度特性为其倒数,一般用其绝对值表示,可写为

$$\left|\frac{F_L(s)}{x_p(s)}\right| = \frac{\dfrac{A_p^2}{K_{ce}}s\left(\dfrac{s^2}{\omega_h^2}+\dfrac{2\zeta_h}{\omega_h}s+1\right)}{\dfrac{V_t}{4\beta_e K_{ce}}s+1} \tag{3-77}$$

当 $B_p=0$ 时,$\dfrac{4\beta_e K_{ce}}{V_t}=2\zeta_h\omega_h$,则上式可改写为

$$\left|\frac{F_L(s)}{x_p(s)}\right| = \frac{\dfrac{A_p^2}{K_{ce}}s\left(\dfrac{s^2}{\omega_h^2}+\dfrac{2\zeta_h}{\omega_h}s+1\right)}{\dfrac{s}{2\zeta_h\omega_h}+1} \tag{3-78}$$

式(3-78)表示的阀控液压动力元件的动态位置刚度特性由惯性环节、比例环节、理想微分环节和二阶微分环节组成。式(3-78)的幅频特性如图3-12所示。

动力元件的动态位置刚度与负载干扰力 F_L 的变化频率有关。在低频段上,惯性环节和二阶微分环节不起作用,由式(3-78)可得

$$\left|\frac{F_L(\omega)}{x_p(\omega)}\right| = \frac{A_p^2}{K_{ce}}\omega \tag{3-79}$$

当 $\omega=0$ 时,得静态位置刚度

$$\left|\frac{F_L(\omega)}{x_p(\omega)}\right|_{\omega=0} = 0 \tag{3-80}$$

这是因为液压缸在外负载作用下,由于泄漏的影响,活塞将不断地后退,没有确定的位置,因此这时的静态位置刚度为零。随着外加负载的变化频率增高,泄漏的影响越来越小。动态位置刚度也将随频率成比例增大。

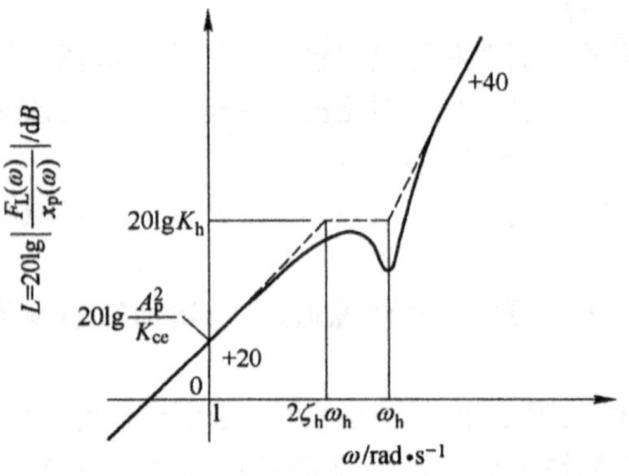

图 3-12 动态位置刚度的幅频特性

在中频段（$2\zeta_h\omega_h \ll \omega \ll \omega_h$）上，比例环节、惯性环节和理想微分环节同时起作用，这时由式(3-78)可得

$$\left|\frac{F_L(\omega)}{x_p(\omega)}\right| \approx \frac{4\beta_e A_p^2}{V_t} = K_h \tag{3-81}$$

式(3-81)表明，在中频段上，动态位置刚度近似为一常数。这是因为中频段负载干扰力的变化频率较高，液压缸工作腔的油液来不及泄漏，这时阀控液压缸可以近似看做完全封闭的液压缸，其动态位置刚度就近似等于液压弹簧刚度 K_h。

在 $\omega > \omega_h$ 的高频段上，二阶微分环节起主要作用，惯性运动的作用越来越显著，惯性负载会阻止活塞运动。因此，随着频率增加，动态刚度随频率成二次方关系增加，但一般很少在此频率范围内工作。

B 速度刚度特性

由式(3-78)可求得动态速度刚度

$$\left|\frac{F_L(s)}{\dot{x}_p(s)}\right| = \frac{\frac{A_p^2}{K_{ce}}\left(\frac{s^2}{\omega_h^2}+\frac{2\zeta_h}{\omega_h}s+1\right)}{\frac{s}{2\zeta_h\omega_h}+1} \tag{3-82}$$

由式(3-82)可求得 $\omega < 2\zeta_h\omega_h$ 的低频段（包括 $\omega=0$ 的静态时）的速度刚度

$$\left|\frac{F_L(\omega)}{\dot{x}_p(\omega)}\right| = \frac{A_p^2}{K_{ce}} \tag{3-83}$$

这是一个较大的数值。说明阀控液压缸动力元件的静态速度刚度是较大的。这也是液压控制系统得到广泛应用的原因之一。

3.3.3 有弹性负载时液压动力元件的频率特性分析

有弹性负载时，活塞位移对阀芯输入位移的传递函数可由式(3-44)得到

$$\frac{x_p(s)}{x_v(s)} = \frac{K_{ps}A_p/K}{\left(\frac{s}{\omega_r}+1\right)\left(\frac{s^2}{\omega_0^2}+\frac{2\zeta_0}{\omega_0}s+1\right)} \tag{3-84}$$

由式(3-84)可以看出，有弹性负载时的液压动力元件由惯性环节、振荡环节与比例放大环节组成，它的波德图如图 3-13 所示，它的主要参数有 $K_{ps}A_p/K$、ω_r、ω_0 与 ζ_0。

低频时，与无弹性负载的情况不同，对于一定的阀位移 x_v，液压缸有确定的稳态输出位移 x_p，它们间的比例放大系数为 $K_{ps}A_p/K$，称为位置放大系数。位置放大系数与 K_{ps}（$=K_q/K_{ce}$）有关，而 K_{ps} 中包含阀的流量增益 K_q 与流量压力系数 K_c，它们随工作点在很大范围内变化，因此位置放

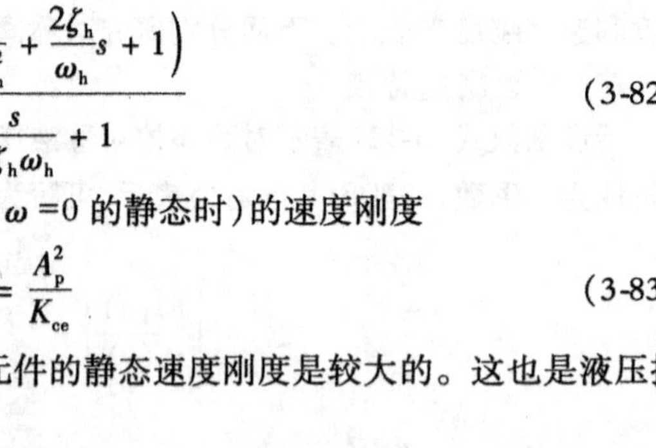

图 3-13 有弹性负载时的波德图

大系数也会在很大范围内变化。

与无弹性负载情况相比，动力元件中的原积分环节变为了惯性环节。惯性环节的转角频率为

$$\omega_r = \frac{KK_{ce}}{A_p^2\left(1 + \frac{K}{K_h}\right)}$$

ω_r 受负载弹簧刚度 K 的影响。由波德图3-13可以看出，它将影响系统的穿越频率 ω_c。负载弹簧刚度 K 越小，ω_r 越低，穿越频率 ω_c 也越低。当 $K/K_h \ll 1$ 时，$\omega_c \approx K_q/A_p$，与无弹性负载情况接近。这说明，此时的弹性负载对系统的动态特性影响很小，但若用这样的动力元件组成位置伺服系统。将使系统成为0型系统。因此，对系统的稳态误差影响还是要考虑的。

动力元件二阶振荡环节的综合固有频率为 $\omega_0 = \omega_h\sqrt{1 + \frac{K}{K_h}}$，它是液压弹簧与负载弹簧并联时的综合刚度与负载质量之比，是无弹性负载时固有频率的 $\sqrt{1 + \frac{K}{K_h}}$ 倍。综合阻尼比 $\zeta_0 = \frac{1}{2\omega_0}\left[\frac{K_{ce}}{V_t}\frac{\beta_e}{\left(1 + \frac{K}{K_h}\right)} + \frac{B_p}{m_t}\right]$，它在 $B_p = 0$ 时，是 ζ_h 的 $1/\sqrt{\left(1 + \frac{K}{K_h}\right)^3}$ 倍，负载刚度 K 降低了二阶环节的阻尼比。ω_0 与 ζ_0 同样会影响闭环伺服系统的稳定性。

K_{ce} 变化将使 ω_r、ζ_0、增益均发生变化。当 K_{ce} 减小时，使增益 $K_qA_p/K_{ce}K$ 增大，ω_r 与 ζ_h 减小，但对 ω_c、ω_0 没有影响，因此对系统的快速性影响不大，而使系统的稳定性变坏。

3.4　三通阀控液压缸

图3-14所示为一三通阀控差动液压缸的工作原理图。图中的三通阀是一滑阀，实际应用中也可以采用单喷嘴-挡板阀等其他三通阀。在这种动力元件中，阀只有一条负载通道，控制液压缸的一个控制腔（一般为液压缸的无杆腔），液压缸的另一腔（有杆腔）通以一固定的偏压，一般为油源压力 p_s，以使其与控制腔油压作用相比较，实现双向的差动运动。在阀芯向下有一个 x_v 的位移输入时，液压缸无杆腔压力 p_c 升高，无杆腔压力作用 p_cA_h 大于有杆腔的固定偏压作用 p_sA_r，则液压缸活塞将克服其负载向下运动；若阀芯相反向上运动，液压缸无杆腔压力 p_c 降低，则液压缸活塞在负载力的作用下向上运动。

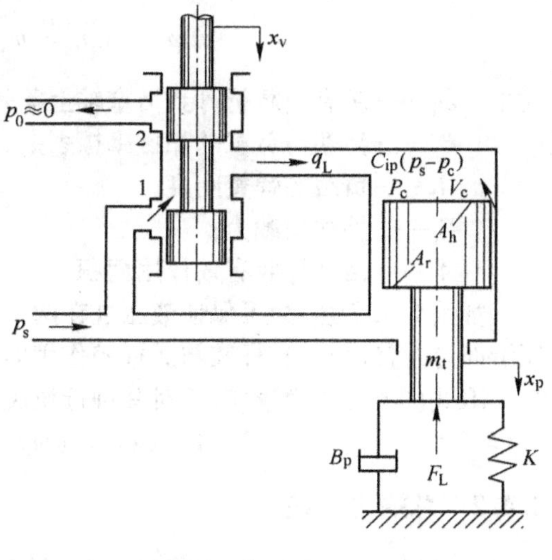

图3-14　三通阀控差动液压缸工作原理图

3.4.1　基本方程及其拉氏变换式

由于阀的负载流量的非线性关系，需要采用其增量式，因此其他各基本方程也均应取成增量式后再进行拉氏变换。

3.4.1.1　阀的负载控制流量方程

由式(2-64)、式(2-65)或式(2-71)，可得三通阀的负载控制流量方程的增量式为

$$\Delta q_L = K_q\Delta x_v - K_c\Delta p_c$$

对上式进行拉氏变换，得

$$q_L(s) = K_q x_v(s) - K_c p_c(s) \tag{3-85}$$

式中　$x_v(s)$——阀位移增量 Δx_v 的拉氏变换；

$p_c(s)$——液压缸控制腔压力增量 Δp_c 的拉氏变换；

$q_L(s)$——负载控制流量增量 Δq_L 的拉氏变换。

3.4.1.2　液压缸控制腔的流量连续性方程

由图 3-14 可得液压缸控制腔的流量连续性方程

$$q_L + C_{ip}(p_s - p_c) = \frac{dV_c}{dt} + \frac{V_c}{\beta_e}\frac{dp_c}{dt} \tag{3-86}$$

式中　C_{ip}——液压缸的内泄漏系数；

V_c——液压缸控制腔容积，

$$V_c = V_0 + A_h x_p \tag{3-87}$$

A_h——液压缸控制腔的活塞面积；

V_0——液压缸控制腔初始容积。

假定活塞位移很小，即 $|A_h x_p| \ll V_0$，$V_c \approx V_0$，将式(3-87)代入式(3-86)，得

$$q_L + C_{ip}p_s = A_h\frac{dx_p}{dt} + C_{ip}p_c + \frac{V_0}{\beta_e}\frac{dp_c}{dt} \tag{3-88}$$

取式(3-88)的增量式，并对其进行拉氏变换，得

$$q_L(s) = A_h s x_p(s) + C_{ip}p_c(s) + \frac{V_0}{\beta_e}sp_c(s) \tag{3-89}$$

式中　$x_p(s)$——液压缸活塞位移 Δx_p 的拉氏变换式。

3.4.1.3　活塞与负载的动力学平衡方程

由图 3-14 可知，活塞与负载的动力学平衡方程为

$$A_h p_c - A_r p_s = m_t\frac{d^2x_p}{dt^2} + B_p\frac{dx_p}{dt} + Kx_p + F_L \tag{3-90}$$

式中　m_t——所有负载折算到活塞轴上等效总质量；

B_p——活塞与负载的黏性摩擦系数；

K——负载的弹簧刚度；

F_L——外加负载力；

A_r——活塞杆腔有效作用面积。

如第 2 章所述，为了保证液压缸在两个方向上具有相同的控制能力和加、减速能力，设计液压缸时，应将液压缸有杆腔与无杆腔作用面积设计成：保证阀在零位时，控制腔压力 $p_{c0} = p_s/2$ 。

取式(3-90)的增量式，并对其进行拉氏变换得

$$A_h p_c(s) = (m_t s^2 + B_p s + k)x_p(s) + F_L(s) \tag{3-91}$$

3.4.2　总输出方程

由式(3-85)、式(3-89)与式(3-91)可绘制动力元件的传递函数方块图，再由传递函数方块图推导出其传递函数和总输出方程，也可由这三式消去中间变量得出。若以液压缸活塞输出位移 x_p 为被控量，阀输入位移 x_v 与外加负载力 F_L 同时作用时，三通阀控差动液压缸活塞总输出位移为

$$x_p(s) = \frac{\dfrac{K_q}{A_h}x_v(s) - \dfrac{K_{ce}}{A_h^2}\left(1 + \dfrac{V_0}{\beta_e K_{ce}}s\right)F_L(s)}{\dfrac{m_t V_0}{\beta_e A_h^2}s^3 + \left(\dfrac{m_t K_{ce}}{A_h^2} + \dfrac{B_p V_0}{\beta_e A_h^2}\right)s^2 + \left(1 + \dfrac{B_p K_{ce}}{A_h^2} + \dfrac{KV_0}{\beta_e A_h^2}\right)s + \dfrac{KK_{ce}}{A_h^2}} \tag{3-92}$$

式中 K_{ce}——总流量-压力系数，$K_{ce}=K_c+C_{ip}$。

如前所述，$\frac{B_p K_{ce}}{A_h^2}\ll 1$，则上式可简化为

$$x_p(s)=\frac{\frac{K_q}{A_h}x_v(s)-\frac{K_{ce}}{A_h^2}\left(1+\frac{V_0}{\beta_e K_{ce}}s\right)F_L(s)}{\frac{s^3}{\omega_h^2}+\frac{2\zeta_h}{\omega_h}s^2+\left(1+\frac{K}{K_h}\right)s+\frac{K_{ce}K}{A_h^2}} \tag{3-93}$$

式中 K_h——液压弹簧刚度，$K_h=\frac{\beta_e A_h^2}{V_0}$； (3-94)

ω_h——液压固有频率，$\omega_h=\sqrt{\frac{K_h}{m_t}}=\sqrt{\frac{\beta_e A_h^2}{V_0 m_t}}$； (3-95)

ζ_h——液压阻尼比，$\zeta_h=\frac{K_{ce}}{2A_h}\sqrt{\frac{\beta_e m_t}{V_0}}+\frac{B_p}{2A_h}\sqrt{\frac{V_0}{\beta_e m_t}}$ (3-96)

当 B_p 较小可以忽略不计时，ζ_h 可近似写成

$$\zeta_h=\frac{K_{ce}}{2A_h}\sqrt{\frac{\beta_e m_t}{V_0}} \tag{3-97}$$

式(3-93)与式(3-34)的分母多项式在形式上是相同的，因此，当满足 $\frac{B_p K_{ce}}{A_h^2\left(1+\frac{K}{K_h}\right)}\ll 1$ 与 $\left[\frac{K_{ce}\sqrt{m_t K}}{A_h^2\left(1+\frac{K}{K_h}\right)}\right]^2\ll 1$ 条件时，式(3-93)可简化为

$$x_p(s)=\frac{\frac{K_q}{A_h}x_v(s)-\frac{K_{ce}}{A_h^2}\left(1+\frac{V_0}{\beta_e K_{ce}}s\right)F_L(s)}{\left[\left(1+\frac{K}{K_h}\right)s+\frac{K_{ce}K}{A_h^2}\right]\left(\frac{s^2}{\omega_0^2}+\frac{2\zeta_0}{\omega_0}s+1\right)} \tag{3-98}$$

或写成标准环节形式

$$x_p(s)=\frac{\frac{K_{p0}A_h}{K}x_v(s)-\frac{1}{K}\left(1+\frac{V_0}{\beta_e K_{ce}}s\right)F_L(s)}{\left(\frac{s}{\omega_r}+1\right)\left(\frac{s^2}{\omega_0^2}+\frac{2\zeta_0}{\omega_0}s+1\right)} \tag{3-99}$$

式中 K_{p0}——动力元件总压力增益；

$$K_{p0}=\frac{K_q}{K_{ce}} \tag{3-100}$$

ω_r——动力元件惯性环节的转折频率；

$$\omega_r=\frac{K_{ce}K}{A_h^2\left(1+\frac{K}{K_h}\right)}=\frac{K_{ce}}{A_h^2\left(\frac{1}{K}+\frac{1}{K_h}\right)} \tag{3-101}$$

ω_0——动力元件综合固有频率；

$$\omega_0=\omega_h\sqrt{1+\frac{K}{K_h}}$$

ζ_0——动力元件综合阻尼比；

$$\zeta_0 = \frac{1}{2\omega_0}\left[\frac{K_{ce}}{A_h^2}\frac{K_h}{\left(1+\frac{K}{K_h}\right)} + \frac{B_p}{m_t}\right]$$

当弹簧刚度为零（ $K = 0$ ）时，式(3-93)可简化成

$$x_p(s) = \frac{\frac{K_q}{A_h}x_v(s) - \frac{K_{ce}}{A_h^2}\left(1+\frac{V_0}{\beta_e K_{ce}}s\right)F_L(s)}{s\left(\frac{s^2}{\omega_h^2}+\frac{2\zeta_h}{\omega_h}s+1\right)} \tag{3-102}$$

比较式(3-99)与式(3-44)、式(3-102)与式(3-25)等可以看出，在三通阀控差动液压缸与四通阀控对称液压缸的输入参数相同的情况下，其输出方程形式是完全相同的，其相应的传递函数形式当然也是相同的。但是，这两种液压动力元件由于结构的不同，其 ω_h、ζ_h 等综合性能参数的大小不同。四通阀控液压缸的液压固有频率是三通阀控液压缸的 $\sqrt{2}$ 倍。在 B_p 较小时，四通阀控液压缸的液压阻尼比 ζ_h 也是三通阀控液压缸的 $\sqrt{2}$ 倍。这是因为三通阀控差动液压缸只有一个控制腔，形成一个液压弹簧，而四通阀控液压缸有两个控制腔，形成两个液压弹簧，其液压弹簧总刚度是三通阀的两倍。因此，在其他参数相同的情况下，用四通阀控液压缸组成的闭环伺服系统的动态响应性能要比三通阀的好。

3.5　泵控液压马达

泵控液压马达的动力元件一般由双向变量泵和液压马达组成，它可以组成开式回路系统，也可以组成闭式回路系统。图 3-15 所示为一变量泵与液压马达组成的闭式回路系统，双向变量泵 1 以恒定的转速 ω_p 旋转，通过调节变量泵的变量机构的摆角来改变泵的排量，从而控制液压马达 2 的转速、旋转方向和转角。系统的泄漏补油是依靠补油泵 7 提供，通过单向阀 4 选择，向双向变量泵的吸油管道补油。补油压力由溢流阀 5 调定，保证泵的吸油管道有一个恒定的低压，以防止出现空穴现象并防止空气混入系统，同时也帮助系统油液散热。补油泵通常也可作为变量泵的变量控制机构的液压源。这种系统的高压管路中的压力是由负载决定的。为了防止系统压力过高而损坏元件，在泵的吸、压油管间跨接了两个安全阀 3，以便在过载时，高压管路中的油液能迅速排放至低压管路。

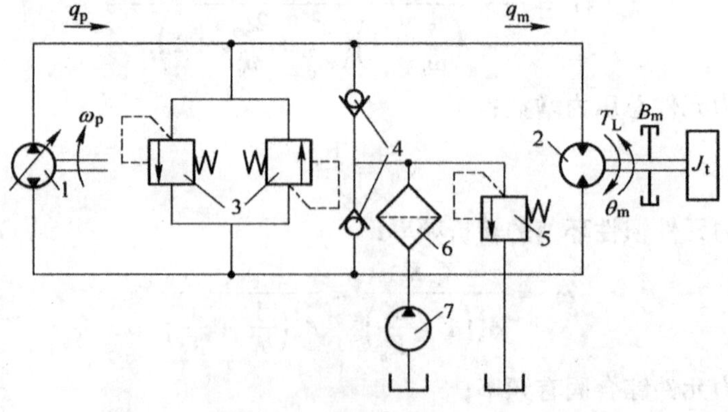

图 3-15　变量泵控液压马达系统

1—双向变量泵；2—液压马达；3—安全阀；4—单向阀；5—溢流阀；6—滤油器；7—补油泵

由于变量泵控液压马达系统中,液压泵输出的流量和工作压力是与负载相适应的,既无节流损失,也无多余油液溢流的溢流损失,因此系统的效率高,最大效率可达90%,适用于大功率的电液比例控制与伺服控制系统。

3.5.1 基本方程及其拉氏变换式

假设:

(1)连接管道较短,管道内的压力损失、流体惯性等管道动态忽略不计;

(2)液压泵的泄漏为层流,壳体内压力为大气压,忽略低压腔向壳体内的外泄漏;

(3)两根管道完全相同,泵、马达与管道组成的两个腔室总容积相等,每个腔室中的油液的密度、温度、体积弹性模量为常数,压力均匀相等;

(4)补油系统工作无滞后,补油压力 p_2 为常数,只有高压腔压力 p_1 随负载变;

(5)输入信号较小,不发生调节参数饱和现象;

(6)液压泵转速 ω_p 恒定。

3.5.1.1 *变量泵的输出流量方程*

当变量机构的摆角不大时,可以认为变量泵的弧度排量 D_p 与泵的变量机构调节的摆角 γ 成正比,即

$$D_p = K_d \gamma \tag{3-103}$$

式中 K_d——变量泵的排量梯度。

由于泵在高、低压差的作用下,存在着内泄漏与外泄漏,因此变量泵的输出流量方程为

$$q_p = D_P \omega_P - C_{ip}(p_1 - p_2) - C_{ep} p_1 \tag{3-104}$$

式中 C_{ip}——变量泵的内泄漏系数;

C_{ep}——变量泵的外泄漏系数。

将式(3-103)代入式(3-104),由于油泵补油腔压力 p_2 为常数,不随负载而变,因此在以下的增量式中不包含 p_2 项

$$\Delta q_p = K_{qp} \Delta\gamma - C_{tp} \Delta p_1$$

式中 K_{qp}——变量泵的流量增益, $K_{qp} = K_d \omega_p$ (3-105)

C_{tp}——变量泵的总泄漏系数, $C_{tp} = C_{ip} + C_{ep}$ (3-106)

对上式进行拉氏变换,得

$$q_p(s) = K_{qp} \gamma(s) - C_{tp} p_1(s) \tag{3-107}$$

式中 $q_p(s)$——泵输出流量变化 Δq_p 的拉氏变换;

$\gamma(s)$——泵的变量机构调节摆角增量 $\Delta\gamma$ 的拉氏变换;

$p_1(s)$——泵高压腔压力变化 Δp_1 的拉氏变换。

式(3-107)表示,泵输出流量 q_p 随泵的变量机构调节摆角 γ 变化而变化,还受负载腔压力 p_1 变化而引起的泄漏变化的影响。将式(3-107)所表示的泵的流量方程与式(3-3)所表示的阀的流量方程相比较,它们的形式是完全相同的,只是由于控制元件的结构不同,相应的参数有所不同。因此,只要将控制阀中的参数改成变量控制泵的相应参数即可。这也说明,泵控与阀控,从控制原理的角度看,实质是相同的。

3.5.1.2 *液压马达高压腔的流量连续性方程*

液压泵输出流量,除供液压马达转动所需的流量外,还要补偿马达的内、外泄漏和油液压缩性所需的流量,因此,液压马达高压腔的流量连续性方程为

$$q_p = C_{im}(p_1 - p_2) + C_{em}p_1 + D_m \frac{d\theta_m}{dt} + \frac{V_0}{\beta_e}\frac{dp_1}{dt} \tag{3-108}$$

式中　C_{im}——液压马达的内泄漏系数；

C_{em}——液压马达的外泄漏系数；

θ_m——液压马达转角；

D_m——液压马达的弧度排量；

V_0——包括变量泵与液压马达的高压腔及高压管路总容积。

取式(3-108)的增量式，并对其进行拉氏变换，得

$$q_p(s) = D_m s\theta_m + C_{tm}p_1(s) + \frac{V_0}{\beta_e}sp_1(s) \tag{3-109}$$

式中　C_{tm}——液压马达的总泄漏系数，$C_{tm} = C_{im} + C_{em}$。　(3-110)

3.5.1.3　液压马达与负载的动力学力矩平衡方程

假设液压马达轴上有惯性负载、黏性摩擦负载、弹性负载和任意外加负载力矩，液压马达与负载的动力学力矩平衡方程为

$$D_m(p_1 - p_2) = J_t\frac{d^2\theta_m}{dt^2} + B_m\frac{d\theta_m}{dt} + G\theta_m + T_L \tag{3-111}$$

式中　J_t——负载折算到液压马达轴上的总转动惯量；

B_m——折算到液压马达轴上的黏性摩擦系数；

G——折算到液压马达轴上的负载的扭转弹簧刚度；

T_L——折算到液压马达轴上的任意外加负载力矩。

取式(3-111)的增量式，并对其进行拉氏变换，得

$$D_m p_1(s) = (J_t s^2 + B_m s + G)\theta_m(s) + T_L(s) \tag{3-112}$$

3.5.2　输出方程与传递函数

若以液压马达转角位移 θ_m 为输出，由泵变量机构调节摆角 γ 为控制输入，外加负载力矩 T_L 为干扰输入，则由基本方程的拉氏变换式(3-107)、(3-109)、(3-112)消去中间变量 $q_p(s)$、$p_1(s)$，可得马达转角位移 θ_m 的输出方程为

$$\theta_m(s) = \frac{\frac{K_{qp}}{D_m}\gamma(s) - \frac{C_t}{D_m^2}\left(1 + \frac{V_0}{\beta_e C_t}s\right)T_L(s)}{\frac{V_t J_t}{\beta_e D_m^2}s^3 + \left(\frac{J_t C_t}{D_m^2} + \frac{B_m V_0}{\beta_e D_m^2}\right)s^2 + \left(1 + \frac{B_m C_t}{D_m^2} + \frac{GV_0}{\beta_e D_m^2}\right)s + \frac{GC_T}{D_m^2}} \tag{3-113}$$

式中　C_t——泵控液压马达总泄漏系数。

$$C_t = C_{tp} + C_{tm} \tag{3-114}$$

对于泵控液压马达，弹簧负载是较少见的。当 $G = 0$ 且 $\frac{B_m C_t}{D_m^2} \ll 1$ 时，式(3-113)可化简为

$$\theta_m(s) = \frac{\frac{K_{qp}}{D_m}\gamma(s) - \frac{C_t}{D_m^2}\left(1 + \frac{V_0}{\beta_e C_t}s\right)T_L(s)}{s\left(\frac{s^2}{\omega_h^2} + \frac{2\zeta_h}{\omega_h}s + 1\right)} \tag{3-115}$$

式中　ω_h——液压固有频率；

$$\omega_h = \sqrt{\frac{\beta_e D_m^2}{V_0 J_t}} \tag{3-116}$$

ζ_h——液压阻尼比；

$$\zeta_h = \frac{C_t}{2D_m}\sqrt{\frac{\beta_e J_t}{V_0}} + \frac{B_m}{2D_m}\sqrt{\frac{V_0}{\beta_e J_t}} \tag{3-117}$$

当 B_m 较小可以忽略不计时，ζ_h 可近似写成

$$\zeta_h = \frac{C_t}{2D_m}\sqrt{\frac{\beta_e J_t}{V_0}} \tag{3-118}$$

这时，令 $T_L(S)=0$，由式(3-115)可得液压马达输出角位移 θ_m 对指令输入 γ 的传递函数

$$\frac{\theta_m(s)}{\gamma(s)} = \frac{K_{qp}/D_m}{s\left(\frac{s^2}{\omega_h^2} + \frac{2\zeta_h}{\omega_h}s + 1\right)} \tag{3-119}$$

令 $\gamma(s)=0$，由式(3-115)可得液压马达角位移 θ_m 对干扰输入 T_L 的传递函数

$$\frac{\theta_m(s)}{T_L(s)} = \frac{-\frac{C_t}{D_m^2}\left(1 + \frac{V_0}{\beta_e C_t}s\right)}{s\left(\frac{s^2}{\omega_h^2} + \frac{2\zeta_h}{\omega_h}s + 1\right)} \tag{3-120}$$

3.5.3 泵控液压马达与阀控液压马达的比较

将式(3-115)与式(3-56)进行比较可以看出，两个方程的形式是基本相同的，因此，这两种液压动力元件在动特性方面没有根本的差别，但是其相应参数及其变化范围却有很大的不同：

(1)泵控液压马达实际只控制液压马达的一个控制腔，因此其液压弹簧刚度比四通阀控液压马达要小一半，液压固有频率只是阀控液压马达的 $1/\sqrt{2}$。实际液压马达的工作腔较大，因此固有频率将进一步降低。

(2)一般液压马达的黏性摩擦较小，影响动力元件液压阻尼比的主要因素在阀控液压马达中是 $K_{ce}=K_c+C_{tm}$，而在泵控液压马达中是 $C_t=C_{tp}+C_{tm}$。一般泵的总泄漏系数 C_{tp} 比阀的流量-压力系数 K_c 小，而且稳定，因此泵控液压马达的液压阻尼比比阀控液压马达小，而且稳定。泵控液压马达的液压阻尼比大约在 0.05～0.2 范围内。因此，为了达到满意的阻尼比，往往宁愿牺牲一部分效率，有意设置旁路泄漏通道或压力内部反馈回路。

(3)由于泵控液压马达的总泄漏系数 C_t 较阀控液压马达的总流量-压力系数 K_{ce} 小而稳定，因此泵控液压马达的速度刚度 D_m^2/C_t 比阀控液压马达的速度刚度 D_m^2/K_{ce} 大而且稳定。

(4)泵控液压马达的增益 K_{qp}/D_m 和静态速度刚度 D_m^2/C_t 均比阀控液压马达的增益 K_q/D_m 和静态速度刚度 D_m^2/K_{ce} 稳定。因为其中变量泵的流量增益 $K_{qp}=K_d\omega_p$，变量泵的排量梯度 K_d 较阀的流量增益 K_q 稳定，泵控液压马达的总泄漏系数 C_t 比阀控液压马达的总流量-压力系数 K_{ce} 稳定。

总之，泵控液压马达是比较线性的液压动力元件，其增益、阻尼比、刚度均比较稳定，受工作点变化的影响小，因此动态性能比较容易预测。但由于其液压固有频率较低，还要附加一个变量控制伺服机构，因此总的响应不如阀控马达快。

3.5.4 位置直接反馈型比例排量变量泵伺服变量机构

前面所述的泵控液压马达的液压动力元件中的变量泵，常常与一伺服变量机构相连，构成伺

服或比例变量泵。下面介绍一种最常用的电液比例位置直接反馈型比例排量变量泵的伺服变量机构。

3.5.4.1　位置直接反馈型伺服变量机构组成及工作原理

图 3-16a 所示是一种常见的位置直接反馈型电液比例排量控制变量泵的伺服变量机构。滑阀 5 是一双边滑阀(控制边为图 3-16b 中 10、11),其阀套 4 与差动活塞 3 装配成一体。差动活塞 3 大端腔 7(直径 D_1)是控制腔,小端腔 1(直径 D_2)通以来自液压泵的压力油,经过活塞 3 小端控制油腔 1、进油通道 2,进到控制阀上控制边 10 形成的上阀口。当泵的电-机械转换控制机构(如伺服电机、比例电磁铁及其前置放大级)给滑阀 5 的阀芯输入一个向下位移 x 时,上阀口开启,来自泵的高压油通过上阀口进入差动活塞 3 大端油腔 7,使控制大端油腔 7 的压力上升,差动活塞 3 在压差的作用下作与阀芯位移相同方向的跟随向下运动,位移为 y,直到 $y=x$,阀口重新关上为止。这时斜盘已在原位产生一个正比于阀位移的角位移 γ,使排量、流量也产生一个正比于 x 的增量。当泵的电-机械转换控制机构给滑阀 5 输入一个向上的位移 x 时,控制滑阀 5 将下控制边 11 形成的下阀口开启,上阀口关闭。差动活塞 3 的上控制大端油腔 7 中的压力油通过控制油通道 8、下阀口接通回油腔 9,这时控制活塞控制大端油腔 7 中的压力下降,差动活塞 3 在压差的作用下做向上的跟随运动,位移为 y,直到 $y=x$ 为止。这时斜盘倾角 γ 减小,泵的排量、流量随之减小。

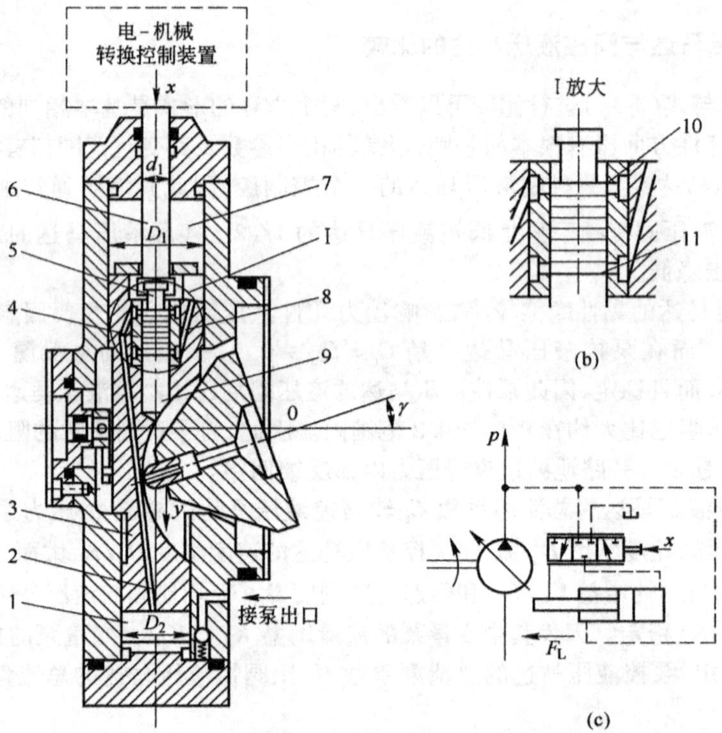

图 3-16　位置直接反馈型伺服变量机构

(a)伺服变量机构结构图;(b)双边阀放大图;(c)伺服机构职能符号

1—小端油腔;2—进油通道;3—差动活塞;4—阀套;5—滑阀;6—阀杆;7—大端油腔;8—控制油通道;9—回油腔;10—上控制边;11—下控制边

由以上分析可以看出，这种电液比例排量泵的控制原理框图如图3-17所示。由图中可以看出，这种位置直接反馈式排量控制泵由于变量活塞的控制位移得到了直接反馈，构成了闭环控制，因此，这种泵的变量机构能准确、快速地跟随电-机械转换控制装置的输入位移而准确定位，使泵的排量成比例地得到控制。

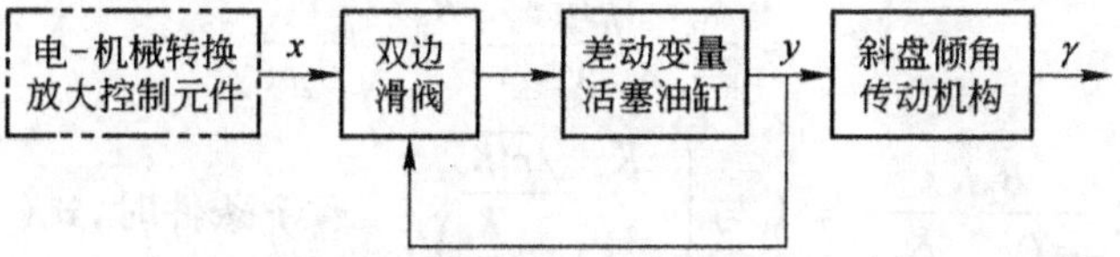

图3-17　位置直接反馈型伺服变量机构控制原理框图

3.5.4.2　位置直接反馈式伺服变量机构基本方程与传递函数方块图

(1)设阀为理想零开口双边阀。根据该泵变量机构的反馈控制原理，变量机构在动态调节过程中，双边阀的实际开口量的拉氏变换式为

$$x_v(s) = x(s) - y(s) \tag{3-121}$$

(2)动力元件的基本方程与输出方程

1)双边阀的线性化流量方程的拉氏变换式。由前式(3-85)可得双边阀的线性化流量方程的拉氏变换式为

$$q_L(s) = K_q x_v(s) - K_c p_c(s) \tag{3-122}$$

式中　x_v——双边阀的实际开口量；

p_c——变量活塞大端控制腔的控制压力。

2)变量活塞大端控制腔的流量连续性方程。忽略泄漏，变量活塞控制大腔的流量连续性方程为

$$q_L(s) = A_c s y(s) + \frac{V_c}{\beta_e} s p_c(s) \tag{3-123}$$

式中　A_c——变量活塞大端面积；

V_c——大端控制腔容积。

3)活塞与负载的动力学平衡方程。考虑变量机构运动部件质量 m，黏性摩擦（系数为 B_p），供油回路的压力变化及其所引起的液压弹簧作用（刚度为 K_s），和变量机构的负载力 F_L，则活塞与负载动力学平衡方程的拉氏变换式为

$$A_c p_c(s) - [A_\gamma p_s(s) + F_L(s)] = m s^2 y(s) + B_p s y(s) + K_s y(s) \tag{3-124}$$

式中，泵的出口压力 p_s 不一定是恒定的量，将其看作变量；A_γ 为变量活塞小端腔作用面积。

4)伺服变量动力元件的输出方程。将式(3-122)、式(3-123)、式(3-124)整理合并，可得动力元件的输出方程

$$y(s) = \frac{\frac{K_q}{A_c}x_v(s) - \frac{K_c}{A_c^2}\left(1 + \frac{V_c}{\beta_e K_c}s\right)[A_\gamma p_s(s) + F_L(s)]}{\frac{m_t V_c}{\beta_e A_c^2}s^3 + \left(\frac{m_t K_c}{A_c^2} + \frac{B_p V_c}{\beta_e A_c^2}\right)s^2 + \left(1 + \frac{B_p K_c}{A_c^2} + \frac{K_s V_c}{\beta_e A_c^2}\right)s + \frac{K_s K_c}{A_c^2}} \tag{3-125}$$

若供油压力变化缓慢，就可认为 $K_s = 0$，且通常有 $\frac{B_p K_c}{A_c^2} \ll 1$，式(3-125)可简化为

$$y(s) = \frac{\frac{K_q}{A_c}x_v(s) - \frac{K_c}{A_c^2}\left(1 + \frac{V_c}{\beta_e K_c}s\right)[A_\gamma p_s(s) + F_L(s)]}{s\left(\frac{s^2}{\omega_{hp}^2} + \frac{2\zeta_{hp}}{\omega_{hp}}s + 1\right)} \tag{3-126}$$

式中　ω_{hp}——泵变量机构液压固有频率；

$$\omega_{hp} = \sqrt{\frac{K_h}{m}} = \sqrt{\frac{\beta_e A_c^2}{V_c m}} \tag{3-127}$$

ζ_{hp}——泵变量机构液压阻尼比；

$$\zeta_{hp} = \frac{K_c}{2A_c}\sqrt{\frac{\beta_e m}{V_c}} + \frac{B_p}{2A_c}\sqrt{\frac{V_c}{\beta_e m}} \tag{3-128}$$

当 $K_s \neq 0$，且满足 $\frac{B_p K_c}{A_c^2\left(1+\frac{K_s}{K_h}\right)} \ll 1$ 与 $\left[\frac{K_c\sqrt{mK_s}}{A_c^2\left(1+\frac{K_s}{K_h}\right)}\right]^2 \ll 1$ 条件时，式(3-125)可简化为

$$y(s) = \frac{\frac{K_p A_c}{K_s}x_v(s) - \frac{1}{K_s}\left(1+\frac{V_c}{\beta_e K_c}s\right)\left[A_h p_s(s) + F_L(s)\right]}{\left(\frac{s}{\omega_{rp}}+1\right)\left(\frac{s^2}{\omega_{0p}^2}+\frac{2\zeta_{0p}}{\omega_{0p}}s+1\right)} \tag{3-129}$$

式中　K_p——阀的压力增益；

ω_{rp}——泵变量机构的转折频率；

$$\omega_{rp} = \frac{K_c K_s}{A_c^2\left(1+\frac{K_s}{K_h}\right)} = \frac{K_c}{A_c^2\left(\frac{1}{K_s}+\frac{1}{K_h}\right)} \tag{3-130}$$

ω_{0p}——泵变量机构的综合固有频率；

$$\omega_{0p} = \omega_{hp}\sqrt{1+K_s/K_h} \tag{3-131}$$

ζ_{0p}——泵变量机构综合阻尼比；

$$\zeta_{0p} = \frac{1}{2\omega_{0p}}\left[\frac{\beta_e K_c}{V_0(1+K_s/K_h)} + \frac{B_p}{m}\right] \tag{2-132}$$

(3)斜盘倾角方程。对于斜盘式轴向柱塞泵，当变量机构的位移为 y 时，其斜盘倾角 γ 为

$$\gamma(s) = K_1 y(s) \tag{3-133}$$

式中　K_1——斜盘倾角传动系数。

由式(3-121)、式(3-126)(或(3-129))、式(3-133)画出位置直接反馈式伺服变量机构的传递函数方块图，见图 3-18。

若将以上各式再与式(3-115)联立，即可完整地画出变量泵控液压马达的传递函数方块图。

3.6　液压动力元件与负载的匹配

液压动力元件要拖动负载运动，因此动力元件的参数首先要满足负载的要求，这就出现了液压动力元件与负载的匹配问题。这是液压控制系统设计中的重要问题。对于阀控系统，设计液压动力机构时，需要选择的主要参数有：供油压力、液压缸作用面积(或液压马达的排量)、伺服阀流量(规格)。对泵控系统，则是变量泵的流量和液压马达的排量。泵控动力机构的匹配较简单，本节主要讨论阀控系统动力机构的匹配问题。匹配得好坏，将直接影响比例与伺服控制系统的性能。在研究动力元件与负载的匹配问题前，首先应解决等效负载的计算和负载轨迹的确定问题。

3.6.1　等效负载的计算

液压执行元件常常通过各种机械装置，如齿轮副、丝杠螺母等装置与负载相连。而液压动力

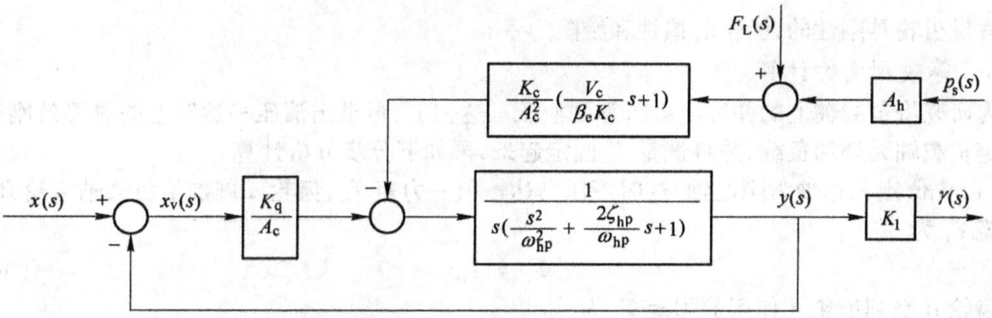

图 3-18　位置直接反馈型伺服变量机构传递函数方块图

元件中的负载压力是与执行元件输出轴上的等效负载有关的，因此需要将各部分的负载折算到执行元件的输出轴上。如还要考虑结构柔度的影响，其负载模型则为二自由度或多自由度系统。

3.6.1.1　负载做旋转运动的情况

图 3-19a 所示为一典型的负载做旋转运动的简化模型。图中 J_m、B_m、G_m 分别为液压马达轴上的转动惯量、黏性摩擦系数与刚度，J_L、B_L、G_L 分别为负载轴上的转动惯量、黏性摩擦系数与刚度，T_L 为外加负载力矩。在液压马达轴与负载轴上装了一对传动齿轮，它们的传动比 n 为

$$n = \theta_1/\theta_2 \tag{3-134}$$

式中　θ_1——齿轮 A 的转角；

　　　θ_2——齿轮 B 的转角。

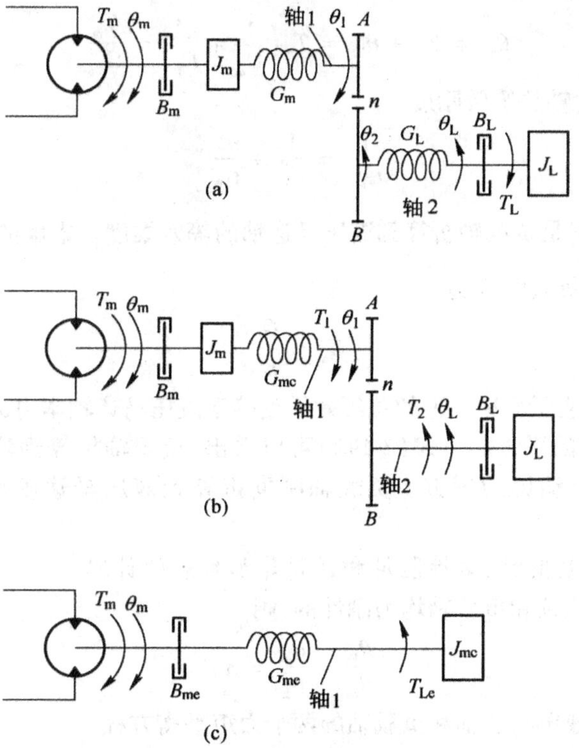

图 3-19　负载做旋转运动的简化模型

假设齿轮是刚性的，齿轮的惯性和游隙为零。

A　等效刚度的计算

为研究将负载轴上的弹性负载折算到液压马达轴上，再求出液压马达轴上的总等效刚度，可先假定负载轴无外加负载，并将惯量 J_L 固定起来，再如下分步分析计算：

(1)先假定马达轴为刚性轴，这时液压马达输出一力矩 T_m，齿轮 A 施加给负载轴齿轮 B 的作用力矩 T_1 为

$$T_1 = T_m \tag{3-135}$$

齿轮 B 受到齿轮 A 作用的力矩 T_2 为

$$T_2 = T_m \frac{\theta_1}{\theta_2} = T_m n \tag{3-136}$$

由于负载轴的柔度，使齿轮 2 产生的转角

$$\theta_2 = \frac{T_2}{G_L} = \frac{T_m}{G_L} n \tag{3-137}$$

由于齿轮 2 的转动，使齿轮 1 转过的角度为

$$\theta_{11} = \theta_2 n = \frac{T_m}{G_m} n^2 \tag{3-138}$$

(2)考虑液压马达轴本身的柔度，这时假设负载轴为刚性，并固定不动。由于液压马达轴的柔度，在驱动力矩 T_m 的作用下，液压马达轴的偏转角度为

$$\theta_{12} = \frac{T_m}{G_m} \tag{3-139}$$

(3)用叠加法求出液压马达轴的总偏转角度

$$\theta_m = \theta_{11} + \theta_{12} = T_m\left(\frac{1}{G_m} + \frac{n^2}{G_L}\right) = \frac{T_m}{G_{me}} \tag{3-140}$$

式中　G_{me}——液压马达轴总等效刚度。

$$\frac{1}{G_{me}} = \frac{1}{G_m} + \frac{n^2}{G_L} \tag{3-141}$$

其中，$\frac{n^2}{G_L} = \frac{1}{G_e}$，$\frac{1}{G_e}$是负载轴折算到液压马达轴的等效柔度。柔度的倒数是刚度，因此负载轴折算到液压马达轴的等效刚度为

$$G_e = \frac{G_L}{n^2} \tag{3-142}$$

从式(3-141)看出，液压马达轴上的总等效柔度等于液压马达轴本身的柔度加上负载轴柔度乘以机械(齿轮)传动比的平方。由式(3-142)可以看出，负载轴折算到液压马达轴的等效刚度 G_e 为负载轴刚度除以传动比的平方。负载轴刚度折算到液压马达轴后，系统负载情况见图 3-19b。

B　液压马达轴等效惯量、黏性阻尼和任意外加负载的计算

假设图 3-19a 中马达轴和负载轴均为刚性的，则

$$\frac{\theta_1}{\theta_2} = \frac{\theta_m}{\theta_L} = n \tag{3-143}$$

由图 3-19a 可得到液压马达轴和负载轴的两个力矩平衡方程

$$T_m = J_m \frac{d^2\theta_m}{dt^2} + B_m \frac{d\theta_m}{dt} + T_1 \tag{3-144}$$

$$T_2 = J_L \frac{d^2\theta_L}{dt^2} + B_L \frac{d\theta_L}{dt} + T_L \tag{3-145}$$

而

$$T_2 = T_1 \frac{\theta_1}{\theta_2} = T_1 n \tag{3-146}$$

式中 T_1——齿轮 B 作用在齿轮 A 上的力矩；

T_2——齿轮 A 作用在齿轮 B 上的力矩。

将式(3-143)、(3-146)代入式(3-145)，再代入式(3-144)得

$$T_m = \left(J_m + \frac{J_L}{n^2}\right)\frac{d^2\theta_m}{dt^2} + \left(B_m + \frac{B_L}{n^2}\right)\frac{d\theta_m}{dt} + \frac{T_L}{n} = J_{me}\frac{d^2\theta_m}{dt^2} + B_{me}\frac{d\theta_m}{dt} + T_{Le} \tag{3-147}$$

式中 J_{me}——液压马达轴总等效转动惯量；

$$J_{me} = J_m + \frac{J_L}{n^2} = J_m + J_e \tag{3-148}$$

B_{me}——液压马达轴总等效黏性阻尼系数；

$$B_{me} = B_m + \frac{B_L}{n^2} = B_m + B_e \tag{3-149}$$

T_{Le}——负载轴折算到液压马达轴等效外加负载力矩；

$$T_{Le} = \frac{T_L}{n} \tag{3-150}$$

J_e——负载轴折算到液压马达轴的等效惯量；

$$J_e = \frac{J_L}{n^2} \tag{3-151}$$

B_e——负载轴折算到液压马达轴的等效阻尼系数；

$$B_e = \frac{B_L}{n^2} \tag{3-152}$$

由以上分析可以看出，液压马达轴上的总等效柔度、总等效惯量及总阻尼系数，等于液压马达轴本身的柔度、惯量及阻尼系数加上负载轴折算到液压马达轴的等效柔度、等效惯量及等效阻尼系数；而负载轴折算到液压马达轴的等效刚度、等效惯量及等效黏性阻尼系数，等于负载轴刚度、惯量及黏性阻尼系数除以机械(齿轮)传动比的平方；负载轴折算到液压马达轴等效外加负载力矩，等于负载轴上外加负载力矩除以机械(齿轮)传动比。

C 液压马达轴总力矩平衡方程

负载轴各种负载折算到液压马达轴上后，成为液压马达轴上的各种等效负载，见图 3-19c。液压马达轴总力矩平衡方程应写为

$$T_m = D_m p_L = J_{me}\frac{d^2\theta_m}{dt^2} + B_{me}\frac{d\theta_m}{dt} + G_{me}\theta_m + T_{Le} \tag{3-153}$$

式中，J_{me}、B_{me}、T_{Le}、G_{me}分别由式(3-148)、式(3-149)、式(3-150)和式(3-141)计算。

3.6.1.2 负载做直线运动的情况

与前述类同，可将做直线运动的各种负载折算到液压马达轴上。如图 3-20 所示，负载部分为一由丝杠螺母驱动的、做直线运动的工作台。设工作台运动部分的质量为 m，导轨的黏性摩擦系数为 B_L，外加负载力为 F_L，液压马达轴与丝杠轴间的齿轮传动比为 N，丝杠的螺距为 L，刚度为 K_L。设液压马达轴的角速度为 ω_m，工作台的运动速度为 v，则由传动关系得

$$v = \frac{\omega_m L}{2\pi N}$$

因此，该系统的总传动比可看作

$$n = \frac{\omega_m}{v} = \frac{2\pi N}{L} \tag{3-154}$$

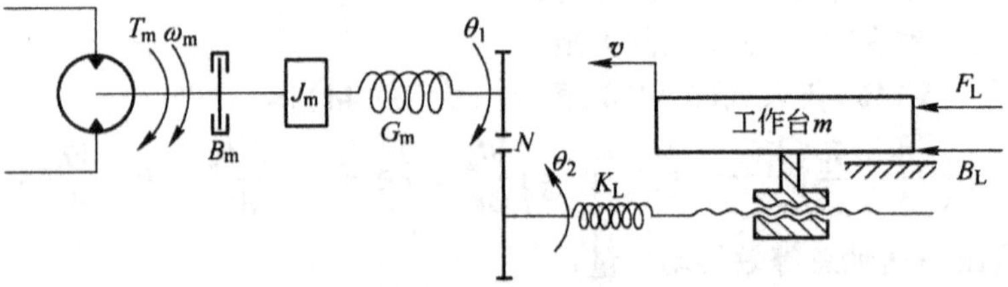

图 3-20　做直线运动的负载简化模型

按式(3-150)、式(3-151)、式(3-152)原理，可得折算液压马达轴的等效外加负载力矩、等效惯量和等效阻尼系数分别为

$$T_{Le} = \frac{F_L}{n} \tag{3-155}$$

$$J_e = \frac{m}{n^2} \tag{3-156}$$

与

$$B_e = \frac{B_L}{n^2} \tag{3-157}$$

由图 3-20 及式(3-142)原理，可得折算到马达轴的等效刚度为

$$G_e = \frac{K_L}{N^2} \tag{3-158}$$

若液压马达轴上的转动惯量、黏性摩擦系数与弹簧刚度仍分别为 J_m、B_m、G_m，液压马达轴的力矩平衡方程应写为

$$D_m p_L = \left(J_m + \frac{m}{n^2}\right)\frac{d^2\theta_m}{dt^2} + \left(B_m + \frac{B_L}{n^2}\right)\frac{d\theta_m}{dt} + G_{me}\theta_m + \frac{F_L}{n}$$

$$= J_{me}\frac{d^2\theta_m}{dt^2} + B_{me}\frac{d\theta_m}{dt} + G_{me}\theta_m + T_{Le} \tag{3-159}$$

式中　J_{me}——液压马达轴总等效转动惯量；

$$J_{me} = J_m + \frac{m}{n^2} = J_m + J_e \tag{3-160}$$

B_{me}——液压马达轴总等效黏性阻尼系数；

$$B_{me} = B_m + \frac{B_L}{n^2} = B_m + B_e \tag{3-161}$$

G_{me}——液压马达轴总等效刚度；

$$\frac{1}{G_{me}} = \frac{1}{G_m} + \frac{N^2}{K_L} \tag{3-162}$$

3.6.2 负载轨迹

动力元件与负载的匹配一般是根据负载轨迹进行的。以负载速度 v 为纵坐标,以总负载力为横坐标,每一个负载工况在 $F\text{-}v$ 平面上得到一个点。负载在一个工作周期内,所有工况对应 $F\text{-}v$ 平面上一个区域,这个区域的边界为负载轨迹。负载轨迹不仅与负载性质有关,还与负载的运动规律有关。采用频率法设计时,输入信号为正弦信号,负载做正弦响应。下面介绍几种典型的负载特性及它们的负载轨迹。

3.6.2.1 摩擦负载

摩擦力包括静摩擦力和动摩擦力两部分。负载从零开始加速到最大正速度,再降速经过零速到最大负速度,然后再回到零。经过这样一个全周期循环,可绘制各种摩擦力的负载轨迹,如图 3-21 所示。

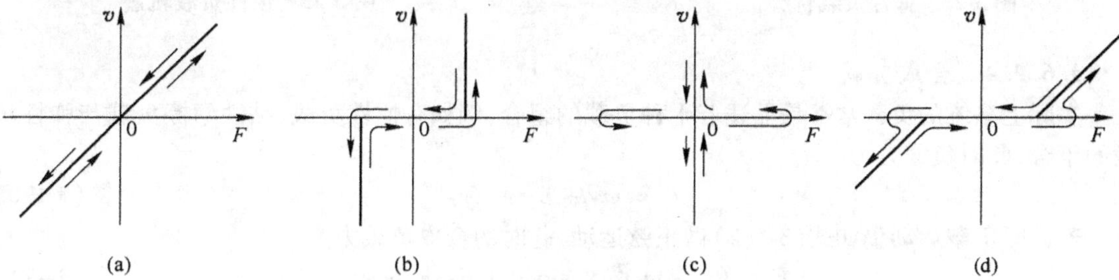

图 3-21 各种摩擦负载的负载轨迹

(a)黏性摩擦;(b)库仑摩擦;(c)静摩擦;(d)综合摩擦

3.6.2.2 弹性负载

当动力元件仅有对中性弹簧负载时,若负载位移为

$$y = y_m \sin\omega t \tag{3-163}$$

负载速度为

$$v = \dot{y} = y_m \omega \cos\omega t \tag{3-164}$$

则弹性负载力

$$F = Ky = Ky_m \sin\omega t \tag{3-165}$$

由式(3-164)与式(3-165)联立,可得负载轨迹方程

$$\left(\frac{v}{y_m \omega}\right)^2 + \left(\frac{F}{Ky_m}\right)^2 = 1 \tag{3-166}$$

该方程是一个正椭圆方程,其轨迹示于图 3-22。其最大负载力与 ω 无关,而最大速度与 ω 成正比。因此,ω 增加时,椭圆横轴不变,纵轴随 ω 成正比增大。

3.6.2.3 惯性负载

若惯性负载仍作正弦运动,由式(3-163)可得负载的加速度为

$$a = \ddot{y} = -y_m \omega^2 \sin\omega t \tag{3-167}$$

惯性负载力可表示为

$$F = ma = -my_m \omega^2 \sin\omega t \tag{3-168}$$

由式(3-164)、式(3-168)联立可得惯性负载的负载轨迹方程

$$\left(\frac{v}{y_m \omega}\right)^2 + \left(\frac{F}{my_m \omega^2}\right)^2 = 1 \tag{3-169}$$

该方程也是一个正椭圆方程，其轨迹示于图 3-23。其最大负载力与 ω 平方成比，而最大速度与 ω 成正比。因此 ω 增加时，椭圆横轴比纵轴增大得快。

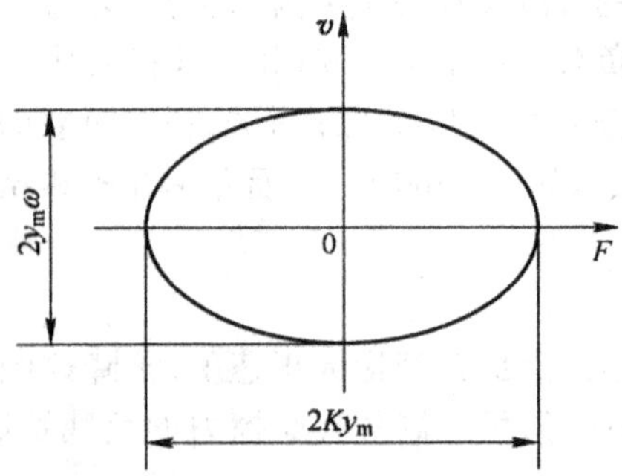

图 3-22　弹性负载轨迹

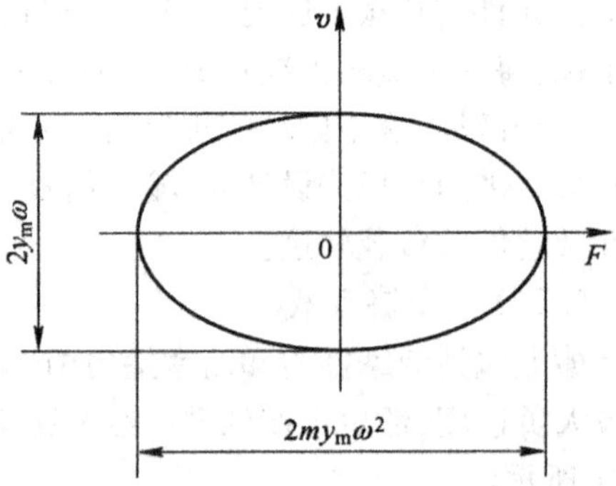

图 3-23　惯性负载轨迹

3.6.2.4　合成负载

实际上系统的负载常常是上述若干种负载的组合，例如有惯性负载、黏性摩擦负载与弹性负载的组合，此时负载力为

$$F = m\ddot{y} + B\dot{y} + Ky \tag{3-170}$$

若此时负载运动仍如式(3-162)做正弦运动，此时的合成负载力为

$$F = (K - m\omega^2)y_m\sin\omega t + By_m\omega\cos\omega t \tag{3-171}$$

由式(3-164)、式(3-171)联立可得该合成负载的轨迹方程

$$\left(\frac{v}{y_m\omega}\right)^2 + \left[\frac{F - Bv}{(K - m\omega^2)y_m}\right]^2 = 1 \tag{3-172}$$

这是一个斜椭圆方程，负载轨迹示于图 3-24。椭圆轴线与横坐标轴夹角为

$$\alpha = \frac{1}{2}\arctan\frac{2B}{B^2 - \frac{1}{\omega^2}(K - m\omega^2)^2 - 1} \tag{3-173}$$

由式(3-170)可得

$$F = y_m\sqrt{(K - m\omega)^2 + B^2\omega^2}\sin(\omega t + \varphi) \tag{3-174}$$

则

$$F_{max} = y_m\sqrt{(K - m\omega)^2 + B^2\omega^2} \tag{3-175}$$

式中

$$\varphi = \arctan\frac{B\omega}{K - m\omega^2} \tag{3-176}$$

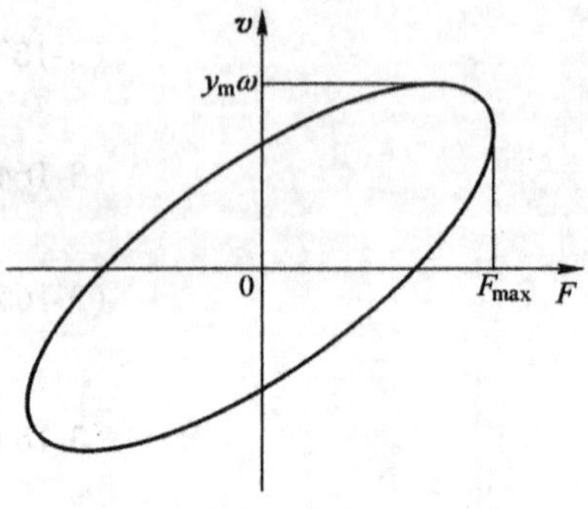

图 3-24　惯性、黏性摩擦与弹性组合

当负载的运动规律不是正弦运动时，负载轨迹应是全部工况点集合的边界线，如图 3-25 所示。在负载轨迹上，对设计最有用的工况点分别是：最大功率、最大速度、最大负载力的工况点。一般对功率的要求最难满足，因此也是最重要的要求。

3.6.3　阀控液压动力元件的输出功率和阀控系统的效率

3.6.3.1　阀的输出功率

在阀控液压动力系统中，阀的输出功率受阀的负载压力和负载流量的影响。下面以零开口四边阀为例来研究控制阀的输出功率。设系统的供油压力为 p_s，负载压力为 p_L，阀的面积梯度

为 w,开口为 x_v 时输出流量为 q_L,阀的输出给负载的功率为

$$N_L = p_L q_L = p_L C_d w x_v \sqrt{\frac{1}{\rho}(p_s - p_L)} \tag{3-177}$$

写成无因次形式

$$\frac{N_L}{C_d w x_v p_s \sqrt{\frac{p_s}{\rho}}} = \frac{p_L}{p_s}\sqrt{1 - \frac{p_L}{p_s}} \tag{3-178}$$

其无因次曲线示于图 3-26。由图 3-26 与式(3-177)可见,当 $p_L = 0$ 与 $p_L = p_s$ 时 $N_L = 0$,通过式(3-177)对 p_L 求导,并令 $dN_L/dp_L = 0$,可求得输出功率为最大值时

$$p_L = \frac{2}{3}p_s \tag{3-179}$$

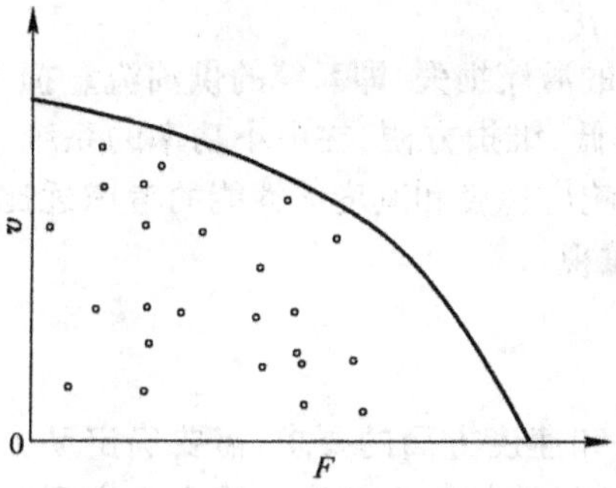

图 3-25 一般负载轨迹

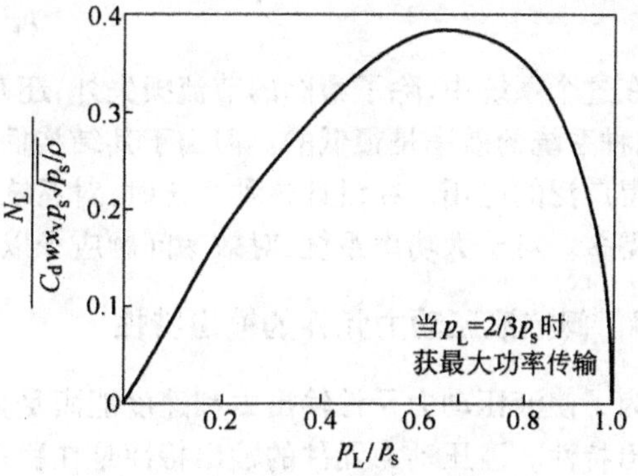

图 3-26 负载功率随负载压力变化曲线

当阀开度 $x_v = x_{vmax}$ 和负载压力 $p_L = 2p_s/3$ 时,动力元件的最大输出功率为

$$N_{Lm} = \frac{2}{3\sqrt{3}} C_d w x_{vm} \sqrt{\frac{1}{\rho}p_s^3} = \frac{2}{3\sqrt{3}} p_s q_{L0} \tag{3-180}$$

式中 q_{L0}——阀的最大空载流量;

$$q_{L0} = C_d w x_{vm} \sqrt{\frac{1}{\rho}p_s} \tag{3-181}$$

3.6.3.2 阀控系统的总效率

阀控系统的总效率可以表示为

$$\eta_{总} = \frac{N_{阀出}}{N_{泵出}} = \frac{N_{阀出}}{N_{阀入}} \cdot \frac{N_{阀入}}{N_{泵出}} = \eta_{阀} \cdot \eta_{供} \tag{3-182}$$

式中 $N_{阀出}$——阀的输出功率;
$N_{阀入}$——阀的输入功率;
$N_{泵出}$——泵的输出功率;
$\eta_{阀}$——阀的效率;
$\eta_{供}$——系统的供油效率。

$$\eta_{阀} = N_{阀出}/N_{阀入} = p_L q_L / p_s q_L = p_L / p_s$$
$$\eta_{供} = N_{阀入}/N_{泵出} = p_s q_L / p_s q_s = q_L / q_s$$

由式(3-182)可以看出,阀控系统的总效率不仅与控制阀的效率 $\eta_{阀}$ 有关,而且与供油效率 $\eta_{供}$ 有关,亦即与油源形式有关。

当系统采用蓄能器或恒压变量泵供油时,系统油源在保持恒定的油源压力 p_s 的同时,自动适应负载流量的需要,即 $q_s = q_L$,不存在供油流量的损失。因此,此时的供油效率 $\eta_{供} = N_{阀入}/N_{泵出} = p_s q_L / p_s q_s = 100\%$,系统的最高总效率 $\eta_{总m}$ 就等于阀本身所能达到的最高效率 $\eta_{阀m}$ 。

$$\eta_{总m} = \eta_{阀m} = \frac{(p_L q_L)_{max}}{p_s q_s} = \frac{2p_s/3}{p_s} = \frac{2}{3} = 0.667$$

当系统采用定量泵-溢流阀作液压能源时,定量泵的供油流量应等于或大于阀的最大负载流量。若系统的供油流量等于阀的最大空载流量,即 $q_s = q_{L0}$,此时系统最大总效率

$$\eta_{总m} = \frac{(p_L q_L)_{max}}{p_s q_s} = \frac{\frac{2}{3} p_s C_d w x_{vm} \sqrt{\frac{1}{\rho}\left(p_s - \frac{2}{3} p_s\right)}}{p_s C_d w x_{vm} \sqrt{\frac{1}{\rho} p_s}} = 0.385$$

在这个系统中,除了滑阀的节流损失外,还有溢流阀的溢流损失,即系统的供油流量损失,因此,这种系统的效率是很低的。但由于其结构简单、成本低、维护方便,在中小功率的系统中,仍然获得广泛的应用。在设计这种系统时,对系统的精度、响应速度和刚度等性能的考虑远比效率重要得多。对于大功率系统,对效率问题应予以足够的重视。

3.6.4　阀控液压动力元件的输出特性

为了使液压动力元件输出力和速度能满足负载对力和速度方面的要求,需要确定动力元件的输出特性。液压动力元件的输出特性是在稳态时,执行元件的输出速度与输出力之间的特性关系。它们可以从阀的压力-流量特性变换($F = p_L \cdot A_p, v = q_L/A_p$)得到,在 v-F 平面上绘制出输出特性曲线,见图 3-27。改变动力元件的参数,就可使特性曲线的形状发生变化。

如图 3-27a 所示,当阀的规格(q_{L0})和液压缸面积(A_p)不变时,提高供油压力(p_s),使最大输出力增大,最大输出速度增大。因此特性曲线向右伸,向上升,最大输出功率也增大。

如图 3-27b 所示,当液压缸的面积(A_p)和供油压力(p_s)不变时,增大阀的空载流量规格(q_{L0})时,阀的最大输出力不变,但特性曲线向上升,最大输出速度变大,最大输出功率也增大。

如图 3-27c 所示。当阀的空载规格(q_{L0})和供油压力(p_s)不变时,增大液压缸面积(A_p)时,特性曲线向右伸并向下降,即最大输出力增大,最大输出速度降低,但最大输出功率不变。

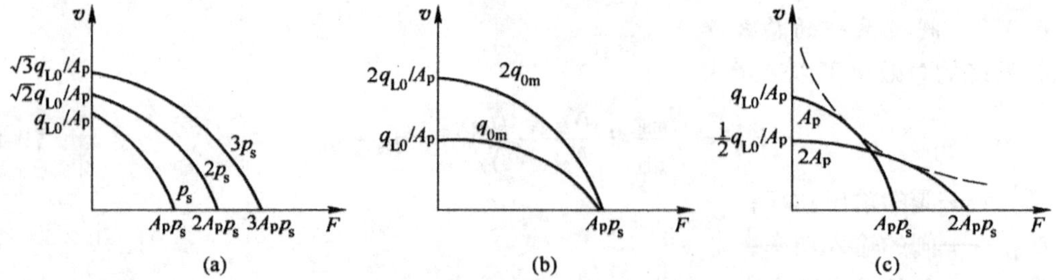

图 3-27　参数变化对液压动力元件输出特性的影响

(a)改变供油压力;(b)改变阀口最大面积;(c)改变液压缸面积

了解了液压动力元件输出特性的变化原理,就可以根据负载轨迹进行液压动力元件的匹配设计。

3.6.5 液压动力元件与负载的匹配

液压动力元件与负载的匹配，是根据负载轨迹进行的。如果液压动力元件能匹配负载，首先要使动力元件的输出特性曲线能够包围负载轨迹，同时使动力元件的输出特性曲线与负载轨迹之间的区域尽量小。输出特性曲线能够包围负载轨迹，动力元件就能够满足负载驱动的要求。尽量减小与负载轨迹之间的区域，则能使功率损失减小，系统效率提高。

尽管如此，负载匹配的不同情况，对系统的性能影响还是很大的。图3-28所示1、2、3的三条动力元件的输出特性曲线均能包围负载轨迹，并与负载轨迹相切。因此这三条曲线代表的动力元件均可认为是与负载匹配的。

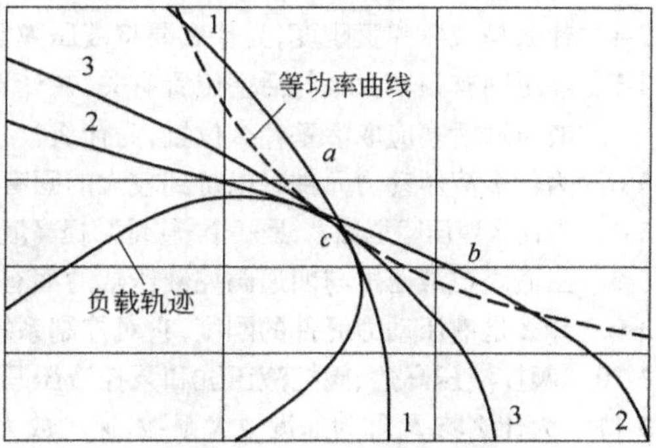

图3-28 动力元件与负载的匹配图

图3-28中曲线1为液压缸活塞面积较小，或控制阀的规格较大，供油压力过低的情况。此时曲线的斜率较大，系统的静态速度刚度较小。动力元件最大输出功率点 a 处负载压力小于负载最大功率点 c 时的负载压力，因此这不仅使系统的效率较低（系统的最高效率比38.5%还低），还使系统在负载最大功率点工作时阀的流量增益以至系统增益下降较多（这时的流量增益小于系统的空载流量增益的57.7%），这将影响系统的响应速度和控制精度。但这时由于液压缸作用面积较小，或油源压力较低，因此油源功率可较小。

图3-28中曲线2为液压缸活塞面积较大，或控制阀的规格较小，供油压力过高的情况。这时曲线的斜率较小，系统的静态速度刚度较大。动力元件最大输出功率点 b 处压力大于负载最大功率点 c 处负载压力，使系统在负载最大功率点工作时阀的流量增益和系统增益下降不多（这时的流量增益大于系统的空载流量增益的57.7%），因此系统的控制性能较好。但动力元件的最大输出功率大于负载所需的最大功率，因此动力元件的功率没有得到充分的利用，系统的效率较低。这样的匹配实际上是用增加油源功率、牺牲效率的办法来换取系统良好的控制性能。

图3-28中曲线3为动力元件最大输出功率点与负载最大功率点 c 相重合，这时动力元件的功率得到了充分利用，效率较高。整个工作过程中，系统在负载最大功率点工作时，阀的流量增益和系统增益下降不多（这时的流量增益等于系统的空载流量增益的57.7%），因此系统的控制性能也较好。速度刚度在曲线2、3代表的两种动力元件之间。因此，这种匹配兼顾了效率和性能各方面的要求，一般认为这是动力元件的最佳匹配。

根据以上最佳匹配的原则，对于一些简单负载轨迹的系统，就可用解析法直接计算确定位置和速度控制系统液压缸的活塞面积 A_p 和伺服阀的最大空载流量 q_{Lm0}。在供油压力 p_s 确定的情况下，有

$$A_p = \frac{F_L^*}{p_L^*} = \frac{3}{2}\frac{F_L^*}{p_s} \tag{3-183}$$

$$q_{Lm0} = \sqrt{3}v_L^* A_p \tag{3-184}$$

式中 F_L^*——最大功率点的负载力；

v_L^*——最大功率点的负载速度。

通常需将阀的最大空载流量适当加大1.1～1.3倍，以补偿泄漏，改善系统的控制性能，并为负载分析中考虑不周之处留有余地。

思 考 题

3-1　什么叫液压动力元件，有哪些控制方式，有几种基本组成类型？

3-2　以位置控制系统为例，说明负载类型对液压动力元件的传递函数有怎样的影响？

3-3　无弹性负载与有弹性负载时，描述传递函数的综合性能参数分别有哪几个，它们对系统的静、动态特性有什么影响？

3-4　什么是液压弹簧刚度，为什么要将液压弹簧刚度理解为动态刚度？

3-5　液压固有频率大小与活塞位置有关，在计算系统稳定性时，四通阀控双杆活塞液压缸和三通阀控差动液压缸活塞应取活塞什么位置，为什么？

3-6　为什么液压动力元件可以得到较大的固有频率？

3-7　为什么液压阻尼比 ζ_h 是一个"软量"，提高液压阻尼比的简单方法有哪几种，它们各有什么优、缺点？

3-8　三通阀控液压缸与四通阀控液压缸的固有频率有什么不同，为什么？

3-9　什么是液压动力元件的刚度，它对控制系统的性能有哪些影响？

3-10　阀控液压马达、阀控液压缸和泵控液压马达的特性有什么相似点和不同点，为什么？

3-11　为什么将 K_v 称为速度放大系数，速度放大系数的量纲是什么？

3-12　什么叫负载匹配，满足什么条件才算是最佳匹配？

3-13　为什么要根据最佳匹配条件来确定位置和速度控制系统的液压动力元件参数，如何根据最佳匹配条件来确定位置和速度控制系统的液压动力元件参数？

3-14　泵控液压马达系统有没有负载匹配问题，满足什么条件才是泵控液压马达系统的最佳匹配？

3-15　在长行程时，为什么不适宜采用液压缸而采用液压马达？

习 题

3-1　有一四通阀控液压缸系统，其阀的流量增益为 K_q，流量-压力系数为 K_c，液压缸的面积为 A_p，行程为 L，阀至液压缸的连接管路总长为 l，管道通流面积为 a，与液压缸活塞相连的负载质量为 m，液体的等效体积弹性模量为 β_e，密度为 ρ。设阀位移为 x_v，液压缸位移为 x_p：

(1)列出该液压动力元件的三个基本方程及其拉氏变换式；

(2)根据以上方程，画出该液压动力元件的以阀位移 x_v 为输入、液压缸位移 x_p 为输出的传递函数方块图；

(3)根据方块图推导求出该动力元件的传递函数(要求写成标准形式)以及其中的综合性能参数；

(4)若该动力元件 $A_p=150\times10^{-4}\ \mathrm{m}^2$，$L=0.6\mathrm{m}$，$l=1\mathrm{m}$，$a=1.77\times10^{-4}\ \mathrm{m}^2$，$m=2000\mathrm{kg}$，$K_c=5.2\times10^{-12}\mathrm{m}^3/(\mathrm{s}\cdot\mathrm{Pa})$，根据以上推导的综合性能参数求液压固有频率 ω_h 和液压阻尼比 ζ_h。计算时取 $\beta_e=7\times10^8\mathrm{Pa}$，$\rho=900\mathrm{kg/m}^3$。

3-2　有一阀控液压马达系统，已知：液压马达的排量 $D_m=6\times10^{-6}\mathrm{m}^3/\mathrm{rad}$，马达容积效率为95%，额定流量为 $q_n=6.66\times10^{-4}\mathrm{m}^3/\mathrm{s}$，额定压力 $p_n=140\times10^5\mathrm{Pa}$，高低压腔总容积 $V_t=3\times10^{-4}\mathrm{m}^3$。马达拖动纯惯性负载，负载转动惯量为 $J_t=0.2\mathrm{kg}\cdot\mathrm{m}^2$，阀的流量增益 $K_q=4\mathrm{m}^2/\mathrm{s}$，流量压力系数 $K_c=1.5\times10^{-12}\mathrm{m}^3/(\mathrm{s}\cdot\mathrm{Pa})$，取液体的等效体积弹性模量为 $\beta_e=7\times10^8\mathrm{Pa}$，密度为 $\rho=900\mathrm{kg/m}^3$。推导出该动力元件以阀位移 x_v 为输入、液压马达位移 θ_m 为输出的传递函数(要求写成标准形式)，并求出其中的综合性能参数液压固有频率 ω_h 和液压阻尼比 ζ_h。

3-3　图3-29所示为一单喷嘴-挡板阀和一个带弹簧负载的差动油缸所组成的液压动力元件，单喷嘴-挡板阀供油压力为 p_s，零位流量增益为 K_{q0}，流量-压力系数为 K_{c0}，固定阻尼孔通流截面积 A_0，流量系数 C_{d0}，喷嘴-挡板间零位间隙为 x_{f0}，流量系数为 C_{df}，，喷嘴直径为 D，液压缸无杆腔与有杆腔面积分别为 A_1 与 A_2，油液密度为 ρ，忽略油液的压缩性，负载弹簧刚度为 K。设挡板位移为 x，液压缸位移为 y：

(1)写出该动力元件的三个基本方程;

(2)写出这三个基本方程的增量式及其拉氏变换式;

(3)画出以挡板输入位移为 x,液压缸输出位移为 y 的传递函数方块图;

(4)据以上方块图推导出该动力元件的传递函数(要求最后写成标准形式),并求出传递函数中的综合参数表达式。

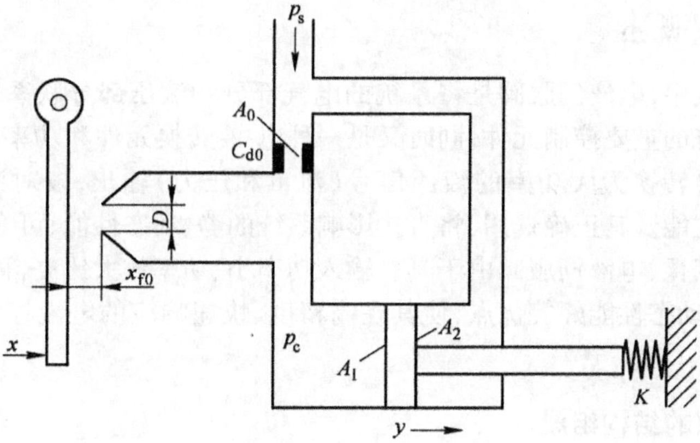

图 3-29　习题 3-3 图

3-4　变量泵控制定量液压马达的惯性负载的转动惯量为 $J_t=2\text{kg}\cdot\text{m}^2$,高压侧油液总容积 $V_0=2\times10^{-3}\text{m}^3$,泵与液压马达的总泄漏系数 $C_t=0.8\times10^{-11}\text{m}^3/(\text{s}\cdot\text{Pa})$,液体的等效体积弹性模量为 $\beta_e=7\times10^8\text{Pa}$,液压马达的排量 $D_m=12\times10^{-6}\text{m}^3/\text{rad}$,液压马达的机械效率 $\eta_m=0.9$,泵转速 $\omega=52.3\text{r/s}$。略去泵与液压马达间的沿程阻力损失:

(1)求此装置以液压马达转速 θ_m 为输出,以泵排量 D_p 为输入的传递函数;

(2)求出传函中的综合参数表达式及其值。

3-5　有一个四通滑阀控制双杆活塞液压缸,直接拖动负载做简谐运动。已知,供油压力 $p_s=140\times10^5\text{Pa}$,负载质量 $m_t=300\text{kg}$,黏性阻尼系数 $Bp=400\text{N}\cdot\text{s/m}$,负载位移规律为 $x_p=x_m\sin\omega t$,负载移动的最大振幅 $x_m=8\times10^{-2}\text{m}$,角频率 $\omega=30\text{rad/s}$。试根据最佳负载匹配求液压缸面积 A_p 和四通阀的最大开口面积 wx_{vm}。计算时,取阀流量系数为 $C_d=0.625$,油液密度为 $\rho=900\text{kg/m}^3$。

3-6　变量泵控制定量马达拖动纯惯性负载做简谐运动,其位移的运动规律为 $\theta_m=\theta_{mmax}\sin\omega t$,式中 θ_{mmax} 为角位移振幅,ω 为角频率。变量泵的额定工作压力为 p_s,转速为 n_p,系统总泄漏系数为 C_t。设低压腔压力为零。根据负载匹配,求泵的排量 D_p 和液压马达的排量 D_m。

4 电液伺服阀

4.1 电液伺服阀概述

在电液伺服系统中，电液伺服阀是将系统的电气部分和液压部分联系起来的接口元件。它是电液伺服控制系统的重要控制元件，同时又是一种电-液转换元件和功率放大元件。它能够将输入的微小电气信号转换为大功率的液压信号（流量和压力）输出，以对液压执行元件实现控制。电液伺服阀的性能及其正确选用，将直接影响系统的静、动态性能、可靠性与寿命。

与电液比例阀相比，电液伺服阀由于具有输入功率小、功率放大比高，再加上体积小、结构紧凑、线性好、死区小、动态性能好等优点，使其在高精度、快速响应的电液控制系统中得到广泛的应用。

4.1.1 电液伺服阀的结构组成

电液伺服阀一般由电-机械转换元件、液压放大元件、反馈机构（或平衡机构）组成。它们之间的相互关系如图 4-1 所示。

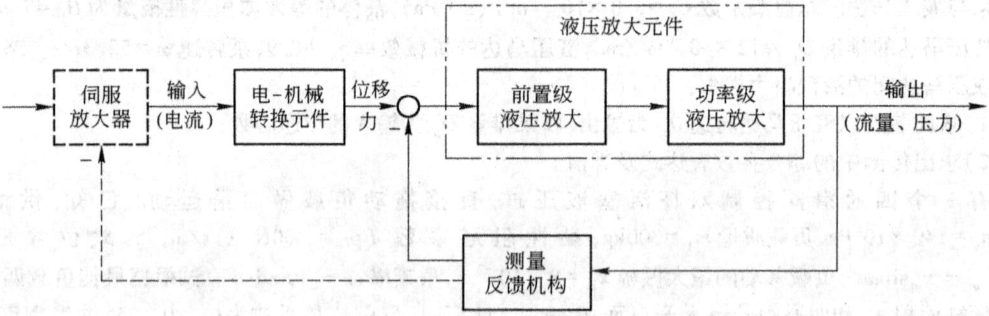

图 4-1　电液伺服阀的工作原理及组成框图

图 4-1 中，电-机械转换元件的作用是将输入的电气控制信号转换为力矩（或力）和位移信号，控制液压放大元件的运动。在电液伺服阀中常用到的电-机械转换元件是力矩马达和力马达。液压放大元件实际上是一个液压控制阀或各种液压控制阀的组合。通过液压控制阀的运动，即可控制液压能源流向液压执行元件的压力或流量。一般电-机械转换元件的输出功率很小，在阀的控制流量较大时，无法直接驱动功率级阀的运动，此时需要增加前置级液压放大，将电-机械转换元件的输出加以放大，再去控制功率级阀。这时就构成二级或三级电液伺服阀。在二级或三级电液伺服阀中，除最后一级液压放大称为功率级液压放大外，其他级液压放大均称为前置级液压放大。前置级阀通常可以采用滑阀、喷嘴挡板阀或射流式阀，而功率级阀一般均采用滑阀。

在现代的电液伺服阀中，一般均有各种测量反馈机构，对伺服阀输出的控制参数进行测量、反馈，并与输入信号进行比较，构成闭环控制，使电液伺服阀获得输出流量或压力与输入电气控制信号成比例的控制特性，也使阀对各种干扰引起的误差得到抑制，使电液伺服阀成为控制精度很高的控制元件。

为了使阀的结构布置、控制和使用更为灵活、方便、可靠，目前越来越多的电液伺服阀采用电反馈，并将伺服放大器也做成内置式，成为电液伺服阀的一个组成部分。

4.1.2 电液伺服阀的分类

电液伺服阀的结构形式很多，可以从不同的角度进行分类。

4.1.2.1 按液压放大级数分

按液压放大级数可分为：单级、二级、三级电液伺服阀。

单级电液伺服阀的优点是结构简单、价格低廉，但由于作为电-机转换装置的力矩马达或力马达的输出力矩或力数值小、定位精度差的缺点，使阀的最大流量受到限制。较大的流量会产生较大的液动力，因而造成驱动滑阀的力马达或力矩马达设计的困难。另外，由于力矩马达的定位刚度低，对负载动态变化敏感，阀的稳定性在很大程度上依赖于负载特性。单级电液伺服阀一般适用于低压（<6.3MPa）、小流量（<6L/min）和负载变化不大的场合。

两级电液伺服阀克服了单级电液伺服阀的缺点，是最常用的形式。

三级电液伺服阀是由一个小流量两级电液伺服阀去控制第三级滑阀（功率级滑阀），功率级滑阀与前置级之间有级间负反馈。三级电液伺服阀用于大流量的场合，其流量通常在200L/min以上。

4.1.2.2 按前置第一级的结构形式分

按前置第一级阀的结构形式可分为：单喷嘴挡板阀式、双喷嘴挡板阀式、射流管阀式、射流偏转板式和滑阀式等。

喷嘴挡板阀运动部分的惯性小，故动态响应快。尤其是双喷嘴挡板阀，由于结构对称且采用差动方式工作，因而具有压力灵敏度高，线性好，温度和压力零漂小，挡板受力小，所需的输入功率小（50~200mW）的优点。其缺点是喷嘴与挡板之间的间隙极小，容易被污染物堵住，对油液的洁净度要求很高，抗污染能力差；因喷口处于常流状态，内泄漏流量较大、效率低、功率损失较大。但是目前，要求灵敏度高、动态响应快的电液伺服阀还是多采用双喷嘴挡板阀作为前置放大级。

射流管式伺服阀的最大特点是抗污染能力强、可靠性高、寿命长。伺服阀的故障80%以上是由油液污染所引起的。而伺服阀抗污染的能力，一般是由其结构中的最小通流尺寸所决定的，特别是在多级伺服阀中，前置级油路中的最小尺寸成为决定性因素。射流管阀的最小通流尺寸为0.2mm，约10倍于喷嘴挡板阀的该尺寸，已接近于普通液压传动系统的工况。因此射流管阀的抗污染能力强，工作可靠性高。另外，射流管阀的压力效率和容积效率也较喷嘴挡板阀高，均在70%以上（而喷嘴挡板阀约为50%），故射流管阀可以产生较大的控制压力和流量，从而允许功率级滑阀有较大的直径和行程。控制压力高，就可使功率级滑阀的控制面积增大，提高了功率级滑阀的驱动能力，增大了功率级滑阀抗污物的能力。从前置级磨蚀对性能的影响来看，射流管阀也比喷嘴挡板阀的小。而且射流管阀的磨蚀是对称的，不会引起零漂。因此射流管阀的性能稳定、寿命长，在工业领域里有喷嘴挡板阀不可替代的优势。射流管阀的缺点是响应较慢，零位泄漏流量大，因阀口很难做成薄壁型的，流量受油液黏度变化的影响较显著，低温特性差。射流管阀作为前置级放大元件，对于频率响应要求不太高而可靠性要求高的伺服阀是很合适的。

偏转板式射流放大与射流管放大，从原理上讲是一样的，也具有抗污染能力强、可靠性高、寿命长的优点，和零位泄漏量大、低温特性差的缺点，但在结构上比射流管式伺服阀简单，力矩马达可做得更轻巧，伺服阀频宽可做得更高些。

滑阀作为前置级的优点是流量增益和压力增益大，输出功率大，适用于大流量控制。缺点是滑阀受力较多、较大，因此要求驱动力大；由于摩擦力大，使分辨率和滞环加大；因运动部分质量大,动态响应慢;公差要求严,工艺复杂,使制造成本增加。

4.1.2.3 按主阀反馈量分

按主阀反馈量可分为:滑阀位置反馈、负载流量反馈和负载压力反馈。由于所采用的反馈量不同,实际使伺服阀的被控量也发生了变化,因此阀的稳态压力-流量特性也不一样。

滑阀位置反馈式的电液伺服阀实际的控制量是伺服阀的阀芯位移,即主滑阀的阀口开口量,通过控制滑阀的开口量来控制伺服阀的输出流量;流量反馈式电液伺服阀控制的是伺服阀的输出流量。滑阀位置反馈和负载流量反馈一般都可以称为流量控制伺服阀,但它们的压力-流量特性是不同的。利用负载压力反馈可以得到压力控制伺服阀,也可为改善阀的性能,使其得到所需的压力-流量特性。负载流量反馈和负载压力反馈伺服阀由于结构复杂,使用得比较少。滑阀位置反馈伺服阀用得最多,因为系统的流量控制和压力控制的功能均可用滑阀位置反馈伺服阀通过系统闭环控制来实现。

滑阀位置反馈又可分为:位置力反馈、位置直接反馈、机械位置反馈、位置电反馈等各种形式。

负载压力反馈阀又可分为静压反馈和动压反馈两种。通过静压反馈可以得到压力-流量伺服阀和压力控制伺服阀,通过动压反馈可以得到动压反馈伺服阀。这几种阀在后面还要作介绍。

4.1.2.4 按电-机械转换元件分

按电-机械转换元件的不同可分为:动铁式力矩马达和动圈式力马达电液伺服阀。

4.2 电液伺服阀中的电-机械转换元件

电液伺服阀常用的电-机转换元件是力矩马达和力马达,这也是与电液比例阀(其用比例电磁铁作为电-机转换器)相区别基本特征之一。在电液伺服阀中,力矩马达和力马达的作用是将电信号转化为机械信号的装置。

对电液伺服阀中的电-机械转换器元件有以下要求:

(1)能够产生足够的作用力和行程,同时又体积小、重量轻;

(2)动态性能好、响应速度快;

(3)线性好、死区小,磁滞小;

(4)在某些使用情况下,还要求它抗振动、抗冲击,不受环境温度和压力等条件的影响。

以上要求可能很难同时满足,应根据具体应用场合加以综合考虑。例如,对航天、军工应用来说,可能以响应速度、可靠性和尺寸大小要求最为重要;而对一般的工业应用来说,有效作用力和行程要求可能最为重要,而对尺寸大小的要求并不太严格。

4.2.1 永磁动铁式力矩马达

图 4-2 所示的动铁式力矩马达由永久磁铁(磁钢)7、上、下导磁体(轭铁)2 和 5、衔铁 4、控制线圈和弹簧管 6 等组成。控制线圈绕在衔铁 4 上。衔铁 4 由弹簧管 6 支撑在两个导磁体的中间位置,可绕扭轴作微小转动,并与导磁体形成四个工作气隙。

永久磁铁将导磁体磁化为一个为 N 极,另一个为 S 极。无信号电流时,衔铁在上下导磁体的中间位置,由于力矩马达结构是全对称的,永久磁铁在四个工作气隙中所产生的极化磁通 Φ_g 是一样的,使衔铁受到各气隙中的电磁吸力相同,力矩马达无转矩输出。

假定力矩马达的两个线圈由一个电子推挽放大器 1 控制,其控制电路见图 4-2。放大器中无信号电压输入时的初始电压 E_b 在力矩马达的每一个控制线圈中产生的常值电流 I_0 大小相等、方向相反,因此在衔铁上不产生净力矩。当放大器有信号输入电压 u_r,放大器推挽工作时,输入力

矩马达每个线圈的信号电压为

$$u_1 = u_2 = K_u u_r \tag{4-1}$$

式中 K_u——放大器每边的电压增益；

u_1、u_2——输入力矩电机每个线圈的信号电压。

放大器的输入信号电压将会使一个控制线圈中的电流增加 i，而另一个控制线圈中的电流减小 i。两个线圈中的电流分别为

$$i_1 = I_0 + i \tag{4-2}$$

$$i_2 = I_0 - i \tag{4-3}$$

两个线圈中的电流方向相反，因此产生控制磁通的总电流，即差动电流为

$$\Delta i = i_1 - i_2 = 2i = i_c \tag{4-4}$$

由式(4-4)可以看出，两个线圈中的差动电流 Δi 即为输入力矩马达的控制电流 i_c。每个线圈中的信号电流 i 是差动电流的一半。设计中使常值电流 I_0 约为最大差动电流 Δi 的一半，因此当放大器的输入信号为最大时，力矩马达的一个线圈中的电流将接近于零，而另一个线圈中的电流将是最大的差动电流值，即二倍的最大单线圈控制电流。

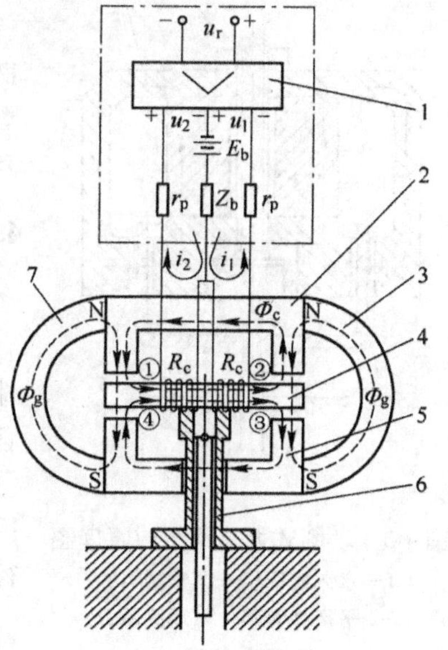

图 4-2 永磁动铁式力矩马达工作原理图
1—放大器；2—上导磁体；3，7—永久磁铁；4—衔铁；5—下导磁体；6—弹簧管

差动电流在控制线圈中产生的控制磁通 Φ_c，其大小与方向由差动电流的大小和方向决定。由于控制磁通的产生，使四个气隙中的磁通发生了变化。在图示气隙①、③中，Φ_c 和 Φ_g 方向相同，而在气隙②、④中，Φ_c 和 Φ_g 方向相反。因此①、③中的合成磁通大于②、④中的合成磁通，于是在衔铁上产生顺时针方向的电磁力矩，使衔铁绕扭轴按顺时针方向转动。当扭轴的反转矩、负载转矩与电磁转矩平衡时，衔铁停止转动。如果信号电流反向，则电磁力矩也反向。在转角不大的情况下，力矩马达产生的电磁力矩，其大小与信号电流大小成比例，其方向由信号电流的方向决定。

4.2.2 永磁动圈式力马达

图 4-3 所示为一种常见的永磁动圈式力马达的结构原理图。力马达的可动线圈 4 悬置于工作气隙中，永久磁铁 1 通过周围的导磁体在工作气隙中形成固定磁通 Φ_g，当线圈中有电流通过时，线圈因受到电磁力作用而运动，线圈运动的方向可根据磁通方向和线圈上的电流方向，按左手定则判断。

根据载流导体在均匀磁场中所受洛仑兹电磁力的公式，载流线圈所受电磁力可按下式计算

$$F = B_g \pi D N_c i_c = k_t i_c \tag{4-5}$$

式中 F——线圈受到的电磁力；

B_g——工作气隙磁感应强度；

D——线圈平均直径；

N_c——控制线圈匝数；

i_c——通过线圈的控制电流；

k_t——电磁力系数；

$$k_t = B_g \pi D N_c \tag{4-6}$$

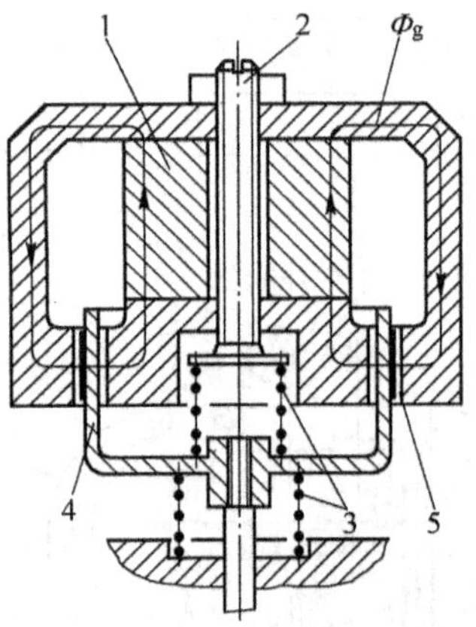

图 4-3　动圈式力马达结构原理图
1—永久磁铁;2—调整螺钉;
3—平衡弹簧;4—可动线圈;
5—工作气隙

由式(4-5)可见,力马达的电磁力 F 与控制电流 i_c 成正比(主要是因为线圈与磁铁间的气隙不发生变化的缘故),具有良好的线性特性。这是动铁式力矩马达所不具备的优点。线圈所受的电磁力克服弹簧力和负载力,使线圈产生一个与控制电流成比例的位移。

4.2.3　动铁式力矩马达与动圈式力马达的性能比较

动铁式力矩马达与动圈式力马达的性能相比较:

(1)动铁式力矩马达因磁滞影响而引起的输出位移非线性较严重,滞环也比动圈式力马达大,这将影响它的工作行程;

(2)动圈式力马达线性行程范围比动铁式力矩马达宽,因此,动圈式力马达的工作行程大,而动铁式力矩马达的工作行程小(仅为动圈式力马达的三分之一)。

(3)在同样惯性条件下,动铁式力矩马达的输出力矩较大,而动圈式力马达的输出力小。因动铁式力矩马达输出力矩大,支撑弹簧刚度可以做得较大,使衔铁组件的固有频率较高(可达 1000Hz 以上,为动圈式力马达的几倍至十几倍),而动圈式力马达的弹簧刚度小,固有频率也较低。

(4)相同功率条件下,动圈式力马达较动铁式力矩马达体积大,但动圈式力马达的造价较低。

综上所述,在要求频率高、体积小、重量轻的场合,多采用动铁式力矩马达;而在对频率和尺寸要求不高,又希望价格较低的场合,往往采用动圈式力马达。

4.3　典型两级电液伺服阀

4.3.1　位置反馈式电液伺服阀

位置反馈式电液伺服阀实际控制的是主阀芯的位置,即主阀的开口量。在负载压差一定时,阀的输出负载流量与信号电流成比例,因此一般可称其为流量控制电液伺服阀。但它在电液伺服系统中,可采用不同的传感器对被控量进行测量、反馈,实现各种被控量的闭环控制,是应用最广泛的一种电液伺服阀。

4.3.1.1　位置力反馈两级电液伺服阀

A　喷嘴挡板式位置力反馈两级电液伺服阀

喷嘴挡板式位置力反馈两级电液伺服阀的结构原理如图 4-4 所示,这是目前广泛应用的一种结构形式。

这种阀由上部的永磁式力矩马达和下部的液压放大两部分所组成。永磁式力矩马达,它由永久磁铁 1、导磁体 2 和 6、衔铁 3、控制线圈 4 和弹簧管 5 等所组成。液压放大部分是结构对称的二级液压放大元件,前置级是由双喷嘴 7、挡板 11 与固定节流孔 9 组成的双喷嘴挡板阀,功率级是四通滑阀 8。滑阀通过反馈弹簧杆 10 与衔铁挡板组件相连。

力矩马达将输入的电信号(电流)转换为力矩输出。无信号电流时,衔铁 3 由弹簧管 5 支撑在上下导磁体的中间位置,永久磁铁在四个气隙 a、b、c、d 中产生的极化磁通 Φ_g 是相同的,力矩马达无力矩输出。此时,与衔铁 5 相连的挡板 11 处于两个喷嘴 7 的中间位置,滑阀两端由喷嘴挡板阀控制的控制压力 $p_{1p}=p_{2p}$，滑阀在与衔铁挡板组件相连的反馈弹簧杆下端小球的约束下也处于零位位置。当有信号电流输入时，控制线圈产生控制磁通 Φ_c，其大小与方向由信号电流所决定。若如图 4-4 所示，在气隙 b、c 中，Φ_c 与 Φ_g 方向相同，而在气隙 a、d 中，Φ_c 与 Φ_g 方向相反。因此，气隙 b、c 中的合成磁通大于 a、d 中的合成磁通，于是，在衔铁上产生逆时针方向的磁力矩，使衔铁绕弹簧转动中心逆时针方向偏转。同时，使挡板向右偏移，喷嘴挡板的右间隙减小，左间隙增大，控制压力 p_{2p} 增大而 p_{1p} 减小，推动滑阀左移。滑阀移动时，挡板 11 通过下端的弹簧杆 10 使挡板顺时针偏转，p_1 和 p_2 的差值减小。同时，反馈弹簧杆 10 产生弹性变形，对衔铁挡板组件产生一个顺时针方向的反力矩。构成力（力矩）反馈，与衔铁挡板组件上的电磁力矩相比较，直至作用在衔铁挡板组件上的电磁力矩、弹簧管反力矩、喷嘴液流作用于挡板的力矩、反馈杆反力矩等诸力矩达到平衡时，滑阀停止运动，取得一个平衡位置。阀的输出位移与控制电流成正比。在负载压差一定时，阀的输出负载流量与信号电流成比例。当输入信号电流反向时，阀的输出的负载流量也反向。所以，这种阀也称为流量控制电液伺服阀。

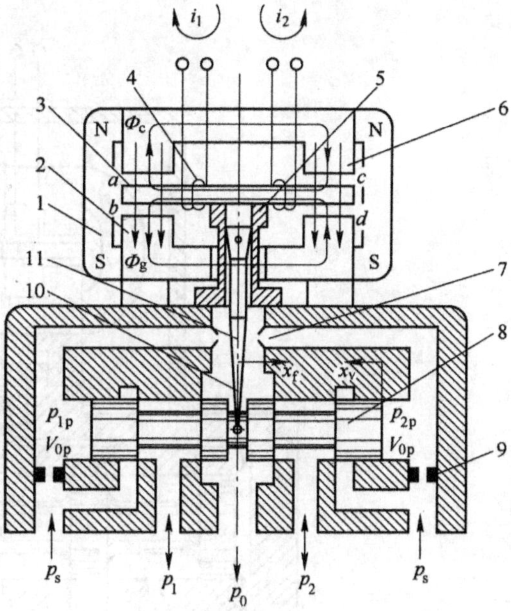

图 4-4 位置力反馈两级电液伺服阀

1—永久磁铁；2—下导磁体；3—衔铁；4—控制线圈；5—弹簧管；6—上导磁体；7—喷嘴；8—滑阀；9—固定节流孔；10—反馈弹簧杆；11—挡板

从上述原理可知，滑阀位置是通过弹性反馈杆变形力反馈到衔铁组件上使诸力矩平衡而决定的，因此这种阀又称为位置力反馈式电液伺服阀。因为采用了前置级为双喷嘴挡板的液压放大，所以又称为喷嘴挡板阀式位置力反馈二级电液伺服阀。这是一种最常用的电液伺服阀的形式。

这种阀由于衔铁和挡板均在中位附近工作，线性好，同时允许滑阀得到较大的行程，亦即能输出较大的流量。

B 射流管式位置力反馈两级电液伺服阀

射流管式两级电液伺服阀的工作原理见图 4-5。射流管 3 固定于力矩马达的衔铁上，并由薄膜弹簧片支撑。当有信号电流输入时，射流管由力矩马达驱动偏转。液压油通过柔性的供压管 2 进入射流管 3，从射流管喷口射出的液压油进入接收器 4 的两个接收孔中，这两个接收孔分别与滑阀两端控制腔分别相通，两腔的恢复压力差推动主阀芯左右移动。射流管的侧面装有弹簧板及反馈弹簧 5，其末端插入阀芯中间的小槽内，阀芯的移动使反馈弹簧变形，构成对力矩马达的力矩反馈。力矩马达借助于薄膜弹簧片实现对液压部分的密封和隔离。

射流管式电液伺服阀最大的优点是抗油的污染能力强，缺点是动态响应较慢，力矩马达结构及工艺复杂，细长的射流管及柔性供压管易出现结构谐振。

C 偏转板射流式位置力反馈两级电液伺服阀

偏转板射流式位置力反馈两级电液伺服阀的工作原理见图 4-6。它由力矩马达、偏转板射流放大器和滑阀、反馈杆等所组成。

偏转板射流放大由偏转板 1 和射流盘 2 组成，工作原理见图 4-7。射流盘上开有一个射流喷

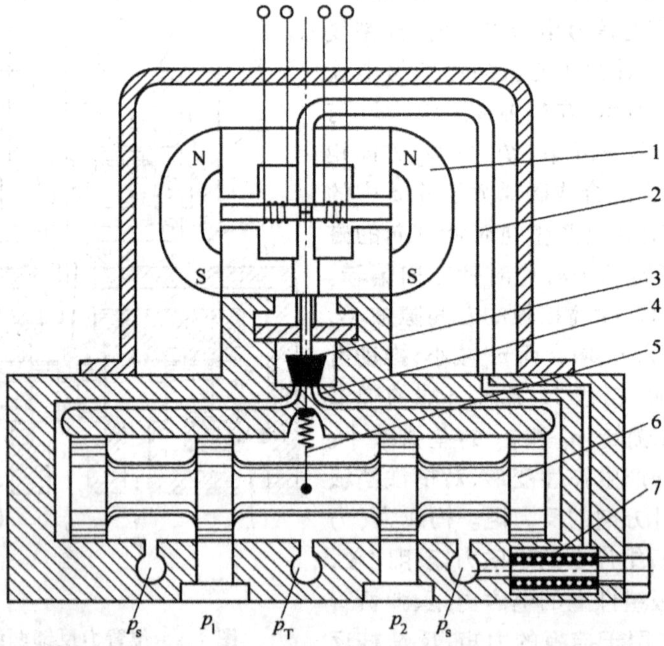

图 4-5　射流管式两级电液伺服阀

1—力矩马达;2—柔性供压管;3—射流管;4—射流接收器;5—反馈弹簧;6—阀芯;7—过滤器

嘴和两个对称的接收口。射流喷嘴与液压能源相通,两个接收口分别与第二级滑阀两端的控制腔相连。偏转板上开有 V 形导流窗口,其上端与衔铁固定,并由弹簧管支撑,下端通过反馈杆末端的小球插入滑阀阀芯中间的小槽中。当无信号电流输入时,偏转板处于射流盘中间位置时,由喷嘴喷出的射流被两个接收口均等地接收,此时滑阀两端产生的恢复力相等,阀芯不动。当有信号电流输入时,力矩马达使偏转板偏转,两个接收口在滑阀两端产生的恢复力不相等,控制主阀芯在压差作用下运动。阀芯位移使反馈杆产生变形,并以力矩的形式反馈到力矩马达的衔铁上,与衔铁上的电磁力矩等相平衡,构成力反馈闭环控制。

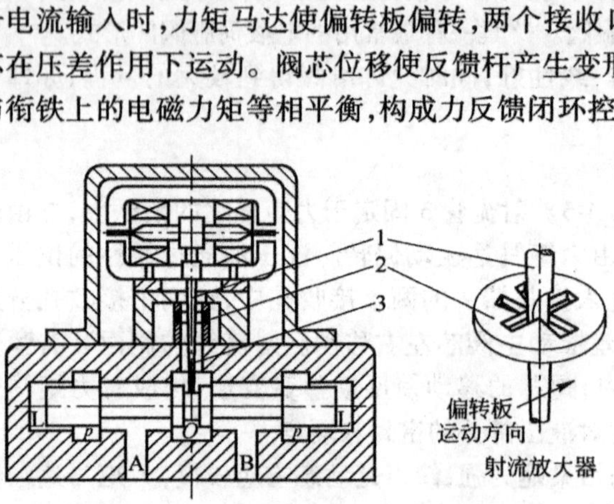

图 4-6　偏转板射流式电液伺服阀原理

1—偏转板;2—射流盘;3—反馈杆

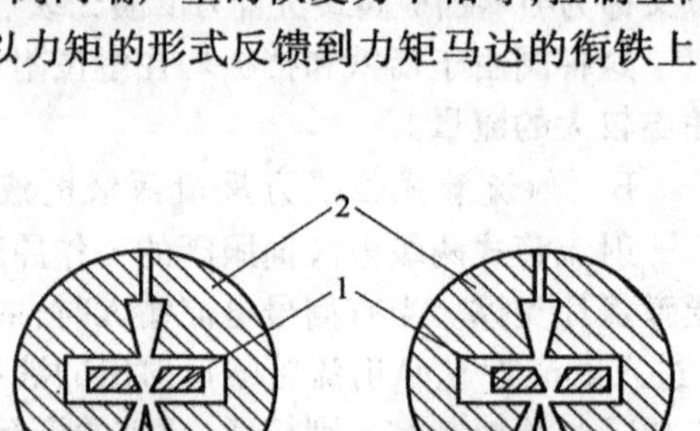

图 4-7　偏转板射流放大器原理图

1—偏转板;2—射流盘

偏转板射流式电液伺服阀结构简单、工作可靠,其主要优、缺点与射流管式电液伺服阀类同。

但作为它可动部分的偏转板的重量较射流管轻,因而动态响应要好些。

4.3.1.2 位置直接反馈式二级电液伺服阀

A 滑阀式位置直接反馈二级电液伺服阀

滑阀式位置直接反馈二级电液伺服阀也是一种较常用的电液伺服阀,其工作原理见图4-8。该阀由上部的动圈式力马达和下部的两级滑阀式液压放大组成。前置级液压放大是带两个固定节流孔(13与14)的四通滑阀(双边阀),8是其阀芯,功率级放大为零开口四边滑阀。功率级的阀芯9同时是前置级的阀套,构成了位置直接反馈。

当信号电流输入到力马达线圈时,线圈上得到电磁力使一级阀芯8移动。假设有一个向上的移动量x,此时上节流阀口15开大,下节流口12关小,从而使二级(功率级)滑阀的上控制腔16压力减小,下控制腔11压力增大,功率级滑阀的阀芯上移。当功率级阀芯位移$y=x$时,一级滑阀回复到零位状态,二级(功率级)滑阀的上控制腔16压力等于下控制腔11压力,阀芯停止移动,此时功率级滑阀的开口量$x_v=y$,它对应了一个阀在一定阀压降下的输出流量。

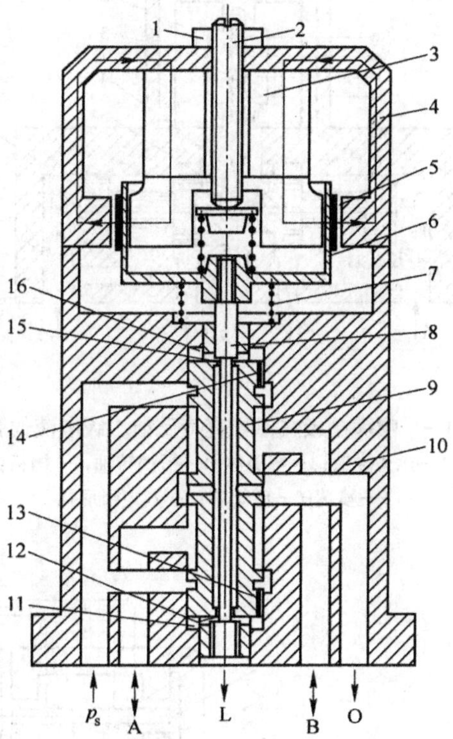

图4-8 位置直接反馈二级滑阀式电液伺服阀

1—锁紧螺母;2—调零螺钉;3—磁钢;4—导磁体;5—气隙;6—动圈;7—弹簧;8——级阀芯;9—二级阀芯;10—阀体;11—下控制腔;12—下节流口;13—下固定节流孔;14—上固定节流孔;15—上节流口;16—上控制腔

这种位置直接反馈二级滑阀式电液伺服阀的价格较低廉,对油的清洁度要求不高,缺点是频响稍低。

B 喷嘴挡板式位置直接反馈二级电液伺服阀

喷嘴挡板式位置直接反馈二级电液伺服阀的工作原理如图4-9所示。它的第一级液压放大为双喷嘴挡板阀。两个喷嘴5直接安装在第二级滑阀的阀芯6上,构成位置直接反馈。当控制电流驱动力矩马达衔铁绕其转轴3顺时针转动一个角度,使挡板4左移时,滑阀右端压力p_{L1}增高,左端压力p_{L2}下降,使主阀芯6左移,直至挡板重新处在两个喷嘴的中间位置时,阀芯两端压力恢复平衡,阀芯停止运动。阀芯的位移与挡板的位移是相等的。

这种反馈形式使阀的结构简洁紧凑,且反馈无机械接触,因此分辨率高。但是力矩马达的线性范围也就限制了主滑阀的工作行程。

4.3.1.3 位置电反馈式两级电液伺服阀

图4-10为射流管式位置电反馈电液伺服阀的结构原理图。此阀的主阀芯1的位移由位移传感器10检测和反馈。伺服放大器11集成在阀体中,使伺服阀性能更优化,使用更方便。这种阀是当今应用越来越广泛的电液伺服阀之一。电液伺服阀由上部的力矩马达与下部的液压放大、位移传感器与伺服放大器组成。液压放大的前置级为射流管阀,功率级为零开口四边滑阀。射流管阀通过弹簧管与衔铁相连。压力油通过供油管进入射流管4。当力矩马达无控制信号时,

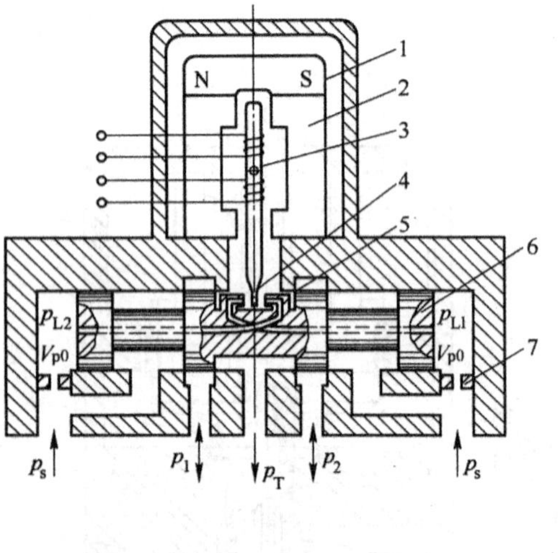

图 4-9　喷嘴挡板式位置直接反馈二级电液伺服阀

1—永久磁铁;2—导磁体;3—衔铁转轴;4—挡板;
5—喷嘴;6—滑阀芯;7—固定阻尼孔

衔铁 7 无偏转,射流管处于中间位置,从射流管中喷出的液流以相同的压力和流量进入接收器 3 的两个小孔中,滑阀阀芯两端的恢复压力相等,阀芯不动。若有一给定输入电信号进入伺服放大器 11,在此信号作用下,力矩马达的衔铁发生偏转,带动射流管一起转过一个微小的角度,使得接收器的一个小孔接收到的液流流量大、恢复压力高,而另一个小孔接收到的流量小、恢复压力低。在滑阀的两端形成压差,推动阀芯运动。同时,滑阀阀芯的位移 x_v 被位移传感器 10 检测出来,并反馈到阀内安装的伺服放大器的输入端,与给定输入信号相比较,得出的偏差信号继续控制力矩马达的电磁力,由此控制滑阀阀芯的进一步位移。直至滑阀阀芯位移的反馈信号与给定输入信号相等,即偏差信号为零时,则阀芯停止运动,实现了主阀芯的位移 x_v 跟随给定输入电信号成比例地变化。

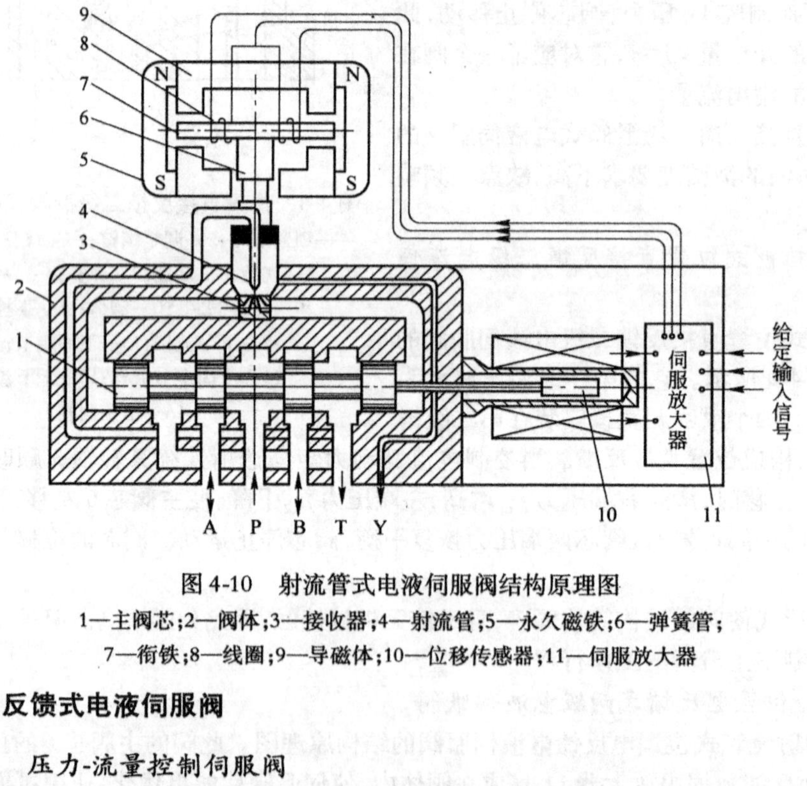

图 4-10　射流管式电液伺服阀结构原理图

1—主阀芯;2—阀体;3—接收器;4—射流管;5—永久磁铁;6—弹簧管;
7—衔铁;8—线圈;9—导磁体;10—位移传感器;11—伺服放大器

4.3.2　压力反馈式电液伺服阀

4.3.2.1　压力-流量控制伺服阀

液压伺服系统一般是欠阻尼系统,并且阻尼比较小,变化范围比较大,这将直接影响系统的静、动态性能的提高。因此,提高系统的阻尼比,一直是液压伺服系统性能改善的重要方面。设法提高电液伺服阀的流量压力系数 K_c,将是提高系统阻尼比的一种简便方法。压力-流量伺服阀就是在这种背景下产生的。图 4-11 是压力-流量伺服阀的工作原理图,它主要由动铁式力矩马达

1、喷嘴挡板前置阀3和功率级滑阀6、平衡弹簧5和压力反馈油路2等组成。它与图4-4所示的喷嘴挡板式伺服阀相比,实质上少了反馈弹簧杆,增加了平衡弹簧和压力反馈油路。当阀无电信号输入时,喷嘴挡板阀的挡板处于中间位置,功率级滑阀两端(作用面积为 A_v 处)控制压力相等($p_{L1}=p_{L2}$),滑阀在两端平衡弹簧的作用下处于零位,使主阀无负载流量输出。当有控制电信号输入时,喷嘴挡板阀产生控制压差($p_{LP}=p_{L1}-p_{L2}$),作用在主阀的控制腔端面(作用面积为 A_v),使功率级滑阀移动 x_v,输出负载流量 q_L。该阀还通过负载压力反馈通路2将系统的负载压力反馈作用到功率级滑阀的两端弹簧腔(作用面积为 A_f)。在稳态情况下,弹簧力与反馈的负载液压力之合力与控制液压力相平衡,使功率级滑阀得到一个相应的平衡位置。

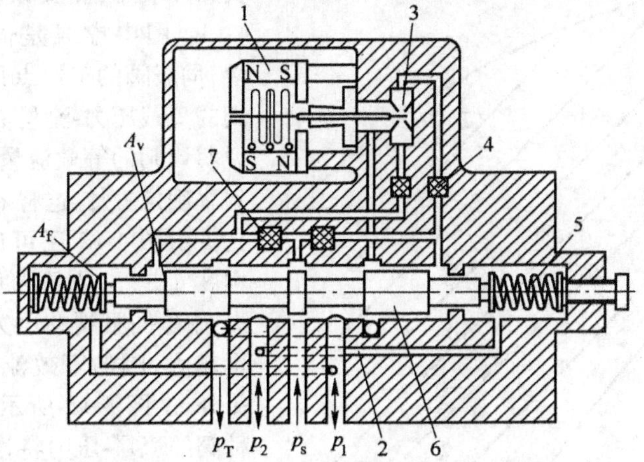

图4-11　压力-流量控制伺服阀工作原理图

1—力矩马达;2—压力反馈油路;3—喷嘴挡板前置阀;4—滤油器;
5—平衡弹簧;6—滑阀;7—固定节流孔

该阀的喷嘴挡板阀的线性化流量方程的拉氏变换式为

$$q_{Lp}(s) = K_{qp}x_f(s) - K_{cp}p_{Lp}(s) \tag{4-7}$$

式中　K_{qp}、K_{cp}——分别为喷嘴挡板阀的流量增益和流量-压力系数;
　　　x_f——挡板位移。

忽略主阀中的泄漏和压缩性,则流量连续性方程的拉氏变换式

$$q_{Lp}(s) = A_v s x_v(s) \tag{4-8}$$

忽略功率级滑阀的惯性力、黏性阻尼力和液动力,则功率级滑阀阀芯上的力平衡方程的拉氏变换式为

$$A_v p_{LP}(s) = Kx_v(s) + A_f p_L(s) \tag{4-9}$$

式中,K 为平衡弹簧5的刚度系数。由式(2-31)可得功率级滑阀的线性化负载流量方程的拉氏变换式为

$$q_L(s) = K_q x_v(s) - K_c p_L(s) \tag{4-10}$$

由式(4-7)、式(4-8)、式(4-9)可得

$$\frac{K_{qp}A_v}{K_{cp}K}x_f(s) - \frac{A_f}{K}p_L(s) = (Ts+1)x_v(s) \tag{4-11}$$

式中　T——时间常数,$T = A_v^2/K_{cp}K$。

由式(4-10)和式(4-11)可得图4-12所示的方块图。

由以上工作过程分析及方块图可以看出,当负载压力增大时,除阀本身性能会有一个流量减少($K_c p_L$)外,还由于滑阀开口量的减小,而使输出流量进一步减小。因而,负载压力-流量曲线的

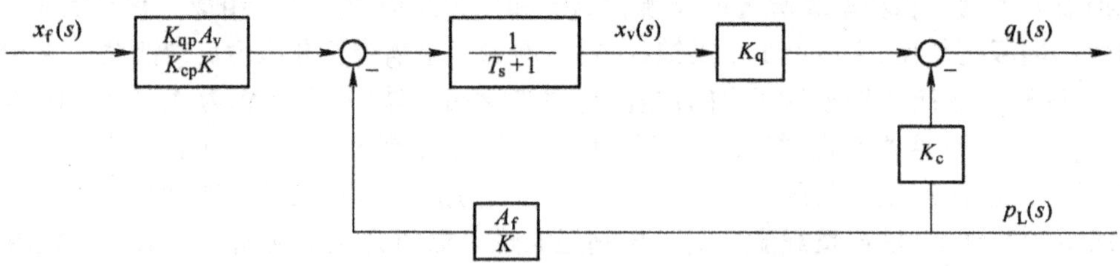

图 4-12　压力-流量伺服阀压力反馈方块图

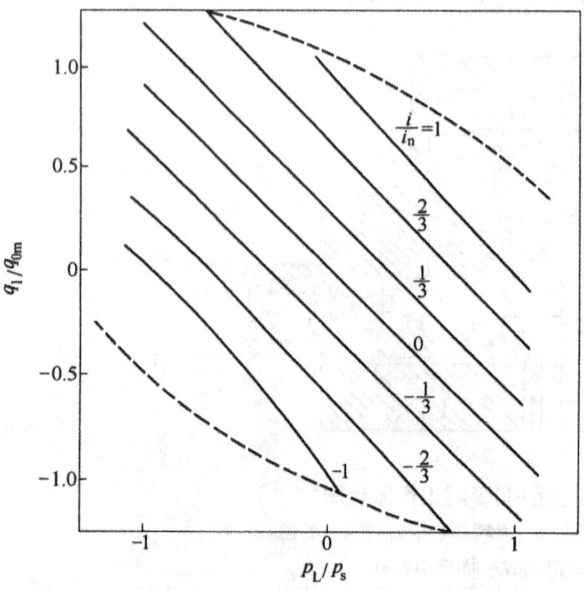

图 4-13　压力-流量伺服阀的压力-流量曲线

负斜率比位置反馈伺服阀的要大，见图 4-13。图中虚线是伺服阀的最大开度特性，伺服阀的工作点只能在两条虚线之间。阀的负载压力-流量曲线的负斜率大，实际说明该阀的等效流量-压力系数（可由曲线斜率确定）大，这样将会增大系统的阻尼比。由图 4-12 还可以看出。平衡弹簧的刚度 K 越小，则压力负反馈的作用越大，压力-流量伺服阀的压力-流量曲线的负斜率也越大，阀的等效流量-压力系数则越大。另外，由图 4-13 所示的曲线可以看出，这种阀的流量-压力特性曲线是比较线性的，而且其间隔也是较均匀的，说明该阀是一种比较线性的阀，流量-压力系数也较稳定。

还应指出，在位置反馈伺服阀的基础上引入负载压力反馈，也可以构成压力-流量控制伺服阀。另外，负载压力除反馈到功率级滑阀外，也可以通过反馈喷嘴将负载压力反馈到前置级的挡板，或通过压力传感器反馈到伺服放大器，其作用是一样的。

4.3.2.2　动压反馈伺服阀

压力-流量伺服阀提高了阀的等效流量-压力系数，这样能提高系统的阻尼比和线性度，但将使系统静刚度降低。为了克服这个缺点，研制出了动压反馈伺服阀，见图 4-14a。负载压力通过压力微分网络后再反馈到功率级滑阀。压力微分网络（见图 4-14b）由弹簧（刚度为 K_{fp}）、反馈活塞（作用面积为 A_c）与固定节流孔（液阻为 R）组成。此阀在动态时，具有压力-流量控制阀的特性；而在稳态时，只有流量控制阀的特性。这样就可兼顾静、动态两方面的性能要求。

为说明动压反馈原理，先求出压力微分网络的传递函数。参看图 4-14*b*，若滑阀运动所需的流量很小，将其忽略，流过固定节流液阻 R 的流量全部进入压力微分网络的控制腔，则流量连续性方程的拉氏变换式为

$$A_c s x_c(s) = \frac{1}{R} p_f(s) \tag{4-12}$$

式中　p_f——反馈压力，即阻尼孔两端压力差；

$$p_f(s) = p(s) - p_2(s) \tag{4-13}$$

忽略弹簧活塞的质量和黏性力，活塞的力平衡方程为

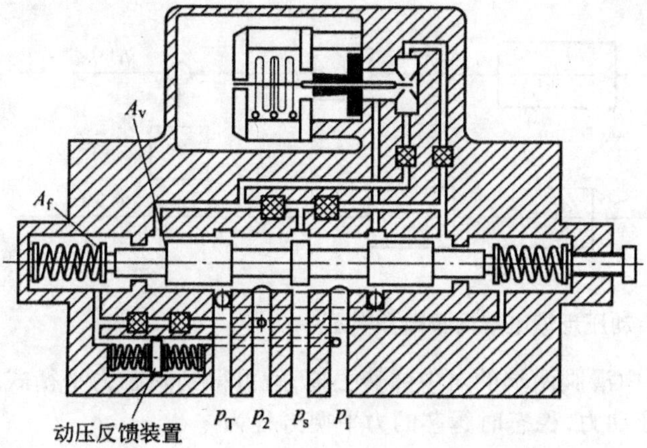

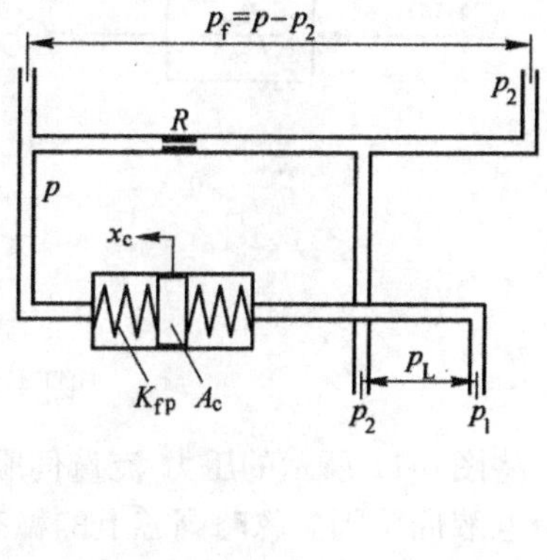

图 4-14 动压反馈伺服阀

(a)动压反馈伺服阀结构原理图;(b)压力微分网络

$$[p_1(s)-p(s)]A_c(s)=K_{fp}x_c(s) \tag{4-14}$$

因为 $p_L(s)=p_1(s)-p_2(s)$,与式(4-13)联立,所以 $p_1(s)-p(s)=p_L(s)-p_f(s)$,代入式(4-14),整理得

$$x_c(s)=\frac{A_c}{K_{fp}}[p_L(s)-p_f(s)] \tag{4-15}$$

将式(4-15)代入式(4-12)得

$$\frac{RA_c^2}{K_{fp}}sp_L(S)=\left(1+\frac{RA_c^2}{K_{fp}}s\right)p_f(S) \tag{4-16}$$

整理式(4-16),可求得压力微分网络的传递函数为

$$\frac{p_f(s)}{p_L(s)}=\frac{\tau s}{\tau s+1} \tag{4-17}$$

式中 τ——压力微分网络的时间常数。

$$\tau=\frac{RA_c^2}{K_{fp}} \tag{4-18}$$

滑阀的力平衡方程为

$$A_vP_{Lp}(s)=Kx_v(s)+A_fp_f(s) \tag{4-19}$$

由式(4-7)、式(4-8)、式(4-19)可得

$$\frac{K_{qp}}{K_{cp}K}x_f(s)-\frac{A_f}{K}p_f(s)=(1+Ts)x_v(s) \tag{4-20}$$

由式(4-19)与式(4-17)、式(4-10),可得如图 4-15 所示动压反馈电液伺服阀方块图。

从式(4-17)和图 4-15 可以看出,动压反馈装置是一个实际微分环节,它在静态时负载压力反馈不起作用,而在动态时负载压力反馈起作用。这样既增加了系统的动态阻尼,又可不降低系统的静态刚度。

4.3.2.3 电液压力控制伺服阀

电液压力控制伺服阀的作用是使阀的输出负载压力 p_L 与输入信号电流成比例的一种电液伺服阀。在电液压力伺服阀中,不存在滑阀的位置反馈回路,滑阀位置完全由负载压力反馈所决

定。为减少输出压力死区的可能性，电液压力伺服阀的输出级多采用正开口四通阀。

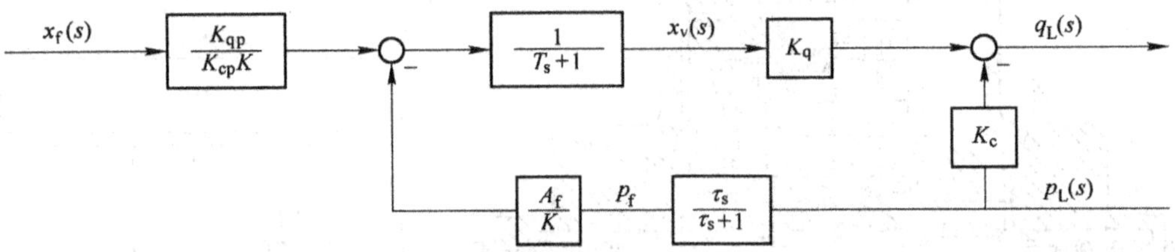

图 4-15　动压反馈电液伺服阀方块图

将图 4-11 所示的压力-流量伺服阀中滑阀两端的对中弹簧去掉，就可得到阀芯力平衡式压力控制电液伺服阀。忽略阀芯上的稳态液动力，稳态时阀芯的力平衡方程为

$$p_L A_f = p_{Lp} A_v \tag{4-21}$$

可见滑阀输出的负载压力 p_L 与喷嘴挡板阀的控制压力 p_{Lp} 成正比，也与输入电流 Δi 成正比。压力控制电液伺服阀的压力流量特性曲线见图 4-16。图中虚线抛物线是对应滑阀最大开度的特性。

滑阀输出的负载压力，也可通过一对反馈喷嘴反馈到挡板上，构成压力控制电液伺服阀，如图 4-17 所示。当力矩马达有输入信号电流时，力矩马达的电磁转矩使挡板偏离中间位置，控制喷嘴挡板阀 4 输出控制压差推动滑阀阀芯 7 运动，输出负载压力。与此同时，负载压力通过反馈节流孔 6 和反馈喷嘴 5 对挡板产生反馈力矩，使挡板回到中间位置，前置级停止工作，滑阀阀芯也停止运动。此时，与负载压力成正比的反馈力矩等于力矩马达输入电流产生的电磁力矩，因此，伺服阀输出的负载压力与信号电流成比例。

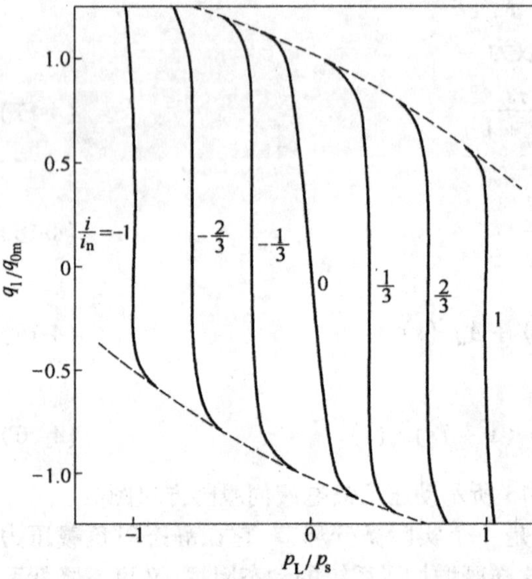

图 4-16　压力伺服阀的压力-流量曲线

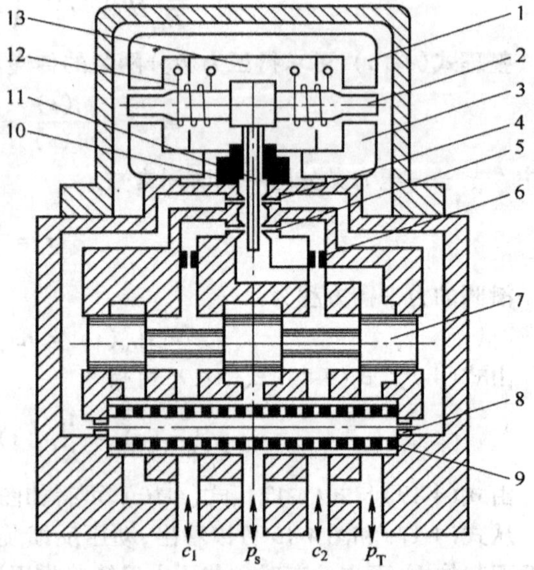

图 4-17　反馈喷嘴式压力伺服阀

1—上导磁体；2—衔铁；3—下导磁体；4—控制喷嘴阀；5—反馈喷嘴；6—反馈节流孔；7—阀芯；8—固定节流孔；9—过滤器；10—弹簧管；11—挡板；12—线圈；13—永久磁铁

4.4 电液伺服阀的主要性能参数

电液伺服阀是电液伺服系统中的关键元件,与其他液压元件相比,对其性能的技术要求要严格得多。了解电液伺服阀性能指标与评判方法,对设计电液伺服系统、使用电液伺服阀都是十分有用的。电液伺服阀的性能有静态、动态两方面的要求,这些性能一般均在规定的技术规范下通过实验得到。另外,应用电液伺服阀时,还应注意其输入电气特性。

下面以常用的位置反馈控制式电液伺服阀为例,对电液伺服阀的性能、规格及特性参数作一简要的介绍。

4.4.1 表示电液伺服阀规格的主要性能参数

表示电液流量伺服阀规格的主要性能参数有额定供油压力、额定流量和额定电流。

(1)额定流量:电液伺服阀在规定阀压降下,对应于额定电流的输出负载流量。其中电液伺服阀的阀压降 p_v 为油流进、出阀口的压降之和,可用下式表示

$$p_v = p_s - p_L - \Delta p_r - p_0 \tag{4-22}$$

式中 Δp_r——电液伺服阀至液压执行元件的管路总压力损失;

p_0——电液伺服阀回油口压力,即电液伺服阀至油箱回油管路的总压力损失。

当忽略管路损失时,阀压降为

$$p_v = p_s - p_L \tag{4-23}$$

很明显,空载时阀压降为 $p_v = p_s$。由于空载实验较容易实现,因此电液伺服阀的额定流量时常在空载条件下确定。

(2)额定电流:为产生额定流量,对线圈任一极性所规定的输入电流(不包括零偏电流)。

(3)额定供油压力:伺服阀在工作时允许的最高供油压力 p_s。

4.4.2 电液伺服阀的静态特性

电液流量控制伺服阀的静态性能,一般可根据测试所得到的负载流量特性、空载流量特性、压力特性和静耗流量特性等曲线和相应的性能参数加以评判。

4.4.2.1 负载流量特性(压力-流量特性)

伺服阀的负载流量特性曲线表示在稳态时,输入电流、负载流量和负载压降三者之间的函数关系。图 4-18 所示为其无量纲形式特性曲线,其中各曲线是在输入电流为一定值,给出不同的负载压力 p_L 情况下检测输出负载流量 q_L 而得到的。由于流量控制型伺服阀的功率级滑阀的位移与输入电流近似成比例关系,所以电液伺服阀的负载流量特性曲线形状与功率滑阀的压力-流量特性曲线的形状近似相同。

负载流量曲线族完全描述了伺服阀的静态特性。但要测得这组曲线却相当麻烦,特别是在零位附近很难测出精确的数值,而伺服阀却正好是在此处工作的。因此,这些曲线主要还是用来确定伺服阀的类型和估计伺服阀的规格,以便与所要求的负载流量和负载压力相匹配。

4.4.2.2 空载流量特性

空载流量曲线(简称流量曲线)是在给定的伺服阀压降 p_v 和负载压降为零(即 $p_L=0$)的条件下,使输入电流在正、负额定电流值之间,以使阀的动态特性不产生影响的循环速度作一完整的循环,测其负载流量 q_L 所描绘出来的连续曲线。此流量曲线也可以采用逐点描绘的方法作出。理想的零开口电液伺服阀的流量曲线应该是过坐标零点的直线,但实际伺服阀因结构和制造等原因,输出流量与输入电流呈回环状的函数曲线,见图 4-19。

流量曲线的中点轨迹称为名义流量曲线。这是零滞环流量曲线。当阀的滞环很小时，也可将流量曲线的一侧当做名义流量曲线。由流量曲线和名义流量曲线可以直接得到额定流量、额定电流值，如图 4-19 所示。额定流量的允许公差一般规定为 10% 左右。另外还可得出滞环、流量增益、对称度、线性度、零区特性和分辨率等参数。

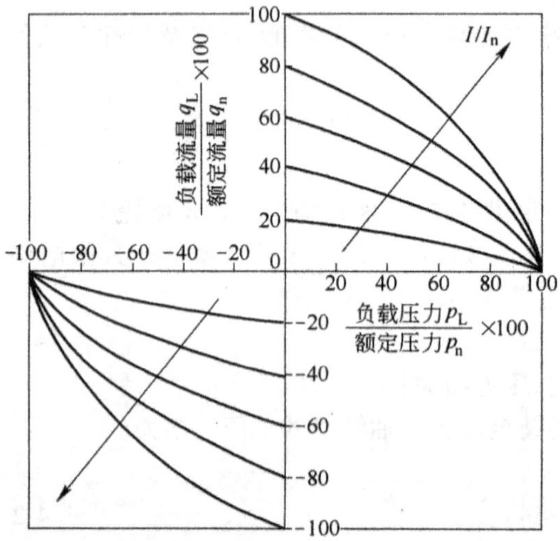

图 4-18 流量伺服阀的压力-流量曲线

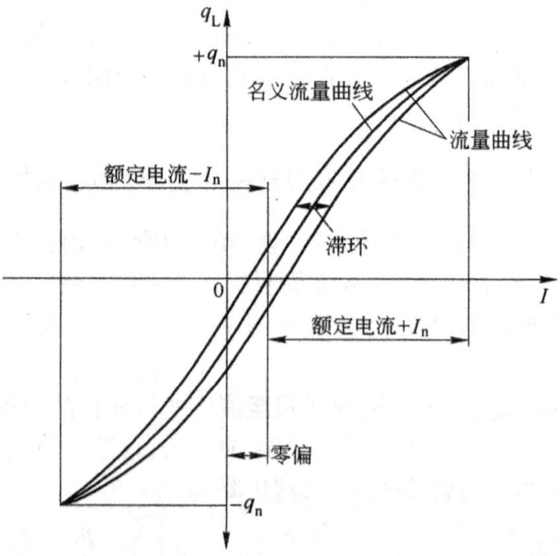

图 4-19 电液伺服阀流量特性曲线

(1)滞环。图 4-19 表明，伺服阀的流量曲线呈回环状，这是由于力矩马达磁路的磁滞现象和伺服阀中的游隙所造成的。伺服阀的滞环规定为回环状流量曲线中，产生相同输出流量的两个输入电流的最大差值，见图 4-19，常用它与额定电流的百分比表示。伺服阀的滞环一般小于 5%，对高性能伺服阀要小于 3%。

(2)流量增益。流量曲线上某点或某段的斜率就是阀在该点或该区段的流量增益。从名义流量曲线的零流量点向两极各作一条与名义流量曲线偏差为最小的直线，这就是名义流量增益线，见图 4-20。两个极性的名义流量增益线的斜率分别为 s_1、s_2，它们的平均值就是名义流量增益。

伺服阀的额定流量与额定电流之比称为额定流量增益。

(3)对称度。对称度表示两个极性的名义流量增益的不一致性。用两者之差对其中较大者的百分比表示，见图 4-20。不对称度通常小于 10%。

(4)非线性度。线性度表示流量曲线的不直线性。它是名义流量曲线与名义流量增益线的最大电流偏差，以额定电流的百分比表示，见图 4-20。非线性度通常小于 7.5%。

(5)零区特性。从名义流量曲线可以看出，流量控制伺服阀一般有三个明显的工作区域。1)零位区域；2)名义流量控制区域；3)流量饱和区域，见图 4-21。

在流量饱和区域，流量增益随输入电流增加而减小，最终输出流量不再随输入电流增加而增加。这个最大流量称为流量极限。

伺服阀的零位是指空载流量为零（即 $p_L = 0, q_L = 0$）的几何零位位置。伺服阀的零位区域是指阀在零位附近的区域，在这个区域其流量增益主要受阀的重叠、泄漏等因素影响。因为伺服阀经常在零位附近即零位区域工作，所以零位区域特性特别重要。

1)重叠。电液伺服阀的重叠是用两极名义流量曲线近似直线部分的延长线与零流量线相交的总间隔与额定电流的百分比表示的,见图4-22。伺服阀按其重叠的情况可分为三种情况,即零重叠(零开口)、正重叠(负开口)和负重叠(正开口)。

2)零位偏移(零偏)。伺服阀由于组成元件的结构尺寸、电磁性能、水力特性和装配等方面的原因,在输入电流为零时输出流量并不为零,为了使输出流量为零,必须附加一个输入电流,(使阀处于零位所需的附加输入电流),称为伺服阀的零偏,见图4-19。零偏常用这个零偏电流值与额定电流的百分比值表示。伺服阀的零偏通常小于3%。

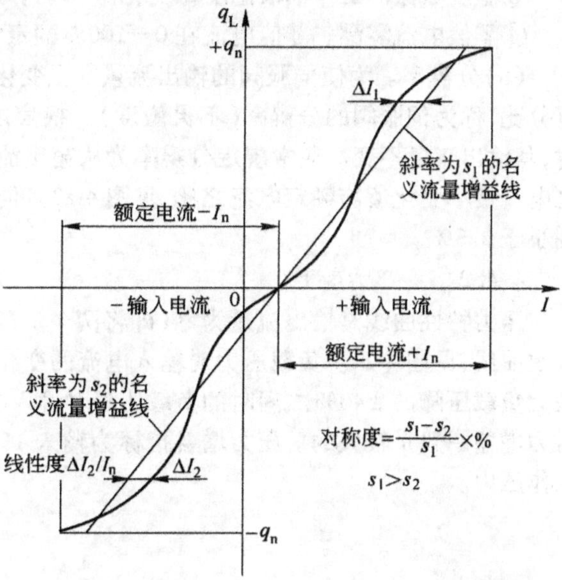

图4-20 名义流量增益、非线性度、不对称度

3)零位漂移(零漂)。电液伺服阀的调试和测试工作通常是在标准试验条件下进行的,当工作条件和环境条件发生变化时,就要引起零位的变化。此种变化称为伺服阀的零漂,通常以克服零漂所需的输入电流与额定电流的百分比表示。伺服阀的零漂会引起电液伺服系统的稳态误差。在一般情况下,引起零漂的原因有供油压力、回油压力、油液温度和零值电流等参数的变化,针对这些参数变化的范围,电液伺服阀规定了所允许的最大零漂值。通常

①供油压力零漂。供油压力在70%~100%额定工作压力范围内变化时,零漂应小于2%。

②回油压力零漂。回油压力在0~20%额定工作压力范围内变化时,零漂应小于2%。

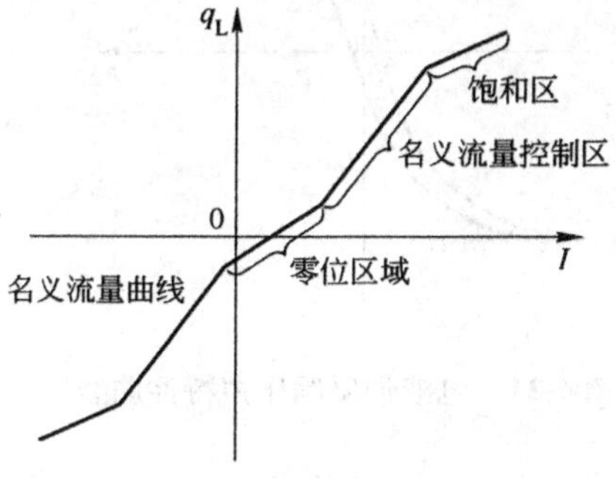

图4-21 伺服阀的工作区域

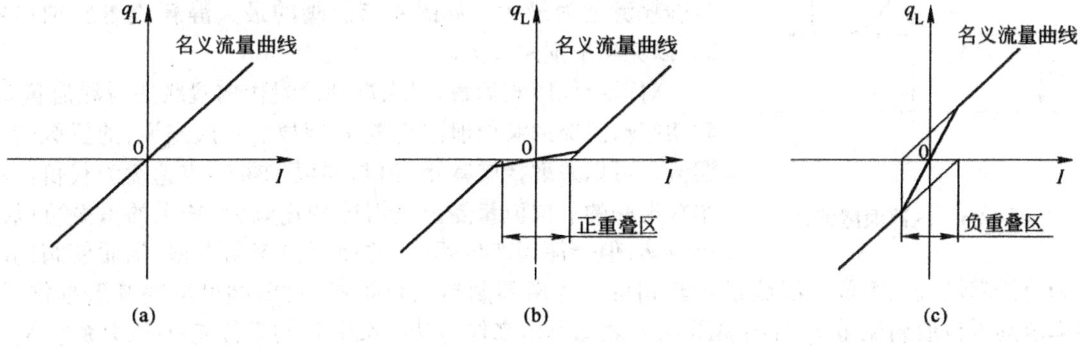

图4-22 伺服阀的重叠

(a)零重叠;(b)正重叠;(c)负重叠

③温度零漂。工作油液温度每变化 40℃时，零漂应小于 2%。

④零值电流零漂。零值电流在 0～100% 额定电流范围内变化对，零漂应小于 2%。

(6)分辨率。为使伺服阀的输出流量发生变化所需的输入电流的最小变化值与额定电流的百分比，称为伺服阀的分辨率(不灵敏度)。换言之，当输入电流的变化值小于伺服阀的分辨率时，其输出流量不变。通常规定分辨率为从输出流量的增加状态回复到输出流量减小状态所需之电流最小变化值与额定电流之比，见图 4-23。伺服阀的分辨率一般小于 1%，对高性能伺服阀则小于 0.5%。

4.4.2.3　压力特性

压力特性曲线是输出流量为零(即将两个负载口关闭)时，负载压降与输入电流呈回环状的函数曲线，见图 4-24。负载压力对输入电流的变化率就是压力增益。阀的压力增益通常规定为最大负载压降的 ±40% 之间时的负载压降对输入电流曲线的平均斜率。电液伺服阀在线性段的压力增益一般是较大的。压力增益指标为输入 1% 的额定电流时，负载压降应超过 30% 的额定工作压力。

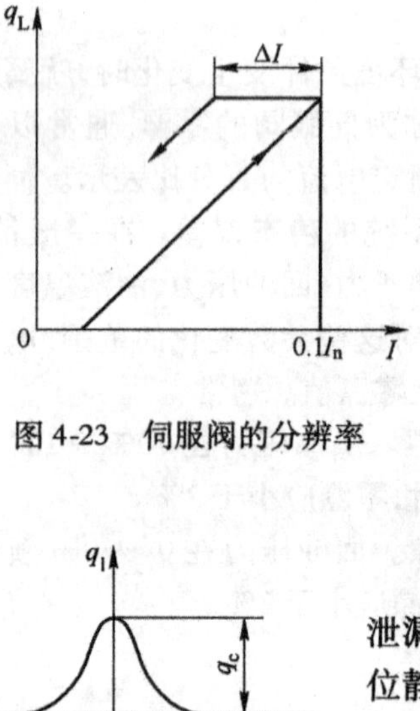

图 4-23　伺服阀的分辨率

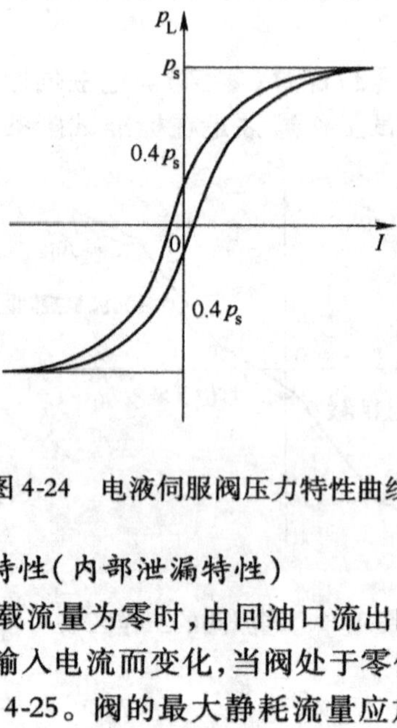

图 4-24　电液伺服阀压力特性曲线

4.4.2.4　静耗流量特性(内部泄漏特性)

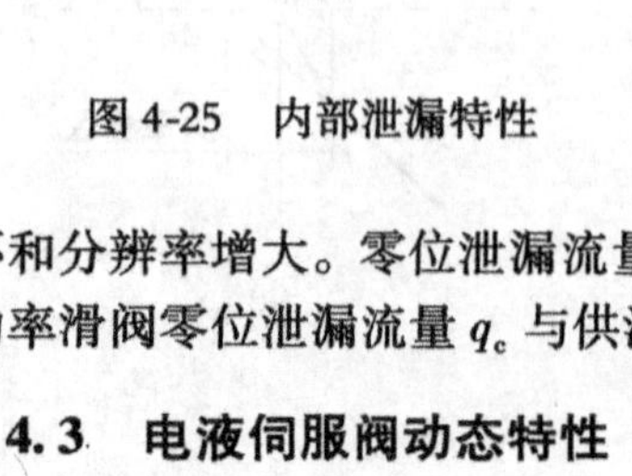

图 4-25　内部泄漏特性

静耗流量是指输出负载流量为零时，由回油口流出的内部泄漏流量 q_l。静耗流量随输入电流而变化，当阀处于零位时零位静耗流量为最大。见图 4-25。阀的最大静耗流量应加以限制，以免功率损失过大。

对两级伺服阀而言，最大静耗流量由前置级的泄漏流量 q_{p0} 和功率输出级的零位泄漏流量 q_c 组成。一般来说，前置级的泄漏流量可以采取措施减小，但是要以牺牲响应速度为代价。功率级滑阀的泄漏流量随重叠情况变化颇大，较大的重叠可以减小泄漏，但会使阀产生死区，并使阀更容易淤塞，从而使阀的滞环和分辨率增大。零位泄漏流量对新阀可作为滑阀制造质量指标，对旧阀可反映其磨损情况。功率滑阀零位泄漏流量 q_c 与供油压力 p_s 之比可用来作为功率级滑阀的零位流量-压力系数 K_{c0}。

4.4.3　电液伺服阀动态特性

电液伺服阀的动态特性一般可用其频率响应、阶跃响应和传递函数来表示。下面重点介绍电液伺服阀的频率特性和传递函数的表示方法。

4.4.3.1 电液伺服阀的频率响应

电液伺服阀的频率响应是指输入电流在某一频率范围内作等幅变频正弦变化时，空载流量与输入电流的复数比。频率响应用幅值比（dB）和相位滞后（°）与频率的关系曲线——频率特性曲线表示，见图4-26。

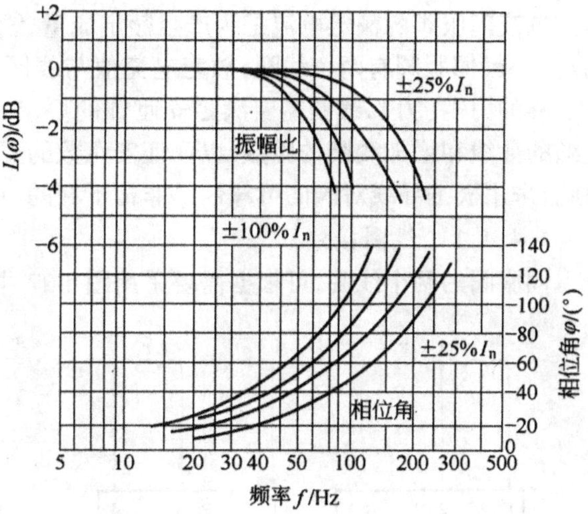

图4-26 伺服阀的频率特性

幅值比是指某一特定频率下的输出流量幅值与输入电流幅值之比，除以一指定低频（输入电流基准频率，通常为5Hz或10Hz）下的输出流量与输入电流幅值之比。

相位滞后是指在某一指定频率之下所测得的输入电流和与其相对应的输出流量变化之间的相位差。

应当指出，伺服阀的频率响应随油温、供油压力、输入电流幅值和其他一些工作条件而变化。做动态试验时，推荐输入电流的峰值为额定电流的一半（±25%额定电流），基准频率通常为5Hz或10Hz。如果输入电流幅值过大，则所测得的伺服阀频率响应，在高频时由于力矩马达和中间级输出的限制，将出现饱和；输入电流幅值过小时，由于伺服阀分辨率的影响，将使波形产生畸变。无论哪一种情况，由于输出波形偏离正弦波形，都会使所得到的响应数据失去意义。

由电液伺服阀的频率特性可测得其频宽。电液伺服阀频宽通常以幅值比为 -3db（即输出流量为基准频率时输出流量的70.7%）时的频率区间作为幅频宽，以相位滞后90°时的频率区间作为相频宽。

频宽是伺服阀动态响应速度的度量。伺服阀的频宽应根据系统实际需要加以确定，过低会限制系统的响应速度，过高会造成价格成本提高，并会将高频干扰传到负载上去。

4.4.3.2 电液伺服阀的传递函数一般形式

在做电液伺服系统静、动态性能分析和设计时，常常需要将电液伺服阀的动态特性用传递函数表示。实际上，电液伺服阀的传递函数是非常复杂的，但是为简化分析，从实用出发，一般电液伺服阀多采用二阶振荡环节形式的传递函数表示。对于常用的流量型电液伺服阀，其传递函数可以表示为

$$G_{sv}(s) = \frac{q_{L0}(s)}{i(s)} = \frac{K_{sv}}{\dfrac{s^2}{\omega_{sv}^2} + \dfrac{2\zeta_{sv}}{\omega_{sv}}s + 1} \tag{4-24}$$

式中 $q_{L0}(s)$——电液伺服阀的空载负载流量变化的拉氏变换；

$i(s)$——电液伺服阀输入电流变化的拉氏变换；

ω_{sv}——电液伺服阀的固有频率；

ζ_{sv}——电液伺服阀的阻尼比；

K_{sv}——电液伺服阀的流量增益，一般可用空载额定流量与额定电流之比表示，即

$$K_{sv} = q_n / I_n \tag{4-25}$$

上式中的 ω_{sv}、ζ_{sv} 、空载额定流量 q_n 与额定电流 I_n 均可从电液伺服阀的产品样本中查到。

4.4.4　输入电气特性

电液伺服阀的额定电流是为产生额定流量，线圈任一极性所规定的输入电流（不包括零偏电流）。一般伺服阀有两个线圈，额定电流值与线圈连接形式有关。为了保证力矩马达（力马达）有足够的力矩（力），线圈需要满足安匝数的要求。如果阀的额定电流值很低，相应地要求采用极细的导线和增加线圈的匝数，以保证安匝数的要求。此时线圈的直流电阻和电感值都比较大。因此，采用极细导线对阀的可靠性是非常不利的。

4.4.4.1　线圈接法

伺服阀的两个线圈，可根据需要采用图 4-27 中的任何一种接法。

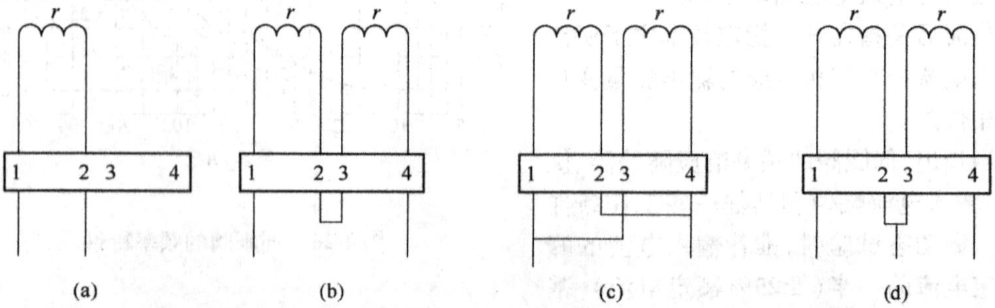

图 4-27　电液伺服阀线圈的接法

(a) 单线圈接法；(b) 双线圈串联接法；(c) 双线圈并联接法；(d) 双线圈差动接法

图 4-27a 为单线圈接法，输入电阻 R 等于单线圈电阻 r（即 $R=r$），线圈电流 i_{12} 等于额定电流 I_n，电控功率 $N = I_n^2 r$ 。单线圈接法可以减小电感的影响。

单线圈接法时，另一只线圈可以不用，也可用来调偏、接反馈或引入颤振信号。

图 4-27b 为串联接法，输入电阻为单线圈电阻 r 的两倍，即 $R = 2r$ 。这时线圈最大信号电流只需通单线圈时额定电流 I_n 的一半，电控功率为 $N = \frac{1}{2}I_n^2 r$ 。串联接法的特点是额定电流和电控功率小，但易受电源电压变动的影响。

图 4-27c 为并联接法，二线圈的总电阻为单线圈电阻 r 的一半，这时二线圈的总输入电流等于单线圈接法时的额定电流 I_n，电控功率为 $N = \frac{1}{2}I_n^2 r$ 。并联接法的特点是电控功率小，工作可靠性高，一只线圈坏了也可以工作，但易受电源电压变动的影响。

图 4-27d 为差动接法，这在此之前已经介绍过了。差动连接时需要一个零值电流，零值电流一般应等于最大信号电流。当线圈输入最大信号电流时，一个线圈中的电流等于零，另一个线圈通过的总电流是信号电流与零值电流之和，等于两倍的信号电流，也等于单线圈时的额定电流。因此差动接法时的电控功率 $N = I_n^2 r$ 。差动接法的特点是不易受电子放大器和电源电压变动的影响，工作较可靠。在伺服系统中多采用这种接法。

4.4.4.2　颤振

为了提高伺服阀的分辨能力，可以在伺服阀的输入信号上叠加一个高频低幅值的电信号。颤振使伺服阀处在一个高频低幅值的运动状态之中，这可以减小或消除伺服阀中由于摩擦所产生的游隙，同时还可以防止阀的堵塞。但颤振不能减小力矩马达磁路所产生的磁滞影响。

颤振信号的频率和幅值对其所起的作用都有影响。颤振频率应大大超过预计的信号频率（一般为伺服阀频宽的2~3倍），而不应当与伺服阀或执行元件和负载的谐振频率相重合。因为这类谐振的激励可能引起疲劳破坏或者使所含元件饱和。由于力矩马达中有衰减，较高的频率就要求有较大的幅度，颤振幅度应足够大以使其峰值刚好填满游隙宽度，这相当于主阀芯运动约2.5μm。颤振幅度又不应过大，以不至于通过伺服阀影响到负载，可能使拖动系统中的液压马达、齿轮以及其他机械元件过度磨损或疲劳破坏。颤振信号的波形采用正弦波、三角波或方波，其效果是相同的。

4.5 电液伺服阀的选择

选择电液伺服阀，就是根据系统的控制功率及控制性能的要求来确定伺服阀的规格与型号，可从以下几个方面考虑。

4.5.1 一般原则

选用时，一般希望阀的零漂、零偏小，不灵敏区小，线性性能好，动态性能好等。为缩短伺服阀与执行元件间的连接管道，常将伺服阀直接安装在执行元件上，这时应考虑整个装置的结构尺寸和安装空间。某些生产环境较恶劣的情况，应注意选用抗污染能力较强的伺服阀。此外还应考虑价格和经济性问题。

4.5.2 电液伺服阀规格的选择

电液伺服阀的选择往往与液压执行元件的选择联系在一起。下面以流量伺服阀控对称液压执行元件为例说明电液伺服阀的一般选用方法与步骤。

（1）根据负载参数或负载轨迹求出最大负载功率及最大负载功率时的负载力 F_L^*（或 T_L^*）和负载速度 v_L^*（或转速 n_L^*）。

（2）根据最大负载力 F_L^*（或 T_L^*）选择伺服阀的供油压力 p_s。

（3）根据液压动力元件最佳匹配的原则确定最大负载功率时的负载压力 p_L^* 为

$$p_L^* = 2p_s/3 \tag{4-26}$$

（4）确定液压执行元件的参数。

若是阀控双杆液压缸，双杆液压缸的有效作用面积 A_p

$$A_p = F_L^*/p_L^* \tag{4-27}$$

若是阀控液压马达，液压马达的弧度排量 D_m

$$D_m = T_L^*/p_L^* \tag{4-28}$$

确定 A_p 时，注意活塞与活塞杆直径的圆整；确定 D_m 时，注意产品样本中的规格。

（5）考虑系统泄漏，确定最大负载功率时所需的负载流量。

若是阀控液压缸，

$$q_L^* = K_l A_p v_L^* \tag{4-29}$$

若是阀控液压马达，

$$q_L^* = 2\pi K_l D_m n_L^* \tag{4-30}$$

式中 K_l——系统的泄漏系数，一般取 $K_l = 1.15 \sim 1.30$；

n_L——马达轴转速（转/s或转/min）。

（6）根据式（4-22），计算阀压降

$$p_{v} = p_{s} - p_{L} - \Delta p_{r} - p_{0} \tag{4-31}$$

(7)根据 q_{L}^{*} 和 p_{v} 选伺服阀。这里可有两种方法：

1)根据 q_{L}^{*} 和 p_{v} 直接查产品样本中的伺服阀的阀压降－负载流量曲线，找出对应 q_{L}^{*} 和 p_{v} 的电液伺服阀的型号。

2)根据 q_{L}^{*} 和 p_{v} 换算成对应产品样本中的阀压降 p_{R} 时的流量 q_{R}，然后按 p_{R} 与 q_{R} 查产品样本对应的电液伺服阀的型号。

$$q_{R} = q_{L}^{*}\sqrt{\frac{p_{v}}{p_{R}}} \tag{4-32}$$

若液压执行元件已经确定，只要修改(2)～(4)步骤即可，即根据给定的液压执行元件 A_{p} 或 D_{m} 和最大负载功率时的负载力 F_{L}^{*} 或力矩 T_{L}^{*}，计算出最大功率时的负载压力 p_{L}^{*}。

当执行元件是双杆活塞缸时

$$p_{L}^{*} = F_{L}^{*}/A_{p} \tag{4-33}$$

当执行元件是液压马达时

$$p_{L}^{*} = T_{L}^{*}/D_{m} \tag{4-34}$$

根据计算得到的最大功率时的负载压力 p_{L}^{*} 以及动力元件的最佳匹配原则，可确定系统的供油压力 p_{s}

$$p_{s} = 3p_{L}^{*}/2 \tag{4-35}$$

电液伺服阀规格选择计算的其他方法步骤同前(5)～(7)。

(8)考虑电液伺服阀的动态性能。电液伺服系统实际上是一个动态系统，在选择电液伺服阀时，必须要考虑其动态性能。考虑电液伺服阀的动态性能指标的依据，应是系统所要求的动态性能指标和液压动力元件的固有频率(假设系统中液压动力元件是频率最低的环节)。当电液伺服阀的固有频率 ω_{sv} 远大于液压动力元件的固有频率 ω_{h} 时，伺服阀对系统的幅频特性中穿越频率 ω_{c} 的影响很小，对系统的响应特性影响很小，因此选用时，$\omega_{sv} > \omega_{h}$ 是一般遵循的原则。伺服阀的阻尼比 ζ_{sv} 一般为0.5～0.9，它对系统的相频特性将有一定的影响。当 ω_{sv} 与 ω_{h} 较接近时，将在 ω_{c} 处引起附加的相位滞后，使系统的相位裕量显著减小，某些情况下可能会对系统稳定性构成威胁。因此应使 ω_{sv} 适当远离 ω_{h}。但不是说 ω_{sv} 越大越好，因为那样不仅会增加不必要的成本，而且还会使不需要的高频干扰信号进入系统。

思考题

4-1　电液伺服阀是怎样构成的，除了单级电液伺服阀外，为什么还要有二级、三级电液伺服阀？

4-2　根据图4-2永磁力矩马达的工作原理，说明永磁力矩马达的电磁力矩是怎样产生的？

4-3　根据图4-3说明动圈式力马达的工作原理。

4-4　结合各种位置反馈式电液伺服阀的结构原理图说明在电液伺服阀中，如何实现功率级滑阀的定位？

4-5　说明各种负载压力反馈式电液伺服阀的特点？

4-6　表示电液伺服阀静特性的曲线有哪几种，它们可以表示伺服阀的哪些静特性指标和参数？

4-7　表示电液伺服阀动特性有哪几种方法？

习　题

4-1　已知两级电液伺服阀额定流量10L/min，额定压力21MPa，额定电流为10mA，功率级滑阀为零开口四边滑阀，在额定压力下其零位泄漏量为额定流量的4%，伺服阀控制的双作用液压缸面积为 $A_p = 20 \times 10^{-4} m^2$，当伺服阀输入电流为0.1mA时，求液压缸最大输出速度和最大输出力。

4-2 已知电液伺服阀在线性区域内工作，输入差动电流 $\Delta i = 2mA$，负载压力 $p_L = 40 \times 10^5 Pa$，负载流量 $q_L = 40L/min$。求此电液伺服阀的流量增益及压力增益。

4-3 已知一电液伺服阀的压力增益为 $5 \times 10^5 Pa/mA$，伺服阀控制的液压缸面积为 $A_p = 50 \times 10^{-4} m^2$。要求液压缸输出力 $F = 5 \times 10^4 N$，此时伺服阀的输入电流 Δi 应为多少？

4-4 一工作台位置控制电液伺服系统，动力元件采用电液伺服阀控制对称液压缸。已知工作台质量 $M_t = 1000kg$，工作台最大干摩擦力 $F_f = 500N$，工作台最大行程 $L = 0.5m$，工作台最大速度 $v_{max} = 8 \times 10^{-2} m/s$，工作台最大加速度 $a_{max} = 1m/s^2$，工作台导轨的黏性摩擦系数为 $2.5 \times 10^3 N \cdot s/m$，选取供油压力为6.3MPa，从图4-28所示的QDY系列电液伺服阀中选取合适的电液伺服阀。

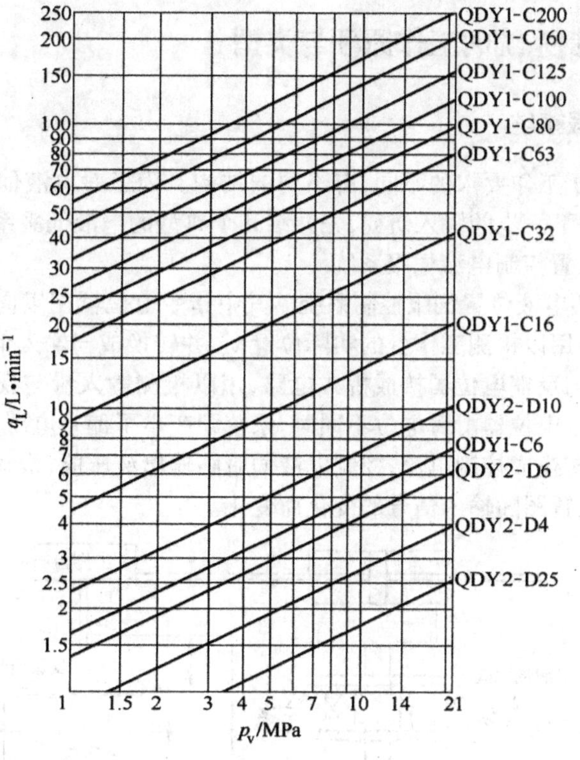

图4-28　习题4-4图

5 电液伺服控制系统的分析与设计

电液伺服控制系统是一种输出量(位移、速度、力等)能以一定精度连续、自动、快速地复现输入电信号变化规律的液压伺服系统。电液伺服控制系统综合了电气和液压两方面的特长,具有控制精度高、响应速度快、输出功率大、信号处理灵活、易于实现各种参量的反馈和控制的优点,在冶金、机械、化工、船舶、航空航天、电力等部门的自动控制系统中得到了广泛的应用。本章着重介绍典型电液伺服控制系统的基本原理、性能分析方法、常用的校正方法和设计计算方法。电液伺服控制系统的分析与设计的方法和结论,也是其他电液控制元件和系统的分析与设计的基础。

5.1 电液伺服控制系统的工作原理与类型

5.1.1 典型电液伺服系统

电液伺服系统由于工作要求的不同,有不同的结构。为了对电液伺服系统结构和工作特点有一个初步了解,便于下一步的深入研究,先介绍几个典型的电液伺服系统例子。

例 5-1 工作台位置控制电液伺服系统

图 5-1 为工作台的电液位置伺服控制系统。其中指令电位器用以向系统发出位置控制指令电信号 u_i,反馈电位器用以检测工作台的实际位置 x_p,并转换成与输入信号相同及相当的反馈电信号 u_f。指令电位器与反馈电位器接成桥式电路,用以检测输入量与反馈量间的偏差。当反馈电位器滑臂电位与指令电位器滑臂电位不同时,系统即产生了偏差电压 $u_e = u_i - u_f$。该偏差电压经伺服放大器放大并转换成控制电流,控制电液伺服阀输出液压能,推动工作台向减小偏差的方向运动,使工作台的位置跟随输入信号的变化而变化。

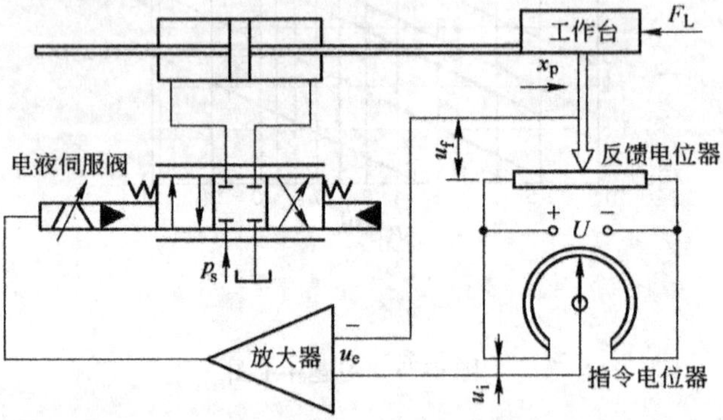

图 5-1 工作台电液伺服位置控制系统

例 5-2 阀控马达角位移的电液伺服控制系统

图 5-2 所示系统是一阀控马达角位移的电液伺服系统。它用一对自整角机来测量输入与输出轴间的转角位置偏差 $\Delta\theta = \theta_i - \theta_f$。这偏差输出是载波调制信号,经相敏放大器解调、放大并送入功率放大器。功率放大器输出放大后的电流信号,控制电液伺服阀,输出的液压功率去驱动液压马达和负载运动,使液压马达和负载向减少偏差的方向运动,直至输入与输出轴的角位移偏差为零,使马达的负载输出轴转角跟随输入信号而变化。

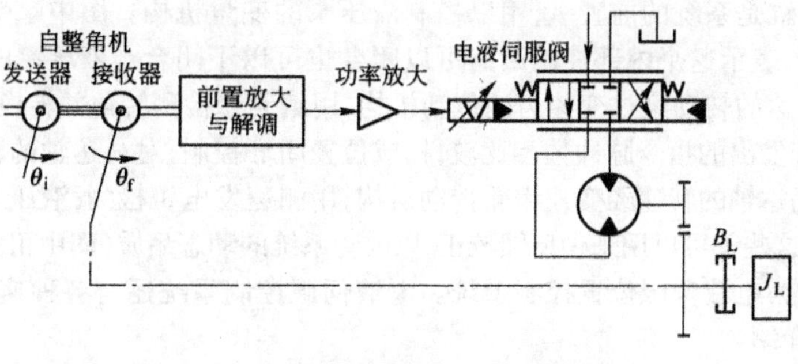

图 5-2　阀控马达角位移电液伺服控制系统

例 5-3　计算机控制数字流量阀的电液位置伺服系统

图 5-3 所示为一采用数字阀的电液位置伺服系统工作原理框图。系统由计算机的指令系统发出位置控制指令脉冲，编码器检测液压马达的输出转角，并将它转换为脉冲数字信号，反馈回计算机进行比较，得出偏差值，经驱动器放大后，控制数字流量阀输出液压功率，驱动液压马达向减小偏差的方向转动，直至编码器检测到的反馈脉冲数等于指令输入的脉冲数为止，从而实现了转角输出位置的伺服控制。

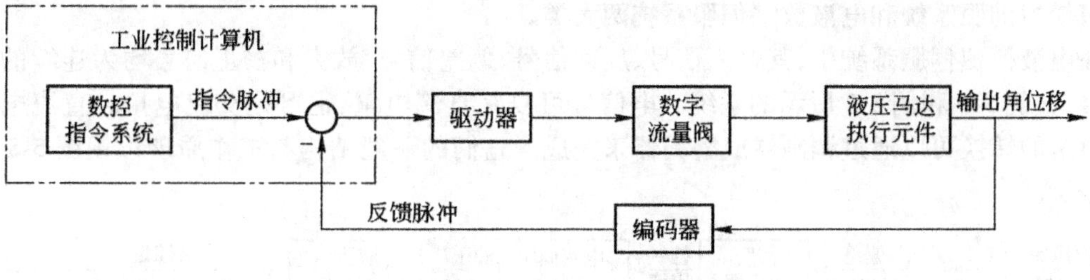

图 5-3　采用数字阀的电液位置伺服系统

例 5-4　计算机控制的泵控转角电液位置伺服系统

图 5-4 所示的电液位置伺服系统是采用电液伺服变量泵控液压马达动力元件转角位置的伺

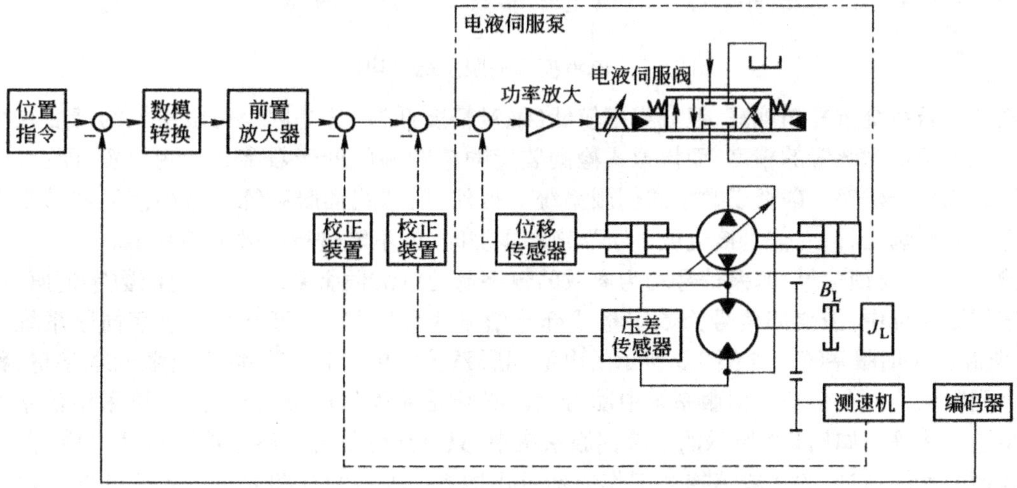

图 5-4　计算机控制泵控液压马达电液位置伺服系统

服系统。阀控液压缸是系统的前置级，用以控制液压泵的变量机构。图中泵变量机构的位置反馈回路也画成虚线，表示这个内部控制回路可以闭合也可以不闭合。液压泵的输出流量使液压马达转动。液压马达的转动经过变速齿轮传动机构，用编码器检测转角并转换为脉冲数，反馈回计算机，与指令系统发出的指令脉冲数相比较，构成位置闭环控制，对马达轴的转角位置进行精确控制。与此同时，马达轴的转速经变速齿轮传动机构，用测速发电机检测；液压马达两腔的压差用压差传感器检测。这些都可以用来做反馈校正，以改善系统的动态品质（图中用虚线表示）。

以上介绍的均为电液伺服位置控制系统。电液伺服控制系统还有各种速度、压力和力控制系统等，下面一一介绍。

5.1.2　电液伺服系统的分类

电液伺服控制系统用途和结构不同，可从不同的角度进行分类，每一种分类的方法都代表着系统一定的特点。例如，按被控物理量来分，可分为位置伺服控制系统、速度伺服控制系统、力伺服控制系统、压力伺服控制系统等。以上几例均为位置伺服控制系统，若按控制要求，换上相应的传感器对被控量进行检测和反馈，就可构成其他几种电液伺服控制系统。按液压控制元件来分，可分为阀控系统与泵控系统，上面介绍的前三例均为阀控系统，第四例为泵控系统。按系统的功率大小来分，可分为大功率控制系统和小功率控制系统等。也可按输入信号的类型不同，分为电液模拟伺服系统和电液数字伺服系统两大类。

在电液模拟伺服系统中，其输入信号、反馈信号、偏差信号、放大和校正信号均为连续的模拟电信号，如例 5-1 和例 5-2 所示的系统。电信号可以是直流电量，也可是交流电量。直流电量与交流电量的转换可以通过调制器或解调器来完成。它们的一般结构与工作原理可用图 5-5 的框图来表示。

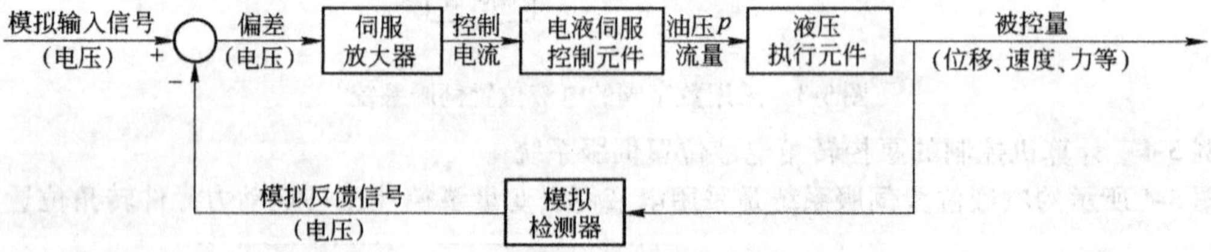

图 5-5　电液模拟伺服系统方块图

模拟伺服系统重复精度高，但分辨率较低（绝对精度低）。这是因为伺服系统的精度在很大程度上取决于检测装置的精度，而模拟式检测装置的精度一般低于数字式检测装置，因此，模拟式伺服系统的分辨率一般低于数字式伺服系统。另外，模拟式伺服系统中微小信号容易受到噪声和零漂的影响，当输入信号接近或小于噪声和零漂时，就不能进行有效的控制了。

输入信号、反馈信号、偏差信号均为离散的数字量的电液伺服系统，称为电液数字伺服系统。在数字伺服系统中，按全部信号为数字量或部分信号为数字量，又可分为全数字伺服系统与数字-模拟混合式伺服系统。如例 5-3 所示的电液伺服系统中的全部信号均为离散的数字量，称为全数字伺服系统。在全数字伺服系统中动力元件必须是能够接收数字信号的，可采用数字阀或电液步进马达等。如例 5-4 所示的电液伺服系统中，只有部分信号为离散数字量，称为数字-模拟混合式伺服系统，它们的一般结构和工作原理可用图 5-6 所示的框图表示。数控装置发出指令脉冲，与由数字检测器检测反馈回来的反馈脉冲相比较后产生数字偏差，经数模转换器转换为模拟偏差信号电压，后面的动力部分不变，与模拟式电液伺服系统相同。

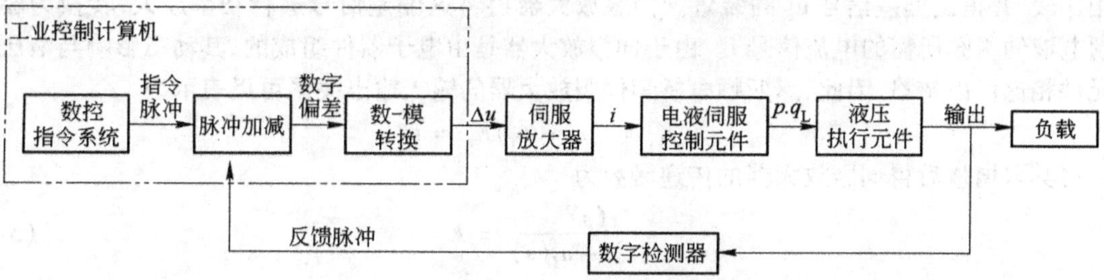

图 5-6 数字-模拟混合式伺服系统方块图

数字检测装置有很高的分辨能力,所以数字伺服系统有很高的绝对精度。数字伺服系统的输入信号是很强的脉冲电压,受模拟量的噪声和零漂的影响很小。另外,数字伺服系统可以将数控指令装置、脉冲比较回路、数字式控制器、数模转换装置全部集成于工业控制计算机中,因此对信息的存储、解算和控制更加方便,可以在大系统中实现多回路、多参量的实时控制,有着广阔的发展前景。但是从经济性、可靠性方面看,目前,简单的伺服系统仍以采用模拟型伺服系统居多。本章主要研究位置、速度和力控制模拟伺服系统。

5.2 电液位置伺服系统分析

电液伺服系统输出跟踪输入变化的过程是一个动态过程,因此对于电液伺服系统的设计与应用,不仅要注意其稳态性能,还要特别注意其动态性能。这是电液伺服系统与一般的传动控制系统的不同点。总的来说,电液伺服系统的静、动态性能包括稳定性、快速性和控制精度三个方面,可以用理论分析和实验分析两种方法进行研究。理论分析的方法一般用传递函数法(频率特性分析法)和状态空间法,本书主要用传递函数法(频率特性分析法)进行分析。

电液位置伺服系统是最常用和最基本的液压伺服系统。由于它充分发挥了电子和液压两方面的优点,得到了广泛应用,如机床工作台的位置控制、板带轧机的板厚控制、带材跑偏控制、连铸结晶器振动曲线控制、飞机和船舶的舵机控制、雷达和火箭控制系统等。在其他物理量的控制系统如速度、力控制系统中,也有位置控制小闭环回路作为大闭环回路中的一个环节。

现以图 5-1 所示的典型电液位置控制系统为例,介绍电液位置伺服系统的特点及其分析方法。

5.2.1 电液位置伺服系统各环节的传递函数及系统方块图

电液伺服系统的理论分析是建立在系统传递函数等数学模型的基础上的,因此在系统分析前,必须先建立系统的数学模型。根据上述的原理,图 5-1 所示的系统可用图 5-7 所示的控制原理框图来说明,再根据框图来建立各环节的传递函数。

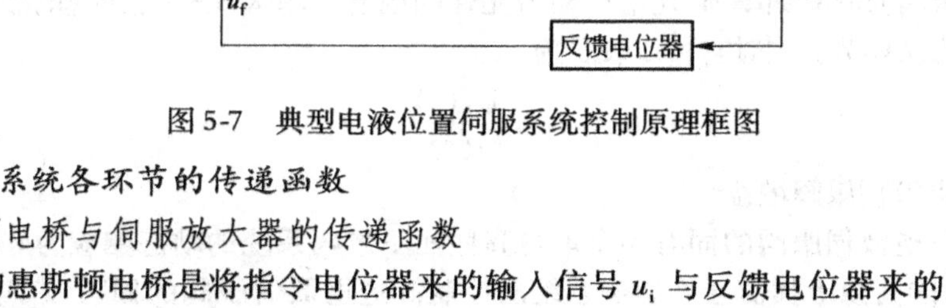

图 5-7 典型电液位置伺服系统控制原理框图

5.2.1.1 系统各环节的传递函数

A 惠斯顿电桥与伺服放大器的传递函数

本系统中的惠斯顿电桥是将指令电位器来的输入信号 u_i 与反馈电位器来的测量反馈信号

u_f 相比较,并得出偏差信号 u_e 的装置。伺服放大器再将这偏差信号进行功率放大,转换为驱动控制电液伺服阀所需的电流信号 i。由于伺服放大器是由电子器件组成的,其动态影响与液压动力元件相比可以忽略,因此,惠斯顿电桥和伺服放大器的输入输出关系可以表示为

$$u_e K_a = (u_i - u_f) K_a = i$$

将其取增量后得伺服放大器的传递函数为

$$\frac{i(s)}{u_i(s) - u_f(s)} = K_a \tag{5-1}$$

式中 $i(s)$——伺服放大器输出电流变化的拉氏变换式;

$u_i(s)$——指令位移电位器来的输入信号变化的拉氏变换式;

$u_f(s)$——反馈电位器(即位移传感器)来的反馈信号变化的拉氏变换式;

K_a——伺服放大器增益。

B 位移传感器的传递函数

系统中的位移传感器(包括其放大器部分)是将工作台的位移(即液压缸的输出位移)x_p 检测并转换成与输入信号相同形式而且相当电量的元件。一般选取时应有足够快的响应,这里将其看成比例环节,则位移传感器的传递函数可以表示为

$$\frac{u_f(s)}{x_p(s)} = K_f \tag{5-2}$$

式中 $x_p(s)$——液压缸位移变化的拉氏变换式;

K_f——位移传感器(包括其放大器)的增益。

C 电液伺服阀的传递函数

电液伺服阀的输出一般以其空载流量 q_{L0} 表示,其传递函数可用式(4-24)表示,即:

$$G_{sv}(s) = \frac{q_{L0}(s)}{i(s)} = \frac{K_{sv}}{\frac{s^2}{\omega_{sv}^2} + \frac{2\zeta_{sv}}{\omega_{sv}}s + 1} \tag{5-3a}$$

式中 K_{sv}——电液伺服阀的增益;

ω_{sv}——电液伺服阀的固有频率;

ζ_{sv}——电液伺服阀的阻尼比。

但电液伺服阀的传递函数在系统中采用什么形式,一般还取决于液压动力元件的特性。这样处理可以简化系统计算,又不会引起太大的误差。当电液伺服阀的频宽与液压动力元件的固有频率 ω_n 相近时,电液伺服阀的传递函数可以看成是二阶环节,用式(5-3a)表示。

当电液伺服阀的固有频率 ω_{sv} 比液压动力元件的固有频率大 3~5 倍时,电液伺服阀的传递函数可以看成惯性环节。这时它可以表示为

$$G_{sv}(s) = \frac{q_{L0}(s)}{i(s)} = \frac{K_{sv}}{T_{sv}s + 1} \tag{5-3b}$$

当电液伺服阀的固有频率 ω_{sv} 比液压动力元件的固有频率大 5~7 倍时,电液伺服阀的传递函数可以看成比例环节。这时它可以表示为

$$G_{sv}(s) = \frac{q_{L0}(s)}{i(s)} = K_{sv} \tag{5-3c}$$

式中 K_{sv}——电液伺服阀增益。

一般希望将电液伺服阀的固有频率取得高些而不影响系统的动态响应为好。但也不能过高,否则系统中的高频干扰信号将影响系统的控制。这里取伺服阀的固有频率大于液压动力

元件的固有频率的5~7倍，因此，电液伺服阀的传递函数可以看成比例环节，由式(5-3c)表示。

D 电液伺服阀控液压缸动力元件的传递函数

由第3章阀控液压缸动力元件的传递函数的推导过程可知，传递函数一般由三个基本方程得到。即：阀的线性化流量方程、液压缸的流量连续性方程、液压缸与负载的力平衡方程。但这里的控制阀是电液伺服阀，因此

a 电液伺服阀的线性化流量方程

电液伺服阀以控制电流为输入、空载流量为输出时，它的线性化流量方程可由式(3-2)得出，即

$$\Delta q_L = K_q \Delta x_v - K_c \Delta p_L = \Delta q_{L0} - K_c \Delta p_L$$

则电液伺服阀的线性化流量方程的拉氏变换式为

$$q_L(s) = q_{L0}(s) - K_c p_L(s) \tag{5-4}$$

式中 $q_L(s)$——电液伺服阀的输出负载流量变化 Δq_L 的拉氏变换式；

$p_L(s)$——电液伺服阀的负载压力变化 Δp_L 的拉氏变换式；

$q_{L0}(s)$——电液伺服阀的空载流量变化 Δq_{L0} 的拉氏变换式。

b 液压缸的流量连续性方程

对于双作用液压缸，考虑内泄漏、外泄漏和压缩性流量，由式(3-15)，液压缸的流量连续性方程的增量式可表示为

$$q_L = A_p \frac{d\Delta x_p}{dt} + C_{tp}\Delta p_L + \frac{V_t}{4\beta_e}\frac{d\Delta p_L}{dt}$$

则上式的拉氏变换式可表示为

$$q_L(s) = A_p s x_p(s) + \left(C_{tp} + \frac{V_t}{4\beta_e}s\right)p_L(s) \tag{5-5}$$

式中 A_p——双作用液压缸的有效作用面积；

C_{tp}——液压缸总泄漏系数，包括内泄漏和外泄漏；

V_t——液压缸油腔的总容积（包括进油腔、回油腔、阀与液压缸的连接管道及阀腔容积）；

其他参数同前。

c 液压缸与负载的力平衡方程

忽略库仑摩擦等非线性负载，设活塞上受到的负载为无弹性负载，主要有惯性力、黏性摩擦力和外加负载力。由式(3-17)可得液压缸活塞上的动力学方程的增量式为

$$A_p \Delta p_L = m_t \frac{d^2\Delta x_p}{dt^2} + B_p \frac{d\Delta x_p}{dt} + \Delta F_L$$

则上式的拉氏变换式为

$$A_p p_L(s) = (m_t s^2 + B_p s)x_p(s) + F_L(s) \tag{5-6}$$

式中 $F_L(s)$——外加负载变化 ΔF_L 的拉氏变换式；

$x_p(s)$——液压缸输出位移变化 Δx_p 的拉氏变换式；

m_t——折算到活塞轴上的活塞与负载的等效总质量；

B_p——活塞与负载的等效黏性摩擦系数。

d 液压动力元件的输出方程

由式(5-4)、式(5-5)与式(5-6)可得电液伺服阀控对称液压缸的位置输出方程为

$$x_p(s) = \frac{\frac{1}{A_p}q_{L0}(s) - \frac{K_{ce}}{A_p^2}\left(1 + \frac{V_t}{4\beta_e K_{ce}}s\right)F_L(s)}{\frac{m_t}{4\beta_e A_p^2}s^3 + \left(\frac{m_t K_{ce}}{A_p^2} + \frac{B_p V_t}{4\beta_e A_p^2}\right)s^2 + \left(1 + \frac{B_p K_{ce}}{A_p^2}\right)s} \tag{5-7}$$

式中，$K_{ce} = K_c + C_{tp}$，为液压动力元件的总流量-压力系数。一般，由于黏性系数 B_p 很小，$B_p K_{ce}/A_p^2 \ll 1$，则上式可写成

$$x_p(s) = \frac{\frac{q_{L0}(s)}{A_p} - \frac{K_{ce}}{A_p^2}\left(1 + \frac{V_t}{4\beta_e K_{ce}}s\right)F_L(s)}{s\left(\frac{s^2}{\omega_h^2} + \frac{2\zeta_h}{\omega_h}s + 1\right)} \tag{5-8}$$

式中　ω_h——液压动力元件的液压固有频率，

$$\omega_h = \sqrt{\frac{4\beta_e A_p^2}{V_t m_t}} \tag{5-9}$$

ζ_h——液压动力元件的液压阻尼比，

$$\zeta_h = \frac{K_{ce}}{A_p}\sqrt{\frac{\beta_e m_t}{V_t}} + \frac{B_p}{4A_p}\sqrt{\frac{V_t}{\beta_e m_t}} \tag{5-10}$$

当 B_p 较小可以忽略不计时，ζ_h 可近似写成

$$\zeta_h = \frac{K_{ce}}{A_p}\sqrt{\frac{\beta_e m_t}{V_t}} \tag{5-11}$$

5.2.1.2　电液位置伺服系统方块图

由式(5-1)、式(5-2)、式(5-3c)与式(5-8)各环节传递函数可得本位置控制电液伺服系统的传递函数方块图，如图 5-8 所示。这是电液伺服系统静、动态特性分析的基础。

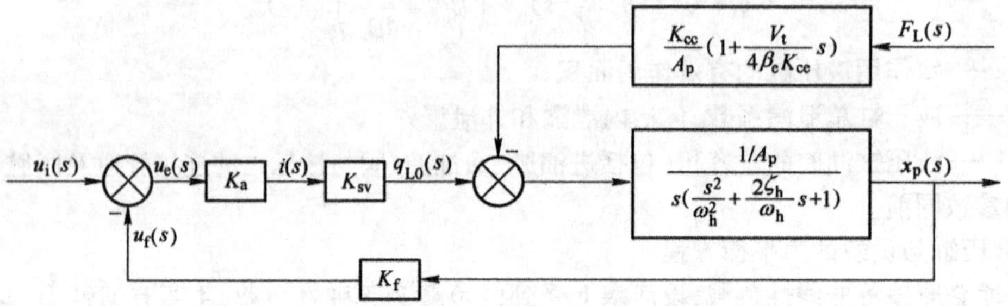

图 5-8　电液位置伺服系统的传递函数方块图

5.2.2　电液伺服系统稳定性分析

稳定性是控制系统正常工作的必要条件，它是系统最重要的特性。电液伺服系统的设计和静、动态性能分析一般都是以稳定性要求为基础进行的。

由图 5-8 所示的方块图可得系统的开环传递函数为

$$G(s)H(s) = \frac{K_v}{s\left(\frac{s^2}{\omega_h^2} + \frac{2\zeta_h}{\omega_h}s + 1\right)} \tag{5-12}$$

式中　K_v——系统的开环放大系数（也称速度放大系数），由图 5-8 可知

$$K_v = K_f K_a K_{sv}/A_p \tag{5-13}$$

由式(5-12)可画出系统的开环波德图,如图 5-9 所示。由图 5-9 可以看出,该图的低频渐近线是一条斜率为 -20dB/dec 的直线,而高频渐近线是一条斜率为 -60dB/dec 的直线。两条渐近线交点处的频率为液压固有频率 ω_h,在 ω_h 处的渐近频率特性的幅值为 $20\lg\frac{K_v}{\omega_h}$。由于阻尼比较小,在 ω_h 处出现一个谐振峰,其幅值为 $20\lg\frac{K_v}{2\zeta_h\omega_h}$。在 ω_h 处的相角为 $-180°=\omega_g$(相位穿越频率)。

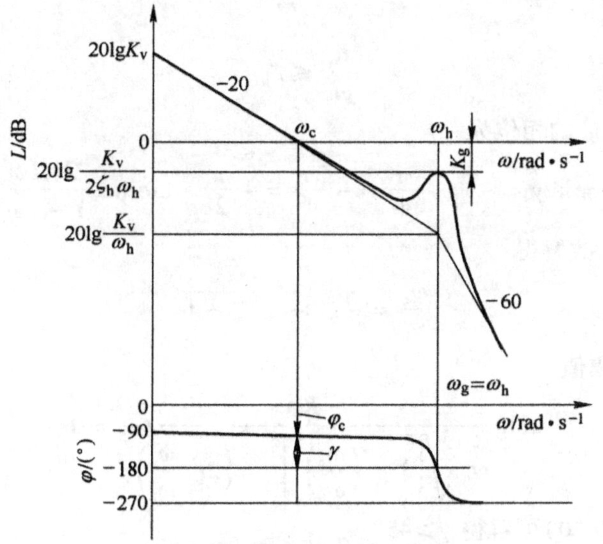

图 5-9 电液位置伺服系统波德图

为了使系统稳定,必须使相位裕量 γ 和幅值裕量 K_g 均为正值,还要有一定的裕量。相位裕量 γ 是增益交界频率 ω_c 处的相角 φ_c 与 -180°之差,即 $\gamma=\varphi_c-(-180°)=\varphi_c+180°$。增益裕量是相位穿越频率 ω_g 处的增益与零分贝线的距离,即该点增益的倒数,写为

$$K_g=\frac{1}{|G(j\omega_g)H(j\omega_g)|}$$

以 dB 表示时,

$$K_g(dB)=20\lg K_g=-20\lg|G(j\omega_g)H(j\omega_g)|$$

对所讨论的系统而言,因为穿越频率 ω_c 处的渐近线斜率为 -20dB/dec,所以相位裕量为正值是没有问题的。因此只要使增益裕量为正值,系统就可以稳定了。由于 $\omega_g=\omega_h$,所以有

$$-20\lg|G(j\omega_g)H(j\omega_g)|=-20\lg\frac{K_v}{2\omega_h\zeta_h}>0 \tag{5-14}$$

由此可得未经校正的液压位置伺服系统的稳定性判据为

$$\frac{K_v}{2\omega_h\zeta_u}<1 \tag{5-15}$$

或

$$K_v<2\omega_h\zeta_u \tag{5-16}$$

上式表明,为了使系统稳定,开环放大系数 K_v 的提高将受液压固有频率 ω_h 和液压阻尼比 ζ_h 的限制。

实测结果表明,阀控液压缸的 ζ_h 通常在 0.1~0.2 左右,因此系统的稳定判据又可表示为

$$K_v<(0.2\sim0.4)\omega_h \tag{5-17}$$

上式可以作为这种电液位置伺服系统设计的一个经验法则。

为了得到满意的性能，电液伺服系统一般光满足以上的稳定性判据还是不够的，还应给系统留有一定的稳定裕量。通常增益裕量应大于6～12dB，而相位裕量应大于30°～60°。

现计算并讨论增益裕量$K_g \geqslant 6$dB，相位裕量$\gamma \geqslant 45°$时ω_h、ζ_h与K_v间的关系。

如果增益裕量$K_g \geqslant 6$dB，($K_g \geqslant 2$)，则有$\frac{K_v}{2\zeta_h \omega_h} \leqslant \frac{1}{2}$

可得

$$\frac{K_v}{\omega_h} \leqslant \zeta_h \tag{5-18}$$

在$\gamma \geqslant 45°$时，其对应的相位为

$$\varphi_c \leqslant -\pi + \gamma = -\pi + \frac{\pi}{4} = -\frac{3\pi}{4} = -\frac{\pi}{2} - \arctan \frac{2\zeta_h(\omega_c/\omega_h)}{1-(\omega_c/\omega_h)^2}$$

因ω_c只能取正值，故解得

$$\frac{\omega_c}{\omega_h} = -\zeta_h + \sqrt{\zeta_h^2 + 1} \tag{5-19}$$

ω_c所对应的对数幅值

$$20\lg \frac{K_v}{\omega_c \sqrt{\left[1-\left(\frac{\omega_c}{\omega_h}\right)^2\right]^2 + \left(2\zeta_h \frac{\omega_c}{\omega_h}\right)^2}} = 0 \tag{5-20}$$

由式(5-19)和式(5-20)可解得$\gamma \geqslant 45°$

$$\frac{K_v}{\omega_h} \leqslant 2\sqrt{2}\zeta_h\left(\sqrt{\zeta_h^2+1} - \zeta_h\right)^2 \tag{5-21}$$

式(5-18)和式(5-21)是满足增益裕量$K_g \geqslant 6$dB，相位裕量应$\gamma \geqslant 45°$时ω_h、ζ_h与K_v间的关系式。由式(5-18)和式(5-21)可以画出无因次开环增益K_v/ω_h与阻尼比ζ_h间的关系曲线，如图5-10所示的①、②曲线。在图中还画出了闭环频率响应谐振峰值$M_r = 1.3$时K_v/ω_h与ζ_h的关系曲线③。由图可以看出，由式(5-18)和式(5-21)得到的曲线与$M_r = 1.3$的曲线比较一致。这可以说明，满足增益裕量$K_g \geqslant 6$dB和相位裕量$\gamma \geqslant 45°$时的系统，能近似使其闭环频率响应的谐振峰值$M_r < 1.3$，单位阶跃响应的最大超调量小于23%。

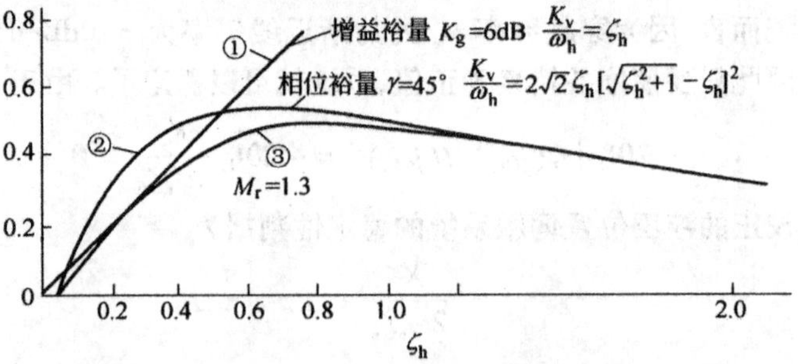

图5-10　无因次开环增益K_v/ω_h与阻尼比ζ_h的关系曲线

5.2.3　系统快速性分析

系统快速性可以用闭环系统的频宽这个指标来衡量，系统的频宽越大，说明系统的快速性越好。为此，先要求出系统的闭环传递函数。

5.2.3.1 电液位置控制伺服系统的闭环传递函数

为了便于分析，可将图 5-8 所示的方块图变换成单位反馈形式的方块图，如图 5-11 所示。

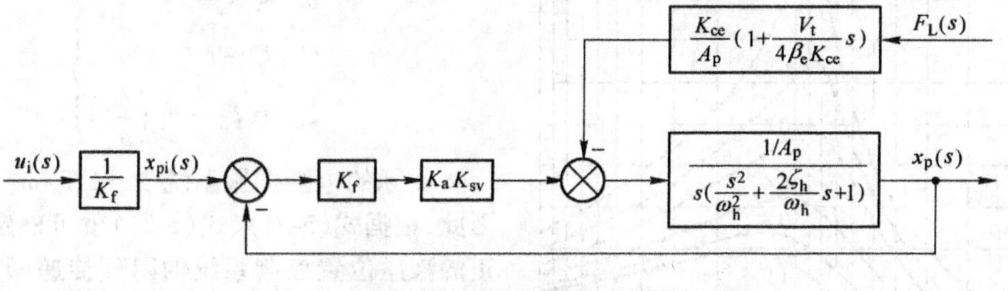

图 5-11 电液位置控制伺服系统等效方块图

由图 5-11 所示的方块图，可求得系统的闭环传递函数，这是一个三阶系统，其特征方程可用一个一阶和一个二阶因式表示，即

$$\frac{x_p(s)}{x_{pi}(s)} = \frac{K_v}{\frac{s^3}{\omega_h^2} + \frac{2\zeta_h}{\omega_h}s^2 + s + K_v} \tag{5-22}$$

$$= \frac{1}{\left(\frac{\omega_h}{k_v}\right)\left(\frac{s}{\omega_h}\right)^3 + 2\zeta_h\left(\frac{\omega_h}{k_v}\right)\left(\frac{s}{\omega_h}\right)^2 + \left(\frac{\omega_h}{k_v}\right)\left(\frac{s}{\omega_h}\right) + 1}$$

$$\frac{x_p(s)}{x_{pi}(s)} = \frac{1}{\left(\frac{s}{\omega_b} + 1\right)\left(\frac{s^2}{\omega_{nc}^2} + \frac{2\zeta_{nc}}{\omega_{nc}}s + 1\right)} \tag{5-23}$$

式中 ω_b——闭环惯性环节的转折频率；

ω_{nc}——闭环振荡环节的固有频率；

ζ_{nc}——闭环振荡环节的阻尼比。

用数学文字表达式求解以上三个参数不太容易，可利用式(5-22)和式(5-23)特征方程系数间的对应关系，将闭环参数 ω_b、ω_{nc}、ζ_{nc} 和开环参数 K_v、ω_h 和 ζ_h 之间的关系解出来，绘成无因次曲线，如图 5-12、图 5-13 和图 5-14 所示。这样就可在已知开环参数 K_v、ω_h 和 ζ_h 情况下，利用这些曲线求出闭环参数 ω_b、ω_{nc} 和 ζ_{nc}。

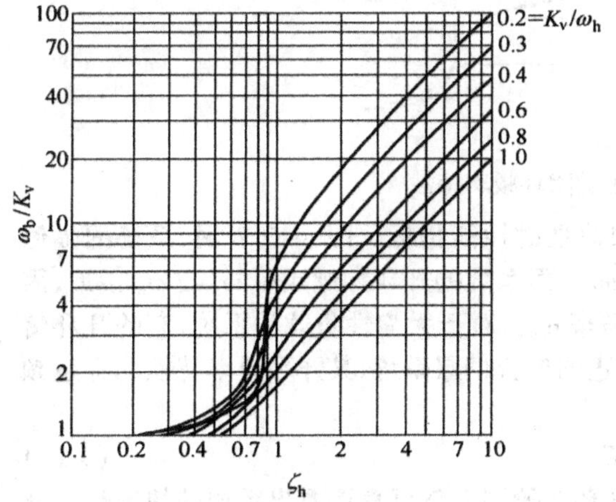

图 5-12 闭环惯性环节转折频率无因次曲线

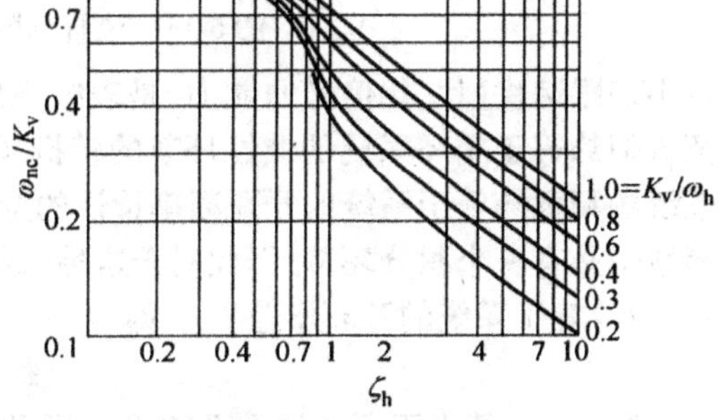

图 5-13 闭环振荡环节固有频率无因次曲线

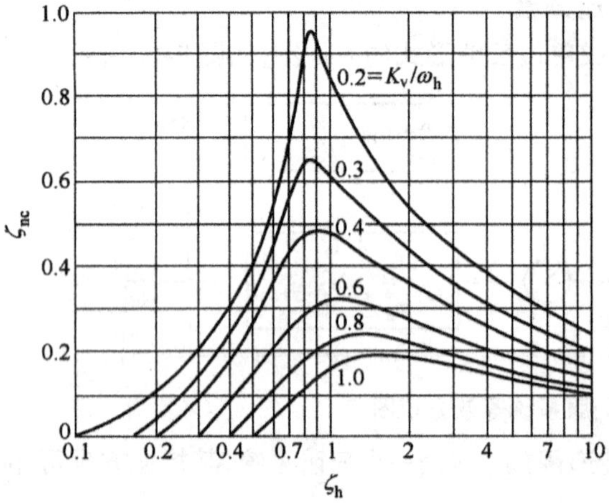

图 5-14 闭环振荡环节阻尼比曲线

分析这些曲线可以发现,当 ζ_h 和 K_v/ω_h 都较小时,闭环参数间有如下近似关系:

$$\left.\begin{aligned}\omega_b &\approx K_v\\ \omega_{nc} &\approx \omega_h\\ \zeta_{nc} &\approx \zeta_h - \frac{1}{2}\left(\frac{K_v}{\omega_h}\right)\end{aligned}\right\} \tag{5-24}$$

实际的电液伺服系统 ζ_h 和 K_v/ω_h 均较小,因此,根据式(5-23)、式(5-24)就可确定未经校正的液压位置控制系统的闭环传递函数,这对电液位置伺服系统的初步设计是很有用的。

5.2.3.2 电液位置伺服系统的快速性分析

根据式(5-23)、式(5-24)可画出系统的闭环频率特性,如图 5-15 所示。为了与系统的开环频率特性相比较,图中用虚线画出了系统的开环频率特性。系统的闭环频率曲线反映了伺服系统的响应能力。由这张闭环频率特性图可得到系统频宽这个性能指标。系统的幅频特性曲线中幅值比下降至 −3dB,即系统幅值下降到低频时的 70.7% 时的频率称为系统的幅值频宽。它表示系统跟踪快速变化信号的能力,是表征系统快速性的性能指标。图 5-15 表明,系统的幅值频宽近似约等于闭环系统的惯性环节的转折频率 ω_b。而系统的开环穿越频率 ω_c 与 ω_b 接近,因此系统的频宽约等于系统的开环频率特性的穿越频率 ω_c。对于无弹性负载的系统,它的开环传递函数中必有一个积分环节,因此对于这种未经校正的位置伺服系统,其开环频率特性的穿越频率 ω_c 应约等于系统的开环增益 K_v。即

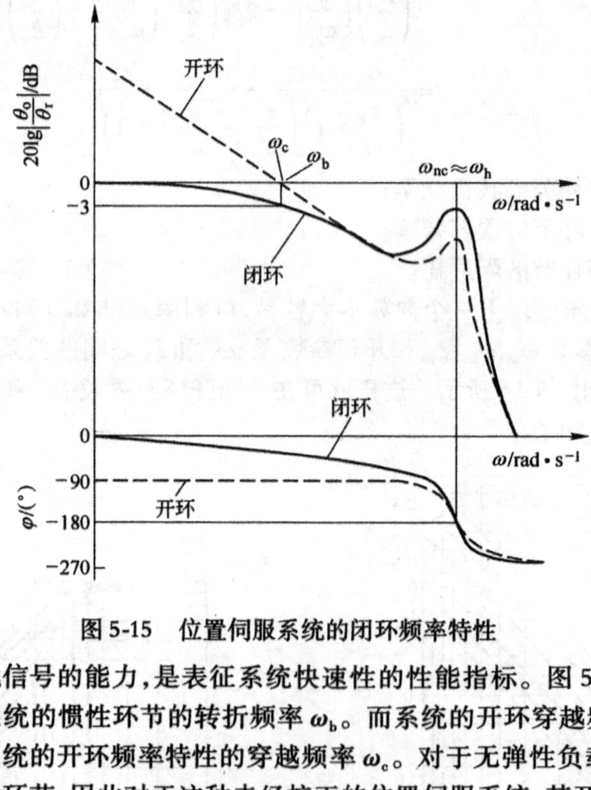

图 5-15 位置伺服系统的闭环频率特性

$$\omega_c \approx K_v \tag{5-25}$$

实际上,ω_c 稍大于开环放大系数 K_v。因此在开环波德图上就可直接看出系统的快速性。开环放大系数 K_v、穿越频率 ω_c 越大,系统的频宽越大,快速性越好,但如前所述,开环放大系数 K_v

的提高将受到稳定性的限制。

5.2.4 系统的稳态误差分析

稳态误差大小表示系统的精度高低,是伺服系统的重要的性能指标之一。稳态误差是系统稳态时输出实际值与希望值之差。它由指令输入、外负载力(或力矩)干扰和系统中的零漂、死区、摩擦等内部干扰引起的。稳态误差与系统本身的结构和参数有关,也与输入信号的形式有关。

5.2.4.1 指令输入引起的稳态误差

指令输入引起的稳态误差称为跟随误差。它与系统的类型有关,也与输入信号的形式有关。由式(5-12)所表示的开环传递函数可以看出,所讨论的无弹性负载的系统是Ⅰ型系统。根据控制理论可知:

(1)对于阶跃输入($x_{pi}(s)=x_{p0}/s$),系统的稳态跟随误差为零。

(2)对于斜坡输入,即速度为 v_0 的等速度输入($x_{pi}=v_0t, x_{pi}(s)=v_0/s^2$),其稳态误差

$$e_v(\infty)=\frac{v_0}{K_v} \tag{5-26}$$

式(5-26)说明,对于斜坡等速度输入,速度越高,系统的误差越大。因此,对于有高速要求的系统,应特别注意精度指标是否满足。提高系统的开环增益,可以减少系统的误差,提高系统的精度。但要在满足系统稳定性要求的基础上来提高开环增益。

(3)对于等加速输入,即 $x_{pi}=a_0t^2/2$(a_0 为等加速度)时,系统的稳态跟随误差无穷大,说明该系统不能跟随等加速输入。

伺服系统中的液压动力元件的传递函数类型对系统开环传递函数类型的影响是很大的,同时也依系统的负载类型的不同而不同。但系统的跟随误差均是根据控制理论的跟随误差分析方法来计算的。

5.2.4.2 外负载干扰力引起的稳态误差

由负载干扰力引起的稳态误差称负载误差。由图5-11可求得系统对外负载力的误差传递函数为

$$\varphi_{eL}(s)=\frac{e_L(s)}{F_L(s)}=-\frac{x_p(s)}{F_L(s)}=\frac{\dfrac{K_{ce}}{A_p^2}\left(1+\dfrac{V_t}{4\beta_e K_{ce}}s\right)}{s\left(\dfrac{s^2}{\omega_h^2}+\dfrac{2\zeta_h}{\omega_h}s+1\right)+K_v} \tag{5-27}$$

利用拉氏变换的终值定理,可得稳态负载误差为

$$e_L(\infty)=\lim_{s\to 0}se_L(s)=\lim_{s\to 0}s\varphi_{eL}(s)F_L(s) \tag{5-28}$$

对阶跃外负载力 F_{L0} 输入时,则有 $F_L(s)=\dfrac{F_{L0}}{s}$,可得系统外负载干扰引起的稳态误差

$$e_L(\infty)=\lim_{s\to 0}se_L(s)=\lim_{s\to 0}s\varphi_{eL}(s)F_L(s)=\frac{K_{ce}}{A_p^2K_v}F_{L0} \tag{5-29}$$

式(5-29)说明,外负载力 F_{L0} 越大,外负载干扰引起的稳态误差越大。因此,位置伺服系统在有外加大负载时,要特别注意外负载干扰引起的稳态误差是否过大。式中,$A_p^2K_v/K_{ce}$ 为伺服系统的闭环位置刚度。伺服系统闭环位置刚度越大,外负载干扰引起的稳态误差越小。而伺服系统的闭环位置刚度由开环增益 K_v 与液压动力元件的速度刚度 A_p^2/K_{ce} 组成,因此,提高系统的开环增益与液压动力元件的速度刚度,可以提高系统的位置控制精度。

5.2.4.3　零漂、死区等内部干扰引起的静态误差

为了区别以上两种误差，将零漂、死区等内部干扰引起的稳态位置误差称为系统的静态误差。系统的静态误差可用图 5-16 所示简化的静态误差计算框图来计算。图中 ΔI_f 由 ΔI_d 与 ΔI_D 组成，它们分别表示伺服阀、伺服放大器折算到伺服阀输入端的零漂与死区的电流值。F_f 为作用于系统的静摩擦力。

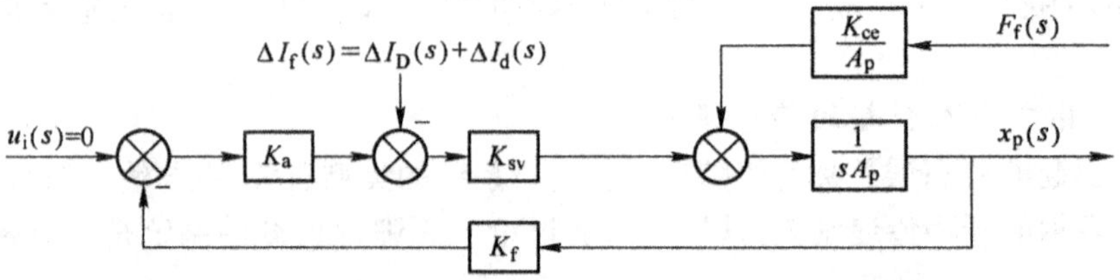

图 5-16　简化的静态误差计算框图

由图 5-16 可得系统零漂、死区所引起的静态误差的简化传递函数为

$$\left|\frac{e_{f1}}{\Delta I_f}\right| = \left|\frac{-x_{pf1}}{\Delta I_d + \Delta I_D}\right| = \frac{K_{sv}}{A_p s + K_{sv}K_f K_a} \tag{5-30}$$

因此，由系统零漂、死区所引起的静态误差为

$$e_{f1} = \lim_{s\to 0} s\frac{K_{sv}}{A_p s + K_{sv}K_f K_a}\frac{\Delta I_d + \Delta I_D}{S} = \frac{\Delta I_d + \Delta I_D}{K_f K_a} \tag{5-31}$$

由式(5-31)可以看出，减少伺服阀、伺服放大器等元件的零漂、死区，增大从系统输出端至干扰输入点前的增益 $K_f K_a$，可以减小系统零漂、死区所引起的静态误差。

对于静摩擦力 F_f 所引起的静态误差 e_{f2}，可以用同样的方法得到，即

$$e_{f2} = \frac{K_{ce}}{K_v A_p^2}F_f \tag{5-32}$$

由以上分析可以看出，闭环控制系统不仅可使系统输出自动跟随输入的变化，而且通过合理的增益分配和设计，可有效抑制各种干扰的影响，提高系统的控制精度。

5.2.4.4　电液位置伺服系统的总误差

电液位置伺服系统的总误差为系统的跟随误差、负载误差和静态误差之和。从以上分析可以看出，当输入信号速度大时，或外部干扰、内部干扰大时，系统的稳态误差将增大。增大系统的开环增益，尤其是增大从输出至干扰输入点前的增益，可以提高系统的精度，但这要受稳定性的限制。要想系统既稳定、快速性和精度又高时，在系统设计时不仅要满足动力方面的要求，还要注意尽量提高系统动力元件的固有频率和液压阻尼比。另外还要注意提高系统的刚性。但是系统的稳定性、快速性和精度各方面对综合参数 K_v、ω_h、ζ_h 等的要求往往是相互矛盾的。若在设计和调整这些参数后，还是不能全面满足系统各方面性能的要求，就需采用必要的校正措施和方法，才能全面满足系统各方面性能的要求。校正方便，是电液伺服系统的一个优点。

5.3　电液位置伺服系统的校正与设计

对电液伺服系统进行校正时，要注意它的特点。当系统中无弹性负载时，电液位置伺服系统的开环传递函数一般都可以简化为一个积分环节和一个振荡环节，而液压阻尼比一般都比较小，使得增益余量不足而相位余量有余。另一个特点是参数变化较大，特别是液压阻尼比随工作点的变动在很大范围内变化。

下面结合上例所讨论的电液位置伺服系统来研究常用的校正方法。

5.3.1 滞后校正

电液伺服系统中，经常采用滞后校正来提高低频增益，以提高系统的稳态精度；或者是通过降低系统高频段的增益，以保证系统的稳定性。

5.3.1.1 滞后校正网络及其传递函数

图 5-17a 表示一种电滞后网络，它串联在前向通路的直流部分上，接在功率放大器之前。

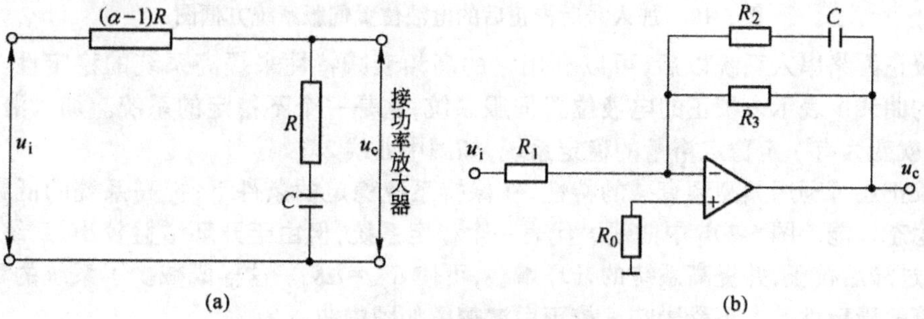

图 5-17 滞后校正网络

(a)电阻电容组成的滞后校正网络；(b)近似 PI 调节器组成的滞后校正网络

其传递函数可推导为

$$G_c(s)=\frac{u_c(s)}{u_i(s)}=\frac{\dfrac{s}{\omega_{rc}}+1}{\dfrac{\alpha s}{\omega_{rc}}+1} \tag{5-33}$$

式中 ω_{rc}——超前环节的转折频率，$\omega_{rc}=\dfrac{1}{RC}$；

α——滞后超前比，$\alpha>1$。

这种滞后校正网络还可采用如图 5-17b 所示的近似 PI 调节器实现。其传递函数为

$$G_c(s)=\frac{u_c(s)}{u_i(s)}=K_1\frac{\dfrac{s}{\omega_{rc}}+1}{\dfrac{\alpha s}{\omega_{rc}}+1} \tag{5-34}$$

式中

$$\left.\begin{aligned}K_1&=R_3/R_1\\ \omega_{rc}&=1/R_2C\\ \alpha&=1+(R_3/R_2)\end{aligned}\right\} \tag{5-35}$$

由于 $\alpha>1$，滞后时间常数大于超前时间常数，网络具有相位滞后特性，故称为滞后网络，其波德图示于图 5-18。由图可以看以，滞后网络是一个低通滤波器，具有高频衰减的特性。

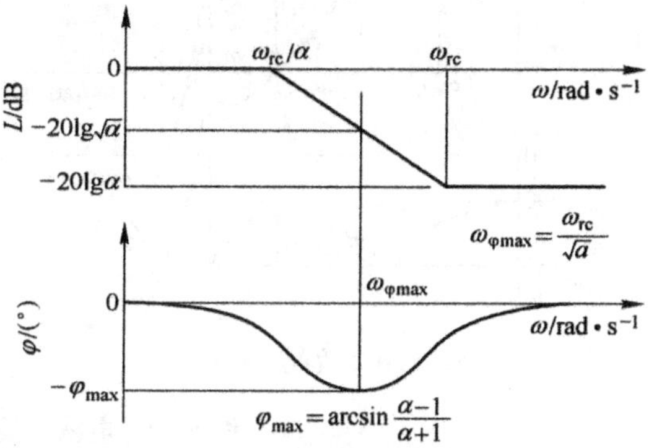

图 5-18 滞后校正网络波德图

5.3.1.2 滞后校正的作用

图 5-8 所示的系统中加入滞后校正后，其传递函数方块图如图 5-19 所示。开环传递函数为

$$G_c(s)G(s)H(s)=\frac{K_{vc}\left(\dfrac{s}{\omega_{rc}}+1\right)}{s\left(\dfrac{\alpha}{\omega_{rc}}s+1\right)\left(\dfrac{s^2}{\omega_h^2}+\dfrac{2\zeta_h}{\omega_h}s+1\right)} \tag{5-36}$$

式中，K_{vc}为校正后的速度放大系数。

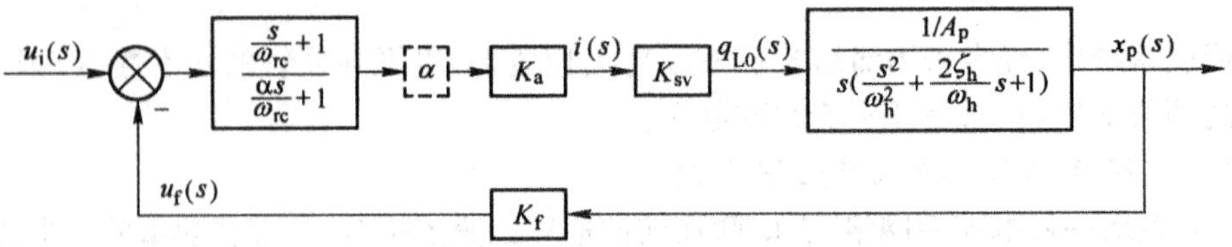

图 5-19　加入滞后校正后的电液位置伺服系统方框图

滞后校正网络串入系统以后，可以利用它的高频衰减特性来提高系统的稳定性。图 5-20a 中波德图的曲线 1 表示未校正的电液位置伺服系统，这是一个不稳定的系统。加入滞后校正网络后，系统就变为有一定稳定裕量的稳定系统，如图中曲线 2。

滞后校正还可利用其高频衰减的特性，在保持系统稳定的条件下，提高系统的低频增益，改善系统的稳态性能。图 5-20b 中曲线 1 代表一个稳定系统，但由于开环增益较小，系统精度达不到要求，通过滞后校正，并提高系统的开环增益，可使 $K_{vc}=\alpha K_v$。这样既减少了系统的稳态误差，而且使系统的稳定性基本不受影响。校正后波德图如图中曲线 2。

滞后校正是利用滞后校正网络的高频衰减特性，而不是相位滞后。在阻尼比比较小的液压伺服系统中，提高放大系数的限制因素是增益裕量，不是相位裕量。因此，采用滞后校正是很合适的。

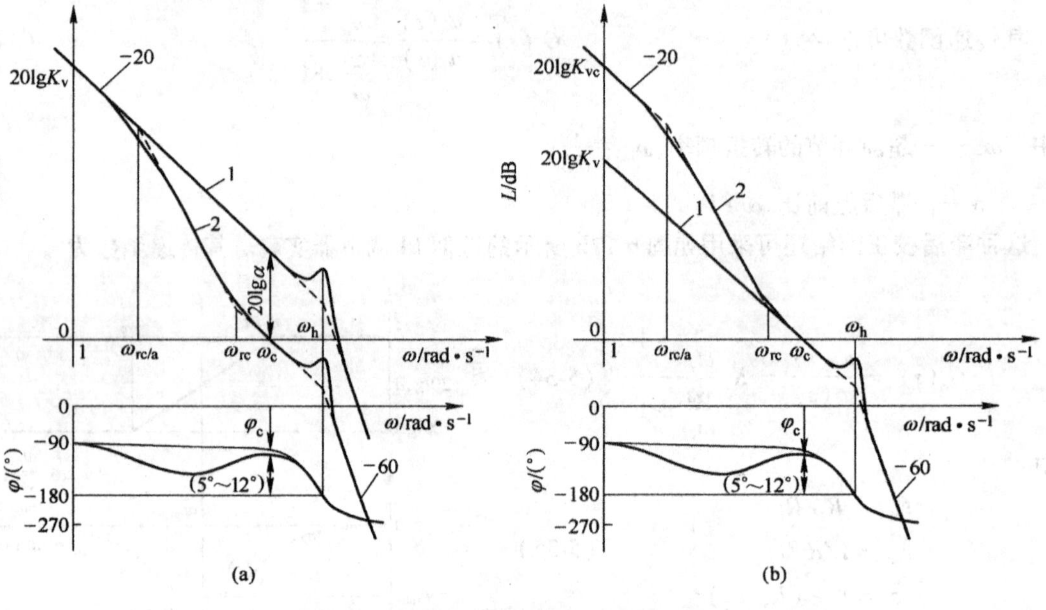

图 5-20　电液位置伺服系统的滞后校正

(a)对系统稳定性的校正；(b)对系统稳态精度的校正

5.3.1.3　滞后网络的设计

滞后网络的设计，主要是确定网络的滞后超前比 α 和时间常数 $1/\omega_{rc}$。不同的系统，校正要求不同，因此校正环节的设计步骤也不同。图 5-21 所示的曲线 1 为未经校正系统的开环幅频特性曲线，根据系统的性能要求，大致可采取以下设计步骤：

(1) 根据稳态误差要求，确定系统的开环放大系数 K_{vc}。

(2) 利用已确定的开环放大系数，画出未校正系统的波德图(如图 5-21 中曲线 2 所示)，并确定该校正系统的相位裕量和增益裕量，看是否满足要求。

(3)如果不满足要求,则应根据相位裕量和增益裕量的要求确定新的增益交界频率(穿越频率)ω_c。由于一般电液伺服系统的增益裕量往往难以保证,可由增益裕量先确定 ω_c(如图 5-21 中曲线 3 所示),然后校核 ω_c 处的相角为

$$\varphi_c + 180° - (5° \sim 12°) = \gamma$$

式中,γ 是要求的相位裕量,增加 5°~12°是为了补偿滞后网络在 ω_c 处的相位滞后,ω_{rc} 靠近 ω_c 时取大值,反之取小值。初步设计时,可在波德图上根据上式确定 ω_c。

(4)选择转折频率 ω_{rc}。为减小滞后网络对 ω_c 处相位滞后的影响,应使 ω_{rc} 低于新增益交界频率 ω_c 的 1/2 到 9/10 频程。一般可取 $\omega_{rc} = (1/4 \sim 1/5)\omega_c$,如图 5-21 中曲线 3 所示。

(5)确定滞后超前比 α。由 $K_{vc} = \alpha K_v = \alpha\omega_c$ 可确定出 α。α 一般在 10~20 之间,另一个转折频率由 ω_{rc}/α 决定。

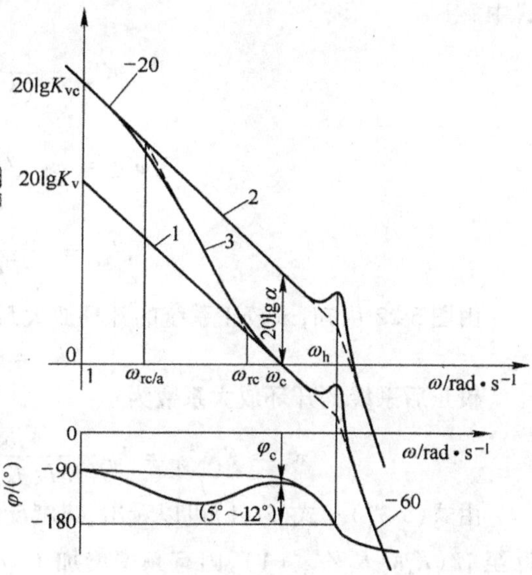

图 5-21　电液位置伺服系统的滞后校正

滞后校正使速度放大系数提高 α 倍,因此使速度误差减小 α 倍,提高了闭环刚度,减小了负载误差。由于回路增益提高,减小了元件参数变化和非线性的影响。但滞后校正使穿越频率两侧的相位滞后增大,特别是低频侧相位滞后较大。如果低频相位小于 −180°,在开环增益减小时,系统稳定性就要变坏甚至变得不稳定,也就是此系统变成了条件稳定系统,因而对系统参数变化和非线性(特别是饱和)影响比较敏感。

5.3.2　速度反馈校正

速度反馈校正的主要作用是提高主回路的刚度,减小速度反馈回路的内、外干扰和非线性的影响,如伺服放大器和伺服阀的零漂、死区、滞环等影响,提高系统的静态精度。

对图 5-11 所示的系统,从液压缸工作台处接上速度传感器,检测工作台的速度并将其输出信号与放大器输入端相连,构成局部速度反馈校正(反馈系数为 K_{fv})回路,见图 5-22。

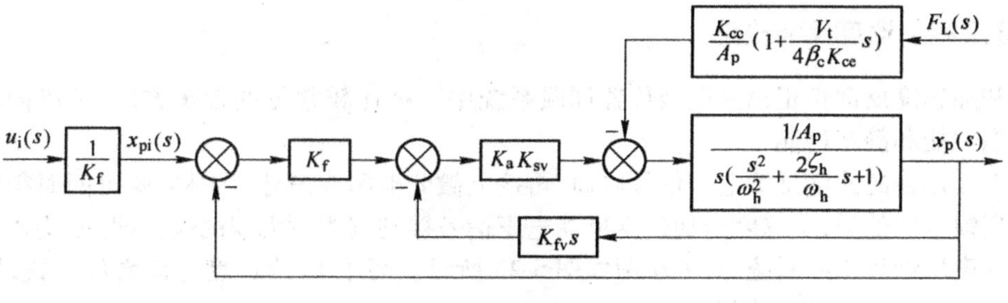

图 5-22　具有速度反馈校正的电液位置伺服系统方块图

由图 5-22 可得速度反馈回路的闭环传递函数为

$$G(s) = \frac{K_a K_{sv}/A_p}{s\left(\frac{s^2}{\omega_h^2} + \frac{2\zeta_h}{\omega_h}s + 1 + \frac{K_a K_{sv} K_{fv}}{A_p}\right)} = \frac{K'_{v1}}{s\left(\frac{s^2}{\omega'^2_{hv}} + \frac{2\zeta'_{hv}}{\omega'_{hv}}s + 1\right)} \tag{5-37}$$

式中

$$K'_{\mathrm{vl}} = \frac{K_{\mathrm{a}}K_{\mathrm{sv}}/A_{\mathrm{p}}}{(K_{\mathrm{a}}K_{\mathrm{sv}}K_{\mathrm{fv}}/A_{\mathrm{p}})+1} \tag{5-38}$$

$$\omega'_{\mathrm{hv}} = \omega_{\mathrm{h}}\sqrt{(K_{\mathrm{a}}K_{\mathrm{sv}}K_{\mathrm{fv}}/A_{\mathrm{p}})+1} \tag{5-39}$$

$$\zeta'_{\mathrm{hv}} = \frac{\zeta_{\mathrm{h}}}{\sqrt{(K_{\mathrm{a}}K_{\mathrm{sv}}K_{\mathrm{fv}}/A_{\mathrm{p}})+1}} \tag{5-40}$$

由图 5-22 可知,未校正系统的开环放大系数为

$$K_{\mathrm{v}} = K_{\mathrm{a}}K_{\mathrm{sv}}K_{\mathrm{f}}/A_{\mathrm{p}}$$

校正后系统的开环放大系数为

$$K_{\mathrm{v}}' = K_{\mathrm{f}}K'_{\mathrm{vl}} = K_{\mathrm{f}}\frac{K_{\mathrm{a}}K_{\mathrm{sv}}/A_{\mathrm{p}}}{(K_{\mathrm{a}}K_{\mathrm{sv}}K_{\mathrm{fv}}/A_{\mathrm{p}})+1} = \frac{K_{v}}{(K_{\mathrm{a}}K_{\mathrm{sv}}K_{\mathrm{fv}}/A_{\mathrm{p}})+1} \tag{5-41}$$

由式(5-37)~式(5-41)可以看出,速度反馈校正不改变原系统的结构,但使系统开环增益降低至 $1/(K_{\mathrm{a}}K_{\mathrm{sv}}K_{\mathrm{fv}}/A_{\mathrm{p}}+1)$,固有频率增加了 $\sqrt{(K_{\mathrm{a}}K_{\mathrm{sv}}K_{\mathrm{fv}}/A_{\mathrm{p}})+1}$ 倍,使液压阻尼比减小至原来的 $1/\sqrt{(K_{\mathrm{a}}K_{\mathrm{sv}}K_{\mathrm{fv}}/A_{\mathrm{p}})+1}$。

加了速度反馈以后,使系统(位置回路)的开环增益降低了,从而使系统频宽也降低。为了保持系统开环增益不变,可在系统中增加放大倍数为 $(K_{\mathrm{a}}K_{\mathrm{sv}}K_{\mathrm{fv}}/A_{\mathrm{p}})+1$ 的增益放大装置。因为 $\omega'_{\mathrm{hv}}\zeta'_{\mathrm{hv}}=\omega_{\mathrm{h}}\zeta_{\mathrm{h}}$,所以校正后的系统,其增益的提高不能超过原系统的增益 K_{v},因此速度反馈不能用来改善系统的动态特性。

速度校正补偿后的系统,在液压缸没有输出运动时,速度反馈不起作用,此时系统的开环增益等于未补偿时的增益 K_{v}。当液压缸运动时,速度回路闭合,使系统的开环增益降低为 K_{vt}'。如果使系统静止时的开环增益 K_{v} 极高,通常设计成 $K_{\mathrm{v}}=4000\sim5000\mathrm{rad/s}$,那么系统就可以具有很高的静态刚度和稳态精度。而速度反馈校正后使系统运动时的开环增益 K'_{vl} 很低,通常设计成 $K'_{\mathrm{vl}}=8\sim50\mathrm{rad/s}$,那么系统就具有较大的稳定裕量,稳定性好,无超调。

由于速度反馈回路包围了伺服放大器、伺服阀、液压缸等元件,所以大大减小了这些元件的非线性影响,使负载扰动和伺服阀零漂等影响被抑制,从而减小了这些扰动所引起的位置误差。系统输出至干扰输入点的增益越大,这些扰动的影响将被抑制得越小。但是,在增加速度回路增益的同时,要注意速度回路本身的稳定性及系统高频噪声的限制。

5.3.3 速度和加速度反馈校正

速度和加速度反馈校正也是电液位置伺服系统中一种比较常见的校正方法,可以同时提高系统的动态性能和静态性能。

在以上工作台的速度反馈电压信号后面,再接上微分电路或微分放大器,就可同时得到速度和加速度反馈电压信号,将速度与加速度反馈电压信号接到伺服放大器的输入端,就构成了带有速度和加速度反馈校正的系统,其方块图如图 5-23 所示。图中 K_{fv} 为速度反馈增益系数,K_{fa} 为加速度反馈增益系数,其他符号同前。

由图 5-23 可得速度与加速度反馈回路的闭环传递函数为

$$G(s) = \frac{\dfrac{K_{\mathrm{a}}K_{\mathrm{sv}}/A_{\mathrm{p}}}{1+K_{\mathrm{a}}K_{\mathrm{sv}}K_{\mathrm{fv}}/A_{\mathrm{p}}}}{s\left[\dfrac{s^{2}}{\omega'^{2}_{\mathrm{hv}}}+\left(\dfrac{2\zeta'_{\mathrm{hv}}}{\omega'_{\mathrm{hv}}}+\dfrac{K_{\mathrm{a}}K_{\mathrm{sv}}K_{\mathrm{fa}}/A_{\mathrm{p}}}{1+K_{\mathrm{a}}K_{\mathrm{sv}}K_{\mathrm{fv}}/A_{\mathrm{p}}}\right)s+1\right]} \tag{5-42}$$

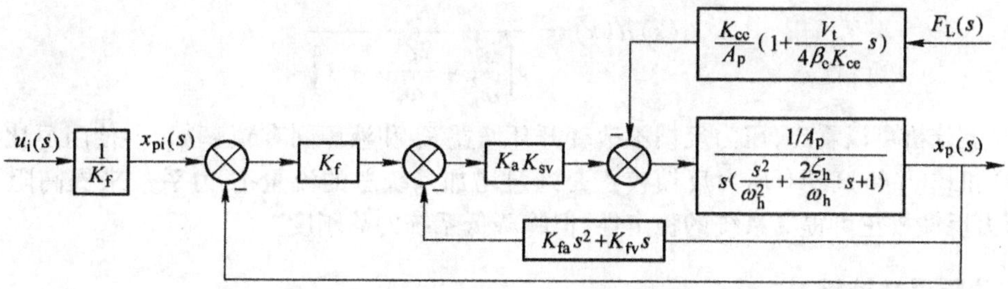

图 5-23 具有速度和加速度反馈校正的电液位置伺服系统方块图

式中，ω'_{hv}及ζ'_{hv}分别见式 (5-39)和式(5-40)。

由图 5-23 与式(5-39)、式(5-40)、式(5-41)和式(5-42)可以看出，加入加速度反馈增益系数后，K_{fa}可提高系统的阻尼比；而加入速度反馈增益系数后，如前所述，K_{fv}可提高系统的固有频率，但它降低了系统的阻尼比和开环放大系数。因此，将速度反馈和加速度反馈结合起来使用，再通过调整适当的前置放大器的增益，就可以得到较好的补偿效果，使系统的静、动态性能得到全面满足。

5.3.4 压力反馈校正

采用压力反馈校正的目的，是提高系统的阻尼。系统在动态过程中，其负载压力是变化的。系统振动加剧时，负载压力将增大。如果将负载压力加以反馈，使输入系统的流量减小，则系统的振动将减弱，实际起到增加系统阻尼的作用。压力反馈校正可以采用带压力反馈功能的伺服阀和比例阀，也可在系统中加入压力传感器(包括其增益可调的放大器)构成反馈校正回路，参见图 5-24。

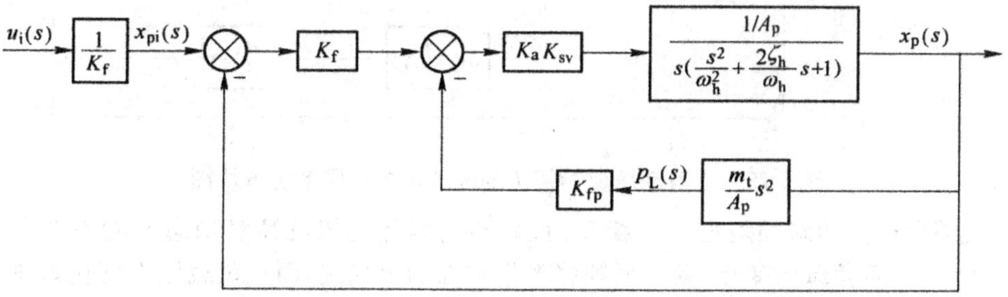

图 5-24 具有压力反馈校正的电液位置伺服系统方块图

由图 5-24 可求出压力反馈回路的闭环传递函数为

$$G(s)=\frac{K_a K_{sv}/A_p}{s\left[\frac{s^2}{\omega_h^2}+\frac{2\zeta'_h}{\omega_h}s+1\right]}=\frac{K_v/K_f}{s\left[\frac{s^2}{\omega_h^2}+\frac{2\zeta'_h}{\omega_h}s+1\right]} \tag{5-43}$$

式中，ζ'_h 为校正后的阻尼比，

$$\zeta'_h=\zeta_h+\frac{K_a K_{sv} K_{fp} m_t \omega_h}{2A_p^2}=\frac{K_{ce}+K_a K_{sv} K_{fp}}{A_p}\sqrt{\frac{\beta_e m_t}{V_t}}=\frac{K'_{ce}}{A_p}\sqrt{\frac{\beta_e m_t}{V_t}} \tag{5-44}$$

式中，K'_{ce}为校正后的总流量-压力系数，

$$K'_{ce}=K_{ce}+K_a K_{sv} K_{fp} \tag{5-45}$$

校正后的电液位置伺服系统的开环传递函数为

$$G(s)H(s) = \frac{K_v}{s\left[\frac{s^2}{\omega_h^2} + \frac{2\zeta'_h}{\omega_h}s + 1\right]} \tag{5-46}$$

由以上分析可以看出，压力反馈不改变开环增益 K_v 和液压固有频率 ω_h，但使阻尼比增加了。式(5-44)和式(5-45)表明，压力反馈校正是通过增加系统总的流量-压力系数来提高阻尼比的。显然，压力反馈校正可提高系统的稳定性，但将降低系统的静刚度。

5.3.5 动压反馈校正

将以上压力传感器的放大器换成微分放大器，就可构成动压反馈校正回路，其方块图如图 5-25 所示。同理可推得动压反馈回路的闭环传递函数如式(5-46)，只是其中的阻尼比不同。采用动压反馈后的阻尼比为

$$\zeta'_h = \zeta_h + \frac{K_a K_{sv} K_{fp} m_t \omega_h}{2A_p^2}\frac{\tau s}{1+\tau s} = \frac{K_{ce}}{A_p}\sqrt{\frac{\beta_e m_t}{V_t}} + \frac{K_a K_{sv} K_{fp}}{A_p}\sqrt{\frac{\beta_e m_t}{V_t}}\frac{\tau s}{1+\tau s} \tag{5-47}$$

式中的后一项是采用动压反馈后产生的附加阻尼比

$$\zeta_{hf} = \frac{K_a K_{sv} K_{fp}}{A_p}\sqrt{\frac{\beta_e m_t}{V_t}}\frac{\tau s}{1+\tau s} = K_d \frac{\tau s}{1+\tau s} \tag{5-48}$$

式中

$$K_d = \frac{K_a K_{sv} K_{fp}}{A_p}\sqrt{\frac{\beta_e m_t}{V_t}} \tag{5-49}$$

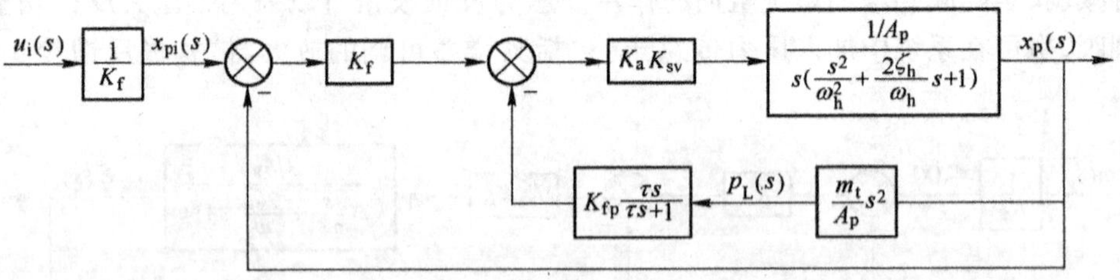

图 5-25 具有动压反馈校正的电液位置伺服系统方块图

动压反馈所产生的附加阻尼比在稳态时趋于零，因此动压反馈对稳态性能不会产生影响。在动态过程中，随着负载的变化，动压反馈将产生附加的阻尼比，而且负载压力变化愈剧烈，其阻尼作用也愈大。在这种系统中，可以使 K_{ce} 尽量小，以便提高系统的静刚度。而系统的稳定性可由动压反馈产生的附加阻尼比来保证，这就可以同时满足静、动态两方面的性能要求。

动压反馈校正的关键是正确选择时间常数 τ，它要使系统在谐振频率 ω_h 处产生所需要的阻尼比，同时又使附加阻尼项的相位滞后接近于零。即有

$$|\zeta_{hf}(\omega_h)| = K_d\sqrt{\frac{(\tau^2\omega_h^2)^2 + (\tau\omega_h)^2}{(\tau^2\omega_h^2+1)^2}}$$

$$\angle\zeta_{hf}(\omega_h) = \arctan\frac{1}{\tau\omega_h} \approx 0$$

要使 $\angle\zeta_{hf}(\omega_h) \approx 0$，应使 $\tau\omega_h \geqslant 10$，或使

$$\tau \geqslant 10/\omega_h \tag{5-50}$$

即动压反馈装置的时间常数 τ 应是 $1/\omega_h$ 的 10 倍以上。当 $\tau\omega_h \geqslant 10$ 时，附加阻尼比的大小可近似为

$$|\zeta_{hf}(\omega_h)| \approx K_d \tag{5-51}$$

由式(5-49)知,附加阻尼比可通过调节压力传感器的增益来实现。

5.3.6 采用 PID 调节器的校正

采用 PID 调节器的校正也是伺服系统常用的校正方法。下面用一个实例来说明这种校正的方法和作用。

例 5-1 轧机中的液压压下系统是轧制钢板并控制钢板轧制厚度 h 的位置控制系统,某实验轧机的控制原理及各环节的传递函数可用图 5-26 所示的框图表示。这里的动力元件采用了三通阀控差动液压缸,由于考虑了负载的弹性,因此其动力元件的传递函数中包含了一个惯性环节和一个振荡环节,同时系统中还考虑了伺服放大器、电液伺服阀及位移传感器的动态影响。

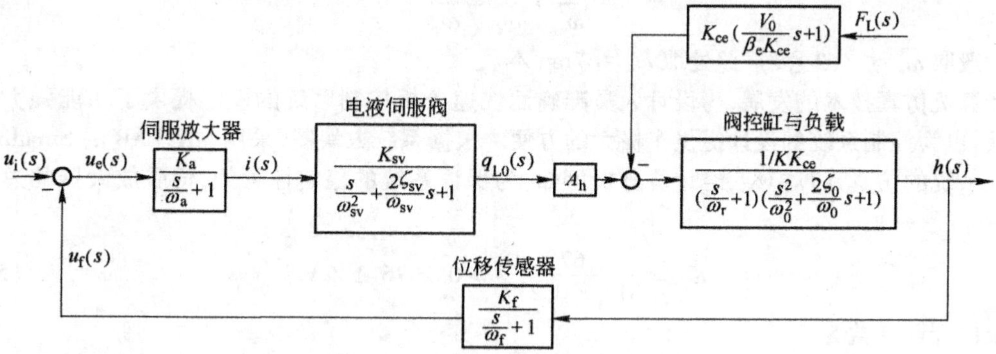

图 5-26 实验轧机液压压下系统控制原理框图

由图 5-26 可得系统的开环传递函数

$$G(s)H(s) = \frac{K_0}{\left(\frac{s}{\omega_r}+1\right)\left(\frac{s}{\omega_a}+1\right)\left(\frac{s}{\omega_f}+1\right)\left(\frac{s^2}{\omega_{sv}^2}+\frac{2\zeta_{sv}}{\omega_{sv}}s+1\right)\left(\frac{s^2}{\omega_0^2}+\frac{2\zeta_0}{\omega_0}s+1\right)} \tag{5-52}$$

式中 K_0——系统的开环放大系数,由图 5-26 可得

$$K_0 = K_a K_{sv} K_f A_h / KK_{ce} \tag{5-53}$$

A_h——差动液压缸控制腔作用面积,$A_h = 3.6\times10^{-2}\text{m}^2$;

ω_{sv}——电液伺服阀固有频率,$\omega_{sv}=600$ rad/s;

ζ_{sv}——电液伺服阀阻尼比,$\zeta_{sv}=0.7$;

K_{sv}——电液伺服阀增益,$K_{sv}=1.96\times10^{-3}\text{m}^3/(s\cdot A)$;

ω_0——液压动力元件固有频率,$\omega_0=1930$ rad/ s;

ζ_0——液压动力元件阻尼比,$\zeta_0=0.15$;

ω_r——液压动力元件惯性环节转折频率,$\omega_r=0.277$ rad /s;

ω_a——伺服放大器及其线圈转折频率,$\omega_a=400$ rad /s;

ω_f——位置传感器及其放大器的转折频率,$\omega_f=200$ rad/s;

K——负载刚度,$K=4.51\times10^8$ N/m;

K_h——液压弹簧刚度,$K_h=2.517\times10^9$ N/m;

K_{ce}——阀控液压动力元件的总流量-压力系数,$K_{ce}=0.193\times10^{-12}\text{m}^3/(s\cdot \text{Pa})$;

K_f——位移传感器增益,$K_f=1000$V/m。

经计算，$K_{sv}K_fA_h/KK_{ce}=813\text{V/A}$，伺服放大器增益待定。未经校正系统的开环传递函数可表示为

$$G(s)H(s)=\frac{813K_a}{\left(\frac{s}{0.277}+1\right)\left(\frac{s}{400}+1\right)\left(\frac{s}{200}+1\right)\left(\frac{s^2}{600^2}+\frac{2\times0.7}{600}s+1\right)\left(\frac{s^2}{1930^2}+\frac{2\times0.15}{1930}s+1\right)} \tag{5-54}$$

由上式可以看出，系统动力元件振荡环节的固有频率远远高于其惯性环节的频率，也高于电气部分的频率，在系统的开环频率特性中 ω_0 处的增益已被大大压低了，作为近似处理时可暂不考虑该环节的影响。在设计伺服放大器增益时，一般希望保证系统的穿越频率 ω_c 小于除 ω_r 外的所有其他环节的时间常数之和 $\sum T$ 的倒数，即

$$\omega_c<\frac{1}{\sum T}\approx\frac{1}{\frac{1}{\omega_a}+\frac{1}{\omega_f}+\frac{1}{\omega_{sv}}}=110\ \text{rad/s} \tag{5-55}$$

一般取 $\omega_c\approx1/(2\sum T)$，此处取 $\omega_c=67\text{rad /s}$。

计算机仿真技术的发展，为设计人员准确而快速分析控制系统的性能提供了功能强大的计算工具，也为控制系统的设计提供了极大的方便。根据系统方块图，采用 MATLAB 的 Simulink 组件建立系统的仿真计算模型，经计算分析可知，为保证系统的稳定性可知，伺服放大器的总增益应为

$$K_a=\frac{67}{813\times0.277}=0.2976\ \text{A / V} \tag{5-56}$$

则系统的开环增益为

$$K_0=813K_a=813\times0.2976=242 \tag{5-57}$$

按以上参数调节的未经校正的电液位置伺服系统的波德图如图 5-28 中的曲线 1 所示。这时系统的频宽约等于系统的穿越频率，为 63.2rad/s，相位裕量 54.7°，增益裕量为 11.4dB。这个系统满足稳定性及稳定裕量的要求，但这是一个 0 型系统，它在跟踪阶跃输入信号时，是有一定误差的。为了进一步提高系统的控制精度，应使系统构成 I 型系统。如果再要提高系统的频宽，提高系统的动态特性，采用 PID 校正是较合适的。

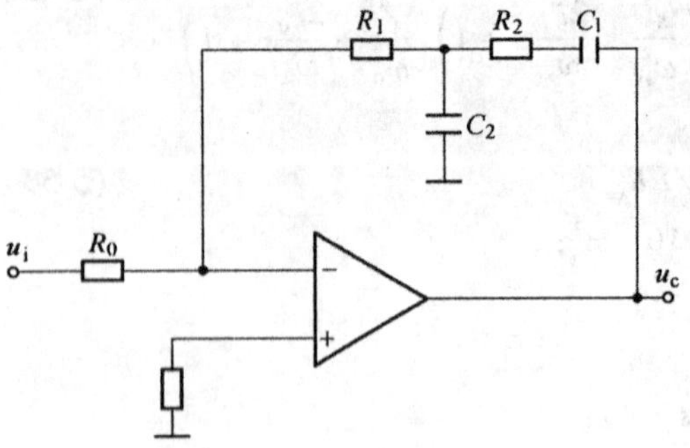

图 5-27　PID 调节器原理图

图 5-27 所示为 PID 调节器的原理图，其传递函数为

$$G_c(s)=\frac{(T_1s+1)(T_2s+1)}{T_0s} \tag{5-58}$$

式中

$$T_0=R_0C_1 \tag{5-59}$$

$$T_1=1/\omega_1=(R_1+R_2)C_1 \tag{5-60}$$

$$T_2=1/\omega_2=R_2C_2 \tag{5-61}$$

由式(5-54)、式(5-57)、式(5-58)、式(5-60)和式(5-61)可得校正后系统的开环传递函数为

$$G(s)H(s)=\frac{242\left(\frac{s}{\omega_1}+1\right)\left(\frac{s}{\omega_2}+1\right)/T_0}{s\left(\frac{s}{0.277}+1\right)\left(\frac{s}{400}+1\right)\left(\frac{s}{200}+1\right)\left(\frac{s^2}{600^2}+\frac{2\times0.7}{600}s+1\right)\left(\frac{s^2}{1930^2}+\frac{2\times0.15}{1930}s+1\right)} \tag{5-62}$$

这样系统已构成I型系统。若要使系统频宽提高到未校正前的 1.5 倍左右，也就是要使校正后的穿越频率 $\omega'_c=1.5\omega_c=1.5\times67=100.5\ 1/\text{s}$ 左右，并要保持小于 ω'_c 的频段上相角保持在 −90°左右，为此希望 PID 校正中的超前环节转折频率 ω_1 设在 ω'_c 与 ω_r 之间。由开环波德图可得

$$\omega'_c = \frac{242\omega_r}{T_0\omega_1} = \frac{242 \times 0.277}{R_0 C_1}(R_1 + R_2)C_1 = \frac{67}{R_0}(R_1 + R_2) = 67 \times 15 = 100.5\ \text{rad/s} \tag{5-63}$$

取 $R_0 = 10\text{k}\Omega, C_1 = 6\mu\text{F}, C_2 = 0.25\mu\text{F}$，则由式(5-63)可得

$$R_1 + R_2 = \frac{\omega'_c R_0}{67} = \frac{100.5 \times 10}{67} = 15\text{k}\Omega \tag{5-64}$$

为了保证穿越频率处的相位裕量校正后与校正前的基本相同，应使 PID 校正器超前部分在 $\omega'_c = 100.5\ 1/\text{s}$ 处提供的相位超前角，能补偿 $\sum T$ 在 ω'_c 处比在 ω_c 处多产生的相角滞后。取 $1/(\sum T - T_2)$ 与 ω'_c 的距离等于原系统 $1/\sum T$ 与 ω_c 的距离，即

$$\frac{1/(\sum T - T_2)}{\omega'_C} = \frac{1/\sum T}{\omega_C}$$

$$T_2 = \left(1 - \frac{\omega_c}{\omega'_c}\right)\sum T = \left(1 - \frac{67}{100.5}\right)\sum T = 0.333 \times \frac{1}{110} = 3.02 \times 10^{-3}\text{s} \tag{5-65}$$

由式(5-61)可得

$$R_2 = \frac{T_2}{C_2} = \frac{3.02 \times 10^{-3}}{0.25 \times 10^{-6}} = 12.2 \times 10^3\Omega = 12.2\ \text{k}\Omega \tag{5-66}$$

取 $R_2 = 12\text{k}\Omega$ 代入式(5-64)得

$$R_1 = 15 - 12 = 3\text{k}\Omega$$

根据式(5-59)、式(5-60)、式(5-61)及以上计算结果可得

$$T_0 = R_0 C_1 = 10 \times 10^3 \times 6 \times 10^{-6} = 0.06s \tag{5-67}$$

$$\omega_1 = 1/T_1 = 1/(R_1 + R_2)C_1 = 1/15 \times 10^3 \times 6 \times 10^{-6} = 1/0.09 = 11\text{rad/s} \tag{5-68}$$

$$\omega_2 = 1/T_2 = 1/R_2C_2 = 1/12 \times 10^3 \times 0.25 \times 10^{-6} = 1/0.003 = 333\text{rad/s} \tag{5-69}$$

由上述所得参数，可写出 PID 校正调节环节（Ⅰ）的传递函数为

$$G_c(s) = \frac{\left(\frac{s}{11} + 1\right)\left(\frac{s}{333} + 1\right)}{0.06s} \tag{5-70}$$

根据式(5-70)可画出该校正环节（Ⅰ）的波德图如图 5-28 中曲线 2 所示。

经以上校正后的系统开环传递函数为

$$G(s)H(s) = \frac{4033\left(\frac{s}{11} + 1\right)\left(\frac{s}{333} + 1\right)}{s\left(\frac{s}{0.277} + 1\right)\left(\frac{s}{400} + 1\right)\left(\frac{s}{200} + 1\right)\left(\frac{s^2}{600^2} + \frac{2 \times 0.7}{600}s + 1\right)\left(\frac{s^2}{1930^2} + \frac{2 \times 0.15}{1930}s + 1\right)} \tag{5-71}$$

根据式(5-71)，可画出校正后系统的开环波德图如图 5-28 中曲线 3。比较图 5-28 中曲线 1 与 3，可以看出校正后的系统不仅使原 0 型系统变为了Ⅰ型系统，低频段的增益也提高了，由原来的 422(52.5db)增加到 4033(72.1db)，这样可提高系统的稳态精度。中频段的穿越频率由原来的 63.2rad/s 提高到 93.9rad/s，因此提高了系统的频宽和快速性，幅值裕量由校正前的 11.4dB 增加到校正后的 12.1dB，相位裕量（原 54.7°，校正后 47.1°）稍有减少，但还是符合稳定裕量的要求。

若将 PID 调节器的超前作用再做加强，使 ω_2 降为 $\omega'_2 = 200$ rad/s，以对消原系统中位移传感器中的惯性环节，则可使系统的相位裕量有所提高，进一步改善系统的稳定性。为此只要将电容 C_2 增大到 $C'_2 = 0.42\mu\text{F}$，此时 PID 调节器的传递函数为

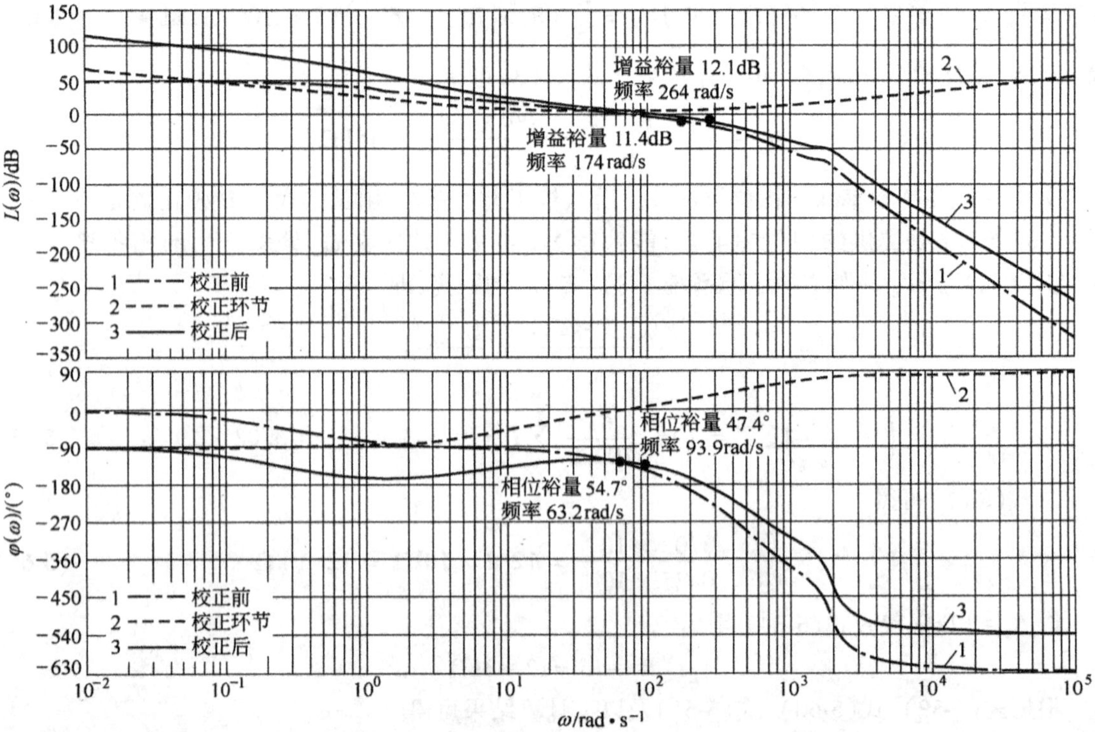

图 5-28 采用 PID 校正 I 前后电液伺服系统波德图

1—未经校正的系统波德图;2—PID 校正环节 I 波德图;3—PID 校正 I 后系统波德图

$$G_c(s) = \frac{\left(\frac{s}{11}+1\right)\left(\frac{s}{200}+1\right)}{0.06s} \tag{5-72}$$

根据式(5-72)可画出该校正环节(Ⅱ)的波德图如图 5-29 中曲线 2 所示。经如此校正后的系统开环传递函数为

$$G(s)H(s) = \frac{4033\left(\frac{s}{11}+1\right)}{s\left(\frac{s}{0.277}+1\right)\left(\frac{s}{400}+1\right)\left(\frac{s^2}{600^2}+\frac{2\times0.7}{600}s+1\right)\left(\frac{s^2}{1930^2}+\frac{2\times0.15}{1930}s+1\right)} \tag{5-73}$$

按式(5-73)经校正环节(Ⅱ)校正后的系统波德图示于图 5-29 中曲线 3。对比 5-28 中曲线 3(经校正环节(Ⅰ)校正后的系统波德图),这时系统的幅值裕量与校正(Ⅰ)相比增加不多(校正(Ⅰ)为 12.1dB,校正(Ⅱ)为 12.2dB),但相位裕量增加了(由校正(Ⅰ)的 47.1°增加到校正(Ⅱ)的 56.6°)。系统的增益与校正(Ⅰ)相比,基本保持不变,均为 4033(72.1dB),但穿越频率(即系统频宽)提高了,由校正(Ⅰ)的 93.9 rad / s 增加到校正(Ⅱ)的 99.4 rad / s。因此,系统的稳定性和快速性较校正(Ⅰ)均有所提高。

5.3.7 电液位置伺服系统的应用设计计算实例

电液位置伺服系统是在电液伺服系统中应用最广泛的一种伺服系统,近年来,在连铸机结晶器的振动系统中也得到了越来越广泛的应用。

将高温钢水连续不断地浇注成具有一定断面形状和一定尺寸规格铸坯的生产工艺过程称为

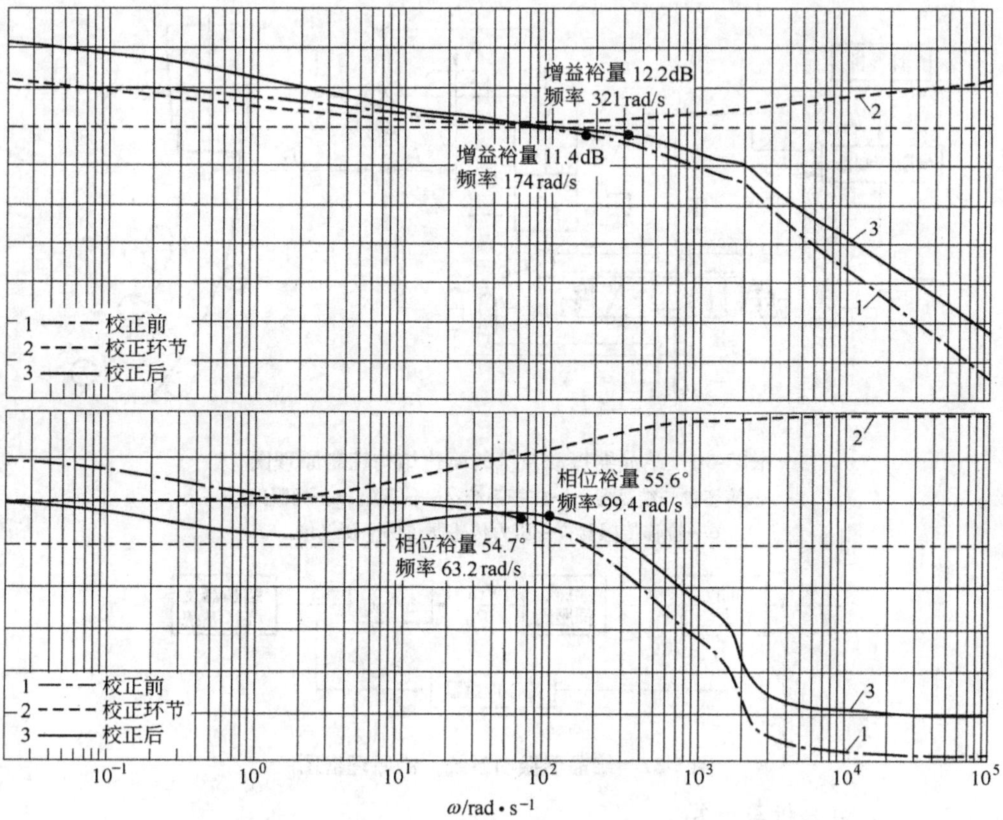

图 5-29 采用 PID 校正Ⅱ的电液伺服系统波德图

1—未经校正的系统波德图;2—PID 校正环节Ⅱ波德图;3—PID 校正Ⅱ后系统波德图

连铸。结晶器是连铸机的关键部件。钢水注入结晶器,初步冷却凝结成铸坯的外形,生成一定厚度的坯壳,并被连续地从结晶器下口拉拔出去,进入二次冷却区。为了提高连铸机的拉拔速度,提高铸坯表面质量,根据工艺要求,需要对结晶器施加各种正弦或非正弦的振动。现代的连铸结晶器大多采用液压伺服振动系统,它可以较方便地在较宽的频率范围内选择所需的振动波形、频率和振幅,以满足连铸工艺的要求。

例 5-2 图 5-30 所示为某结晶器振动系统的简化结构控制原理图。结晶器 2 通过振动机架杠杆系统 3,由伺服缸 4 驱动振动。计算机向伺服控制器输入振动波形函数。若该结晶器要求液压缸活塞杆端振动波形为正弦波,最高振动频率为 $f=5\text{Hz}$,最大振幅为 $x_m=7.5\text{mm}$,要求最大振幅误差为 0.2mm。振动机架的等效杠杆比可近似看成是常数,即 $k=l_1/l_2\approx 1.717$,结晶器与振动机架折算到结晶器的总质量为 $m=4500\text{kg}$,结晶器与钢水的黏性摩擦系数 $B_p=107.34\ \text{kN}\cdot\text{s/m}$。平衡气包 8 的作用是为平衡结晶器与机架杠杆的重力作用,以减小重力对系统性能的影响。一般调节气包中的压力 p_g 使气包作用力 $F_g=p_gA_g=mg\cdot l_2/l_3$(式中 A_g 为气包作用面积,l_2、l_3 含义见图5-30)。

结晶器振动系统控制原理框图如图 5-31 所示。由位移传感器 6 检测液压缸 4 的振动输出位移 x,并转换成反馈电压信号 u_f,反馈回伺服控制放大器的输入端,与输入信号电压 u_i 相比较,得出的偏差信号由伺服控制放大器放大后,以电流信号 i 的形式向电液伺服阀输出,通过电液伺服阀控制液压缸按输入信号的变化规律运动。

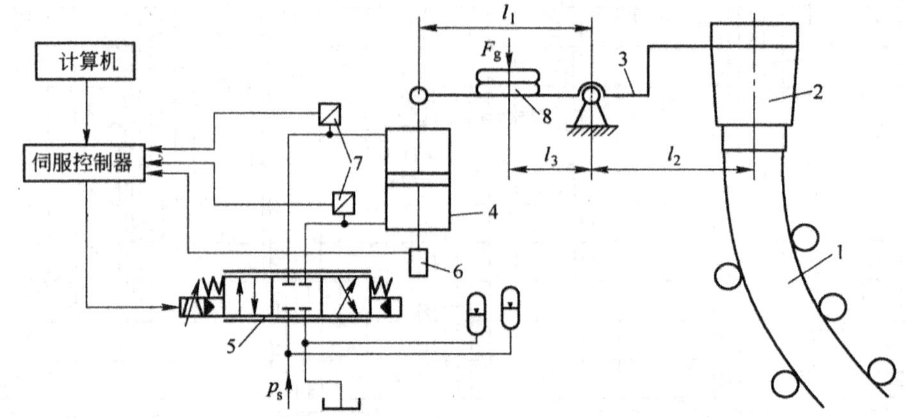

图 5-30　结晶器振动系统的简化结构控制原理图

1—铸坯；2—结晶器；3—杠杆系统；4—伺服缸；5—伺服阀；6—位移传感器；7—压力传感器；8—平衡气包

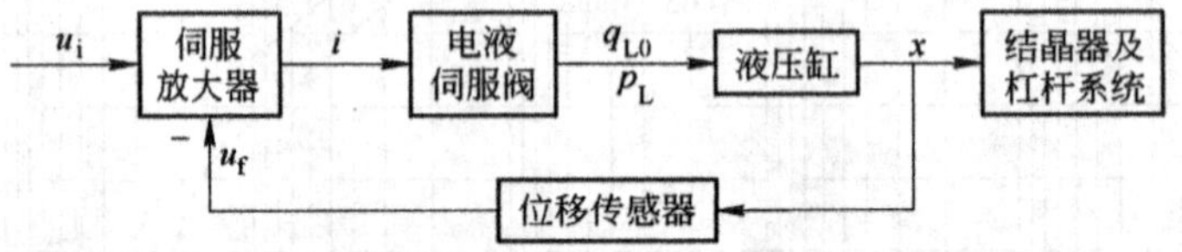

图 5-31　结晶器振动系统控制原理框图

5.3.7.1　负载分析与计算

由以上工艺要求可知，液压缸振动按正弦规律运动，即液压缸位移为

$$x = x_m \sin\omega t = x_m \sin 2\pi f t$$

则液压缸的速度和加速度变化规律分别为

$$\dot{x} = x_m \omega \cos\omega t = v_m \cos 2\pi f t$$

$$\ddot{x} = -x_m \omega^2 \sin\omega t = -a_m \sin 2\pi f t$$

式中　v_m——液压缸运动的最大速度，$v_m = x_m\omega = 2\pi x_m f$；

a_m——液压缸运动的最大加速度，$a_m = 4\pi^2 x_m f^2$。

结晶器端的位移 y、速度 $\dot{y}$ 和加速度 $\ddot{y}$ 与液压缸端的位移 x、速度 $\dot{x}$ 和加速度 $\ddot{x}$ 的关系为

$$y = \frac{x}{k}, \dot{y} = \frac{\dot{x}}{k}, \ddot{y} = \frac{\ddot{x}}{k}$$

设结晶器端有惯性负载、黏性摩擦负载、重力负载和干摩擦负载，其总负载 F_j 为

$$F_j = m\ddot{y} + B_p\dot{y} + mg + \frac{\dot{y}}{|\dot{y}|}F_f$$

式中，F_f 为结晶器内壁与铸坯表面的干摩擦力，这里 $F_f = 10000\text{N}$；

系统折算到液压缸端的总负载 F_L 为

$$F_L = \frac{F_j}{k} - \frac{F_g l_3}{l_1}$$

式中，l_1/l_3 由结构定（见图 5-30）。设 $l_1/l_3 = 1.5$，代入本例中的有关数据，采用数值计算应用软件，进行计算机辅助设计，可很方便地得出折算到液压缸端的负载-速度关系，将它们画成负载轨迹，如图 5-32 所示。由计算可得系统的最大负载功率为

$$N_{Lm}=4.39\text{kW}$$

最大负载时液压缸端负载力和速度分别为

$$F_L^*=20.06\text{kN}$$

$$v_L^*=0.22\text{m/s}$$

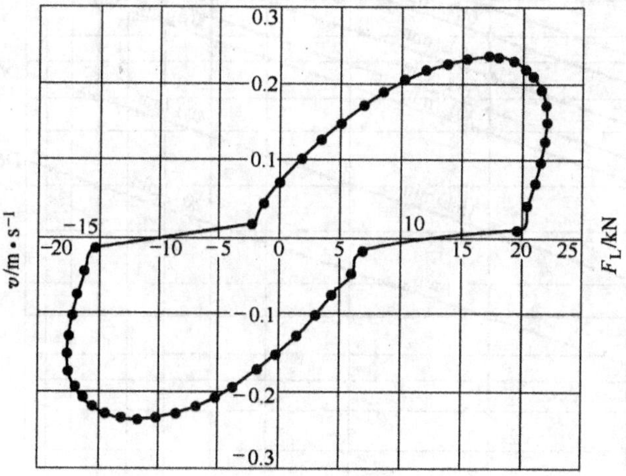

图 5-32 结晶器振动系统折算到液压缸端负载轨迹

5.3.7.2 供油压力和作用面积

(1)初选供油压力

$$p_s=16\text{MPa}$$

(2)确定液压缸作用面积。为了使液压动力元件能与负载做到最佳匹配,取液压缸输出最大功率时的负载压力为 $p_L^*=2p_s/3$,则液压缸作用面积 A_p 为

$$A_p=\frac{F_L^*}{p_L^*}=\frac{3F_L^*}{2p_s}=\frac{3\times20060}{2\times16\times10^6}=18.81\times10^{-4}\text{m}^2$$

取双杆活塞油缸的活塞杆直径为 $d=50\text{mm}$,活塞直径 $D\approx\sqrt{2}d=70.7\text{mm}$,取 $D=70\text{mm}$。圆整后液压缸作用面积为

$$A_p=\frac{\pi}{4}(D^2-d^2)=\frac{\pi}{4}\times(70^2-50^2)\times10^{-6}=18.84\times10^{-4}\text{m}^2 \tag{5-74}$$

5.3.7.3 确定伺服阀规格

(1)最大功率时所需的供油流量

$$q_L^*=A_p\cdot v_L^*=18.84\times10^{-4}\times0.2188\times60=24.7\times10^{-3}\text{m}^3/\text{min}$$

考虑泄漏等影响,将 q_L 增大 15%左右,取

$$q_L=1.15q_L^*=1.15\times24.7\times10^{-3}=28\times10^{-3}\text{m}^3/\text{min}=28\text{L/min}$$

(2)阀口总压降

$$p_v=p_s-p_L^*=p_s-\frac{F_L^*}{A_p}=16\times10^6-\frac{20060}{18.84\times10^{-4}}=5.35\times10^6\text{Pa}$$

(3)确定阀的规格。根据 p_v 与 q_L,由图 5-33 和 MOOG 公司的产品样本列线图,确定电液伺服阀的型号规格为 D661G15H。该阀在阀压降为 7MPa 时额定流量为 40L/min,最大工作压力 28MPa,额定电流 20mA。

5.3.7.4 位移传感器和伺服放大器

(1)选择位移传感器。位移传感器选择 MTS 公司的 RH 型采用磁致伸缩原理的线性位移传

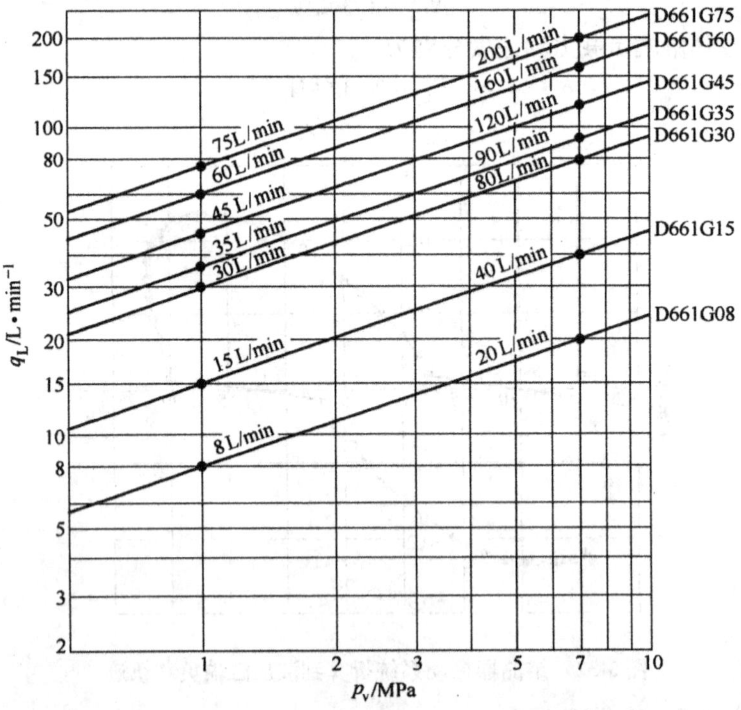

图 5-33　MOOG D661 系列电液伺服阀规格选择列线图

感器，其增益为 $K_f=200\text{V/m}$。

(2)伺服放大器的确定。伺服放大器选用与 D661G15H 型电液伺服阀配套的伺服控制放大器，增益待定。

5.3.7.5　计算系统的动、静态性能和分析

A　确定各组成元件动态特性

a　确定电液伺服阀的动特性

由于 D661G15H 型电液伺服阀在阀压降为 7MPa 时，额定流量为 40L/min，因此其最大空载流量为：

$$q_{om}=q_N\sqrt{\frac{p_{v0}}{p_N}}=40\sqrt{\frac{16}{7}}=60.5\text{L/min}$$

阀的额定电流为 $i_n=20\text{mA}=0.02\text{A}$，则伺服阀的增益为

$$K_{sv}=\frac{q_{om}}{\Delta I}=\frac{60.5\times10^{-3}/60}{0.02}=50.4\times10^{-3}\text{m}^3/(\text{s}\cdot\text{A})$$

产品样本给出：伺服阀的频率 $\omega_{sv}=571.2\text{rad/s}$，阻尼比 $\zeta_{sv}=0.7$，则电液伺服阀的传递函数可表示为

$$G_{sv}(s)=\frac{q_{L0}(s)}{i(s)}=\frac{K_{sv}}{\frac{s^2}{\omega_{sv}^2}+\frac{2\zeta_{sv}}{\omega_{sv}}s+1}=\frac{50.4\times10^{-3}}{\frac{s^2}{571^2}+\frac{2\times0.7}{571}s+1}\tag{5-75}$$

b　液压动力元件的动特性

由以上分析可知，结晶器负载折算到液压缸上的负载有等效惯性负载、黏性阻尼负载、干摩擦负载和重力负载等，根据式(5-8)可得结晶器振动系统液压动力元件的输出方程为

$$x(s)=\frac{\dfrac{q_{L0}(s)}{A_p}-\dfrac{K_{ce}}{A_p^2}\left(1+\dfrac{V_t}{4\beta_e K_{ce}}s\right)F_f(s)}{s\left(\dfrac{s^2}{\omega_h^2}+\dfrac{2\zeta_h}{\omega_h}s+1\right)} \tag{5-76}$$

式中 F_f——等效干摩擦与部分等效重力负载之和；

ζ_h——动力元件的阻尼比，一般根据实测确定，取

$$\zeta_h=0.2 \tag{5-77}$$

K_{ce}——动力元件总流量-压力系数，忽略液压缸泄漏，$K_{ce}=K_c$ 由阀的零位泄漏决定；查产品样本知，在21MPa 供油压力下功率级阀的零位泄漏量为4.7L/min，因此

$$K_{ce}=\frac{q_l}{p_s}=\frac{4.7\times10^{-3}}{60\times21\times10^6}=3.73\times10^{-12}\mathrm{m^3/(s\cdot Pa)} \tag{5-78}$$

ω_h——动力元件的液压固有频率，$\omega_h=\sqrt{\dfrac{4\beta_e A_p^2}{V_t m_t}}$；

其中 m_t——结晶器折算到液压缸的等效质量，$m_t=m/k^2=4500/1.717^2=1526.4\mathrm{kg}$；

V_t——液压缸的总容积，

$$V_t=A_p\cdot L=1884\times10^{-6}\times0.05=94.2\times10^{-6}\mathrm{m^3}$$

（液压缸总行程设为 $L=50\mathrm{mm}$）

因此

$$\omega_h=\sqrt{\frac{4\beta_e A_p^2}{V_t m_t}}=\sqrt{\frac{4\times7\times10^8\times(1884\times10^{-6})^2}{94.2\times10^{-6}\times1526.4}}=263\mathrm{rad/s} \tag{5-79}$$

c 伺服放大器、位移传感器的动特性

伺服放大器、位移传感器的响应很快，因此一般可以忽略它们对系统的动态影响，看成比例环节。位移传感器的传递函数可表示为

$$\frac{u_f(s)}{x(s)}=K_f=200\mathrm{V/m} \tag{5-80}$$

伺服放大器的传递函数可表示为

$$\frac{i(s)}{u_i-u_f}=\frac{i(s)}{u_e(s)}=K_a \tag{5-81}$$

伺服放大器的 K_a 待定。

B 系统方块图

由式(5-75)、式(5-76)、式(5-80)和式(5-81)可画出系统传递函数方块图，如图5-34所示。

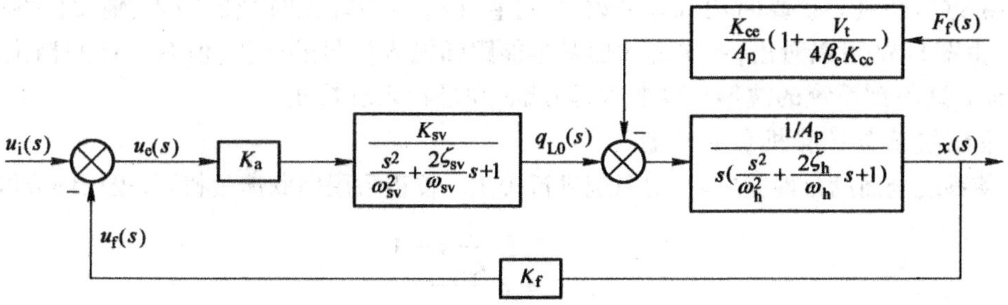

图5-34 结晶器振动系统传递函数方块图

C　系统开环传递函数的确定

由图 5-34 可得系统的开环传递函数

$$G(s)H(s) = \frac{K_v}{s\left(\frac{s^2}{\omega_{sv}^2} + \frac{2\zeta_{sv}}{\omega_{sv}}s + 1\right)\left(\frac{s^2}{\omega_h^2} + \frac{2\zeta_h}{\omega_h}s + 1\right)} \tag{5-82}$$

式中　K_v——系统的开环放大系数(也称速度放大系数),由图 5-34 可得

$$K_v = K_f K_a K_{sv}/A_p \tag{5-83}$$

代入以上参数得

$$K_v = K_f K_a K_{sv}/A_p = 200 \times 50.4 \times 10^{-3} K_a/1884 \times 10^{-6} = 5350K_a$$

则系统的开环传递函数可表示为

$$G(s)H(s) = \frac{5350K_a}{s\left(\frac{s^2}{571.2^2} + \frac{2 \times 0.7}{571.2}s + 1\right)\left(\frac{s^2}{263^2} + \frac{2 \times 0.2}{263}s + 1\right)} \tag{5-84}$$

D　计算机仿真与分析

计算机仿真技术的发展,为设计人员准确而快速地分析闭环系统的特性提供了功能强大的计算工具。这一工具可使设计人员将主要精力集中于对系统性能的改进和提高方面,可最大限度地降低设计成本。MATLAB 是一种通用性较强的计算软件。MATLAB 中的 Simulink 组件是一个面向传递函数、方框图的动态仿真工具,是用于系统建模、仿真和分析的软件包,适用于连续、离散及两者混合的线性系统和非线性系统。Simulink 提供了基于 Windows 的图形化(使用方框图)的编程工具。通过这个工具,用户可以直接利用方块图建立系统的计算模型。这比传统的仿真软件包采用微分方程或差分方程建模更加直观、方便、灵活。除此之外,Simulink 还提供了许多 MATLAB 函数,供用户在 MATLAB 环境下,直接使用仿真算法的各种命令,实现仿真过程计算。

利用如图 5-34 所示的系统方块图,采用 MATLAB 的 Simulink 组件建立系统仿真计算模型,如图 5-35 所示。

采用 MATLAB 的 Simulink 工具软件就可以很方便地计算出系统的开环传递函数的频率特性,并画出开环波德图。计算结果表明,当伺服放大器增益设定为 K_a =0.0089A/V,系统的开环波德图如图 5-36 所示。这时系统的开环放大系数 K_v =47.62rad/s(33.55dB),增益裕量K_g(dB) =6.26dB,穿越频率 ω_c =49.2rad/s 时,相位裕量 γ =78.6°,满足了系统的稳定性要求。

为了对系统输出性能进行预估,可以利用如图 5-35 所示的系统方框图,采用 MATLAB 仿真软件对系统进行仿真。仿真时代入有关数据,可直接得出系统在时域的输入、输出曲线,如图 5-37 所示。由图 5-37 可以看出,系统的输出基本能跟随输入信号的变化,但有一定的相位滞后,振幅差 1.0mm,达不到系统的波形精度要求,因此必须进行系统校正。

E　系统校正与计算机仿真分析

为了使系统全面满足性能要求,对系统进行校正。校正采用串联滞后校正,校正环节可表示为

$$G_c(s) = \alpha \frac{\frac{1}{\omega_{rc}}s + 1}{\frac{\alpha}{\omega_{rc}}s + 1} \tag{5-85}$$

一般取校正环节的转折频率 ω_{rc}约低于穿越频率 ω_c 的 1 ~ 10 倍频程,这里取 ω_{rc} =7rad/s。

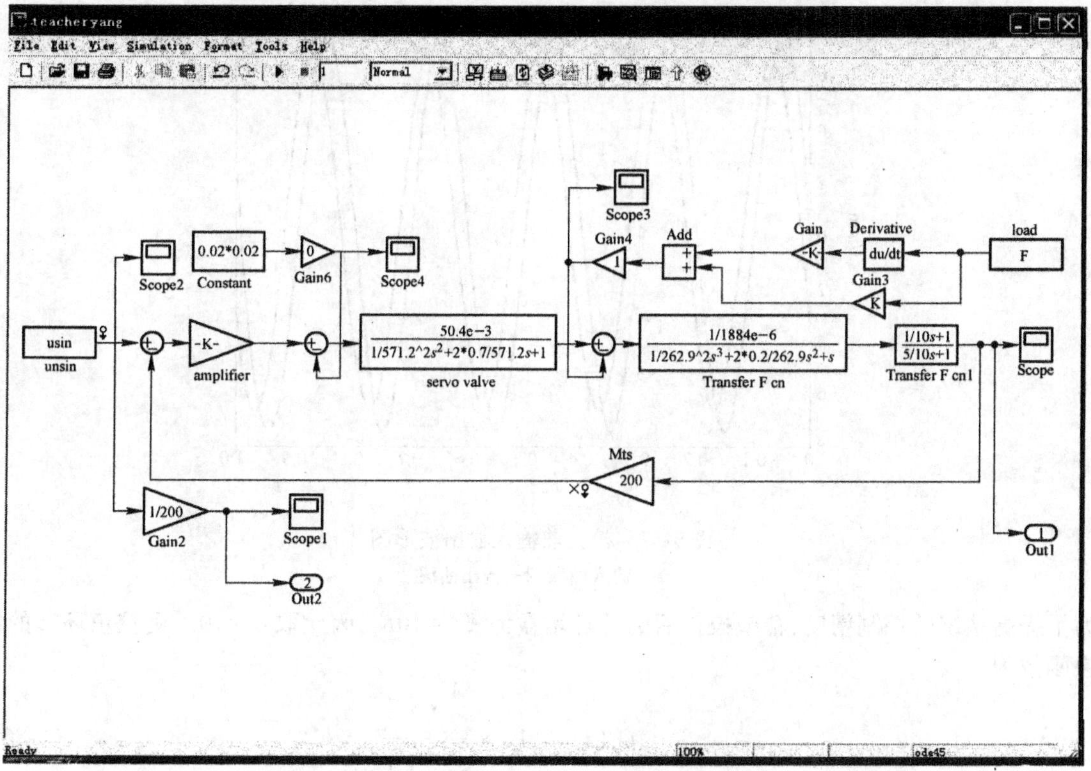

图 5-35 采用 MATLAB 的仿真系统图

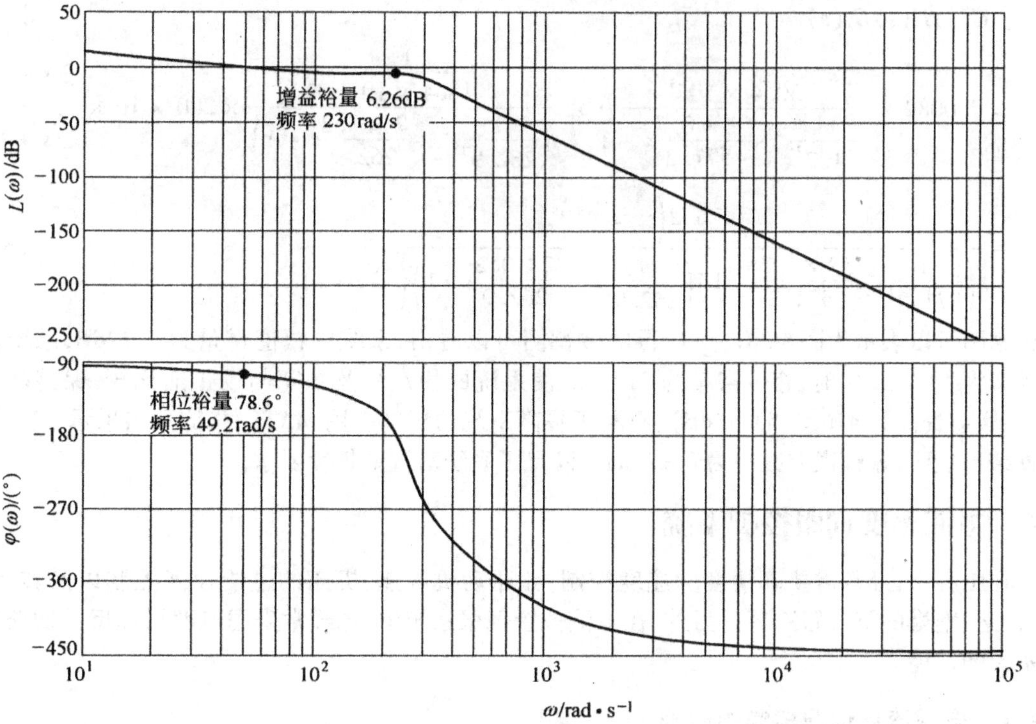

图 5-36 未经校正系统开环波德图

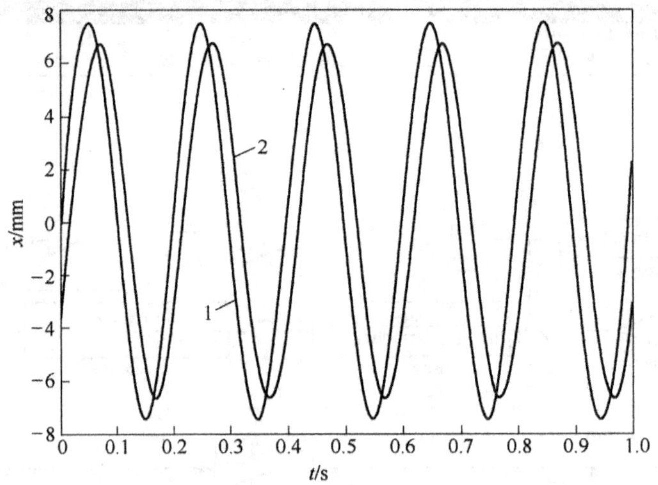

图 5-37　校正前输入输出波形图

1—输入曲线；2—输出曲线

为了提高系统的控制精度，希望校正后的开环增益为 $K_{vc}=10K_v$，因此取 $\alpha=10$。则校正环节的传递函数为

$$G_c(s)=10\times\frac{\frac{1}{7}s+1}{\frac{10}{7}s+1} \tag{5-86}$$

校正后系统的开环传递函数为

$$\begin{aligned}&G(s)H(s)G_c(s)\\&=0.0089\times\frac{50.4\times10^{-3}}{\frac{1}{571.2^2}s^2+\frac{2\times0.7}{571.2}s+1}\times\frac{\frac{1}{1884\times10^{-6}}}{s\left(\frac{1}{262.9^2}s^2+\frac{2\times0.2}{262.9}s+1\right)}\times200\times10\times\frac{\frac{1}{7}s+1}{\frac{10}{7}s+1}\\&=\frac{476.2\left(\frac{1}{7}s+1\right)}{s\left(\frac{1}{571.2^2}s^2+\frac{2\times0.7}{571.2}s+1\right)\left(\frac{1}{262.9^2}s^2+\frac{2\times0.2}{262.9}s+1\right)\left(\frac{10}{7}s+1\right)}\end{aligned} \tag{5-87}$$

其波德图可以表示为图 5-38。从所得的波德图可以看出，系统的幅值裕量为 6.27dB，系统的穿越频率为 49.7rad/s 时，相位裕量为 71.3°。使系统的稳定性及频宽与校正前比较，保持基本不变，但增益提高为 476.2(53.55dB)，有利于提高系统的精度。用 MATLAB 仿真结果示于图5-39。仿真结果表明，振幅误差减小为 0.12mm。满足了系统对波形精度要求。

5.4　电液速度伺服控制系统

在工程上，经常需要高精度的速度控制，如原动机调速、机床的进给速度控制以及转台、天线、雷达、炮塔的姿态跟踪等。另外，在电液位置伺服系统中，也经常采用速度局部反馈回路来改善系统的性能。

5.4.1　电液速度伺服控制的原理

电液速度伺服控制系统按照其使用的液压控制元件的不同，可以分为阀控系统和泵控系统。

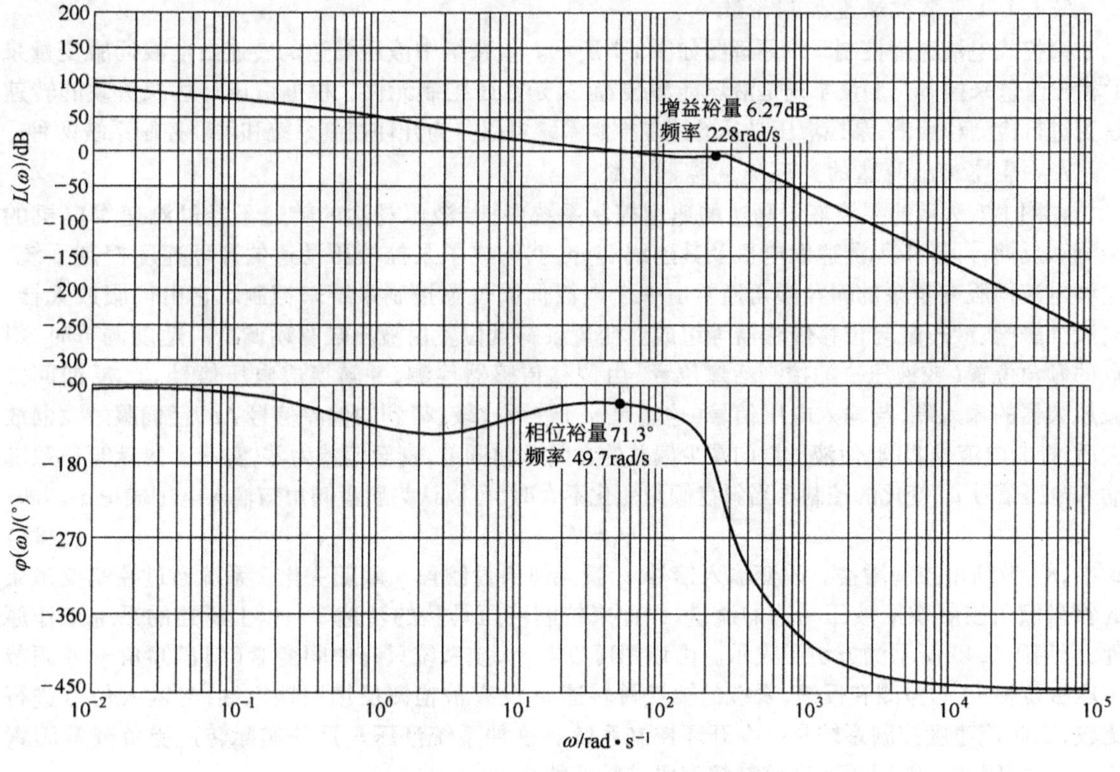

图 5-38 校正后系统开环波德图

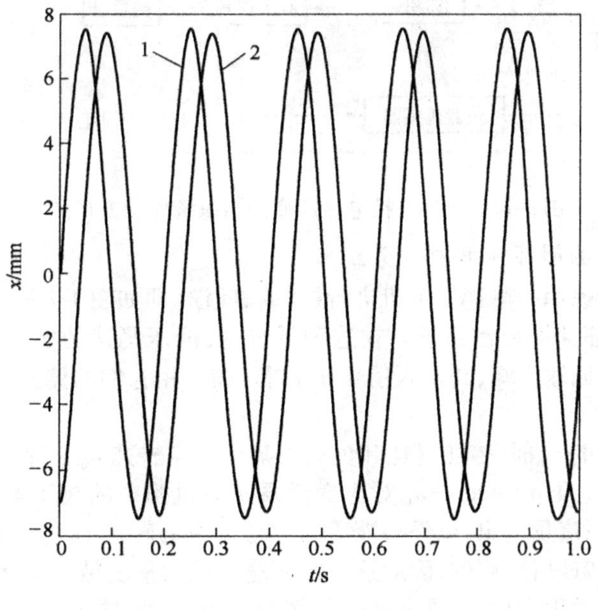

图 5-39 校正后系统输入输出波形

1—输入曲线;2—输出曲线

阀控系统一般用于小功率控制系统，而泵控系统一般用于大功率控制系统。

5.4.1.1　泵控速度控制系统

泵控式电液速度控制系统原理图如图1-7所示。该系统中液压马达的转速由电液伺服变量泵的输出流量来控制。变量泵既是液压能源装置，又是液压控制元件。根据液压马达及负载的转速是否进行检测和反馈，泵控液压马达的速度控制系统可以分为开环控制系统和闭环控制系统两种。

A　泵控液压马达的开环速度控制系统

在图1-7所示的泵控液压马达的速度控制系统中，若液压马达的转速不经过测速发电机的检测和反馈，即图中无测速发电机及其连线部分，就构成了泵控液压马达的开环速度控制系统。这种电液伺服变量泵的斜盘倾角通常由一个电液伺服位置控制系统来控制。它由伺服放大器、电液伺服阀、液压缸与位移传感器等组成。变量泵斜盘位置由液压缸驱动调节。速度调节时，斜盘的倾角位置（或液压缸的控制活塞位置）由位移传感器检测，并转换成电压信号 u_{fx}，反馈回伺服放大器的输入端，与输入电压信号（这里是 u_e）进行比较，得到的偏差信号 Δu，经伺服放大器放大后，控制电液伺服阀，使液压缸向减少偏差的方向运动调节，直至偏差为零，实现了斜盘倾角跟随输入电压信号 u_e 变化的控制。当斜盘倾角变化不大时，可以认为斜盘倾角与输入电压成正比。即

$$\gamma = K_\gamma \cdot u_e \tag{5-88}$$

式中，K_γ 为倾角控制增益。改变输入信号 u_e 就能使斜盘倾角 γ 跟随变化。系统通过控制变量泵的斜盘倾角控制供给液压马达的流量，以此来控制液压马达的转速 ω。以上所述的系统工作原理，可用图5-40所示的方块图表示。由该图可以看出，该系统只有中间变量（斜盘倾角 γ 或调节液压缸位移 x）的检测和反馈，系统的被控量转速 ω 没有被检测反馈回输入端，与输入信号进行比较，因此该速度控制系统是一个开环控制系统。这种系统液压马达的实际转速受负载等因素影响较大，因此只能用于速度控制精度要求较低的系统。

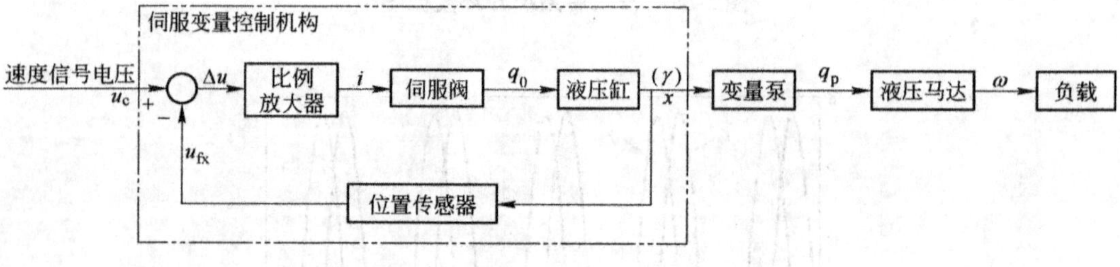

图5-40　开环泵控电液速度控制系统原理方框图

B　泵控液压马达的闭环速度控制系统

若将液压马达的转速用一测速发电机进行检测和反馈，即如图1-7所示那样，将测速发电机连入系统，就可构成闭环速度控制系统。在这种系统中，液压马达的实际转速经测速发电机检测，转换为电压 u_f，反馈回输入端，与输入信号 u_r 进行比较，用它们的偏差 $u_e = u_r - u_f$ 作为变量泵控制机构的输入信号。

当速度指令为恒定的 u_{r0} 时，液压马达和负载以某个给定转速 ω_0 工作，测速发电机输出反馈电压 u_{f0}，则这时的偏差电压 $u_{e0} = u_{r0} - u_{f0}$ 对应变量泵变量机构中的液压缸和斜盘一个对应的位置，从而对应于一定的泵流量输出，以保持液压马达与负载的转速 ω_0。可见偏差电压 u_{e0} 是保持液压马达与负载 ω_0 的转速所需要的，因此这个闭环速度控制系统是一个有差系统。如果负载变化或其他原因引起转速发生变化时，则 $u_f \neq u_{f0}$。例如 $u_f > u_{f0}$，此时 $u_e = u_{r0} - u_f < u_{e0}$，使液压缸输出位移减小，泵的输出流量减小，液压马达转速便自动下调到给定值。反之，若 $u_f < u_{f0}$，液压缸输出位移将反向调节，泵的输出流量增大，液压马达转速便自动回升到给定值。可见在速度指令一

定时，液压马达能保持恒定的转速，不受负载变化的影响。若速度指令变化时，液压马达转速也能做跟随变化。这种闭环速度控制系统可用图 5-41 所示的框图表示，可有效抑制负载和温度等变化对速度的影响。图中采用积分放大器，是为了使系统的开环传递函数中加入积分环节，构成 I 型无差系统。

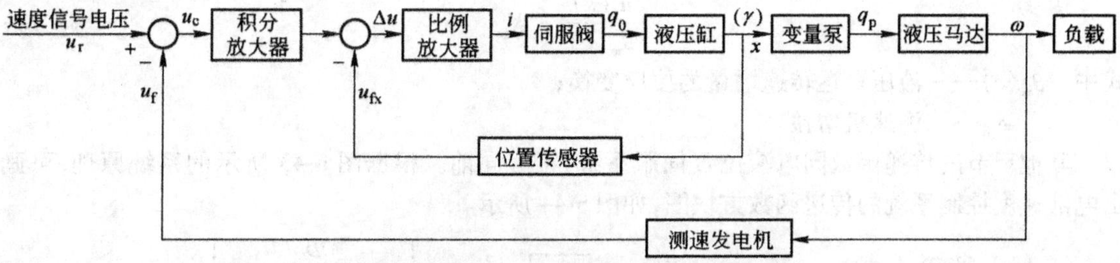

图 5-41 带位置环的泵控电液速度控制系统原理方框图

图 5-41 中泵的变量机构，如忽略其弹性负载作用，阀控液压缸中就含有一个积分环节。若将变量机构的位置环去掉，将图 5-41 中的积分放大器改为比例放大器，构成如图 5-42 框图所示的不带位置环的泵控闭环速度控制系统。这种系统仍是 I 型无差系统。由于积分环节在伺服阀和变量泵斜盘机构后面，因此伺服阀、伺服放大器和斜盘上的作用力引起的静态误差仍然存在。

闭环速度控制系统可用于速度需变化、控制精度要求较高的场合。

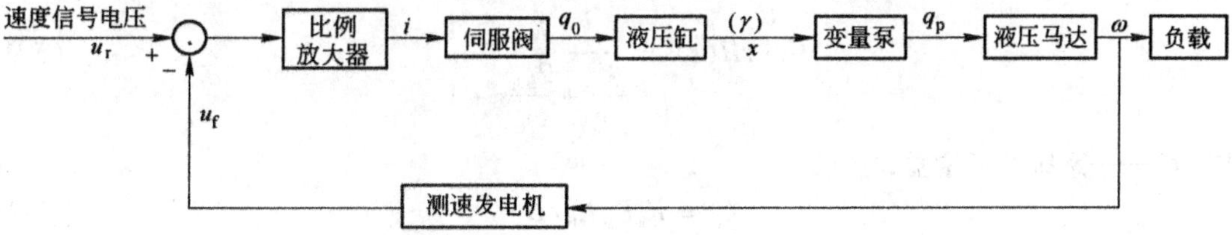

图 5-42 不带位置环的泵控电液速度控制系统原理方框图

5.4.1.2 阀控式闭环电液速度控制系统

除了泵控式电液速度伺服系统外，还可用伺服阀控制的电液速度伺服系统，其结构原理框图见图 5-43。这是个未加校正的电液速度伺服系统，图中液压执行机构仍是液压马达。液压马达的转速通过测速发电机检测转换为电信号，反馈回输入端，与输入信号进行比较后，通过伺服放大器放大，控制电液伺服阀输出压力油驱动液压马达运动，输出被控速度跟踪输入信号的变化。下面着重对这种电液速度控制系统进行分析。

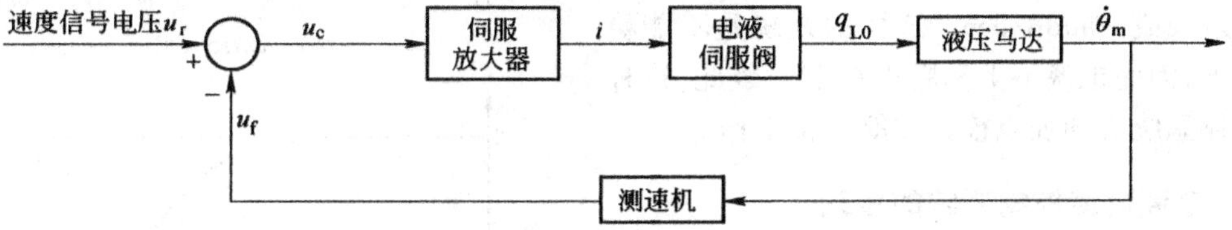

图 5-43 阀控液压马达闭环速度控制方块图

5.4.2 电液速度伺服控制系统分析

假定液压马达上只有简单的惯性负载作用，由第 3 章液压动力元件的基本理论可知，阀控液压马达的速度控制的传递函数可表示为

$$\frac{\dot{\theta}_m(s)}{q_{L0}(s)} = \frac{1/D_m}{\dfrac{s^2}{\omega_h^2} + \dfrac{2\zeta_h}{\omega_h}s + 1} \tag{5-89}$$

测速发电机的传递函数可表示为

$$\frac{u_f(s)}{\dot{\theta}_m(s)} = K_{fv} \tag{5-90}$$

式中　$\dot{\theta}_m(s)$——液压马达转速增量的拉氏变换；

K_{fv}——测速机增益。

其他环节的传递函数同电液位置伺服系统，符号同前。根据图 5-43 所示的系统原理，可画出电液速度控制系统的传递函数方块图，如图 5-44 所示。

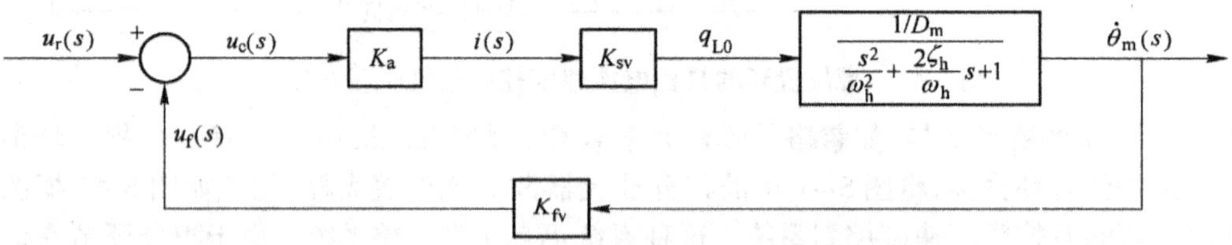

图 5-44　闭环电液速度控制系统传递函数方块图

由图 5-44 所示的方块图，可得闭环电液速度控制系统的开环传递函数为

$$G(s)H(s) = \frac{K_v}{\dfrac{s^2}{\omega_h^2} + \dfrac{2\zeta_h}{\omega_h}s + 1} \tag{5-91}$$

式中　K_v——系统开环增益，

$$K_v = K_a K_{sv} K_{fv} / D_m \tag{5-92}$$

K_a——伺服放大器增益；

K_{sv}——伺服阀流量增益。

系统开环波德图见图 5-45。在穿越频率 ω_c 处幅频特性曲线的斜率为 −40dB/dec，因此相位裕量 γ 很小。以上推导还是在简化的情况下得出的。若在 ω_h 和 ω_c 之间出现其他滞后环节（如电液伺服阀），则在穿越频率 ω_c 处的斜率将变成 −60dB/dec或 −80dB/dec。这样的系统是不能稳定工作的，因而也谈不上高精度控制。因此，这种速度控制系统必须加以校正才能正常工作。

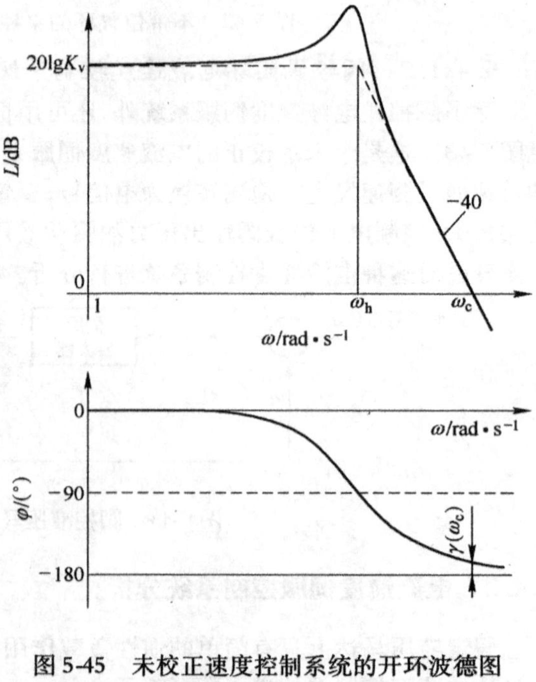

图 5-45　未校正速度控制系统的开环波德图

5.4.3　电液速度控制系统的校正

这里还是以伺服阀控液压马达的闭环速度伺服系统为例。最简单的校正方法是在前向通道的直流部分加 RC 滞后网络。RC 滞后网络如图 5-46 所示。

该 RC 滞后网络的传递函数可推导为

$$G_c(s)=\frac{u_0(s)}{u_i(s)}=\frac{1}{T_e s+1} \tag{5-93}$$

式中 T_e——校正环节时间常数，$T_e=RC$。

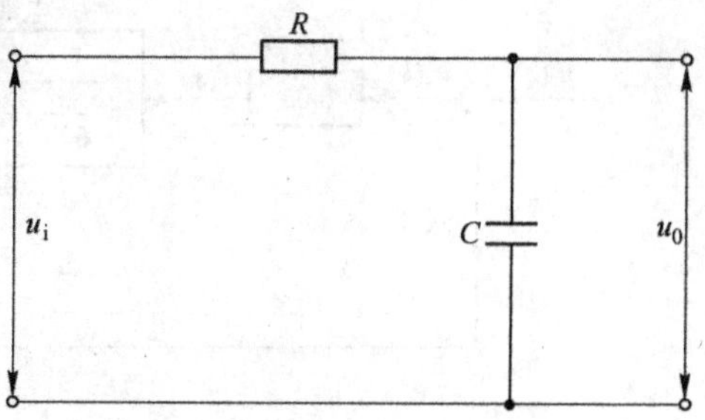

图 5-46 RC 滞后网络

校正后电液速度控制系统的传递函数方块图如图 5-47 所示。

由图 5-47 可得校正后系统的开环传递函数为

$$G_c(s)=\frac{k_v}{(T_e s+1)\left(\frac{s^2}{\omega_h^2}+\frac{2\zeta_h}{\omega_h}s+1\right)} \tag{5-94}$$

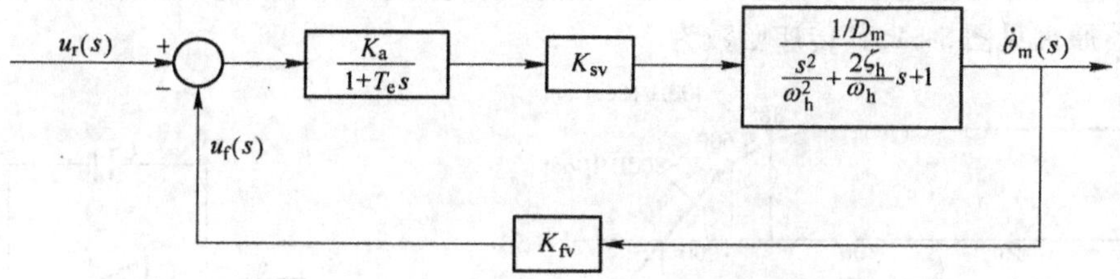

图 5-47 滞后校正后速度控制系统的方块图

由式(5-94)得系统的开环波德图见图 5-48 曲线 2。由图可以看出，为使穿越频率处的斜率降为 −20dB/dec，并使系统稳定，应将系统的穿越频率 ω_c 限制为

$$\omega_c<2\zeta_h\omega_h\approx(0.2\sim0.4)\omega_h \tag{5-95}$$

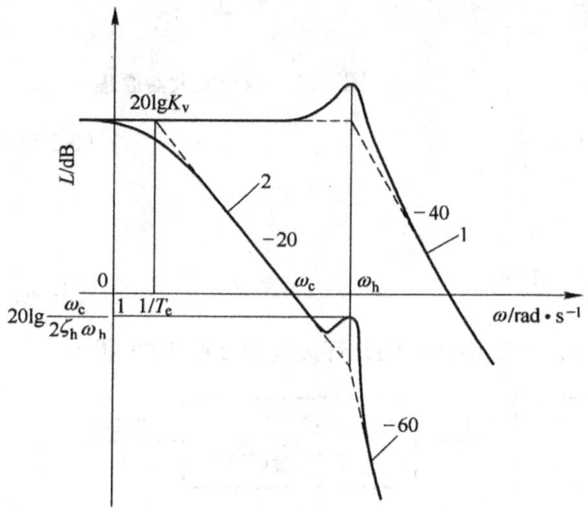

图 5-48 滞后校正后速度控制系统的波德图

1—未校正时波德图；2—校正后波德图

为使系统具有一定的稳定裕量，还应使 ω_h 远离 ω_c。

由图 5-48 上的关系可知，滞后网络的时间常数应为

$$T_e=K_v/\omega_c \tag{5-96}$$

这种系统设计步骤大致为：根据负载特性和系统的频宽要求，可选择确定动力元件的参数和穿越频率 ω_c，根据误差要求确定开环增益 K_v，最后由式(5-96)确定校正环节的时间常数 T_e。

由图 5-48 看出，校正后回路的穿越频率比未校正回路的穿越频率低得多。这是为了保证稳定性而不得不作出的牺牲。

采用 RC 滞后网络校正的系统仍是零型有差系统。为了提高控制精度，可采用积分放大器校正。

例 5-3 一未校正的速度控制系统的传递函数方块图如图 5-49 所示。

根据图 5-49，可直接得出系统的开环传递函数，并画出系统的开环波德图，如图 5-50 所示。该系统的开环增益为

$$K_v=0.05\times3060\times10^{-6}\times1.25\times10^{6}\times3\times0.175=100\text{rad/s}$$

即 $$20\lg K_v=40\text{dB}$$

由图 5-50 可见，系统稳定裕量为负，系统不稳定。为了使系统稳定，并有一定的稳定裕量，

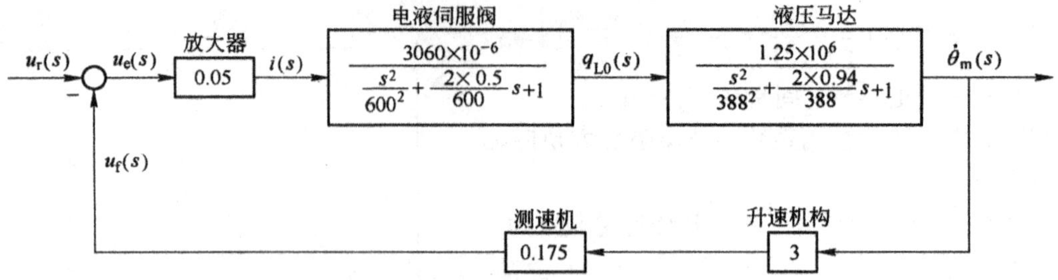

图 5-49　未校正速度控制系统的原理图和方块图

必须加校正环节。在速度控制系统中，可以用运算放大器组成积分放大器代替原来的放大器。积分放大器原理见图 5-51，其传递函数为

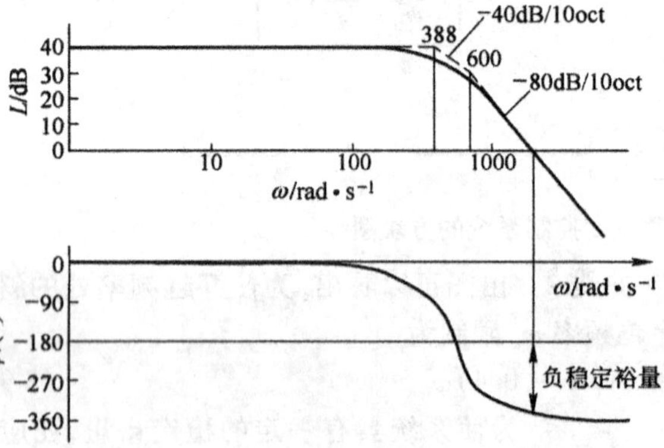

图 5-50　未校正速度控制系统的波德图

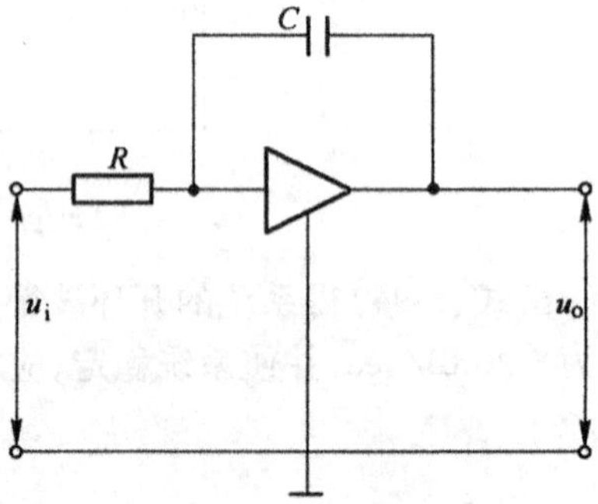

图 5-51　积分放大器原理

$$G_c(s) = \frac{1}{Ts} \tag{5-97}$$

式中　T——积分环节时间常数，$T=RC$。

若使 $T=20$，则

$$G_c(s) = \frac{0.05}{s} \tag{5-98}$$

加积分校正后，系统的方块图如图 5-52 所示。校正后系统的开环波德图如图 5-53 所示。

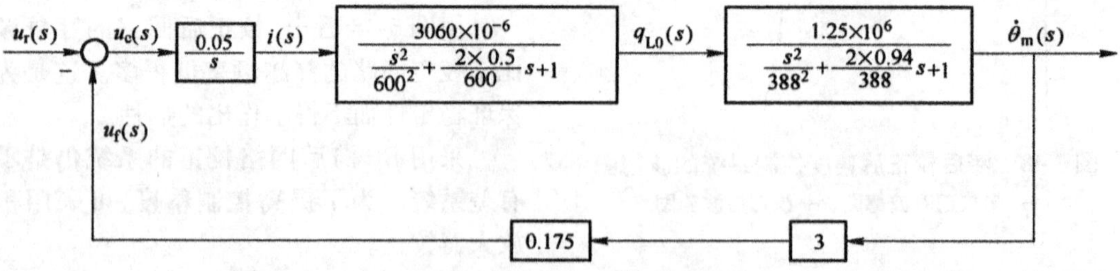

图 5-52　积分校正系统方块图

对比图 5-50，未校正时系统的穿越频率虽然达到 $\omega_c=1500\text{rad/s}$，但该频率下相位滞后已达 310°，所以系统是不稳定的。而采用积分校正后，穿越频率虽然降低到 $\omega_c=100\text{rad/s}$，但系统的相位裕量 $\gamma(\omega_c)=70°$左右，系统是稳定的。由图 5-52 可以算出，当输入 1V 时，系统所对应的希望输出为

$$\dot{\theta}_m=\frac{u}{K_{fv}n}=\frac{1}{0.175\times3}=1.9\text{rad/s}$$

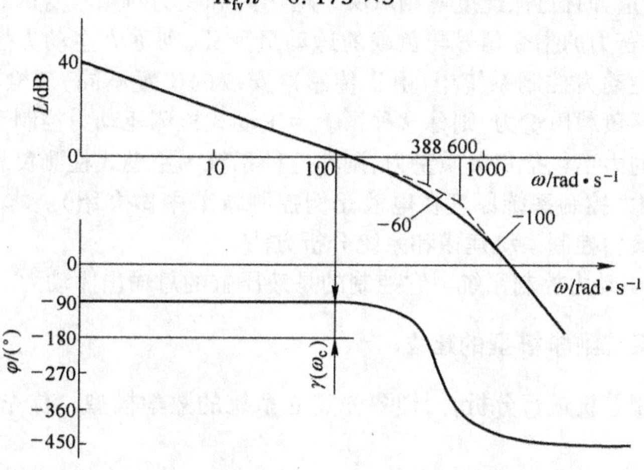

图 5-53 积分校正后速度控制系统的波德图

5.5 电液力控制系统

以力为被控量的电液伺服控制系统称为电液力控制系统。在工程实际中，电液力控制（或通过压力控制的力控制）系统应用很广，如材料试验机、结构物疲劳试验机、轧机张力控制系统等都采用电液力控制系统。电液力（或压力）控制系统是电液伺服系统的重要组成部分。

5.5.1 电液力控制系统组成及工作原理

电液力控制系统主要由伺服放大器、电液伺服阀、液压缸和力传感器等组成，如图 5-54 所示。当指令装置发出的指令电压信号 u_r 作用于系统时，液压缸便有输出力，该力由力传感器检测后转换为反馈电压信号 u_f，反馈回伺服放大器的输入端，与指令电压信号 u_r 相比较，得出偏差电压信号 u_e。此偏差信号经伺服放大器放大后输入到电液伺服阀，使伺服阀产生负载压差，作用于液压缸活塞上，使输出驱动力向减小偏差的方向变化，直至输出力等于指令信号所规定的值为止，实现了输出驱动力跟随指令信号变化。

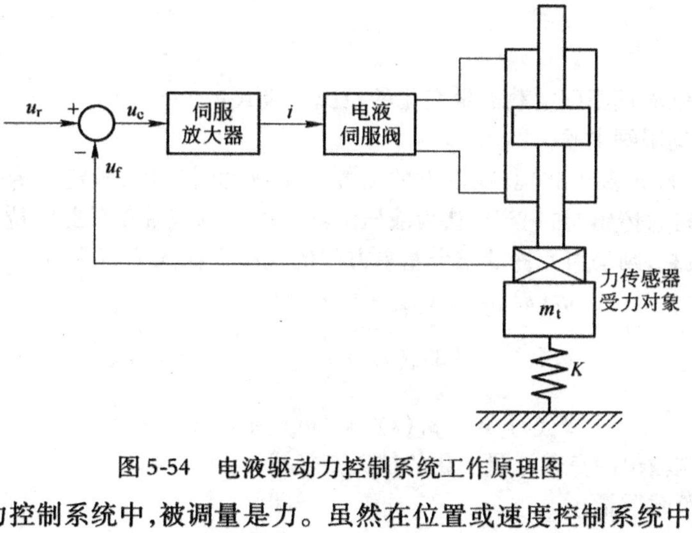

图 5-54 电液驱动力控制系统工作原理图

应当指出，在力控制系统中，被调量是力。虽然在位置或速度控制系统中，为拖动负载运动也要有力的输出，但这种力不是被调量，它取决于被调量（位置或速度）和外负载力。在力控制系统中，输出力是被调量，而位置、速度等则取决于输出力和受力对象本身的状态。

在力控制系统中，若力的指令信号与负载的运动量无关，则称为主动力控制系统，否则称为被动力控制系统。在主动力控制系统中，由于传感器安装的位置不同，被检测到的力信号也不同。若被检测的力包括负载质量力，则称这种系统为主动式检测驱动力控制系统，简称驱动力控制系统。若被检测到的力不包括负载质量力，则称这种系统为主动式检测负载力控制系统，简称负载力控制系统（各种力控制系统原理在电液比例控制章节中做介绍）。本节主要以驱动力控制系统为例来介绍电液力控制系统建模和系统分析方法。

图 5-54 所示为一驱动力控制系统。它控制的是液压缸的总输出驱动力。

5.5.2　电液力控制系统数学模型的建立

为了对电液力控制系统进行分析，同样要先建立系统的数学模型。首先建立各环节的基本方程与传递函数。

5.5.2.1　各环节基本方程与传递函数

（1）伺服放大器。伺服放大器中一般包括比较电路。它将指令信号与反馈信号相比较，得出偏差电压信号，并将其放大转换成为可以驱动电液伺服阀的控制电流信号

$$\frac{i(s)}{u_r(s) - u_f(s)} = K_a \tag{5-99}$$

式中　$u_r(s)$——指令电压信号变化的拉氏变换式；

$u_f(s)$——反馈电压信号变化的拉氏变换式；

$i(s)$——伺服阀控制电流信号变化的拉氏变换式；

K_a——伺服放大器增益。

（2）力传感器。力传感器检测液压缸的总输出驱动力，并将其转换成与力的大小成比例的反馈电压信号。力传感器的输入、输出关系可表示为

$$u_f(s) = K_{fF}F_g(s) \tag{5-100}$$

式中　K_{fF}——力传感器增益；

$F_g(s)$——液压缸输出驱动力变化的拉氏变换式。

（3）电液伺服阀。当伺服阀的频宽远大于系统的固有频率时，伺服阀的传递函数可表达为

$$\frac{q_{L0}(s)}{i(s)} = K_{sv} \tag{5-101}$$

式中　$q_{L0}(s)$——电液伺服阀空载流量变化的拉氏变换式；

K_{sv}——伺服阀增益。

（4）动力元件（阀控液压缸）。在以下的力控制系统的讨论中，假定力传感器的刚度远大于负载刚度，可以忽略力传感器的变形，认为液压缸活塞的位移就等于负载的位移。假设负载包括惯性负载和弹性负载，则动力元件的三个基本方程的拉氏变换式可表达为

$$\left.\begin{aligned} q_L(s) &= q_{L0}(s) - K_c p_L(s) \\ q_L(s) &= A_p s x_p(s) + \left(C_{tp} + \frac{V_t}{4\beta_e}s\right)p_L(s) \\ F_g(s) &= A_p p_L(s) = (m_t s^2 + K)x_p(s) \end{aligned}\right\} \tag{5-102}$$

式中　$q_L(s)$——阀输出的负载流量变化的拉氏变换式；

m_t——负载质量；

C_{tp}——液压缸总泄漏系数；

K——负载弹性系数；

$x_p(s)$——负载变形位移变化的拉氏变换式。

当动力元件满足条件$\left[\frac{K_{ce}\sqrt{Km_t}}{A_p^2(1+K/K_h)}\right]^2 \ll 1$时，由式(5-102)所表示的动力元件的三个基本方程，可得该动力元件以伺服阀空载流量为输入、液压缸驱动力为输出的传递函数为

$$\frac{F_g(s)}{q_{L0}(s)} = \frac{\frac{A_p}{K_{ce}}\left(\frac{s^2}{\omega_m^2}+1\right)}{\left(\frac{s}{\omega_r}+1\right)\left(\frac{s^2}{\omega_0^2}+\frac{2\zeta_0}{\omega_0}s+1\right)} \tag{5-103}$$

式中 ω_m——负载的固有频率，$\omega_m = \sqrt{K/m_t}$； (5-104)

ω_r——惯性环节转折频率，它是液压弹簧与负载弹簧串联耦合的刚度与阻尼系数之比，

$$\omega_r = \frac{K_{ce}}{A_p^2}\Big/\left(\frac{1}{K_h}+\frac{1}{K}\right); \tag{5-105}$$

ω_0——振荡环节固有频率，它是由液压弹簧与负载弹簧并联耦合的刚度与负载质量形成的固有频率，$\omega_0 = \sqrt{(K+K_h)/m} = \omega_h\sqrt{1+K/K_h}$； (5-106)

ζ_0——振荡环节阻尼比，$\zeta_0 = \frac{1}{2\omega_0}\frac{4\beta_e K_{ce}}{V_t[1+K/K_h]}$。 (5-107)

式中，其余符号意义同前。

5.5.2.2 力控制系统方框图

由式(5-99)~式(5-101)及式(5-103)可画出该系统的方块图，见图5-55。

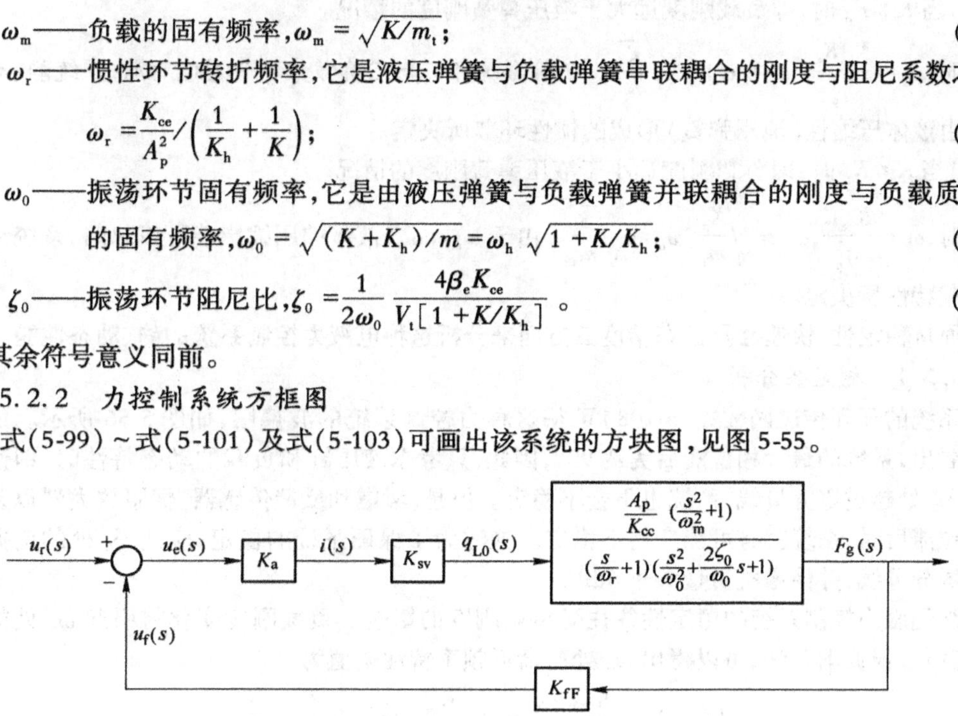

图5-55 力控制系统方块图

有了系统的传递函数方块图，按照控制理论分析系统的方法，就可以方便地对这个力控制系统进行具体的稳定性、快速性及稳态误差等各项静、动态性能分析。

5.5.3 电液力控制系统动、静态特性分析

由图5-55所示的方块图可以得到系统的开环传递函数为

$$G(s)H(s) = \frac{K_0\left(\frac{s^2}{\omega_m^2}+1\right)}{\left(\frac{s}{\omega_r}+1\right)\left(\frac{s^2}{\omega_0^2}+\frac{2\zeta_0}{\omega_0}s+1\right)} \tag{5-108}$$

式中 K_0——力控制系统的开环增益，

$$K_0 = K_{fF}K_aK_{sv}A_p/K_{ce} \tag{5-109}$$

此时系统的开环波德图见图5-56。

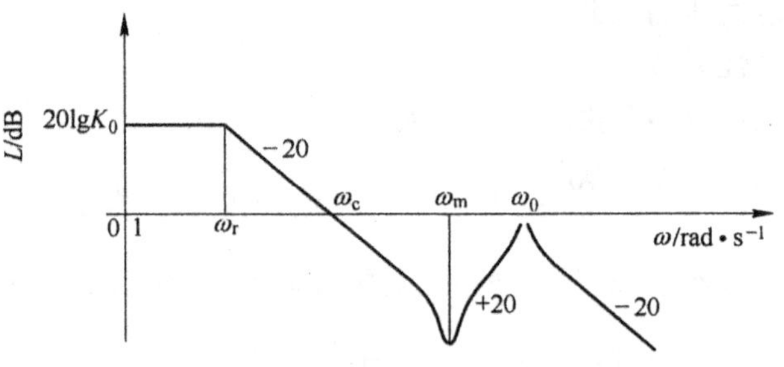

图 5-56　力控制系统的开环波德图

先分析两种特殊情况：

(1) 当 $K \gg K_h$ 时，即负载刚度远大于液压弹簧刚度的情况。

这时，$\omega_r \approx \dfrac{K_{ce}K_h}{A_p^2}$，$\omega_0 \approx \omega_m = \sqrt{\dfrac{K}{m_t}}$。二阶振荡环节与二阶微分环节近似对消，系统静、动态特性主要由液体压缩性（液压弹簧）形成的惯性环节所决定。

(2) 当 $K \ll K_h$ 时，即负载刚度远小于液压弹簧刚度的情况。

这时，$\omega_r \approx \dfrac{K_{ce}K}{A_p^2}$，$\omega_0 \approx \sqrt{\dfrac{K_h}{m_t}}$，$\omega_m \approx \sqrt{\dfrac{K}{m_t}}$。由于 $\omega_m \ll \omega_0$，液体的压缩影响可以忽略，系统动态主要由负载特性所决定。

下面从稳定性、快速性及稳态精度三方面来分析这种电液力控制系统的静、动态性能。

5.5.3.1　稳定性分析

由系统的开环传递函数式(5-108)可得这种力控制系统的波德图，如图 5-56 所示。由波德图可以看出，系统的最大相位滞后为约 90°，因此，只考虑液压缸和负载的动态特性时，即使幅频特性在 ω_0 处超过零分贝线，系统也不会不稳定。但是，考虑到反馈传感器、伺服放大器以及伺服阀的相位滞后时，系统就有可能变得不稳定。这时为了保证系统的稳定，应使 ω_0 处的谐振峰值不超过零分贝线，并使增益裕量大于 6dB。

电液伺服力控制系统的稳定性往往受负载刚度的影响。负载刚度变化将引起 ω_0 处的谐振峰值的变化，根据图 5-56，可以得出 ω_0 处的渐近频率特性幅值为

$$L(\omega_0) = \frac{K_0\omega_r\omega_0}{\omega_m^2} = K_0\frac{K_{ce}}{A_p^2}\sqrt{m_t}\frac{K_h}{\sqrt{K+K_h}} \tag{5-110}$$

由式(5-110)可见，当负载刚度 K 减小时，ω_0 处的渐近频率特性幅值将增大。这样，就有可能使 ω_0 处的谐振峰值超过零分贝线，使系统的稳定性变坏。因此在分析和设计力控制系统时，一般均用最小负载刚度来计算其稳定性。

5.5.3.2　系统的响应速度

系统的闭环频宽由穿越频率 ω_c 决定。由图 5-56 的几何关系并考虑 ω_r 和 K_0 的关系，得

$$\omega_c = K_0\omega_r = \frac{K_{fF}K_aK_{sv}}{A_p}\frac{KK_h}{K+K_h} \tag{5-111}$$

由式(5-111)知，穿越频率 ω_c 随负载刚度而变化。

当 $K \gg K_h$ 时，$\omega_c \approx K_0\omega_r = \dfrac{K_hK_{fF}K_aK_{sv}}{A_p}$　　(5-112)

当 $K \ll K_h$ 时，$\omega_c \approx K_0\omega_r = \dfrac{KK_{fF}K_aK_{sv}}{A_p}$　　(5-113)

式(5-113)说明,当负载刚度较小,$K \ll K_h$ 时,系统频宽的提高受负载刚度的限制。而在力控制系统中,负载是经常变化的。因此,当这种系统的快速性(频宽)需大幅度提高时,应进行全面校正才能达到要求。

5.5.3.3 系统的稳态精度

未加校正的力控制系统是零型系统。为了保持一定的输出力 F_g,系统的稳态误差为

$$e_{F\infty} = \frac{F_g}{1 + K_0} \tag{5-114}$$

和位置系统一样,为了减小伺服阀零漂、死区等的影响,应当增大电气增益 $K_a K_{fF}$,减小液压部分的力增益 $K_{sv}A_p/K_{ce}$,为此也希望采用正开口阀或零开口阀加泄漏通道来减小总压力增益 K_{sv}/K_{ce}。

5.5.4 电液力控制系统的参数确定与校正

由以上对电液力控制系统的分析可知,在进行力控制系统设计时,应根据力控制系统的频宽要求确定系统的穿越频率 ω_c,根据式(5-105)可计算系统的惯性环节的转折频率 ω_r,这样就可由式(5-111)确定系统开环增益 K_0,根据稳态误差的计算方法可求出系统的最大力稳态误差。若满足精度要求,可根据式(5-109)进行增益分配。增益分配时,要照顾总误差和各方面的误差。

在满足输出力的条件下,希望液压缸的面积小一些,这也是有利于提高系统的频宽,这一点与位置控制系统不同。在力控制系统中一般不采用 $p_L \leqslant 2p_s/3$ 这个限制,而是相反,在阀流量允许的情况下(采用大一些的阀),使 p_L^* 接近 p_s,这样有利于提高工作点处的 K_c 值和减小液压缸面积。

为了使系统能在低负载刚度下稳定工作,而又不降低系统的频宽,可在 ω_c 与 ω_m 间加一校正环节。校正环节的传递函数为

$$G_c(s) = \frac{1}{\left(\dfrac{s}{\omega_1} + 1\right)^2}$$

校正后系统的波德图如图 5-57 所示。

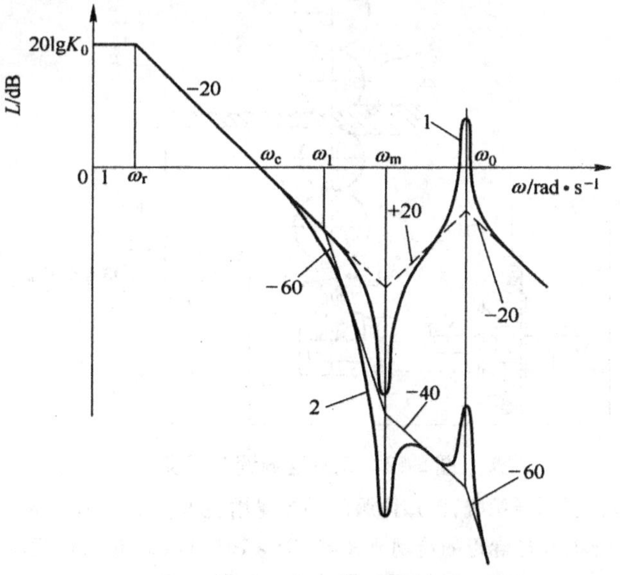

图 5-57 加校正后的力控制系统波德图

1—未校正时波德图;2—校正后波德图

有时为了提高力控制系统的精度，也经常采用积分校正，使系统变成Ⅰ型系统。

思　考　题

5-1　电液伺服系统一般由哪几部分组成，各部分的功能是什么，它们之间的关系如何？

5-2　电液伺服系统中的电液伺服阀的传递函数形式是如何确定的，其中各参数是如何确定的？

5-3　电液伺服系统的静、动态性能包括哪些方面，各方面应如何计算？

5-4　为什么电液伺服系统一般都要加校正装置？在电液位置伺服系统中，加滞后校正、速度和加速度反馈校正、压力和动压反馈校正、PID校正的主要目的各是什么？

5-5　在位置与速度控制系统设计中，在确定执行元件主要规格尺寸时，为什么常常要限定 $p_L^* \leqslant 2p_s/3$？

5-6　在电液控制系统的设计中，如何确定电液伺服阀的规格？

5-7　在电液控制系统的设计中，选择反馈传感器时应注意哪些问题？

5-8　在电液控制系统的设计中，可采用哪些方法来确定系统的开环增益？

5-9　力控制系统的频宽受哪些因素影响，如何提高其频宽？

习　题

5-1　图5-58所示的电液位置控制系统为轧机辊缝调节控制系统，它由辊缝调节螺旋1、支撑辊2、轧辊3、板材4、电液伺服阀5、调整油缸6、伺服放大器7、同位素测厚仪8等组成。板材经轧机连轧后，由厚板变为薄板，轧后板材的厚度由测厚仪检测出来。若加工后板材的厚度与要求不符，则由电液伺服阀控制调整油缸驱动支撑辊和轧辊，调节轧辊间的距离。试画出其控制原理方块图，标明控制信号的传递过程，并说明系统工作原理。

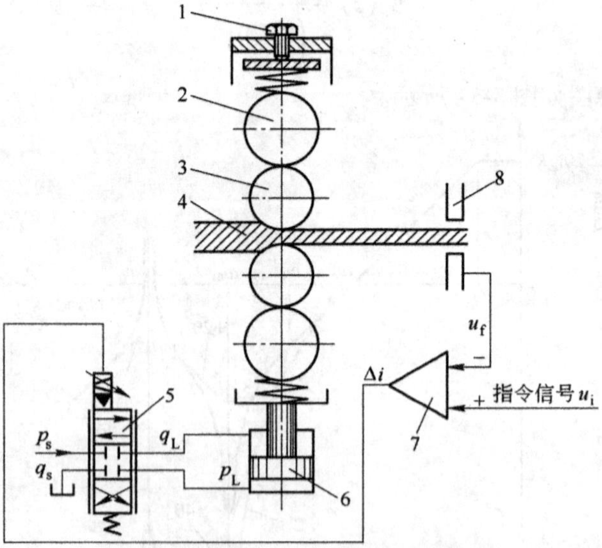

图5-58　轧机辊缝调节系统

5-2　如图5-59所示电液位置伺服系统，已知伺服阀的流量增益 $K_{sv}=20\times10^{-6}\text{m}^3/(\text{s}\cdot\text{mA})$，马达的弧度排量 $D_m=5\times10^{-6}\text{m}^3/\text{rad}$，丝杠螺母的传动比 $n=0.03\times10^{-2}\text{m/rad}$，位移传感器增益为 $K_f=50\text{V/m}$，阀控液压马达的固有频率 $\omega_h=100\text{rad/s}$，液压阻尼比 $\zeta_h=0.225$，求：

(1) 系统临界稳定状态时的电子放大器增益 K_a；

(2)幅值裕量为6dB时的K_a;

(3)系统作$v_0=2\times10^{-2}$m/s等速运动时的位置误差;伺服阀死区为$\Delta I=0.6$mA时,由此引起的静差为多少?

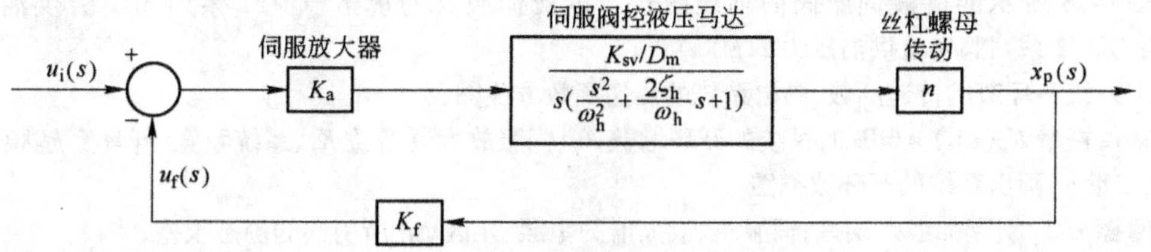

图5-59　电液位置伺服系统

5-3　有一稳定的电液位置控制系统(无弹性负载的情况),其速度放大系数$K_v=20s^{-1}$,为了保证稳态精度的要求,需要将速度放大系数提高到$100s^{-1}$,求出滞后校正网络的传递函数。

5-4　有一速度控制系统,其原理方块图如图5-60所示,已知系统参数为:电液伺服阀固有频率$\omega_{sv}=600$rad/s,阻尼比$\zeta_{sv}=0.7$,流量增益$K_{sv}=3.5\times10^{-2}m^3/(s\cdot A)$,液压动力元件的固有频率$\omega_h=100$rad/s,阻尼比$\zeta_h=0.2$,测速机增益$K_{fv}=0.19$V·s/rad,液压马达排量$D_m=1.63\times10^{-6}m^3$/ rad,写出各环节的传递函数,画出系统的传递函数方块图,并求稳定裕量K_g(dB)=6dB时积分放大器增益为多少?

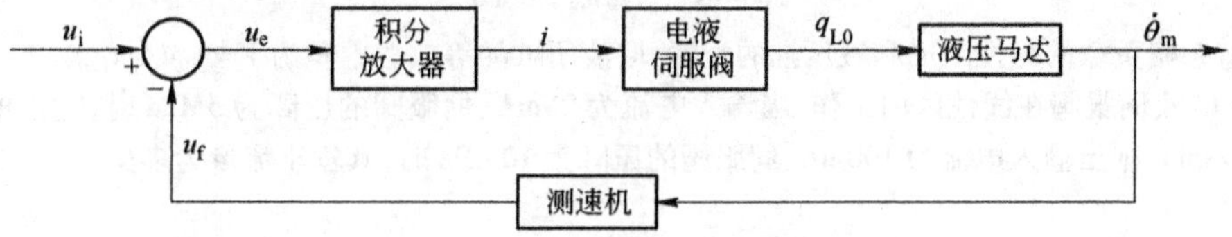

图5-60　习题5-4图

5-5　一振动台的传递函数方块图如图5-61所示。已知系统参数为$\omega_h=140$rad/s,$\zeta_h=0.2$,$K_a=1\times10^{-2}$A/V,$K_f=1.2\times10^2$V/m,$A_p=1\times10^{-3}m^2$,$K_{sv}=4\times10^{-2}m^3/(s\cdot A)$,求:

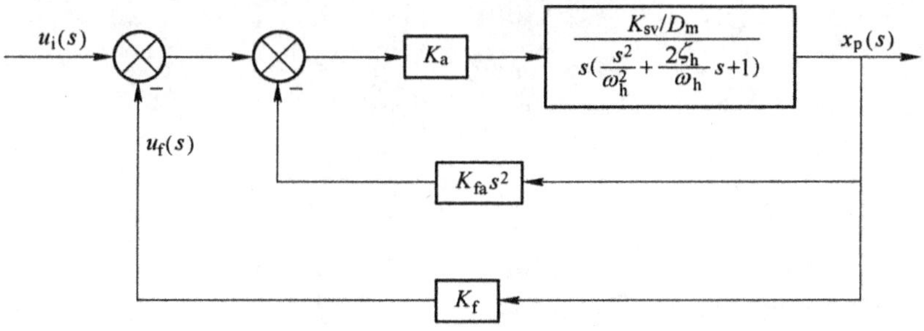

图5-61　习题5-6图

(1)不加加速度反馈校正时,系统的增益裕量K_g(dB)和闭环频宽ω_b;

(2)将系统的开环阻尼比提高到$\zeta_h=0.3$时的加速度反馈系数K_{fa}和系统的增益裕量K_g(dB)和闭环频宽ω_b。

5-6　如图5-62所示阀控电液位置伺服系统,已知负载质量$m=1000$kg,干摩擦力$F_f=2000$N,负载最大行程$x_{pmax}=0.5$m,最大速度$v_{max}=10\times10^{-2}$m / s,最大加速度$a_{max}=2.2$m / s^2,最大输入信号电压$u_i=5$V,油源压力$p_s=63\times10^5$Pa,油液体积弹性模量$\beta_e=7\times10^8$Pa,伺服阀的固有频率$\omega_{sv}=600$rad / s,液压阻尼比$\zeta_{sv}=0.5$,阀的额定电流为$I_n=30$mA,当压力为14MPa时的零位泄漏流量为56×10^{-6}L/min,位移传感器的增益为$K_f=10$V/m,伺服阀、放大器的零漂、死区折算到伺服阀输入端的电流值Δi_f为额

定电流的 3%，试计算：

(1)系统最大功率时的最大负载力和最大负载速度；

(2)按最佳匹配的原则确定液压缸的作用面积(需按标准圆整)；

(3)按图 4-28 所示的电液伺服阀的列线图选取电液伺服阀的规格(QDY1 系列阀实验供油压力 14MPa，QDY2 系列阀实验供油压力 21MPa)；

(4)确定系统各环节的传递函数，画出系统的传递函数方块图；

(5)当幅值裕量 $K_g(\mathrm{dB})=6\mathrm{dB}$ 时系统的开环增益 K_v、伺服放大器增益 K_a、系统频宽、开环穿越频率 ω_c 及相位裕量 γ，画出系统的开环波德图；

(6)干摩擦力 F_f 引起的静态误差；伺服阀、放大器的零漂、死区 Δi_f 所引起的静态误差；

(7)若希望系统静态总误差下降为原来的 1/4，采用滞后校正，确定校正元件的参数 α 和 ω_{rc}，计算校正后系统的开环增益 K_v、伺服放大器增益 K_a、系统频宽、开环穿越频率 ω_c 及相位裕量 γ。

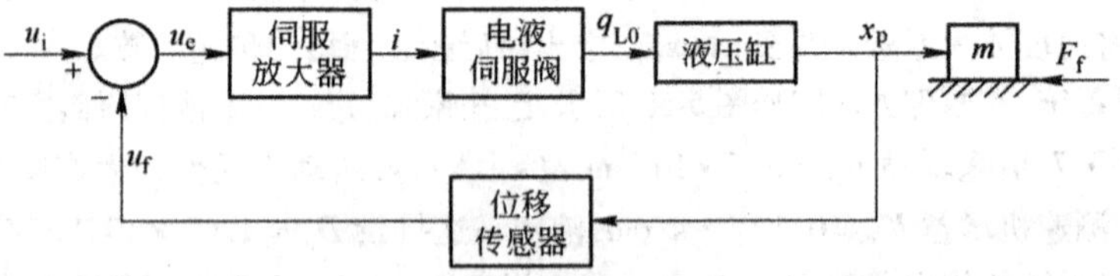

图 5-62　习题 5-7 图

计算时，忽略负载的黏性阻尼和液压缸的泄漏，取液压缸的等效总容积为 $V=1.4A_p x_{max}$。

5-7　已知一电液伺服阀在线性区内工作，当输入电流为 20mA、伺服阀的压降为 5MPa 时，输出的负载流量为 60L/min，则当输入电流为 100mA、伺服阀的压降为 10MPa 时，其输出流量为多少？

6 电液比例控制阀

6.1 电液比例控制阀概述

电液比例阀是电液比例控制系统中应用最多的电液控制元件，是系统的核心元件。由于它能与电子控制装置相结合，十分方便地对各种输入、输出信号进行处理和运算，实现复杂的控制功能，同时又具有抗污染、低成本以及响应快的优点，因此在自动化与液压控制工程中得到越来越广泛的应用。在电液比例控制系统中，电液比例阀既是电-液转换元件，同时又是功率放大与控制元件。学习各种类型电液比例阀的结构、工作原理和性能特点，对电液比例控制系统的设计和使用有着重要的意义。

6.1.1 电液比例控制阀的分类

电液比例阀种类繁多，性能各异，可有多种分类方法。

(1)按阀的控制功能分类。按阀的控制功能来分类，电液比例控制阀可以分为电液比例压力阀、电液比例流量阀、电液比例方向阀和电液比例压力流量复合阀。前两种为单参数控制阀，后两种为多参数控制阀。比例方向阀能同时控制液流的方向和流量，比例压力流量复合阀是既能对流量进行比例控制，又能对压力进行比例控制的阀。

(2)按液压放大的级数分类。按液压放大的级数来分类，电液比例控制阀可以分为直动式和先导式两种。直动式是电-机械转换元件直接推动功率级阀，对液体的压力或流量进行控制。由于电-机械转换元件的输出功率有限，因此直动式电液比例阀只能控制小功率的阀，流量一般在15L/min以下。先导式比例阀由先导液压放大级控制功率级阀构成，有的还要配以适当的级间反馈，根据功率输出的需要，它可以是二级或三级比例阀。二级比例阀的控制流量一般在500L/ min以下，三级比例阀的控制流量可达1600L/ min。

(3)按比例阀的主阀芯结构形式分类。按比例阀的主阀芯结构形式，可分为滑阀式和插装阀式。滑阀式是在传统的三类传动阀的基础上发展起来的。而插装式是在二通插装阀和三通插装阀的基础上，配以适当的比例先导控制级和级间反馈联系组合而成，它的动态性能好，集成化程度高，通流能力强，是一种很有发展前途的比例控制元件。

(4)按有无级间反馈和反馈物理量的类型来分。按电液比例阀有无级间反馈，可分为带反馈型的与不带反馈型的两大类。不带反馈型的一类，大多是从开关式或定值控制型的传统阀加以改进，用比例电磁铁代替手调机构部分而构成的。带反馈型的比例阀，根据反馈测量量的不同，又可分为流量反馈型、位移反馈型、力反馈型和电反馈型等。凡是带电反馈的比例阀，其电控器均要带反馈信号的输入端口，并使它具有能对反馈信号进行放大和运算处理的附加电子电路。

(5)按输入控制信号的形式分类。按输入控制信号的形式是模拟信号与数字信号，可分模拟式电液比例阀和数字式电液比例阀。本章重点介绍模拟式电液比例阀。

6.1.2 电液比例阀的构成

电液比例阀的种类繁多、结构各异，但它们的工作原理及结构均可用图6-1表示。

由图6-1所示的闭环电液比例阀的结构原理框图可以看出，它主要由以下几个部分组成：

（1）电-机械转换元件；

（2）液压先导级；

（3）液压功率放大级；

（4）检测反馈元件。

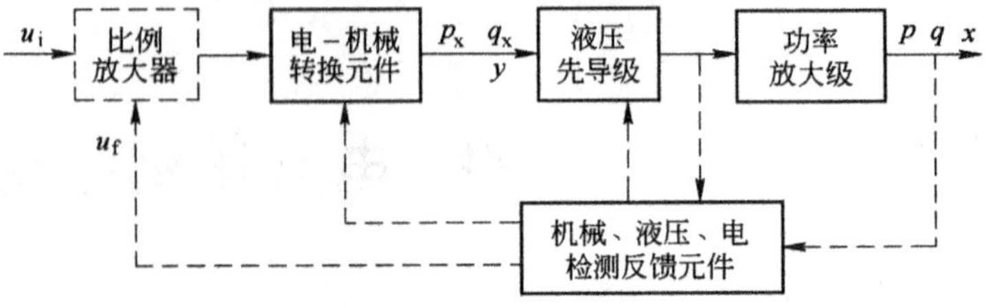

图6-1　闭环电液比例控制系统及电液比例阀结构原理框图

电-机械转换元件是将比例放大器输出的电信号转换为机械量的控制信号——力（力矩）或位移（转角），然后通过阀来控制流体的压力和流量。

液压功率放大级即控制主阀，它是应用节流的原理来控制流体的输出压力和流量的，并在控制的同时，将信号功率放大，以使能驱动液压执行元件工作。

当要求输出的液压功率较大，而电-机械转换元件输出功率较小，无法直接驱动功率级主阀时，需要增加液压先导级。液压先导级将电-机械转换元件输出的功率转换并加以放大，以推动主阀运动来控制流体的输出流量与压力。这种先导级放大可能是一级或二级，但统称为先导级，最后控制的输出级液压阀称为功率级主阀。

为了提高电液比例阀的性能，在它的内部设置了必要的级间反馈。这种反馈装置可以是机械的、液压的、电气的各种方案，各种可能的反馈方案用虚线箭头示于图6-1。近年来，有些比例阀，如闭环比例阀和整体式比例阀，将电控器或电子部分装置集成在比例阀内，使用起来更方便，性能也得到了提高。

6.2　比例电磁铁

直流比例电磁铁不仅具有结构简单，对油污不敏感，衔铁腔可以做成耐高压结构，成本低廉等优点外，还具有较大的输出功率-重量比，较大的输出位移和输出力的特点，可直接驱动小功率、小流量的直动式阀阀芯或先导级阀芯、挡板等运动，来控制液体的流量和压力，因此在电液比例控制阀中是应用最广泛的电-机械转换元件。

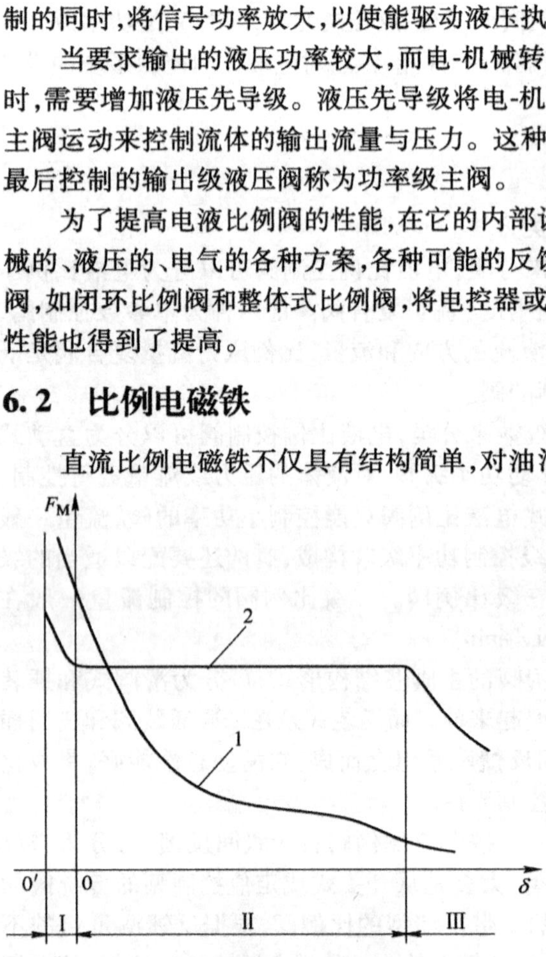

图6-2　比例电磁铁的静态吸力特性
1—普通电磁铁；2—比例电磁铁；
Ⅰ—吸合区；Ⅱ—工作行程区；Ⅲ—空行程区

电液比例控制技术对比例电磁铁提出了一定的要求，主要有：

（1）有足够的输出力和行程，结构紧凑、体积小；

（2）线性好，死区小，灵敏度高，滞环小；

（3）具有水平的位移-力特性，即在比例电磁铁的有效行程内，当线圈输入电流一定时，其输出力保持恒定，与衔铁位置无关，如图6-2所示的比例电磁铁的静态吸力特性曲线2。

（4）动态性能好，响应速度快。

6.2.1　比例电磁铁的结构与工作原理

6.2.1.1　比例电磁铁的基本结构

比例电磁铁从外观上看与普通通断型电磁铁很相似，内部也由控制线圈、导磁体、衔铁、推杆等零件组成,主要差别是磁路的设计不同。

图6-3为一典型的耐高压比例电磁铁的结构原理图。它主要由推杆1、前端盖极靴2、控制线圈4、导套11、导磁体外壳6、衔铁9等零件组成。导套分前、后两段,由导磁材料制成,中间用一段非导磁材料制成的隔磁环12与它们焊接。导套有足够的耐压强度,可承受35MPa的静压力。导套前端与前端盖极靴组合,形成盆形极靴。衔铁9外部用低摩擦系数的非导磁材料做成的一对支撑环10,与导套内孔形成轴向移动的轴承副。导套11与导磁体外壳6之间装有同心螺线管式控制线圈4。衔铁9的前端装有推杆1,用以输出力或位移。衔铁9的后端装有弹簧7和调节螺钉8组成的调零机构,可以在一定范围内对电磁铁的特性曲线位置进行调整。通常比例电磁铁当线圈电流给定时,在图6-2、图6-3所示的工作行程范围Ⅱ内具有水平的位移-力特性。但在气隙接近零的区域(称为吸合区Ⅰ)输出力急剧上升,一般采用非导磁材料的限位垫片13将其排除。当气隙过大时,输出力明显下降,该区域称为比例电磁铁的空行程区Ⅲ。

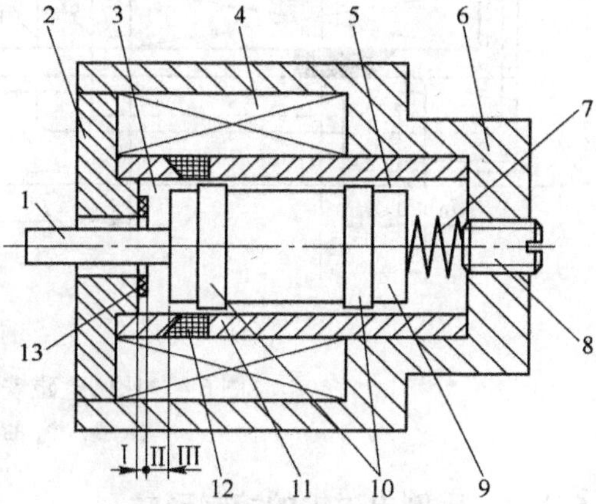

图6-3 耐高压比例电磁铁的结构

1—推杆;2—前端盖极靴;3—工作气隙;4—控制线圈;5—非工作气隙;6—导磁体外壳;7—弹簧;8—调节螺钉;9—衔铁;10—支撑环;11—导套;12—隔磁环;13—限位片

近年来,国内外厂家对比例电磁铁的结构作了一系列的改进,使其性能进一步提高。例如图6-5,结构上的主要改进是将两个衔铁支撑环改为两个与推杆配合的滑动轴承,这样可使摩擦减小。前端盖中也增加了一凸缘,便于与阀装配时对中;有的还增设应急手柄,使电控器失灵时仍能用手动方式维持正常工作。所有这些措施使得如今的比例电磁铁性能更优越,使用更方便、可靠。

6.2.1.2 比例电磁铁的力特性

一般电磁铁输出的电磁力可从电磁学分析原理得到。在匝数为 N 的控制线圈中通以电流 i 时,磁路内即产生磁通,由电磁能量平衡方程可得衔铁的电磁推力 F_m 为

$$F_m = \left(\frac{iN}{2}\right)^2 \frac{dG}{dy} \tag{6-1}$$

式中 G——气隙中的磁导,一般表达为

$$G = \mu_0 \frac{A}{y} \tag{6-2}$$

y——气隙沿磁力线方向的长度;

dG/dy——磁路磁导相对于衔铁位移的导数,工程实际中只需考虑气隙磁导的变化;

A——气隙部位和磁力线垂直的断面积;

μ_0——真空磁导率,$\mu_0 = 4\pi \times 10^{-7}$ H/m。

进一步分析直流比例电磁铁的磁路可知,在线圈电流控制磁势作用下,磁路中的总磁通 Φ 除部分漏磁通外,在工作气隙附近被分成两部分(见图6-4a),Φ_1 沿轴向穿过工作气隙进入盆型靴底部端面产生端面力 F_{m1},另一部分磁通 Φ_2 则穿过径向间隙经盆口锥形周边通过端盖回到外壳,产生附加轴向力 F_{m2}。F_{m1} 与 F_{m2} 相对于衔铁位移的关系见图6-4b。电磁总推力 $F_m = F_{m1} + F_{m2}$,只要合理的设计杯形盆口部位的几何形状,就可在工作区段内得到近似的水平位移-力特性(见图6-4 b)。在工作区段,比例电磁铁的电磁推力与控制电流近似呈线性关系,与衔铁位置无关。

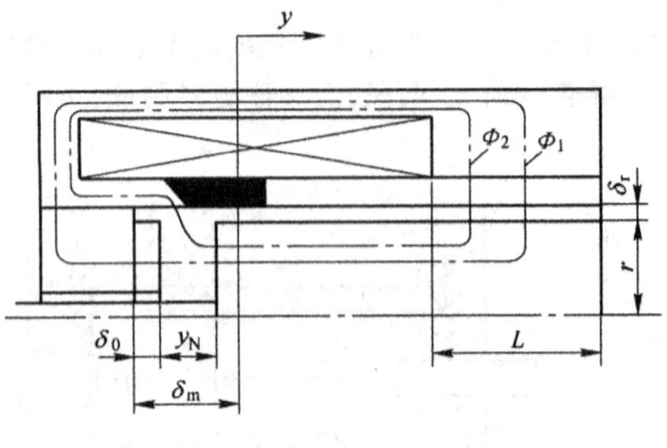

(a)

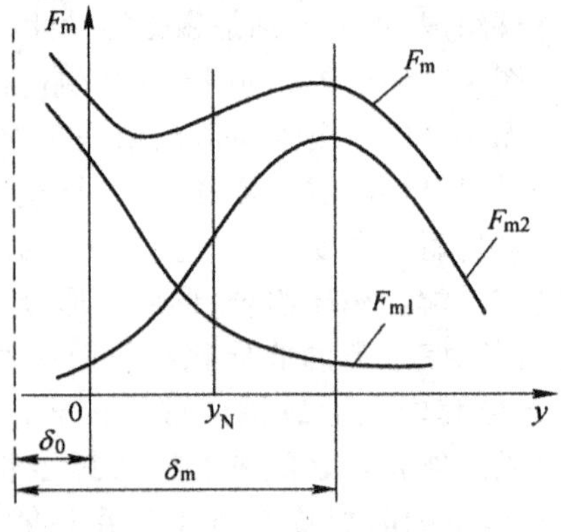

(b)

图 6-4　比例电磁铁磁路内的气隙磁导和位移-力特性

(a)Φ_1、Φ_2 的磁路示意图;(b)位移-力特性

6.2.2　比例电磁铁的控制形式

根据比例电磁铁是否带有内置的位移传感器而区分为力控制型和行程控制型两种。这两种控制形式的比例电磁铁不仅控制调节的参数不同,控制方式和电控器的结构也不同。

6.2.2.1　力控制型比例电磁铁

如图 6-5 所示的比例电磁铁是一种力控制型比例电磁铁。它不带有内置的位移传感器。这种比例电磁铁衔铁在有效工作行程区内,改变控制线圈电流,可调节输出电磁力的大小。其控制特性如图 6-6 所示。由图 6-6 可以看出,力控制型比例电磁铁在工作区段的输出力与输入电流基本上是呈线性关系。由于比例放大器中设置了电流负反馈环节,在电流设定值恒定不变时,即使衔铁位置变化,电磁力也能保持不变。

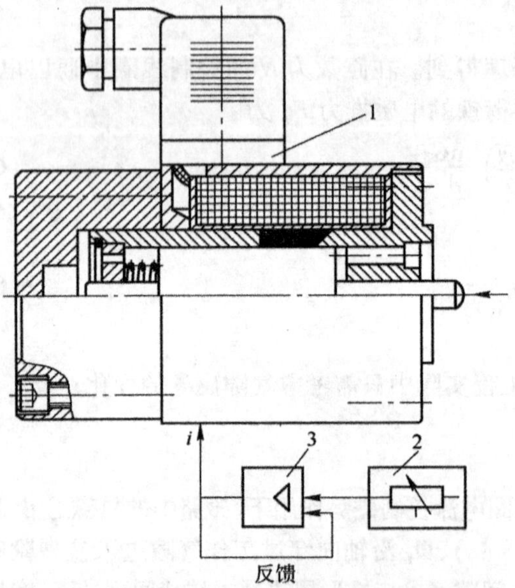

图 6-5　力控制型比例电磁铁及其电器控制

1—比例电磁铁;2—给定电位计;3—比例电控器

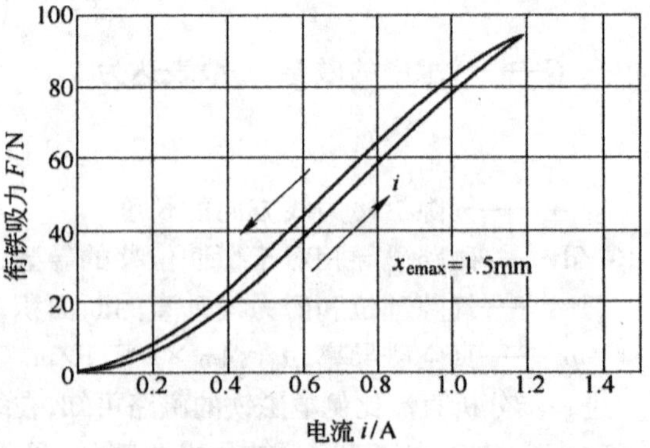

图 6-6　力控制型比例电磁铁的控制特性

力控制型的比例电磁铁，根据它与负载匹配的情况，还可以分为力输出与位置输出两种。

力输出型比例电磁铁直接输出力，它的工作行程较短，一般用在比例阀的先导控制级。力输出型比例电磁铁加上电控器相当于一种电压—力的线性转换器，有良好的动态特性。这种结构形式适用于控制小通径的先导阀芯。

位置输出型比例电磁铁是由力控制型比例电磁铁与负载弹簧共同工作而形成的。电磁铁输出的仍然是力，但通过弹簧转换成输出位移。即位置输出型比例电磁铁实现了电压—力—位移的线性转换。这种类型的比例电磁铁输出量是与电流成正比的位移。它的工作行程较大，适用于直接控制的电液比例方向阀、直动式比例节流阀或调速阀。这种力控制型电磁铁用在行程输出时，由于摩擦力，惯性力和液动力的干扰，将对比例阀的稳态特性和动态特性产生不良的影响。

一般力控制型比例电磁铁的最大输入电压为直流 24V，电流为 800mA。最大输出力为 65～80N，有效行程在作力输出控制时为 1.5mm 左右，在用作位置输出控制时为 3～5mm。近年来研制出了行程可达将近 10mm 的长行程比例电磁铁。

6.2.2.2　行程控制型比例电磁铁

带有线性位移传感器的比例电磁铁被称为行程控制型比例电磁铁，如图 6-7 所示。其中位移传感器通常是一个差动变压器，它与铁芯直接相连接。工作时，当比例电磁铁接收到指令输入信号时，电磁铁就会产生力，并驱动阀芯移动。阀芯位置的变化由差动变压器检测，并将其反馈回电控器的输入端，与电控器的输入信号进行比较，构成闭环控制回路，使电磁铁的行程能够得到准确的控制。

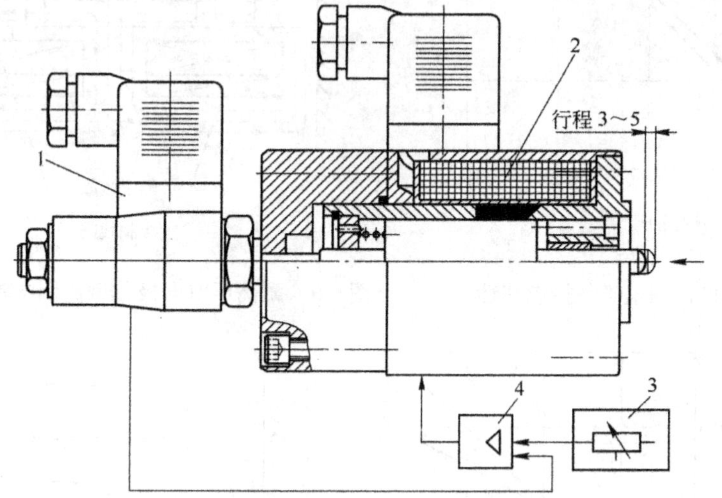

图 6-7　行程控制型比例电磁铁及其电气控制

1—位移传感器；2—比例电磁铁；3—给定电位计；4—带输入与实际值比较的电控器

这种闭环控制的行程控制型比例电磁铁，由于其摩擦力等干扰在闭环之内，因而得到了有效的抑制，比例电磁铁滞环减小，重复精度提高，其控制特性如图 6-8 所示。由图可以看出，这种比例电磁铁的输出行程（位移）基本与输入电流成正比。

由于这种行程控制型比例电磁铁的控制方式实际是一种闭环控制，因此使用的电控器也与力控制型不同。力控制型使用的是不带实际值反馈的电控器，而行程控制型使用的是带有输入与实际行程反馈量比较的电控器，在系统中能实现局部闭环控制。

6.2.2.3　耐高压双向极化型比例电磁铁

在一些需要双向控制阀芯运动的比例阀中,需要实现相对控制零位在两个方向上连续运动的控制,也由于结构等原因,使只能在阀的一端安装比例电磁铁。这时就需要采用双向极化型比例电磁铁。

图6-9所示为一耐高压双向极化型比例电磁铁的结构原理图。它由两个单向直流比例电磁铁相对组合而成。在它的壳体中,对称地安放有两对线圈,其中一对为激磁线圈,它们互相串联,极性相同,由一恒流源供给恒定的励磁电流,在磁路中形成初始的极化磁场,磁通为 Φ_1、Φ_2、Φ_3;另一对线圈为控制线圈,它们采用并联接法。控制电流通过时,两线圈分别在左右两半环形磁路中产生大小相等、极性相反的控制磁通 Φ_c、Φ_c'。它们与初始的极化磁通相叠加,在左右工作气隙中形成与控制电流成比例的差动电磁控制力,利用两端电磁力的差动作用对中间衔铁和阀芯运动实现控制。这种比例电磁铁由于采用了初始激磁磁通,避开了铁磁材料磁铁磁化曲线起始段的非线性影响,其稳态特性具有很好的线性,并且无中位死区。通过调节激磁电流大小,可调整比例电磁铁的控制特性增益,如图6-10a所示。由于这种比例电磁铁也采用锥形盆口极靴结

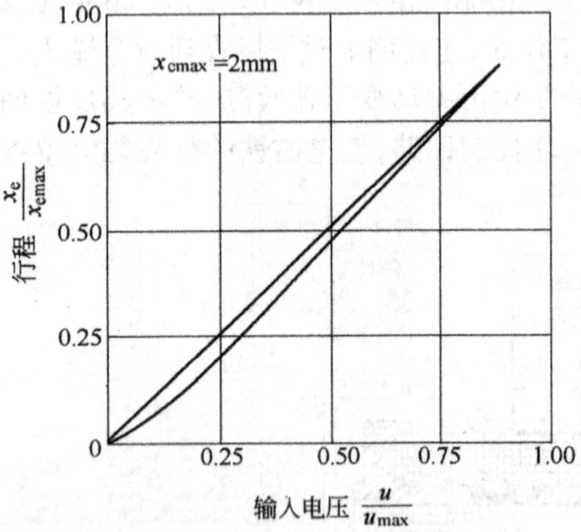

图6-8　行程控制型比例电磁铁控制特性

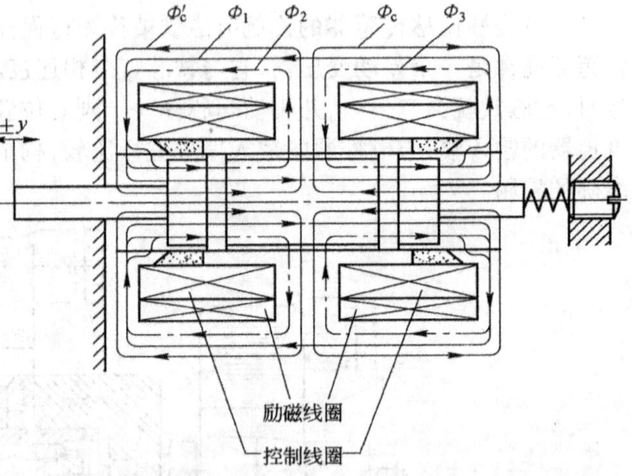

图6-9　耐高压双向极化型比例电磁铁结构原理图

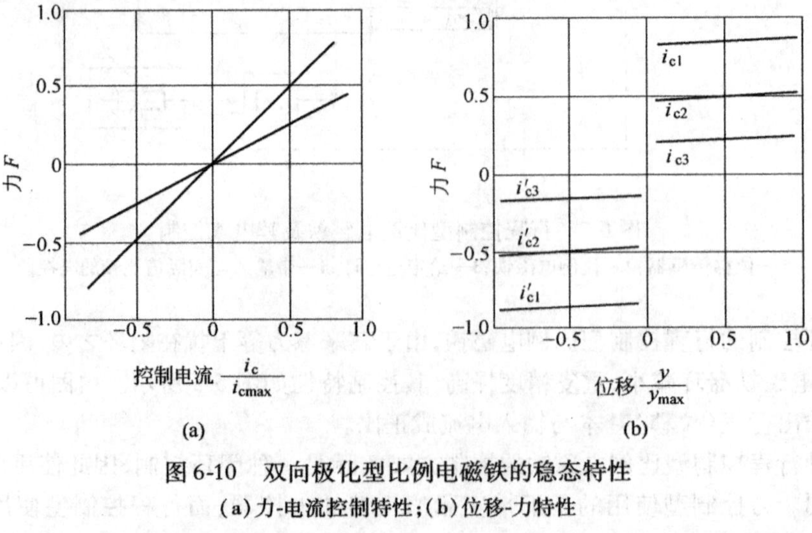

图6-10　双向极化型比例电磁铁的稳态特性

(a)力-电流控制特性;(b)位移-力特性

构,因此其位移-力特性也近似水平,见图 6-10b。这种比例电磁铁有较大的控制位移和驱动功率,工作可靠,工作频宽几乎为单向直流比例电磁铁的二倍,是一种静、动态性能均较理想的电-机械转换元件。

6.3 电液比例控制压力阀

按功能划分,电液比例控制压力阀可分为比例溢流阀和比例减压阀两大类。按结构不同,可分为直动式与先导式比例溢流阀和比例减压阀。直动式控制阀的功率较小,通常控制流量为 1~3L/min,最大可达 10 L/min。直动式溢流阀可用于小流量系统的安全阀或溢流阀,更主要的应用是作为先导阀来控制功率放大级的主阀,构成先导式的压力阀。比例减压阀除常规产品外,还有常用作比例方向阀先导级的三通型比例减压阀。三通型比例减压阀也可用作比例容积控制中的先导压力控制。

比例压力阀中,按检测反馈的参数的不同,可区分为对受控压力(对溢流阀是进口压力,对减压阀是出口压力)的直接检测和间接检测两种。间接检测式压力阀只能构成局部的闭环控制,主阀芯上的干扰量不包括在闭环回路内,通常会有较大的压力控制偏差。

6.3.1 直动式比例溢流阀

直动式电液比例溢流阀根据采用的比例电磁铁不同,可以有采用力控制型比例电磁铁和采用行程控制型比例电磁铁两种基本类型。

采用力控制型比例电磁铁的电液比例溢流阀又分为无弹簧型和有弹簧型两种。无弹簧型直动式比例溢流阀见图 6-11。这种比例溢流阀的锥阀芯 4 由比例电磁铁 2 的推杆直接压在阀座 3 上。溢流时,液压力与电磁力平衡而实现压力控制。它与手调式直动溢流阀的工作原理基本相同,其主要区别是用比例电磁铁取代了手动的弹簧力调节组件。无弹簧型的缺点是当失电时,阀口处于开启位置。

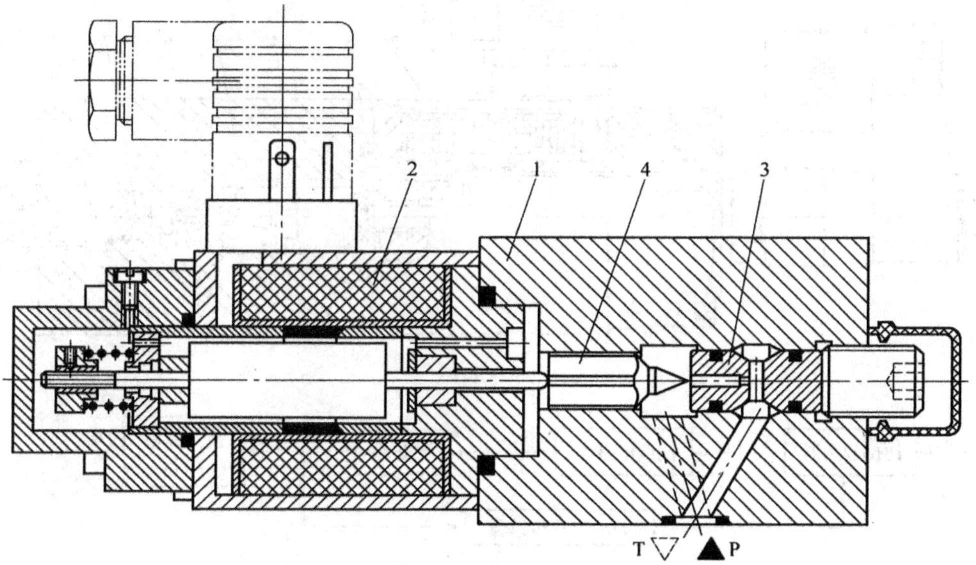

图 6-11 直动式比例溢流阀(无弹簧型)

1—阀体;2—比例电磁铁;3—阀座;4—锥阀芯

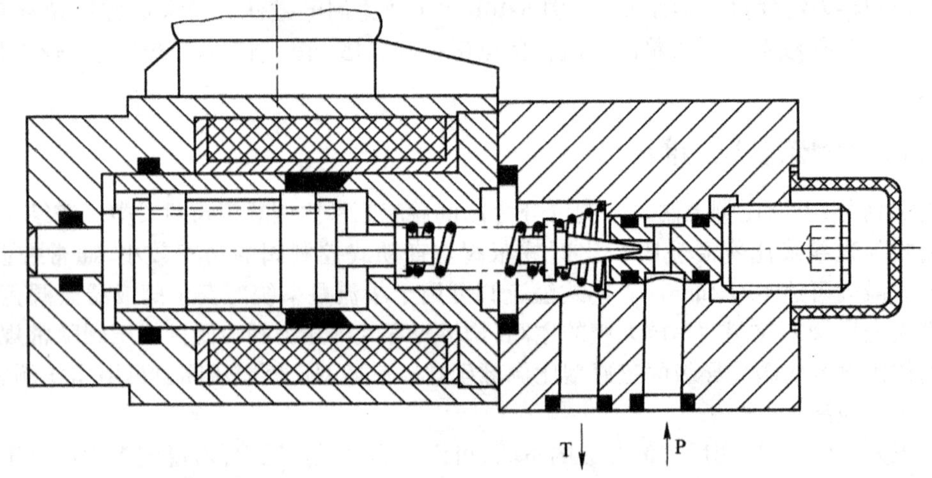

图 6-12　直动式比例溢流阀(有弹簧型)

弹簧型直动式比例溢流阀见图 6-12。与普通直动式比例溢流阀相比,其内部结构除调压部分采用比例电磁铁外,另一个不同是它在锥阀芯挡肩两边各装了一根弹簧。阀芯左边的弹簧起着传力弹簧的作用,它将比例电磁铁的电磁力转变为弹簧力,作用在锥阀芯上。溢流时,液压力与电磁力的平衡而实现压力控制;失电时,锥阀芯还可以有一定的力压在阀座上。阀芯右边的弹簧是对锥阀前端起保护性的弹簧,同时可降低零电流时的卸荷压力。

采用行程控制型比例电磁铁的直动式电液比例溢流阀的结构及工作原理图见图 6-13。这也是一种带双弹簧结构的直动式溢流阀,如图 6-13a 所示。它主要由位移传感器 1 和比例电磁铁 2 组成的行程控制型比例电磁铁、阀座7、阀芯5、阀体6及调压弹簧4等主要零件组成。当电信号

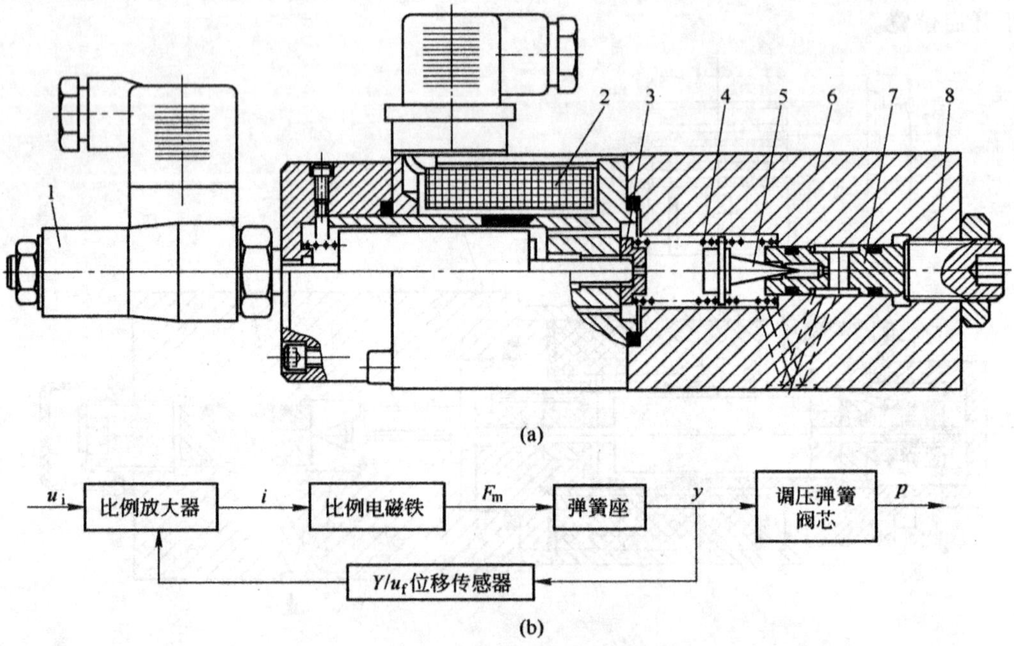

图 6-13　带位置电反馈的直动式溢流阀

(a)结构原理;(b)方框图

1—位移传感器;2—比例电磁铁;3—弹簧座;4—调压弹簧;5—阀芯;6—阀体;7—阀座;8—调零螺钉

输入时，电磁铁2产生相应的位移，通过弹簧座3加在调压弹簧4和阀芯上，并对弹簧预压缩，此预压缩量决定了溢流压力，即阀的被调压力。而压缩量正比于输入电信号，所以溢流阀的被调压力也正比于输入电信号，实现阀对压力的比例控制。

图6-13b为这种阀的控制原理框图。弹簧座的实际位置，即弹簧4的预压缩量由差动变压器式位移传感器1检测，并反馈回比例放大器的输入端与给定信号 u_i 进行比较，构成对弹簧预压缩量的闭环控制。由框图可见，由于比例电磁铁在由位移传感器构成的闭环内，因此可减小比例电磁铁摩擦等影响，从而减小了滞环和提高了重复精度。但由于阀芯在闭环之外，阀芯处的液动力、摩擦力等因素仍会影响阀的调压精度。显然这不是被控压力 p 的反馈比较，因此它属于间接检测型压力控制阀。

通常由于这种比例阀中电控器内电路的特殊设计，当给定信号为零或差动变压器断线时，阀自动回到最低设定压力值。

普通溢流阀可以通过不同刚度的调压弹簧来改变压力等级，而比例溢流阀却不能。因为比例电磁铁的最大推力是基本一定的，所以不同的压力等级要靠改变阀座的孔径来获得。这就使得不同压力等级时，其允许的最大溢流量也不相同。根据压力等级不同，最大溢流量为2~10L/min。阀的最大设定压力就是阀的额定工作压力，它由电磁铁的推力与阀座面积决定；而最低设定压力（一般为0.2~1.2MPa）与溢流量有关。

另外，位于阀底部的调节螺钉8，可在一定范围内调节溢流阀的工作零位。

需要特别指出的是，对于调压偏差这个性能指标，不带衔铁位移电反馈的比例溢流阀反而优于带衔铁位移电反馈的比例溢流阀。因为带衔铁位移电反馈的比例溢流阀，在相同输入电压信号下，衔铁和弹簧座有一个精确的确定位置。但实际上，这时的弹簧压缩量还与通过的溢流量有关。流量越大，压缩量越大，溢流阀控制压力也越高，因此流量变化大，调压偏差就大。而对于不带衔铁位移电反馈的比例溢流阀，其比例电磁铁输出的是与控制电信号成正比的电磁力，并且这种电磁力具有水平力特性，即比例电磁铁输出的电磁力在衔铁工作区段内与衔铁行程位置无关。因此，这一类比例溢流阀当溢流量变化时，虽然也使阀芯和衔铁位置发生变化，但它不影响调节的电磁力，因而调压偏差小，但调压偏差会受到液动力的影响。

6.3.2 先导式比例溢流阀

6.3.2.1 间接检测（传统）型先导式比例溢流阀

图6-14所示为一种先导式比例溢流阀的结构图。它的上部为先导控制级6，是一个直动式比例溢流阀；下部为主阀级11，中部带有一个手调限压阀10，用于防止系统过载。

当比例电磁铁9通有输入信号电流时，产生的电磁力直接施加于先导阀芯8上。先导控制油由阀进口A进入，经内部先导油流道1（取下螺堵13）和阻尼孔3后分成两股，一股经阻尼孔5作用在先导阀芯8上，另一股经阻尼孔4作用在主阀芯的上部。当A油口的压力较低，不足以使导阀开启时，以上控制油路中液体为静止液体，主阀芯的上下腔的压力相等，从而使主阀芯在其上部主阀弹簧2作用下保持关闭状态，溢流阀处于不溢流的非工作状态。

当阀的进口A压力较高，超过比例电磁铁的设定值，导阀芯开启，使先导油经油口Y（也可经内部泄油通道至B口）流回油箱。主阀芯下部的压力由于阻尼孔3的作用较主阀上部压力高，使主阀克服其弹簧力而开启，主油流从A口流向B口，实现溢流。

若用螺堵13堵住A口来的控制油，从外部控制油口X处引进控制油，就可做成液控顺序阀。当外部控制油压作用超过比例电磁铁9的输出电磁力 F_m 时，先导阀开启，调节了主阀上腔的压力 p_x。当阀的A口压力 p_A 小于主阀上腔的压力 p_x 时，主阀关闭，油液不能从A口流向B口；当

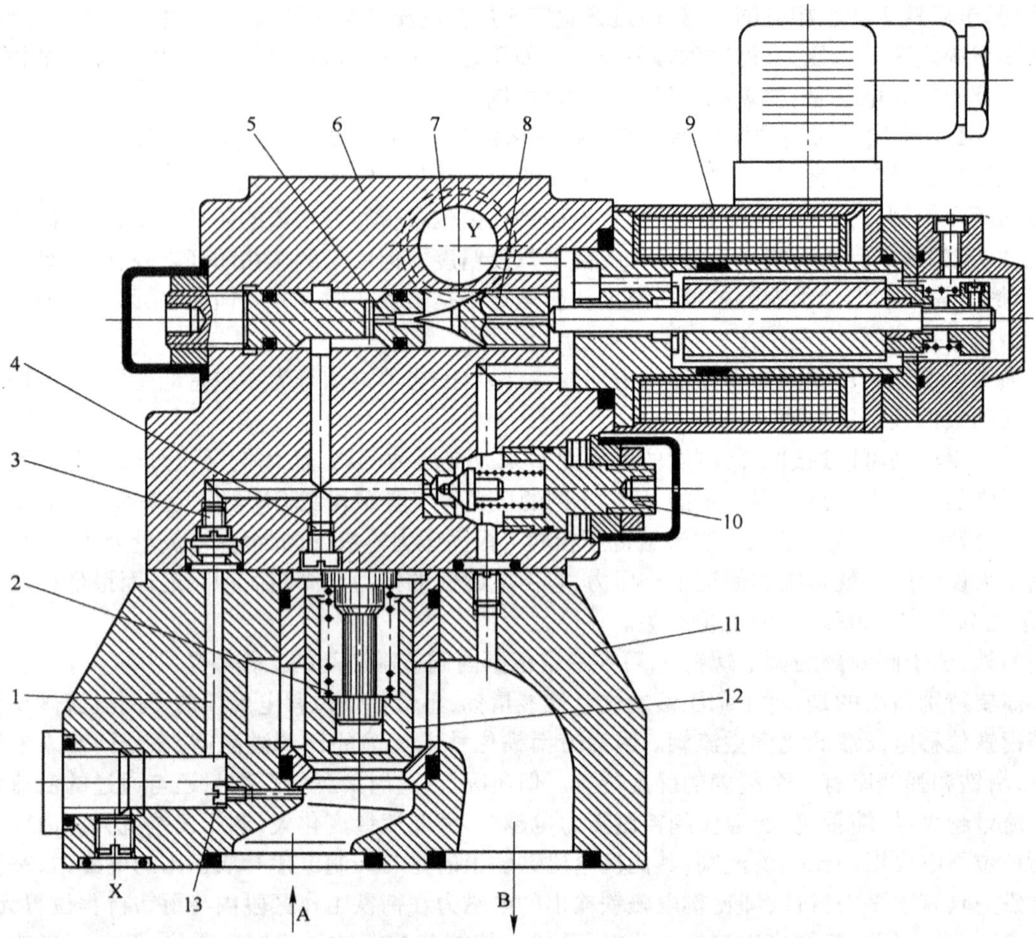

图 6-14　间接检测型先导式比例溢流阀

1—先导油流道；2—主阀弹簧；3～5—阻尼孔；6—先导控制级；7—外泄口；8—先导阀芯；9—比例电磁铁；10—限压阀；11—主阀级；12—主阀芯；13—螺堵

阀的 A 口压力 p_A 大于主阀上腔的压力 p_x 时，主阀开启，使油液从 A 口流向 B 口。

由于主阀芯是锥阀，它既小又轻，要求的行程也很小，所以响应很快。阀套上有三个径向分布的油孔，当阀开启时使油流分散流走，大大减小了噪声。阻尼孔 4 进行动态压力反馈，起动态阻尼作用，以提高阀芯的稳定性（见 6.3.2.2）。

从上述的工作原理中可以看出，与传统阀相比，这种电液比例溢流阀只是用比例电磁铁替代了手动调节机构。与传统的先导式溢流阀不同，比例先导式溢流阀不同的压力等级的获得是靠改变先导阀的阀座孔径来实现的。这点与比例直动式溢流阀完全相同。较大的阀座孔径对应着较低的压力等级，小的阀座孔径可获得较高的额定值。因此，在阀的选用原则上，比例压力阀与传统的传动阀是不同的。选用比例压力阀的规格应与系统所需的实际最高压力相适应，这样才能提高阀调节的分辨能力，有效利用阀的调节范围。

这种阀的工作原理可用方框图 6-15 表示。由图 6-15 可以看出，这种比例溢流阀是将先导阀的控制压力 p_x 通过先导阀芯作用面积（等于先导阀座孔面积 A_y）被检测反馈回去，与比例电磁铁的电磁力 F_m 相比较，当 p_xA_y 等于电磁力 F_m 时，导阀开启，进而主阀开启，来控制阀的进口压力

p_A。这种阀所检测到的、与输入信号相比较的不是所要控制的压力 p_A，而是经过先导液阻之后的先导阀的控制压力 p_x，因此称为间接检测式比例溢流阀。

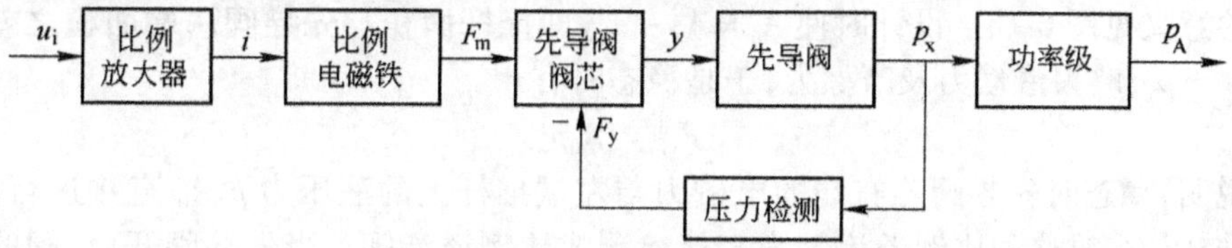

图 6-15　间接检测先导式比例溢流阀控制原理框图

如果先导级从阀内部泄油回油箱，背压有可能引起阀的误动作。当要求阀有较高的控制精度时，则应使先导级的回油经外泄口 Y 直接流回油箱。

比例放大器的优良设计可以做到使调整压力渐增或渐减至设定值，也可以在运行期间对设定压力进行快速而且频繁的调整。通常调整时间为 50～100ms。

为了防止系统压力过高，该阀设有内置限压阀 10。它的作用也起一个先导阀的作用，与主阀一起构成一个传统的溢流阀。当出现过高的系统压力，或由于电子线路失效，或有较大电流峰值时，它立即开启。安全阀 10 的设定压力只要略高于可能出现的最高工作压力即可。

从图 6-15 中可见，这种间接检测型比例溢流阀的主阀在小闭环之外，主阀中的各种干扰量，例如摩擦、液动力等的影响都得不到抑制，比例电磁铁也在闭环之外，所以其压力偏差和超调量都较大，常达 10% 以上。如果将主阀也包围在闭环内，就可克服以上缺点，这就成了直接检测式比例溢流阀。

6.3.2.2　直接检测型先导式比例溢流阀

A　结构与工作原理

直接检测型比例压力阀与间接检测型的最大区别是用受控压力 p_A（对溢流阀是进口压力，对减压阀是出口压力）的直接被检测和反馈，代替原来的间接控制压力 p_x（先导阀控制压力）的反馈比较，使电磁力 F_m 直接与被控压力作用进行比较来决定先导阀阀芯的位移及开口量。图 6-16所示为直接检测式比例溢流阀的结构原理图。与间接检测型在结构上的不同是先导阀从原来的锥阀变为差动滑阀。该差动滑阀由推杆 1 和先导阀阀芯 2 组成。当比例电磁铁通入信号电流时，产生一个与输入电流成正比的电磁力 F_m，直接作用于先导阀阀芯 2 的右端。阀的进口压力 p_A 一方面作用于主阀阀芯 4 的底部，另一方面分两股液流，一股直接作用于先导阀推杆 1 的左端，另一股通过固定阻尼孔 R_1 后，以 p_y 的压力作用于先导阀阀芯 2 的左端，并且通过固定阻尼孔 R_2 与主阀上腔相通。设主阀上腔压力为 p_x，它一方面作用于主阀芯上端，另一方面又通过阀的内部通道作用于先导阀阀芯 2 的右端。

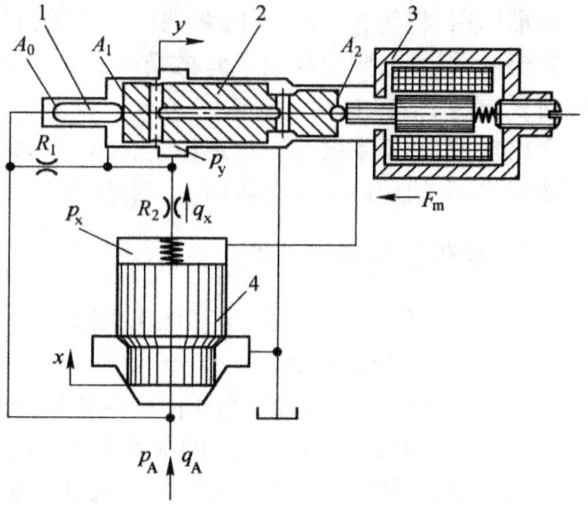

图 6-16　直接检测型先导式比例溢流阀的结构原理图

1—推杆；2—先导阀阀芯；3—比例电磁铁；4—主阀阀芯

由图 6-16 列出先导阀阀芯的力平衡方程

$$F_m = A_0 p_A + (A_1 - A_0) p_y - A_2 p_x - F_y \pm F_f \tag{6-3}$$

式中 F_y——液动力；

F_f——摩擦力。

其余符号的意义见图6-16。设计时使 $A_0 = A_1 - A_2$，即推杆面积与先导阀两端面积之差相等。又因稳态时 $p_x = p_y$，略去液动力及摩擦力，于是稳态时有

$$F_m = A_0 p_A \tag{6-4}$$

上式说明，稳态时先导阀芯右端的电磁力与左端推杆上的液压力 $p_A A_0$ 直接进行比较平衡，而 p_A 为受控压力，故这种比例溢流阀为直接检测式比例溢流阀。当先导阀开启，阀的进口压力作用 $p_A A_0$ 等于比例电磁铁的电磁力 F_m 时，主阀也开启并开始工作。这种直接检测式比例溢流阀本质上是一种闭环控制系统，因此充分抑制了主阀级中液动力等因素对调压特性的影响，大大减小了调压偏差。但先导阀中的液动力、摩擦力等仍会对阀的特性产生影响，但因先导流量不大，影响很小。

很明显，要改变阀的控制压力等级，要靠改变反馈推杆1处的面积 A_0 来获得。因此，当要获得高压力等级时，A_0 就要很小。这增加了制造的困难，工艺性较差。

B 动态阻尼 R_2 的作用

比例阀的各种参数，都可能由于工作循环调节的需要或负载的变化而产生急剧的调节。此时，主阀的位置将会对可能的调节信号或干扰作出响应，而产生一个加速度和速度，由此会在主阀上腔产生动态流量 q_x。如果没有动态阻尼作用，很容易引起主阀和先导阀的振荡，使动态特性变坏。

为了提高阀的动态性能，在比例压力阀的主阀上腔一般都设置了动态液阻 R_2，起动态压力反馈的作用。其动态反馈过程如下：干扰使主阀芯运动时产生的动态流量 q_x，当这个动态流量流过液阻 R_2 时，将受到阻尼，这个阻尼将使主阀上腔压力 p_x 发生变化。例如主阀芯向上运动时，使主阀上腔压力 p_x 增大；相反，当主阀芯向下运动时，使主阀上腔压力 p_x 减小。这种压力 p_x 的变化相当于动态时给主阀芯的运动增加了一个动态阻尼，使阀的动态特性得到改善。

对于直接检测型比例压力阀还应注意，动态液阻 R_2 的两端压力油还分别与先导阀芯2两端相通，对先导阀也起动态压力反馈的作用。当主阀芯运动产生的动态流量 q_x 流过液阻 R_2 时，产生阻尼作用，将使 $p_x \neq p_y$，滑阀两端压力不等，产生了附加的动态调整力 $a_2(p_x - p_y)$。例如，设主阀芯要向下运动，则出现 $p_y > p_x$ 的情况，这时动态调整力使导阀芯右移少许，导阀溢流量加大，从而使 p_y 迅速回落，直到重新达到 $p_x = p_y$ 为止。由以上分析可见，这是一种负反馈，且只在动态时才会出现，有利于系统迅速达到稳定，改善了系统的动态特性和抗干扰能力。且由于阀芯2端面对液阻 R_2 上的压差有放大作用，适当选择液阻尺寸，就可使阀的性能指标得到优化。

6.3.3 比例溢流阀的特性

电液比例溢流阀的特性与其他比例阀一样，有静态特性和动态特性两种。

6.3.3.1 静态特性

比例溢流阀的静态特性主要由三条特性曲线来表示，见图6-17。

（1）输入电流与输出压力的关系曲线（I-p 特性曲线）。输入电流与输出压力的关系曲线（I-p特性曲线）实际是比例压力阀的输入量与输出量间的关系曲线，也称控制特性曲线。从此图中可以确定比例溢流阀的主要性能参数：最高、最低设定压力、滞环、线性度等压力控制特性。这些性能数据是系统设计和调整时的重要依据。例如，从图6-17a中可以找到死区电流约为200mA；当输入电流为600mA时，输出压力约为23MPa。为了消除死区，控制阀需要通入约200mA的先导电流。但另一方面，为了获得最低控制压力值，通入的先导电流不应大于100mA。

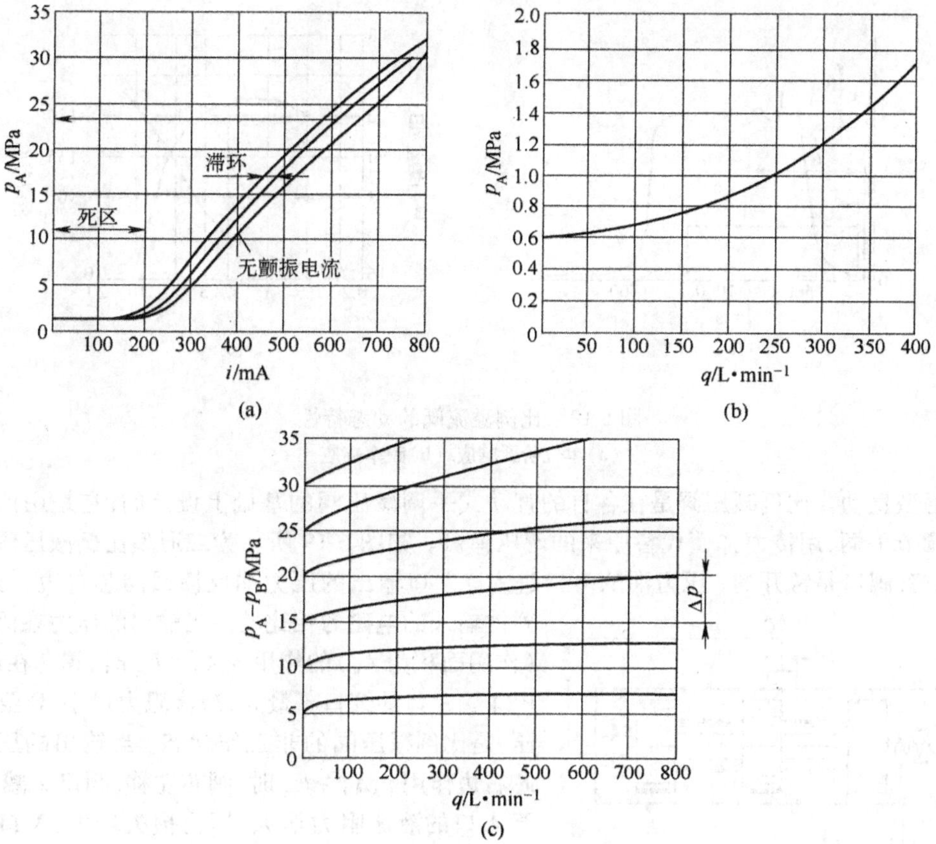

图 6-17　比例溢流阀的静态特性曲线

(a)输入电流与输出压力的关系曲线；(b)最低调节压力与输入流量的关系曲线；(c)压差-流量曲线

(2)最低调节压力与输入流量的关系曲线。最低调节压力与输入流量的关系曲线是在输入电流不大于100mA的情况下测得的，如图6-17b所示，最低调定压力与输入流量有关，流量愈大，最低调定压力愈高。并且应该注意到，比例溢流阀的最低控制压力是一个较低的压力，但不为零。

(3) 压差-流量特性曲线(p-q特性曲线)。图6-17c所示为比例溢流阀的进、出油口的压差与通过流量的关系曲线(也称p-q特性曲线)。与传统的溢流阀一样，当输入的控制电流不变时的控制压力会随通过的流量不同而变化。这种变化可用调压偏差来衡量。而从图6-17c所示的p-q特性曲线中可以找出在不同的电流下的调压偏差Δp。从曲线中可看出，曲线越平坦，调压偏差Δp越小。实验表明，这一性能直接检测式优于间接检测式比例溢流阀。

6.3.3.2　动态特性

比例溢流阀的动态特性一般用阶跃响应曲线和频率响应曲线来表示(见图6-18)。从阶跃响应曲线可以得到滞后时间τ，响应时间t_s及超调量σ等性能参数(见图6-18a)。从频率特性曲线中可以得到频宽等性能参数。

6.3.4　直动式比例减压阀

6.3.4.1　二通型直动式比例减压阀

比例减压阀的功能与传统的定值减压阀相似，使系统的某一部分(阀出口处)得到(比阀进口处)较低的压力，并且能使这个压力随输入电信号成比例地变化。

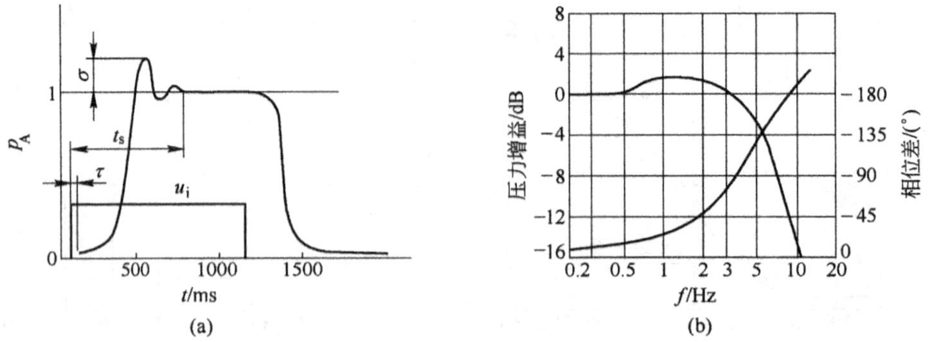

图 6-18　比例溢流阀的动态特性

(a)单位阶跃响应;(b)频率响应

二通型直动式比例减压阀是在各自的直动式手调减压阀的基础上设计的,它是用比例电磁铁代替调节手柄,用传力弹簧代替原来的调压弹簧。如图 6-19 所示为二通型比例减压阀的结构原理图。其阀口是常开的,压力油从 P 口进入。A 口输出的压力油反馈回阀芯右边,与比例电磁铁输入的电磁力相比较。当输出的压力在阀芯右边(作用面积为 A_R)的作用 $p_A A_R < F_m$ 时,阀芯在最右边,P 口至 A 口的开口 x 最大,液流阻力最小,P 至 A 不减压,是比例减压阀的非工作状态。当输出的压力在阀芯右边作用 $p_A A_R > F_m$ 时,阀芯左移,阀口 x 减小,P 口至 A 口的液流阻力增大,压力损失增大,A 口压力减小,直至平衡。忽略摩擦力、液动力、惯性力,平衡时阀芯的力平衡方程为

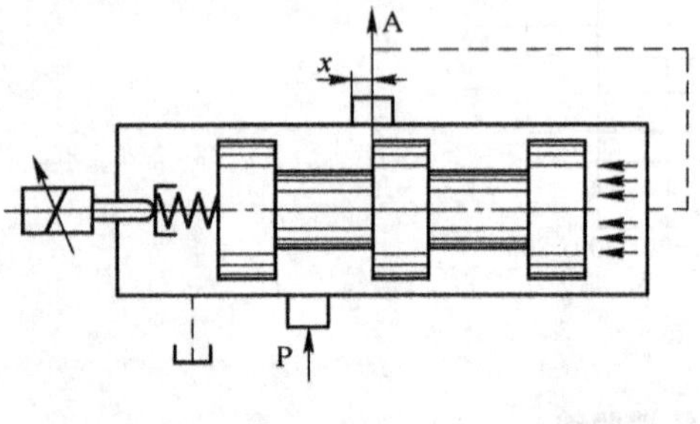

图 6-19　直动式二通型比例减压阀原理图

$$p_A A_R = F_m$$

则减压阀的调节压力

$$p_A = F_m / A_R \tag{6-5}$$

式(6-5)说明,这种阀的调节压力与电磁力成正比,也与输入电信号成正比。这时比例减压阀处于工作状态。与传统的减压阀一样,当输入电信号不变时,阀的 A 出口的压力能自动保持一定,基本不受阀进、出口压力变化的影响。

直动式二通减压阀的主要问题是无法处理负载腔压力过高的情况。当负载腔压力高于调定值时,减压阀芯运动直至阀口关闭。若此时负载腔压力继续升高,减压阀无法调整,负载腔中的高压油没有出路,将导致设备受损等事故发生。为了解决这一问题,可为负载腔提供一个溢流通道,即将二通型比例减压阀改成了三通型比例减压阀。

6.3.4.2　三通型直动式比例减压阀

A　基本工作原理

图 6-20 所示为直动式三通型比例减压阀的原理图。与图 6-19 进行比较,这种阀多了一个与油箱接通的溢流口 T。若负载口 A 口压力过高时,阀芯继续向左运动,使 A 口与溢流口 T 相通,A 口的压力油一部分从 T 口溢流,A 口压力下降,直至 A 口压力等于比例电磁铁的设定压力。若负载口 A 口压力降低时,阀芯即向右运动,使 A 口与进油口 P 相通,A 口压力上升。经过 A 口压力的反馈比较,调节阀芯位置,直至 A 口压力重新等于比例电磁铁的设定压力。

B　双向三通比例减压阀

在先导式比例方向阀中，主阀的位移往往是依靠三通型比例减压阀控制的压力来控制的。由于主阀芯的移动是双向的，因此要采用两个直动式三通减压阀组成的双向三通比例减压阀。图 6-21 所示为双向直动式三通比例减压阀的结构原理图。当比例电磁铁 1、6 无控制电流通入时，控制阀芯 3 在弹簧的作用下保持在中位，P 口关闭，A、B 口与回油口 T 相通，具有 Y 型中位机能。电磁铁 1 输入控制电流时，产生的电磁力通过左压力检测柱塞 2 作用在控制阀芯 3 上，推动阀芯 3 右移，接通 P 口与 B 口、A 口与 T 口。B 口压力油的一部分通过径向小孔，进入装有压力检测柱塞 4 的阀芯内腔，作用于压力检测柱塞 4 和控制阀芯 3 上。作用在压力检测柱塞 4

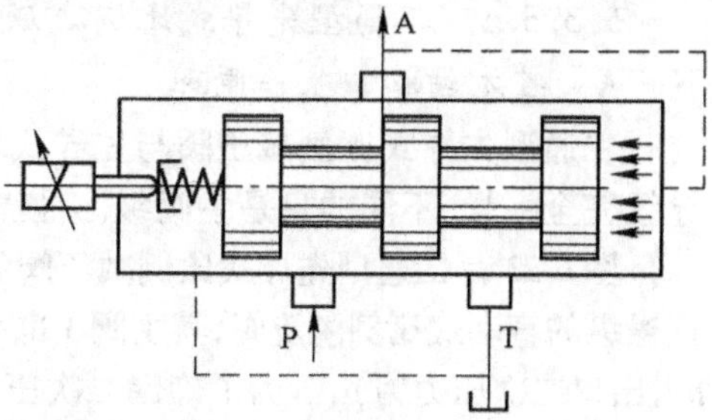

图 6-20　直动式三通型比例减压阀原理图

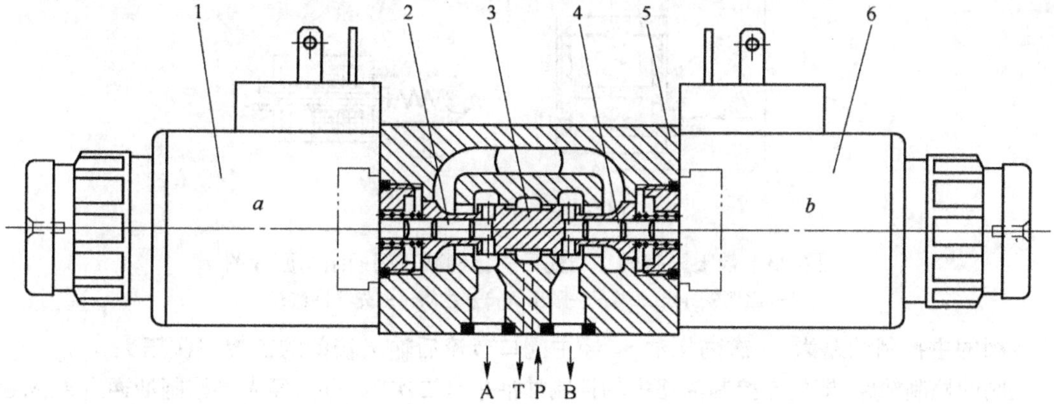

图 6-21　双向直动式三通比例减压阀

1,6—湿式比例电磁铁；2,4—左、右测压柱塞；3—控制阀芯；5—阀体

上的油压作用力，使压力检测柱塞 4 压住比例电磁铁 6 的推杆，作用于阀芯 3 上的油压作用形成反馈作用，与电磁力进行比较。当 B 口的压力较小时，电磁力使阀芯 3 在最右端，P 至 B 的阀口开度最大，P 至 B 的压力不降低，不减压，是比例减压阀的非工作状态；当 B 口的压力大于等于电磁力时，B 口的压力将克服电磁力，推动阀芯 3 向左移动，关小 P 至 B 的阀口，使 B 口压力降低，直至与电磁力平衡，使 B 口压力与电磁力相适应，这是比例减压阀的工作状态。当电磁力或 B 口压力变化时，则左、右压力检测柱塞 2 和 4 立即能敏感地检测到，并使阀芯 3 做相应的调整，使被控的 B 口压力始终与电磁力成比例。当比例电磁铁 6 获得输入电流时，则阀芯 3 向相反方向调整，这时被控压力口为 A 口，B 口的油液则与 T 口相通回油箱。图 6-22 所示为阀的职能符号。

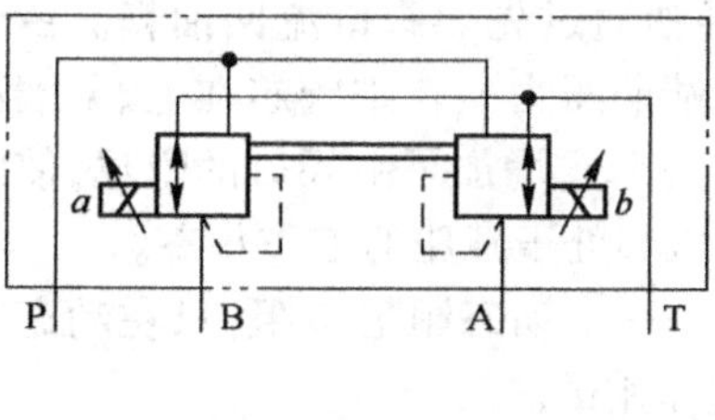

图 6-22　双作用直动式三通比例减压阀的职能符号

直动式比例减压阀一般通径为 6 通径，最大流量为 15L/min，若要适应较大流量的压力控制，还需用先导式减压阀。

6.3.5 先导式比例减压阀

6.3.5.1 二通型先导式比例减压阀

A 基本结构与工作原理

二通型先导式比例减压阀与先导式比例溢流阀的动作控制原理基本相同，结构上它们的先导级完全一样，不同的只是主阀级。溢流阀采用常闭式阀，而减压阀采用常开式阀。

图6-23是二通型先导式比例减压阀的结构原理图。它的先导阀1是一个由力控制型比例电磁铁操纵的直动式比例溢流阀，其主阀3也与手调式减压阀一样，是一个二通型常开阀，其进口压力是p_B，出口二次压力为p_A。为了确保二次压力的安全，限制二次压力的最高值，阀中还设置了一个限压阀2。事实上，限压阀2与主阀3就构成了一个先导式手调减压阀，限制了阀的最高控制压力。

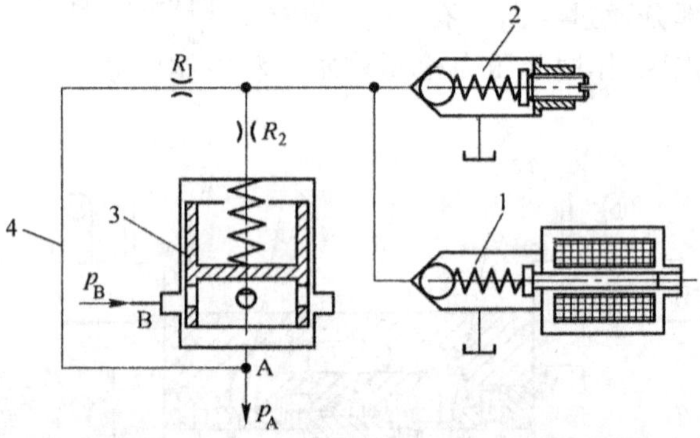

图6-23 带限压阀的二通先导式比例减压阀的结构原理图

1—比例先导压力阀；2—限压阀；3—主阀；4—先导油流道

该阀的主控制油路为：一次高压油p_B经主阀口节流后输出较低的被控二次压力p_A。

主阀的控制油路，即先导控制油路中的控制油液来自二次压力p_A，经先导控制油通道4、固定阻尼孔R_1，进入先导阀1和限压阀2。一般限压阀的压力应调得比系统所需p_A的最高控制压力稍高。当阀接收到输入电信号，比例电磁铁产生的电磁力F_m直接（或通过弹簧）作用在先导阀芯上。

当阀的出口压力p_A较低时，不足以克服比例电磁铁的电磁力时，先导阀关闭。先导油液处于静止状态，作用在主阀芯的上、下端面上的油液压力相等。因主阀芯上、下端面面积基本相等，主阀芯在主阀弹簧作用下保持主阀开启状态。油液经主阀口时几乎是在无阻尼的情况下输出，因此二次压力$p_A \approx p_B$，减压阀没有减压。这是减压阀的非工作状态。

当出口油的压力p_A作用超过电磁力时，先导阀开启，先导油通过先导阀口流回油箱。由于固定阻尼R_1的阻尼作用，使主阀芯下端的油液压力p_A大于上端的压力p_x。主阀芯在上、下端面的油液压力差的作用下，克服主阀弹簧的作用向上移动，关小主阀口，增加了主阀口的阻尼，使阀出口压力p_A降为较进口压力p_B低的二次压力。这时，比例减压阀处于减压的工作状态。

与先导式比例溢流阀相同，在主阀上部的固定阻尼孔R_2是一个动态阻尼液阻，只在动态时对阀起动压反馈作用，以提高阀的稳定性。它在稳态时是不起作用的。

这种比例减压阀在稳态时，忽略主阀芯上的摩擦力及液动力影响，主阀芯的力平衡方程可以表示为：

$$(p_A - p_x)A_x = k(x_o + x) \tag{6-6}$$

式中 p_A——减压阀出口压力；

p_x——减压阀主阀上腔的油液压力，稳态时由先导阀调节；

A_x——减压阀主阀芯上、下端面的油压作用面积；

k——主阀弹簧刚度；

x_o——主阀弹簧的预压缩量；

x——主阀芯位移量。

由式(6-6)可以看出，先导式减压阀的主阀是利用固定阻尼孔 R_1 产生的压力差的作用与主阀弹簧力平衡来进行控制的，因此匹配的主阀弹簧刚度可以很小，主阀弹簧力也是很小的，则有

$$p_A \approx p_x \tag{6-7}$$

式(6-7)可以表明，先导式比例减压阀的出口压力 p_A 基本是由主阀的上腔压力 p_x 决定的（实际 p_A 比 p_x 稍大），而稳态时的 p_x 值是由先导阀（直动式比例溢流阀）调定的。即

$$p_x = \frac{F_m}{A_y} \tag{6-8}$$

式中，A_y 为先导阀（直动式比例溢流阀）的阀芯作用面积。

由以上分析可以看出，这种减压阀反馈回输入端与电磁力 F_m 相比较的压力不是被控压力 p_A，因此属于间接检测型先导式比例减压阀。

图6-24是这种带限压阀的先导式比例减压阀的一种实际结构。与传统的先导式减压阀相同，

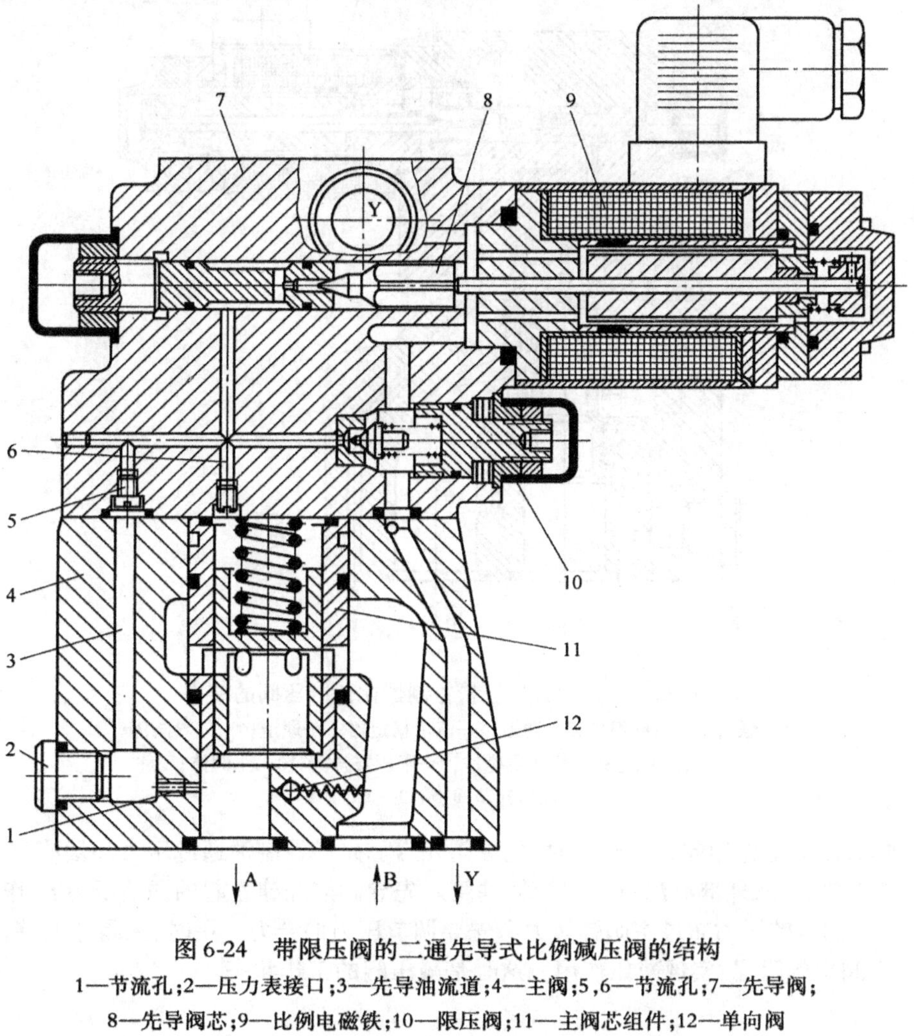

图 6-24　带限压阀的二通先导式比例减压阀的结构

1—节流孔；2—压力表接口；3—先导油流道；4—主阀；5，6—节流孔；7—先导阀；8—先导阀芯；9—比例电磁铁；10—限压阀；11—主阀芯组件；12—单向阀

减压阀的先导压力油必须要单独经 Y 口流回油箱。如果需要,可以在阀中装单向阀 12,构成单向比例减压阀,以在必要时能实现油液从 A 口向 B 口的反向流动。

B　带压力补偿流量稳定器的比例减压阀

图 6-24 所示的比例减压阀的先导控制油取自二次压力油。由于减压阀工作时,主阀口类似一个作不断调整的节流口。在大流量时,节流口下游的流动常常会出现湍流现象。这将影响先导阀和主阀的工作稳定性。为了改善这一状况,将先导油改为取自一次压力油,并且在先导级中加上一个压力补偿流量稳定器(见图 6-25),使通过先导级的流量近似为定值,使先导级控制的压力更加稳定,从而使这种减压阀的被控压力可以做到更加稳定。

图 6-25 中,一次压力油从 B 口经先导油通道 3 和流量稳定器 4 后进入先导阀 7 的前腔和主阀组件 2 上部弹簧腔。当进口压力不足以打开由电磁力压紧的先导阀时,这时先导控制油液处于静止状态,先导阀前腔与主阀上、下端压力相等,主阀芯在主阀弹簧力作用下处于下位的位置。主阀芯上的径向孔与阀套上的孔对齐,阀口处于全开状态,液流从 B 口流向 A 口时,几乎没有阻尼。这时二次压力 $p_A \approx p_B$,减压阀没有减压,这是减压阀的非工作状态。

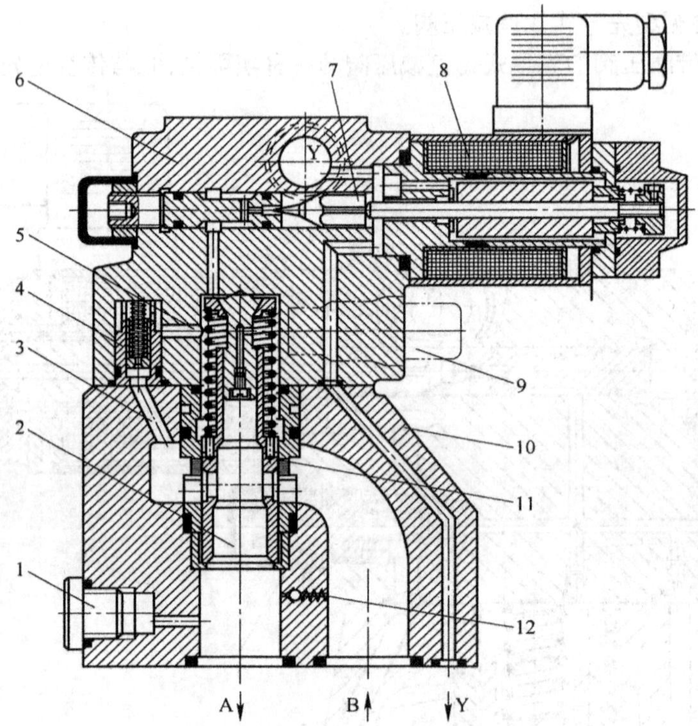

图 6-25　带压力补偿流量控制器比例减压阀的结构

1—螺堵;2—主阀组件;3—通道;4—流量稳定器;5—通道;6—先导阀体;
7—先导阀芯;8—比例电磁铁;9—限压安全阀;10—主阀体;
11—周边卸荷通道;12—单向阀

当阀进口压力 p_B 作用超过电磁力时,先导阀开启。先导控制油通过压力补偿流量稳定器 4、通道 5、先导阀口后,从外部泄油口 Y 口流回油箱。先导阀前腔建立起的调节压力 p_x 作用于主阀芯上部。当 A 油口的压力超过主阀弹簧力和先导调节压力的合力作用时,主阀芯上移,关小主阀口,增加了主阀口的阻尼,实现减压作用。这时是减压阀的工作状态。

虽然这种阀与前述阀的结构不同，先导控制油取自 B 口，而不是 A 口，但在稳态时，忽略摩擦力、液动力等的影响，主阀芯上的力平衡方程同式(6-6)，同样可使得 $p_A \approx p_x$。这说明，无论先导控制油是取自阀的进口还是出口压力油，阀的被控压力 p_A 均由先导阀的调节与设定，也就是由比例电磁铁的输入电流决定。p_A 的稳定性取决于 p_x 的稳定，而在输入电流不变的情况下，p_x 的稳定又取决于通过先导阀的流量是否稳定。这种比例减压阀设置了先导流量稳定器，就是为保证通过先导阀流量的恒定。

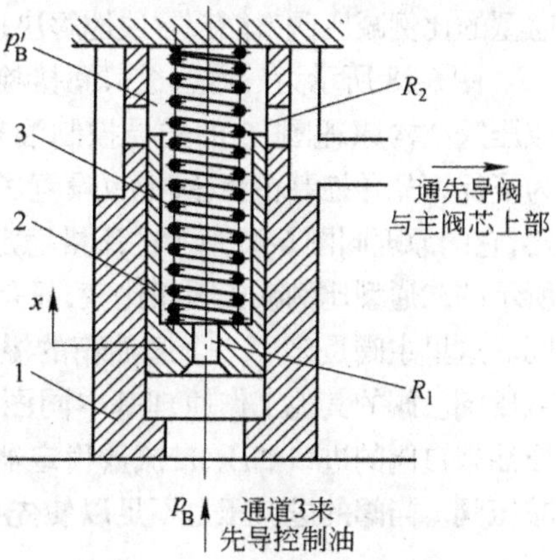

图 6-26 先导流量稳定器结构原理图
1—阀套；2—阀芯；3—复位弹簧

先导流量稳定器的结构原理图示于图 6-26。它由阀套 1、阀芯 2 和复位弹簧 3 组成。由图 6-25 中的先导控制油进油通道 3 来的先导控制油，经阀芯 2 上的固定液阻 R_1 后，再经过阀芯 2 端面与阀套 1 孔形成的可变节流液阻 R_2 后流向先导阀口。当比例电磁铁输入电信号后，先导阀开启。流量稳定器能在主阀进口压力 p_B 变化时，仍保持通过先导阀的流量为定值。例如，当 p_B 升高时，反映到流量稳定器阀芯 2 下端的压力增大，流量稳定器阀芯向上移动，使可变液阻 R_2 的通流面积减小，液阻增大，使固定液阻 R_1 后的压力 p'_B 升高，直至阀芯 2 达到新的平衡。平衡时阀芯 2 的力平衡方程为

$$(p_B - p'_B)A_v = k(x_0 + x) \approx kx_0 \qquad (x \ll x_0) \tag{6-9}$$

式中 A_v——流量稳定器阀芯作用面积；
k——复位弹簧刚度；
x_0——弹簧预压缩量；
x——流量稳定器阀芯的移动量。

由式(6-9)可以看出，这种流量稳定器可在阀进口压力 p_B 变化时，经过调节，稳态时使固定液阻 R_1 两端的压差 $(p_B - p'_B)$ 基本不变，从而保证了先导控制流量和控制压力 p_x 的基本稳定。

图 6-25 所示的比例减压阀还具有过载保护功能。当 A 口的二次压力过高，主阀芯向上移动，基本关闭主阀口，同时打开 A 腔至弹簧腔周边的通道，使 A 腔的高压油通过主阀弹簧腔，从先导阀溢流回油箱，防止了二次压力过高。减压阀的主阀口有时需要反向流动，可设置单向阀实现。

C 直接检测式先导比例减压阀

以上两种先导式比例减压阀均是通过检测到的先导阀控制压力 p_x 反馈与比例电磁铁的电磁力相比较，从而间接对主阀的出口压力进行控制，因此均为间接检测型比例减压阀。这种间接检测型阀决定了这类阀具有较大的稳态调压偏差和较低的响应速度。直接检测型比例减压阀就能克服以上缺点。

直接检测型先导比例减压阀的原理见图 6-27。它的先导级与直接检测型先导式比例溢流阀的先导级相同，因此直接检测型先导式比例减压阀的原理与直接检测型先导比例溢流阀类似。阀的出口压力，即被控压力 p_A 直接被检测反馈，通过先导级的推杆与比例电磁铁的电磁力相比较而对主阀的被控参数 p_A 进行控制。它本质上已经构成了闭环控制，因此阀的各种干扰影响得到抑制。这种减压阀的稳态调压偏差可达 1% 以下。

6.3.5.2　三通型先导式比例减压阀

与直动式二通减压阀相同，先导式二通减压阀一般无法处理被控压力高于调定值的情况。采用三通型的比例减压阀就能较方便地解决这个问题。

图6-28所示为三通型进口间接检测式先导比例减压阀结构原理图，它的先导控制油来自阀的进口。为了保证先导控制精度，阀中也设置了先导流量稳定器，它的原理同图6-26所示的流量稳定器。与图6-25所示的二通型比例减压阀相比较，只是主阀的结构不同。这里主阀是多了一个通油箱的溢流T口的三通减压阀。阀的其他工作原理基本同图6-25所示的先导油来自阀的进口油压、带流量稳定器的二通型比例减压阀。当阀的进口压力不足以使先导阀开启时，阀处于非工作状态，不减压，即阀的出口压力约等于其进口压力（即 $p_A \approx p_B$）；当进口压力使先导阀开启时，阀处于工作状态，使阀的出口压力小于其进口压力（$p_A < p_B$），约等于先导阀的调节压力，即 $p_A \approx p_x$，实现了阀的控制压力与输入电流成正比的比例控制。三通型先导比例减压阀还能解决当阀的出口压力高于调节压力的情况，这时阀芯进一步移动，使阀的A口与T口接通，将A口压力调节到设定值。

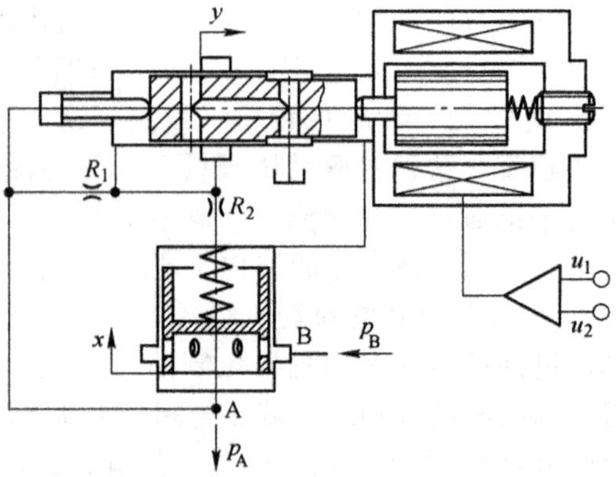

图6-27　直接检测式先导式比例减压阀

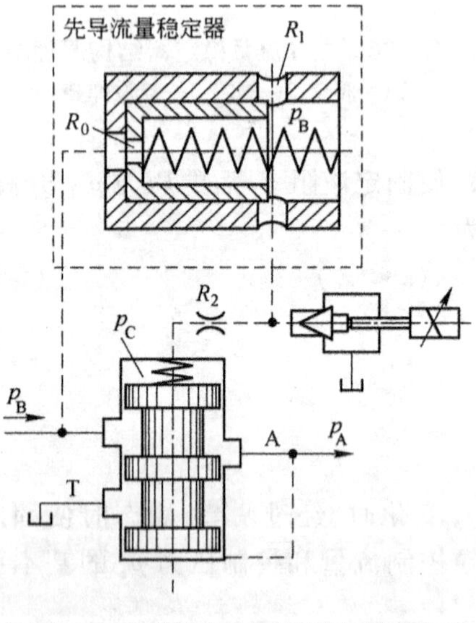

图6-28　三通型进口间接检测式（带先导流量稳定器）先导比例减压阀结构原理

6.3.6　比例减压阀的静态特性曲线

表示电液比例减压阀的静特性一般有以下四种关系曲线，如图6-29所示。这是一典型的二通型比例减压阀的静特性测试所得曲线。

6.3.6.1　输入电流与控制压力的关系曲线

阀的输入电流与控制压力（出口压力）的关系曲线实际是电液比例减压阀的控制特性的曲线，它反映阀的输入量与输出量之间的关系。这是一条重要的性能曲线，由此曲线可得减压阀的滞环、死区、线性度等特性。由图6-29a所示曲线可见，这种比例减压阀在控制范围中约有200mA的死区电流。为消除死区的影响，需要200mA的先导电流。由图6-29a还可见，控制信号中叠加有颤振电流信号时，其滞环要比无颤振电流时小得多。

6.3.6.2　流量与最低控制压力的关系曲线

阀的最低控制压力特性曲线是在输入电流不大于100mA、进口压力固定的情况下测得的，如图6-29b所示。阀的最低控制压力与通过的流量有关，它随通过流量的增大而下降，这一点是与比例溢流阀不同的。另外也应注意到比例减压阀的最低控制压力并不为零。

6.3.6.3　流量与控制压力的关系曲线

阀的流量与控制压力的关系曲线如图6-29c所示。图中的每一根曲线是在同一输入电流的情况下，使比例减压阀通入不同的流量时检测阀的出口控制压力得到的。这些曲线表示通过阀

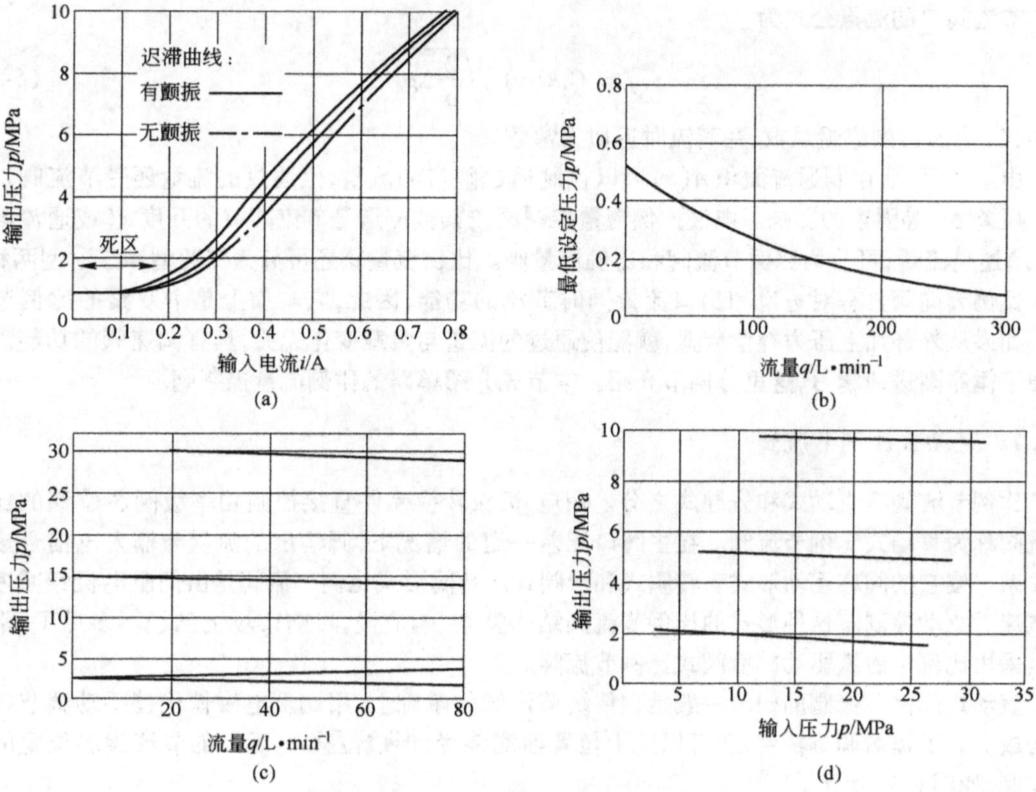

图 6-29 比例减压阀的静态特性曲线

(a)输入电流与控制压力曲线；(b)流量与最低设定压力曲线；
(c)流量与控制压力曲线；(d)输入压力与控制压力关系曲线

的流量对比例减压阀控制压力的影响，同时也反映了减压阀的调压偏差值。由图可以看出，在同一输入电流的情况下，比例减压阀的出口控制压力随通过流量的增加而减小，这也是与比例溢流阀不同的。这是因为比例减压阀通过流量增大时作用在阀芯上的液动力也增大，使阀口进一步减小，因此引起出口压力进一步降低的缘故。总的来说，比例减压阀的稳压性能较比例溢流阀的为好。

6.3.6.4 输入压力与控制压力的关系曲线

阀的输入压力与控制压力的关系曲线如图 6-29d 所示，图中每一根曲线是在同一输入电流的情况下，使比例减压阀输入不同压力的压力油时检测阀的出口控制压力得到的。它反映阀的输入压力对输出控制压力的影响。由图 6-29d 可以看出，当阀的输入压力增加时，输出压力略有下降。

实验还证明，直接检测式先导比例减压阀的综合静态性能优于间接检测式的比例减压阀。

6.4 电液比例流量控制阀

电液比例流量控制阀的流量调节作用，都是通过改变节流阀口的开度（通流面积）来实现的。它与普通流量阀的主要区别是用比例电磁铁取代原来的手调机构、直接或间接地调节主节流阀口的通流面积，并使输出流量与输入电信号成正比。

节流阀口的流量公式为

$$q = C_d A(x)\sqrt{\frac{2}{\rho}\Delta p} \tag{6-10}$$

式中，C_d 为阀口的流量系数，在紊流时近似为常数。

由上式可见，控制通流面积 $A(x)$ 可以控制通过阀口的流量，但通过的流量还受节流阀口的前后压差 Δp 等因素的影响。电液比例流量控制阀按其被控量是节流阀口的开度 x（或通流面积 $A(x)$）还是流量，可分为比例节流阀和比例流量阀。比例流量阀还可分为二通型和三通型两种。

比例方向阀具有对进口和出口流量同时节流的功能，因此，它本质上是个双路的比例节流阀。如果从外部加上压力补偿装置，就能使通过的流量与负载变化无关，具有调速阀的功能。为了便于循序渐进地学习，这里分两节介绍。本节先介绍单路的比例流量控制阀。

6.4.1　直动式比例节流阀

比例节流阀有直动式和先导式之分。用电-机械转换元件直接控制功率级阀芯位移的比例节流阀称为直动式比例节流阀。在主阀口压差一定的情况下，阀输出的流量与输入电信号成比例关系。按它的阀芯运动形式有转阀式和滑阀式。转阀形式比例节流阀是由伺服电机经减速机构减速后驱动控制。这种形式的比例节流阀结构复杂、响应慢，目前市场上已经不多见了，常见的是采用比例电磁铁驱动的滑阀式比例节流阀。

直动式比例节流阀的构成一般是在传统节流阀的基础上，用比例电磁铁代替手动调节机构而构成。为了提高调节精度，还可以配上位置检测装置，形成位移-电反馈的节流阀芯位置的闭环控制，如图 6-30 所示。

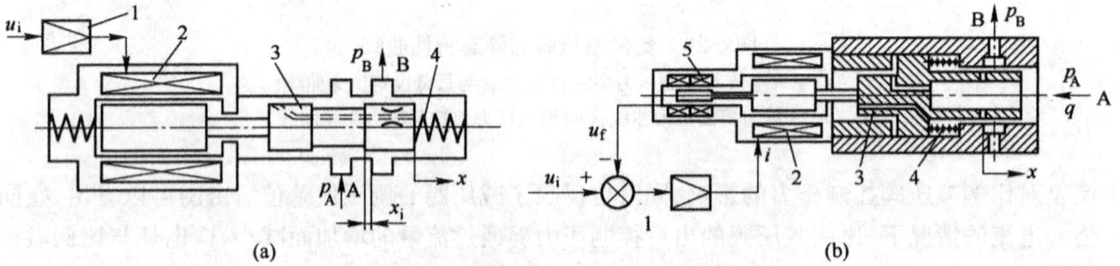

图 6-30　直动式电液比例节流阀的结构原理图

（a）不带位移-电反馈的比例节流阀；（b）带位移-电反馈的比例节流阀

1—比例放大器；2—比例电磁铁；3—节流阀芯；

4—复位弹簧；5—位移传感器

实际使用中，常用二位四通比例方向阀来代替比例节流阀（典型结构见图 6-31a）。比例方向阀有两条通路，因此，作比例节流阀使用时，根据流量的要求，可以只利用其中一条节流通道，也可同时使用两条节流通道。其连接情况及职能符号可参见图 6-31b。二位四通比例方向阀用作比例节流阀时，如要同时利用两个通道，可使通过流量倍增，但此时其无信号状态必须是 O 型的，即四个油口互相封闭。如果只利用其中一个通道，其无信号状态可以有多种形式供选用。

6.4.2　先导式比例节流阀

由于受比例电磁铁推力的限制，直动式的比例流量阀只适用于较小通径的阀。当通径大于 16mm 时，一般就要采用先导控制形式。先导控制形式的特点是利用较小功率的比例电磁铁，驱

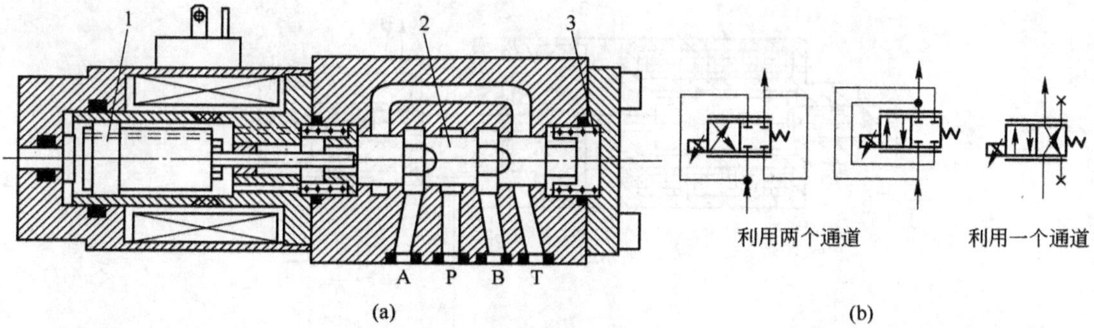

图 6-31 二位四通直动式单级比例节流阀的典型结构和连接方式
(a) 直动式单级比例节流阀的典型结构；(b) 连接方式与职能符号
1—比例电磁铁；2—阀芯；3—复位弹簧

动一个小型的先导阀，再利用先导级的液压放大作用，实现对主节流阀的控制。这种方案适用于高压大流量的液流控制。先导式电液比例节流阀的被控量是主节流阀芯的位移，即主阀的开口量。为了使主节流阀口得到成比例地精确控制，先导式比例节流阀可有多种级间反馈形式，目前可能的反馈控制方式参见图 6-32。根据阀的级间反馈形式的不同，先导式电液比例节流阀可分为位置直接反馈型、位移-力反馈型和位移-电反馈型等三种基本形式。

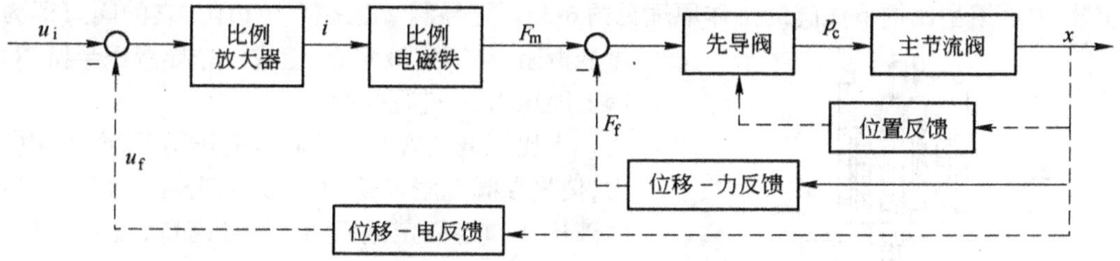

图 6-32 先导式比例节流阀的控制原理方框图

6.4.2.1 位置直接反馈型电液比例节流阀

位置直接反馈型电液比例节流阀的结构原理图如图 6-33 所示。图中 4 为主阀芯，2 为先导阀芯，主阀的阀芯实际即为先导阀的阀套，构成位置直接反馈。主阀芯实际为一差动活塞，它的左端作用着 A 进油口端来的供油压力，右端小面积上也作用着 A 口来的供油压力和弹簧力。环形面积 A_c 为控制面积。先导阀是一单边控制阀，它与固定液阻 R_1 构成液压半桥，对主阀控制面积 A_c 上的液压力进行控制。

当比例电磁铁 1 无控制电流输入时，阀的进油 A 口来的压力油同时作用在主阀芯和先导阀芯两端及主阀的环形控制面积 A_c 上，使主阀芯和先导阀芯处于液压平衡状态。在阀右端主阀的复位弹簧 5 和导阀的平衡弹簧 6 作用下，使主阀芯与先导阀芯均被推向左端，主阀口与先导阀口均处于关闭状态，无流量输出。

当比例电磁铁 1 有输入控制电流时，电磁力作用在先导阀的左端面，并与右边的平衡弹簧 6 的弹簧力平衡。对应每一输入电流，先导阀有一对应成比例的向右阀位移 y。先导控制液流通过先导阀时，先导阀的控制边形成的可变液阻，与固定阻尼孔 R_1 组成的液压半桥使环形面积 A_c 上的压力 p_c 下降，主阀阀芯失去原来的液压平衡而向右运动。由于主阀芯又是先导阀的阀套，因

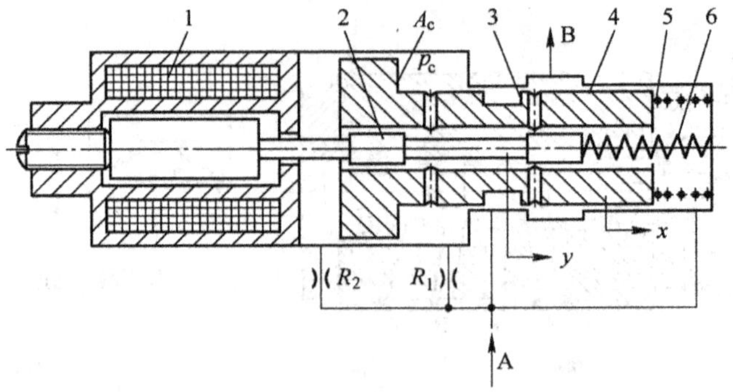

图 6-33　位置直接反馈型比例节流阀原理

1—比例电磁铁；2—先导阀芯；3—主节流边；4—主阀芯；5—主阀复位弹簧；6—导阀平衡弹簧

此，主阀芯的向右运动必将逐渐关小先导阀口，直至主阀芯位移 $x=y$（先导阀芯位移），导阀口完全关闭，实现了主阀芯对先导阀芯位置跟随运动，主阀口有一个与输入电流成正比的开度。

图中液阻 R_2 是动态反馈液阻，起增加主阀运动阻尼作用。

从图 6-32 所示的控制原理框图中可见，位置直接反馈所构成的闭环仅局限于先导阀和主阀之间。因此对反馈回路以外的干扰没有抑制能力，但对主阀芯上的液动力影响有明显的抑制作用。另外，由以上分析可知，位置直接反馈型比例节流阀的最大开度受比例电磁铁的行程限制，因此要想增大阀的位移和流量，可采用位移-力反馈型比例节流阀。

6.4.2.2　位移-力反馈型比例节流阀

位移-力反馈型比例节流阀的工作原理见图 6-34。先导阀 2 是一个单边阀，它的阀口即为一可变液阻，与固定液阻 R_1 组成一先导液压半桥，对主阀上腔压力 p_x 进行控制。

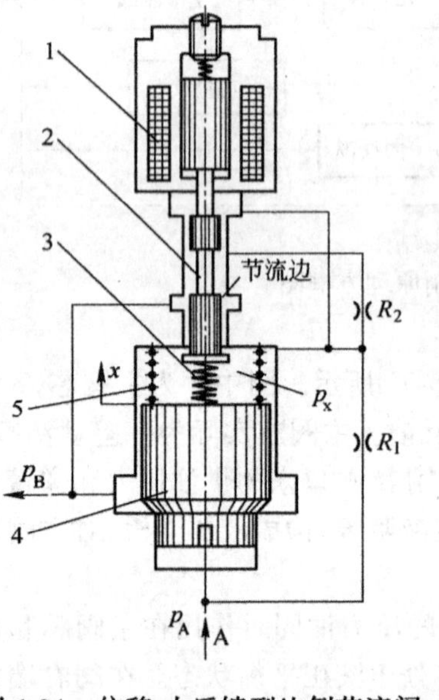

图 6-34　位移-力反馈型比例节流阀

1—比例电磁铁；2—先导阀；3—反馈弹簧；4—主阀；5—主阀复位弹簧

当比例电磁铁 1 在控制电流作用下，产生相应推力，使先导阀克服弹簧力下移，打开先导阀口。控制油液从 A 口经固定液阻 R_1、先导阀口，流向 B 口，由于固定液阻 R_1 的作用，使主阀下腔压力 p_A 大于上腔压力 p_x。在压差 p_A-p_x 的作用下，主阀芯上移，并打开或增大主节流口。与此同时，主阀芯的位移经反馈弹簧 3 转化为反馈力作用在先导阀芯下部，与电磁力相比较，两者相等时达到平衡状态。对应主阀停止运动，有一个相应的开口 x。

图中，R_2 的作用是产生动态压力反馈以增加主阀与导阀的稳定性。

由于主阀芯的定位是靠主阀芯位移 x 和反馈弹簧刚度 k 的乘积与电磁力 F_m 相平衡来确定的，采用同样的比例电磁铁，改变 k 就可以改变主阀的行程。主阀位移量不受比例电磁铁的行程限制，因此，可以得到较大的阀位移。

参见图 6-32，分析位移-力反馈闭环支路可知，这种阀的主阀和导阀受到的干扰影响都得到位移-力反馈闭环的抑制而减少，提高了阀的控制精度，但作用于衔铁上的干摩擦力等的影响仍然未受抑制。

6.4.2.3　位移-电反馈型比例节流阀

位移-电反馈型比例节流阀是将主节流阀芯的位移信号转换为电信号后，再反馈回比例放大器的输入端，与输入电信号进行比较，进而控制先导阀和主节流阀口。该比例节流阀的结构如图6-35所示，它由带位移传感器5的插装式节流主阀和比例先导阀所组成。先导阀2是一三通双边阀，它插装在主节流阀的控制盖板6上，由比例电磁铁3驱动控制。图中A为进油口，B为出油口。先导油口 x 与进油A口连接，向先导阀2供油。先导泄油口Y应以最低压力引回油箱。当外部输入信号 u_i 送入电控器4，它与来自位移传感器的反馈信号 u_f 比较并得出偏差值，并由比例放大器放大、转换成控制电流信号。此控制电流通过比例电磁铁3驱动控制先导阀芯运动来控制主阀芯8上部弹簧腔的压力，从而改变主阀芯8的位置。位移传感器的检测杆1与主阀芯8相连，因而主阀芯的位置被检测并反馈到电控器，使阀的开度保持在设定的开启量上。

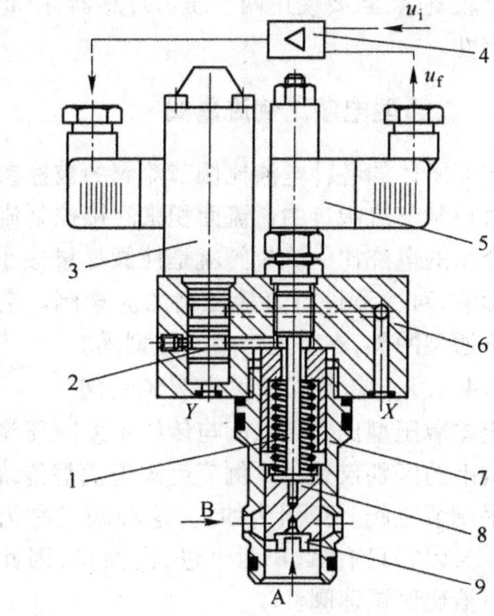

图6-35　位移-电反馈插装式比例节流阀

1—位移检测杆；2—比例三通减压先导阀；3—比例电磁铁；4—电控器；5—位移传感器；6—控制盖板；7—阀套；8—阀芯；9—主节流口

这种阀按阀的开口设计有两种流量特性，即输入值和输出值之间实现比例关系的线性型，以及另一种按平方关系设计的递增型，供使用时选择。图6-36所示为这两种流量特性与输入电压的关系曲线。

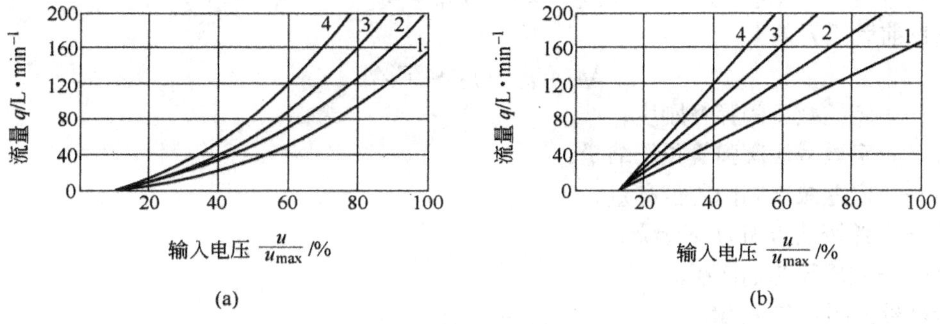

图6-36　电液比例节流阀的流量特性举例

(a)递增型；(b)线性型

由图6-32可见，由位移-电反馈等构成的闭环控制回路，组成了从主阀到放大器的大闭环，环内的各种干扰（负载变化除外，因其是在环外）都可以得到抑制，因此阀的控制精度得到提高。对于电反馈型的比例节流阀，由于电反馈信号处理方便，可以通过多种校正方式来获得更好的动、静态特性。有的还可以采用非线性的校正方法获得等流量特性，可用电信号控制的办法来改善普通比例节流阀的软流量特性（流量随负载增大而下降）。这种方法可称之为压差面积补偿法，即压差增大时，用减小通流面积的方法来补偿。它利用两个压力传感器，检测阀口的压差变化，利用对电信号的处理，产生对比例电磁铁的控制信号，使主阀芯节流口作出相应的面积变化，以此来补偿由压差的变化引起的流量变化，从而使流量免受前后压差的影响。其缺点是电气控制比较复杂，且要使用两个压力传感器，由此而造成的较大的零点漂移等干扰会影响流量控制的稳定性。

6.4.3　二通型电液比例流量阀

前面所述的各种电液比例节流阀的被控参数均为主节流阀口的开度（或通流截面积），它们是通过控制节流阀口的通流面积来间接控制流量的，实际流量还要受其他各种干扰因素的影响。下面介绍的电液比例流量阀就是使阀尽量减小各种因素的影响，对流量进行直接控制的流量阀。它分二通型和三通型两类，本节先介绍二通型阀。

6.4.3.1　*定差减压型比例流量阀*

定差减压型比例流量阀与传统定差减压型调速阀在结构上的区别仅是用比例节流阀来代替传统调速阀中的手调节流阀。正因为如此，这种阀又称为比例调速阀。又因它只有A、B两个进、出油口，因此它是二通型电液比例调速阀。

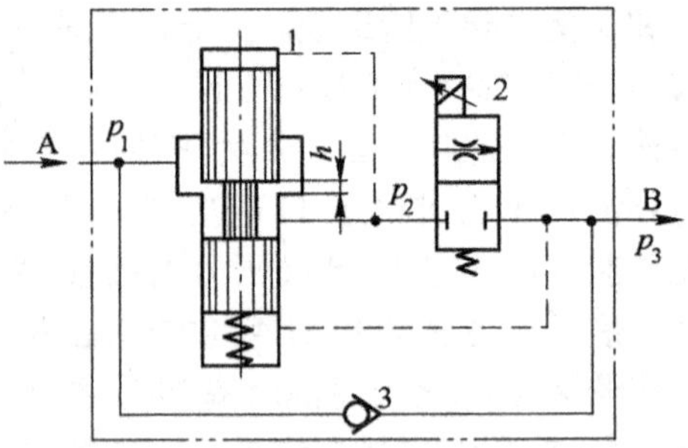

图6-37　电液比例调速阀的工作原理

1—定差减压阀；2—比例节流阀；3—单向阀

二通型电液比例调速阀的工作原理也与手动调速阀相类似，其工作原理图如图6-37所示。在图6-37中，压力补偿的定差减压阀1位于电液比例节流阀2的上游，且减压阀口与节流阀口如图所示串联。定差减压阀是一常开阀。比例节流阀无输入信号时，节流阀口关闭。当比例电磁铁接收到输入电流信号后，节流阀产生与控制电流相对应的开度，使液流从A口经减压阀口、节流阀口，流向B口，同时将节流阀口前后的压差反馈到减压阀芯的两端。经过一个调节过程，使其达到平衡状态。忽略阀芯上受到的摩擦力、液动力，平衡时减压阀芯上的力平衡方程为

$$(p_2 - p_3)A = k(x_0 + x) \approx kx_0 = F_s \qquad (x \ll x_0)$$

则节流阀口前后压力差

$$\Delta p = p_2 - p_3 \approx F_s/A \tag{6-11}$$

式中　k——定差减压阀弹簧刚度；

x_0——定差减压阀弹簧预压缩量；

x——定差减压阀阀芯位移量；

F_s——弹簧预压缩力，$F_s = kx_0$；

A——减压阀芯端面积。

其余符号见图6-37所示。

从式(6-11)可以看出，这种比例调速阀中的定差减压阀能近似使节流口前后压差Δp保持恒定，是一种压力补偿器。因此，当输入电流为恒定值时，该电液比例调速阀就能排除负载变化引起节流阀前后压力差变化的影响，保持恒定的流量。

这种比例调速阀的缺点，是当节流口开启时有较大的启动流量超调，导致前冲现象发生。这是因为启动前，在弹簧力的作用下减压阀口处于最大开度位置。当加上阶跃信号时，减压阀来不及作出反应，由于没有减压损失，使$p_1 = p_2$，供油压力全部加在节流阀口上。使通过的流量有很大的超调，导致前冲现象。克服的方法有以下三种：其一是限制减压阀的最大开启量；其二是避免节流口的快速开启；其三是利用液压的方法将压力补偿器锁定。这些方法都能有效地克服启动时的前冲现象。

图6-38所示的为带液压锁定功能的二通型比例调速阀，它是比例节流阀在上游，定差减压

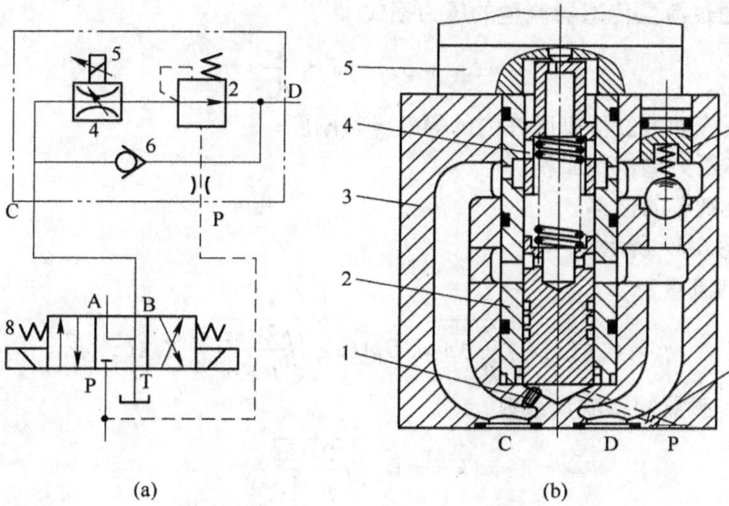

图 6-38 带液压锁定功能的二通型比例调速阀

(a)液压控制原理图;(b)结构原理图

1—螺塞;2—定差减压阀;3—阀体;4—控制节流口;5—位置控制型比例电磁铁;6—单向阀;7—阻尼孔;8—换向阀

阀在下游,串联连接,结构上直线布置的电液比例调速阀。它与换向阀配合使用的原理如图 6-38a 所示,结构如图 6-38b 所示。调速阀的进油口 C 和定差减压阀 2 之间的内部通路用螺塞 1 堵死,换向阀 8 的 P 口并联接到比例调速阀的 P 口,将换向阀 8 的 B 口与比例调速阀的 C 口相连。当系统不调速工作时,换向阀处于中位位置,油泵来的压力油与换向阀的 P 口及比例调速阀的 P 口相连,通过阻尼孔 7 引入定差减压阀底部。压力油作用克服弹簧力,把减压阀芯锁定在阀口关闭的位置上。当系统需要调速时,换向阀 8 切换到 P 口与 B 油口相通,再与调速阀的 C 口相通,向调速阀供油。这样使供油油压通过比例节流阀口逐渐加在定差减压阀的上部,使定差减压阀芯从关闭位置逐渐移到调节位置,避免了启动时的流量超调和前冲现象。

在输入电流值为零,或当位移传感器断线,控制节流口关闭。比例节流阀口还可按比例放大器的斜坡输入逐渐开大或关闭。

图中单向阀为油流反向时不通过比例调速阀之用。

6.4.3.2 先导式流量-位移-力反馈型电液比例流量阀

以上所述的电液比例调速阀,虽然排除了负载变化的影响,通过定差减压阀的压力补偿作用,使节流阀口两端的压力差保持了基本恒定,从而实现了对流量的单一控制。但它毕竟不是对流量实现直接控制,因此,其控制策略是属于间接控制型。若将流量进行直接反馈,就能使电液比例阀的流量控制性能得到更大的提高。流量直接反馈型比例流量阀有先导式流量-位移-力反馈型和先导式流量-位移-电反馈型两种。这里先介绍其中的关键部件——实现流量-位移转换的流量传感器的原理。

A 流量传感器的原理

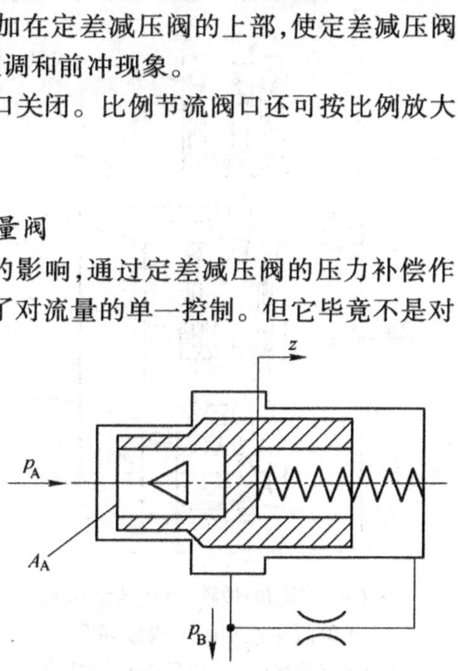

图 6-39 二通型插装式流量传感器原理

图 6-39 所示为常见的二通型插装式流量传感器的工作原理图。它实际是一个流量-位移线性转换元件。由图可以看出,忽略摩擦力的影响,可由插装阀芯上的

力平衡方程得出通过流量传感器流量的压力损失

$$\Delta p = p_A - p_B = \frac{kz}{A_A} \tag{6-12}$$

式中　k——包括液动力位移刚度在内的等效弹簧刚度；

A_A——阀芯压力差作用面积；

z——插装阀芯的位移。

其余符号如图 6-39 所示。

通过传感器的流量为

$$q = C_d A(z)\sqrt{\frac{2}{\rho}\Delta p} = C_d A(z)\sqrt{\frac{2}{\rho}\frac{kz}{A_A}} = K_1 A(z)\sqrt{z} \tag{6-13}$$

式中，K_1 为流量传感器阀口流量系数，

$$K_1 = C_d\sqrt{\frac{2}{\rho}\frac{k}{A_A}} \tag{6-14}$$

要使流量 q 与位移 z 呈线性关系，必须使流量传感器通流面积 $A(z)$ 随阀芯位移 z 的变化规律满足

$$A(z) = K_2\sqrt{z} \tag{6-15}$$

式中，K_2 为常数。则由式(6-13)、式(6-15)可得

$$q = K_1 K_2 z = K_Q z \tag{6-16}$$

式中，K_Q 为流量传感器位移转换增益，$K_Q = K_1 K_2$。

由式 6-16 可以看出，只要对阀口做特殊设计，满足式(6-15)，都可以构成流量线性地转换成位移的流量传感器。

B　流量-位移-力反馈型电液比例流量控制阀

图 6-40 所示为流量-位移-力反馈型电液比例流量控制阀的结构原理图。它由比例电磁铁 1、先导阀 2、反馈弹簧 3、流量传感器 4、主调节器 5、复位弹簧 6、7 等零件组成。单边先导阀 2 与固定液阻 R_1 组成了一个先导液桥，对主调节器控制腔压力 p_1' 实行控制。

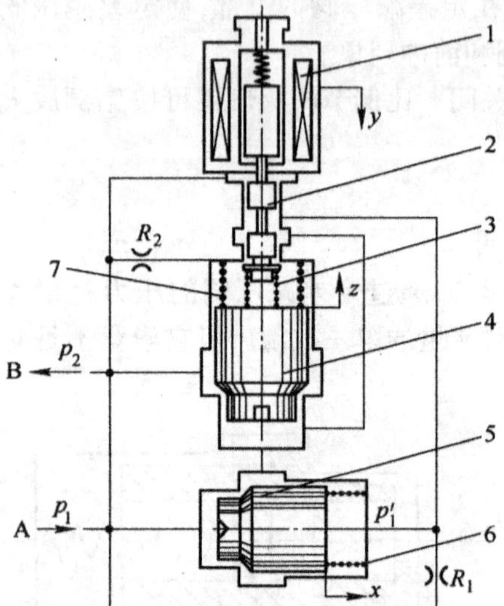

图 6-40　流量-位移-力反馈型电液比例流量控制阀结构原理图

1—比例电磁铁；2—先导阀；3—反馈弹簧；4—流量传感器；5—主调节器；6、7—复位弹簧

当无电信号输入时，先导阀芯 2 在反馈弹簧 3 的作用下，先导阀口处于关闭状态。因此主调节器 5 两端油压相等($p_1 = p'_1$)。由于二通插装阀芯的面积差及复位弹簧 6 的作用，主调节器也处于关闭状态，没有油液通过比例流量阀。这也说明，该阀在无输入电信号时能实现可靠自锁。

比例电磁铁有控制信号时，在电磁力的作用下先导阀开启。先导流量从 A 口以 p_1 压力进入，经固定液阻 R_1 和先导阀口，流至流量传感器的前端，经流量传感器流向 B 口。这时由于液阻 R_1 的作用，液流产生压降，调节器 5 弹簧腔的压力 p'_1 下降。在 $p_1 - p'_1$ 的压差作用下主调节器 5 阀口开启。由 A 口进入的流经主调节器的流量经流量传感器检测后，流向 B 口。由于流量传感器可使流量线性地转换成阀芯的位移量 z，并

通过反馈弹簧转换成作用在先导阀的弹簧力 kz，与电磁力 F_m 比较。从而调整了先导阀口的开度和控制压力 p'_1，保证阀平衡在某一稳定的工作点。可见流量 q 与 z 成正比，z 与电磁力成正比，于是实现了受控流量 q 与输入电流成比例的控制。

当系统遇到干扰时，系统的自我修整调节作用可简述如下：如果负载压力波动，例如阀出口压力 p_2 下降时，使流量传感器上腔压力下降和使阀芯失去平衡有开大的趋势，通过流量传感器和主调节器的流量有增大的趋势，这使弹簧的反馈力增大。由于电磁力不变，因此导致先导阀开口量减小及 p'_1 增加，从而使主节流口关小，使通过主调节器与流量传感器的流量重新减小，于是使流量传感器重新关小、回复到原来设定的位置上。由上面的分析可见，由负载的变化引起流量的变化不是依靠压力差来补偿的，而是依靠主节流口的通流面积变化来补偿的。这点正是新原理流量阀与传统的压力补偿型流量阀的不同之处。如果供油压力变化，调整过程与上面分析类似。

图 6-40 中，液阻 R_2 构成了流量传感器与先导阀的动压反馈控制，有效地提高了阀的动态性能。

以上所述的流量-位移-力反馈电液比例流量阀的工作原理可用图 6-41 所示的框图表示。由图 6-41 可见，由流量-位移-力反馈组成的闭环控制回路，能有效抑制各种干扰的影响，从而保证了阀的稳态控制精度。但这个闭环回路并没有把比例电磁铁和放大器包括在内。因此，影响这种流量阀的控制精度主要因素来自比例电磁铁和先导级的摩擦力。在输入信号中叠加颤振信号的方法，可以部分地抑制这些干扰量的影响。

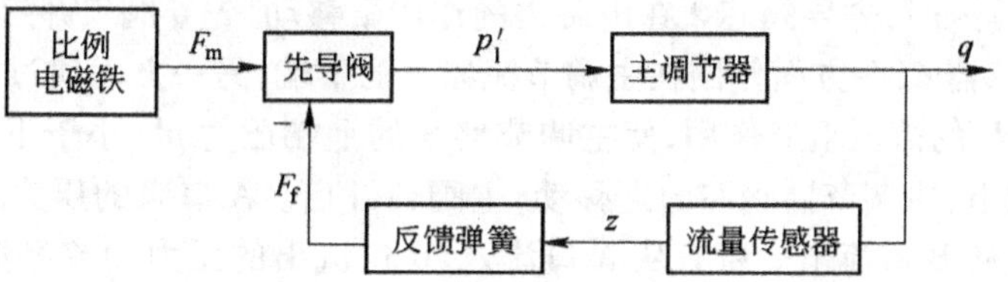

图 6-41 流量-位移-力反馈型电液比例流量阀工作原理框图

6.4.3.3 先导式流量-位移-电反馈型电液比例流量阀

为了减少比例放大器与比例电磁铁性能对流量阀的影响，可以将流量产生的位移信号再转换成电信号反馈回比例放大器的输入端，使输出反馈信号与输入电信号直接相比较，构成所谓全程电反馈，就能克服上述的缺点。显然，这是一个更为优越的控制方案。

图 6-42 为先导式流量-位移-电反馈型电液比例流量阀的结构原理图。与图 6-40 所示的先导式流量-位移-力反馈型电液比例流量阀做对比可以看出，它们之间在结构上有几点不同：

（1）所采用的流量传感器不同。流量-位移-电反馈型电液比例流量阀的流量传感器是在流量-位移传感器的基础上增设了位移传感器，它将检测到的流量信号通过位移传感器进一步转换为电压信号，以便组成电反馈回路之用。

（2）流量传感器的位置不同。在流量-力反馈型比例流量阀中，流量传感器位于主调节器的下游，而在流量-电反馈型比例流量阀中，流量传感器位于主调节器的上游。

（3）固定阻尼 R_2 所实现的级间动压反馈不同。流量-力反馈型流量阀中实现的是流量传感器与先导阀间的级间动压反馈，而在流量-电反馈型流量阀中实现的是流量调节器与先导阀间的级间动压反馈。

（4）两种流量阀的先导阀芯下面的弹簧 3 性质不同。在流量-力反馈型比例流量阀中的弹簧 3 用于力反馈，而流量-电反馈型比例流量阀中的弹簧 3 用于支撑先导阀和阀芯复位。两种阀的插装式主调节器、先导阀芯等零件在结构上有很好的兼容性。

当无电信号输入时，先导阀芯 2 在其下端支撑弹簧 3 的作用下，先导阀口处于关闭状态。主

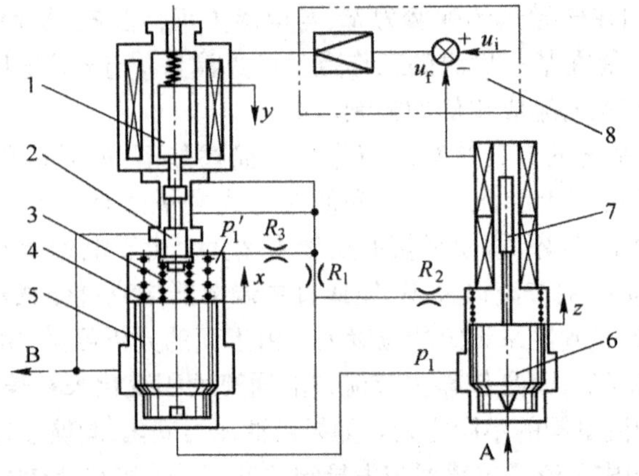

图 6-42　流量-位移-电反馈型比例流量阀结构原理图

1—比例电磁铁；2—先导阀芯；3—支撑弹簧；4—主阀复位弹簧；
5—主调节器；6—流量传感器；7—位移传感器；8—比例放大器

调节器两端的油压相等。由于二通型插装阀芯两端面积差及主阀复位弹簧 4 的作用，主调节器也处于关闭状态，没有油液流过比例流量阀，流量阀实现自锁。

当有电信号输入时，先导阀芯 2 在电磁力的作用下移动，先导阀口开启。自 A 进油口来的压力油流经流量传感器 6，一方面作用在主调节流器 5 的下端，另一方面通过液阻 R_1、先导阀口，从 B 口流出。由于 R_1 的液压阻尼作用，使主调节器 5 的上端压力 p'_1 小于下端压力 p_1。在这压力差 $p_1-p'_1$ 的作用下，主调节器阀芯向上移动，主阀口开启。A 口来的压力油流经流量传感器 6、主调节器 5 阀口，从 B 口流出。所有从 A 口流入、B 口流出的压力油流经流量传感器 6 检测，转换为其阀芯位移 z，该位移又通过位移传感器转换为反馈电压 u_f，反馈回比例放大器的输入端，与输入电压信号 u_i 相比较，其偏差信号经放大后，对比例电磁铁实现控制，直至输出流量 q 相对应的 u_f 反馈信号与输入电压 u_i 相等为止，因而实现了流量-位移-电反馈的全程电反馈控制。其工作原理可用图 6-43 所示的方框图表示。

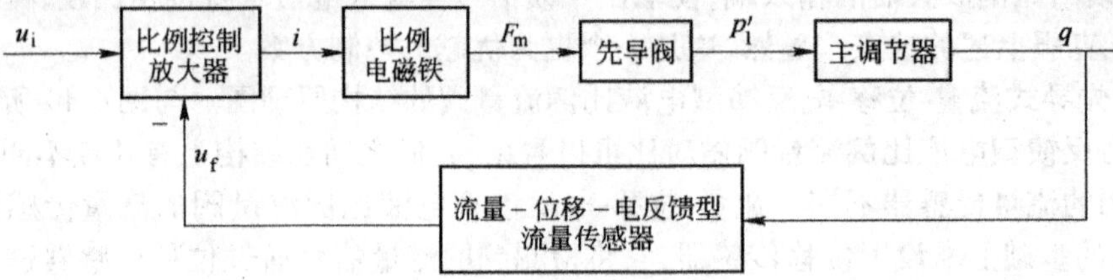

图 6-43　流量-位移-电反馈型电液比例流量阀工作原理框图

由于这种比例流量阀将比例放大器、比例电磁铁、先导阀及主调节器都包括在闭环回路内，因而这种阀的调节刚度大，抗干扰能力强，实现了输入信号对输出流量的单一控制。当然，阀的控制精度还取决于流量传感器的检测精度，但阀的静、动态性能可以用各种电校正的来进行优化。

6.4.4　三通型电液比例流量阀与压力流量复合比例阀

前述的二通型电液比例流量阀在定量泵供油的定压系统中，可对执行机构的运动速度和位置以一定精度进行比例控制，但它存在较大的节流损失和溢流损失。在负载变化较大，特别是轻载时间占整个工作循环时间的比例较大时,系统的效率更低,温升较大,严重时将影响系统的性能。为了获得较高的系统效率,对于定量泵供油,单执行机构的进油节流调速系统,可采用三通型电液比例流量阀。三通型电液比例流量阀按其控制原理可分为定差溢流型电液比例调速阀、力反馈型三通流量阀和电反馈型三通流量阀。压力流量复合型比例阀又是在三通型电液比例流量阀和电液比例压力阀的基础上发展起来的。本节重点介绍定差溢流型电液比例调速阀和压力流量复合比例阀。

6.4.4.1 电液比例溢流节流型调速阀

为了保持节流阀口前后压差恒定,减少负载变化引起对流量控制精度的影响,除了采用电液比例节流阀与定差减压阀串联的压力补偿方法外,还可以采用一个电液比例节流阀与定差溢流阀并联的压力补偿方法,构成溢流节流型比例调速阀来实现,其工作原理可用图6-44表示。由于溢流节流型比例调速阀有三个主油口 p_1、p_2 和 T。所以又被称为三通型比例调速阀。

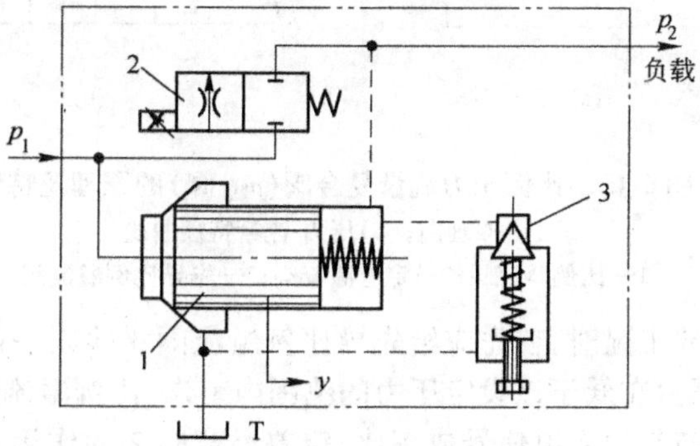

图6-44 定差溢流型比例调速阀工作原理

1—定差溢流阀;2—比例节流阀;3—限压先导阀(溢流阀)

对应每一个输入电流,比例节流阀2有相应的开口量,进口压力 p_1 一方面进入定差溢流阀的左端,另一方面经节流口流向负载,形成负载压力 p_2。负载压力 p_2 同时反馈到定差溢流阀的弹簧腔。略去液动力及摩擦力的影响,定差溢流阀平衡时的力平衡方程为

$$p_1A = p_2A + F_s$$

或表示为

$$p_1 - p_2 = F_s/A \tag{6-17}$$

式中 A——定差溢流阀的作用面积;

F_s——作用在定差溢流阀阀芯上的弹簧力

$$F_s = k(y_0 + y) \approx ky_0 \qquad (y \ll y_0) \tag{6-18}$$

y_0——定差溢流阀弹簧预压缩量;

y——定差溢流阀阀芯位移。

由式(6-17)与式(6-18)可以看出,当负载变化(p_2 变化)时,这种溢流节流型比例调速阀经过定差溢流阀的调节能保证节流阀口两端的压力差($p_1 - p_2$)基本恒定,从而保证了阀对流量的单一控制。同时,阀的进口压力 p_1 始终跟随负载压力 p_2 变化,即泵的供油压力是始终与负载压力相适应的,使系统效率得到有效的提高。

限压先导阀3与溢流阀1构成普通先导式溢流阀,用于防止系统过载。

这种溢流节流型比例调速阀由于其供油压力是变化的，所以只适用于单执行机构的进油节流的调速回路中。

6.4.4.2 电液比例压力流量复合阀（p-q 阀）

若将图 6-44 定差溢流型比例调速阀中的先导限压阀 3 改为先导比例溢流阀（用比例电磁铁代替手调机构），就构成了比例压力流量复合阀，见图 6-45。该阀有时又被称为比例功率调节阀、双比例（节流比例和压力比例）阀或 p-q 阀，它既可对输出流量进行比例控制，又可对系统压力进行比例控制。当然，两参数的调节是在不同工况下实现的。

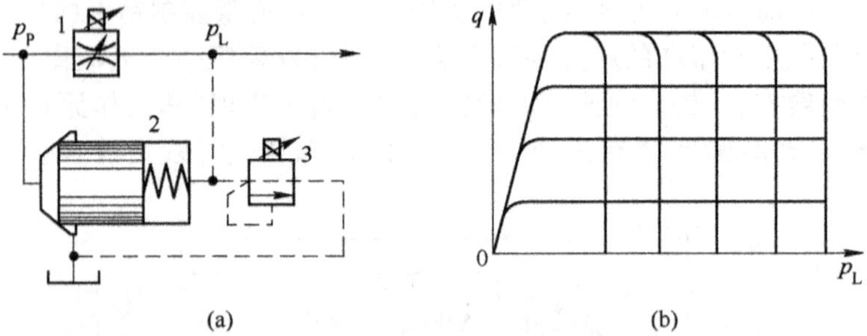

图 6-45 比例压力流量复合阀（p-q 阀）的原理及特性
（a）原理图；（b）压力-流量特性曲线
1—比例节流阀；2—定差溢流阀；3—先导比例溢流阀

当系统处于流量调节工况时，首先应给先导比例溢流阀 3 输入一高于系统最高工作压力的设定电信号，系统负载压力在低于该设定压力的范围内工作，比例溢流阀一直处于关闭状态。通过比例节流阀 1 的流量与其输入电信号成正比，定差溢流阀 2 的作用是在溢流的同时为比例节流阀进行压力补偿，使其保证节流阀口两端的压差基本恒定，从而使该阀的输入电信号对输出流量实现单一的控制功能。

当系统处于压力调节工况时，首先应给比例节流阀 1 一恒定的电信号，形成一固定液阻。比例溢流阀 3 作为比例压力阀的先导阀，当比例溢流阀 3 开启时，通过节流阀 1 的液流产生的压力差能将调节器 2（这时为溢流主阀）开启，系统溢流，实现定压和调压。

从以上分析可以看出，在这个复合阀中，作定差溢流型比例调速阀的定差溢流阀同时作为先导式比例溢流阀的主阀。阀的负载-流量特性曲线见图 6-45b。

电液比例压力流量复合阀（p-q 阀）的典型结构见图 6-46。图中的比例节流阀 3 带位移传感器，使比例节流阀口的面积可以得到更准确的控制。使用比例压力流量复合阀可以在工作循环的不同阶段，对多个液压执行元件进行调速和调压，使系统大大简化，同时控制性能也得到提高。

6.5 电液比例方向阀

电液比例方向阀是一种能对液流方向进行控制的比例阀。实际上，电液比例方向阀是一种既具有液流方向控制功能，同时通过对阀芯位移的控制又具有流量控制功能的复合阀。在压差恒定的条件下，通过它的流量与输入电信号大小成比例，而流动的方向取决于比例电磁铁是否受到激励或输入电流的极性。

6.5.1 电液比例方向阀的特点与分类

6.5.1.1 比例方向阀的结构及控制特点

电液比例方向阀是在开关型换向阀和电液伺服阀的基础上发展起来的，它们在具体结构与

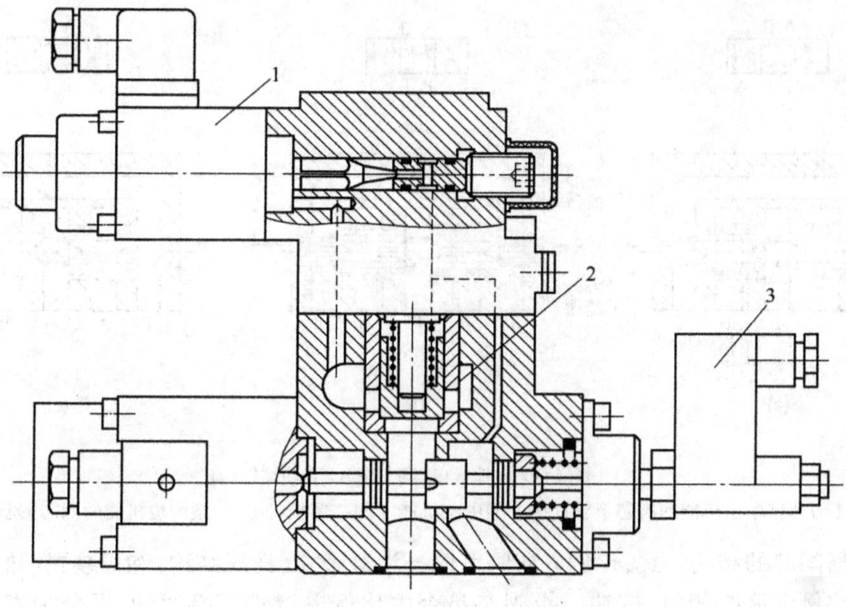

图 6-46 比例压力流量复合阀(p-q 阀)的典型结构
1—直动式比例溢流阀;2—三通压力补偿器;
3—比例节流阀(带位移传感器)

控制方式上有很多异同点:

(1)电液比例方向阀的电-机械转换元件一般为比例电磁铁,其输入功率比电液伺服阀大 10 倍以上,比电液换向阀的略高或相当。因此比例换向阀阀芯位移一般比伺服阀大,这不仅增大了阀的输出功率,简化结构,同时提高了阀的抗污染能力和工作可靠性。另外,比例方向阀的阀口压降比伺服阀约低一个数量级,约为 0.25 ~0.8MPa,比普通电液换向阀的略高些。

(2)比例阀阀芯与阀套的径向间隙约为 3 ~4μm,与普通换向阀相当,而伺服阀的径向间隙约为 0.5μm 左右。因此从这点看,比例阀抗污染能力也比伺服阀强得多。

(3)为了减小中位泄漏,比例阀与普通换向阀相似,通常保留有一定的搭叠(遮盖)量。要移过搭叠量,一般需要加额定控制电流 20% 左右的起始电流。这使比例阀有较大的死区,但可在电子放大器中进行补偿,使死区最大限度地减小。零位附近是伺服系统(特别是位置伺服系统)的主要工作点,因此伺服阀阀芯与阀套间的配合通常是无死区。

(4)比例方向阀的阀芯形状是经过特别加工和修整的,以适应同时对进、回油口实行精确的节流控制。一般方向阀阀芯台肩是直角形的,而比例方向阀的阀芯则开有多至 8 个的节流控制槽,节流槽口的几何形状一般为三角形、矩形、圆形或它们的组合。图 6-47 所示为三种中位机能比例方向阀的阀芯形状。这些控制槽在圆周上均匀分布,且左右对称或成某一比例,通常比例系数为 1/2,用来适应控制对称执行元件或非对称执行元件的需要。还有如图 6-47c 所示一端无节流槽的,在阀芯左移时,B、T 油口不相通。这种阀芯主要用于差动连接回路。

(5)一般的方向阀的开启过程是先通过死区,然后渐开,直至本质上消除节流作用。伺服阀一般做得无死区,阀芯移动可有无穷多个位置,但一般行程很短,零位附近是它的工作点。比例方向阀一般在开启过程中有死区,其阀芯移动也有无穷多个位置,在整个工作行程中,节流控制槽始终具有节流功能,但工作点不一定全在零位附近。

6.5.1.2 电液比例方向阀的分类

电液比例方向阀有多种分类方法:

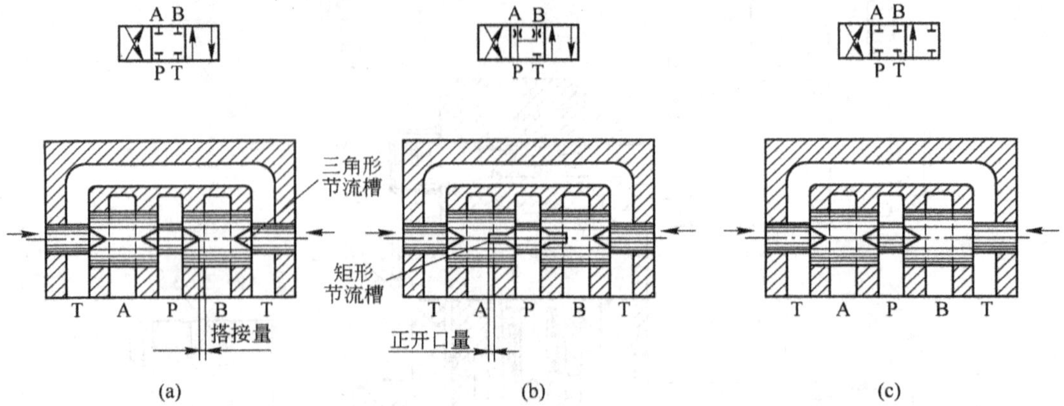

图 6-47　比例方向阀的阀芯形状

(a) O 型中位机能的阀芯形状;(b) P 型中位机能的阀芯形状;(c) O_3 型中位机能的阀芯形状

(1) 根据阀芯的结构形式,比例方向阀可以分为滑阀式(滑阀结构)和插装式(锥阀结构等)。

(2) 与比例节流阀相似,按功率级阀芯是否由比例电磁铁直接驱动,可分为直动式和先导式;按阀内液压功率放大的级数还可分为二级阀、三级阀。

(3) 根据阀内是否包含有内部反馈闭环,比例方向阀可以分为带内部反馈闭环和不带内部反馈闭环两种类型。

(4) 根据阀对流量的控制方式,与比例流量控制阀一样,比例方向阀可分为节流控制型与流量控制型两类。节流控制型控制的是功率级阀芯的轴向位移,也称电液比例方向节流阀,这里简称电液比例方向阀。流量控制型控制的是输出流量,也称电液比例方向流量阀。电液比例方向流量阀可以由电液比例方向阀与定差减压型或定差溢流型压力补偿阀组成,或由电液比例方向阀与由带流量检测反馈装置组成,使输出流量由输入电信号决定,与供油压力或负载压力的变化无关。本节主要介绍一般的电液比例方向节流阀,简称电液比例方向阀的那一种。

6.5.2　直动式比例方向阀

直动式比例方向阀由比例电磁铁直接推动功率级阀芯左右移动来工作。其中二位四通和三位四通两种为最常见的直动式比例方向阀。前者只用一只比例电磁铁,由复位弹簧复位定位;后者一般用两只比例电磁铁(也有用一个双向的比例电磁铁),用两个对中弹簧对中定位。复位弹簧或对中弹簧同时也是电磁力-位移转换元件。由于电磁力的限制,直动式的比例方向阀只能用在流量较低(50L/min 以下)的场合。直动式比例方向阀也可分为带阀芯位置反馈型和不带阀芯位置反馈型两种。

6.5.2.1　不带位置反馈型

不带阀芯位置反馈型直动式比例方向阀的结构见图 6-48。这种比例方向阀采用力控制型比例电磁铁和开有节流槽的整体式阀芯,是一个三位四通型电液比例方向阀。两个比例电磁铁同时通电是禁用的。当比例电磁铁 5 和 6 不带电时,对中弹簧 3 和 4 将控制阀芯 2 保持在中位。当比例电磁铁 5 或 6 中任何一个通电后,电磁力直接作用于控制阀芯 2,并与对中弹簧力平衡而定位,使阀芯位移与输入电信号成比例。当节流阀口的前后压差保持不变时,通过阀的流量与输入电信号成正比。

这种比例方向阀为了保证中位密封,它的各个节流口均有较大的正遮盖量 x_D,且弹簧安装时

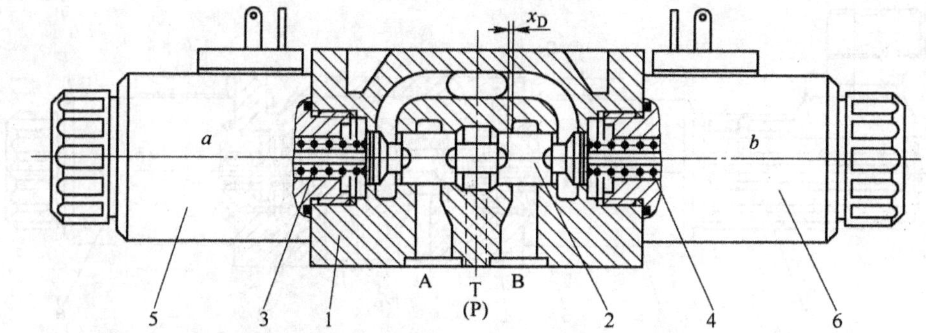

图 6-48 不带位置反馈直动型单级比例方向阀的典型结构

1—带安装底面的阀体;2—控制阀芯;3,4—对中平衡弹簧;5,6—比例电磁铁

有一定的预压缩量 x_{s0}。如果忽略阀芯与衔铁的摩擦引起的比例电磁铁的死区电流,则从阀芯处于中位到阀口打开,比例电磁铁需要提供的起始电流 i_0 为

$$i_0 = \pm\left[\frac{K_s(x_D + x_{s0})}{K_e}\right] \tag{6-19}$$

式中 K_e——比例电磁铁的电流-力增益;

K_s——弹簧 3、4 的刚度。

测试表明,这种阀的起始电流可达额定电流的 20% 左右。而 x_D 和 x_{s0} 是阀的稳态控制特性中存在较大零位死区的根本原因,其中,零位阀口遮盖量 x_D 又是最主要的因素。为了最大限度地消除这种大死区对系统控制性能的影响,在比例放大器中可设计有快跳电路解决这一问题。

这种阀由于不带位置反馈,所以对摩擦力、稳态液动力造成的位置误差难以消除,因而只能用于小流量、小压差且对流量控制精度要求不高的场合;同时,由于阀芯的位移和阀的功率均受到比例电磁铁的有效行程和电磁力大小的限制,因此该阀也不能实现大流量控制。

6.5.2.2 带位置反馈型

带阀芯位置反馈的直动式比例方向阀与不带阀芯位置反馈的差别是增加了一个位移传感器 7,如图 6-49 所示。其中位移传感器 7 用来检测控制阀芯 2 的位移(即衔铁位移),并反馈回比例放大器的输入端,与输入设定信号相比较,产生一个偏差控制信号,控制比例电磁铁的衔铁和阀芯运动,使阀芯的位置偏差不断得到纠正,最后得到准确位置。这是一种位置闭环控制,它可使阀芯上的干扰,如液动力、摩擦力等的影响得到有效的抑制。因此这种阀的控制精度较无位置反馈的要高。为了确保安全,用于这种阀的比例放大器应有内置的安全措施,一旦断开反馈时,阀芯会自动返回中位。图 6-49 所示的比例方向阀阀芯的最大移动距离约为 ±3mm。

该阀也属于直动式控制阀,由于受到比例电磁铁的有效行程和电磁力大小的限制,因此,该类阀也只能用于中等流量及以下的场合。在超过此流量的场合,由于过大的液动力将使阀无法开启或不能完全开启。虽然位置传感器给出反馈信号,力图使阀口开得更大,但因电磁铁的电磁力有限,所以阀芯仍将无法开启到指定的位置上。

6.5.3 先导式比例方向阀

先导式比例方向阀主要用于大流量(50L/min 以上)的场合。较常用的是二级阀,也有三级的。三级阀主要用于特大流量的场合。先导级通常是一个小型的直功式三通型比例减压阀或其他类型的控制阀构成的液压放大桥路,形成对功率级主阀级的驱动力,对主阀的节流口实现与输入电信号成比例的控制。

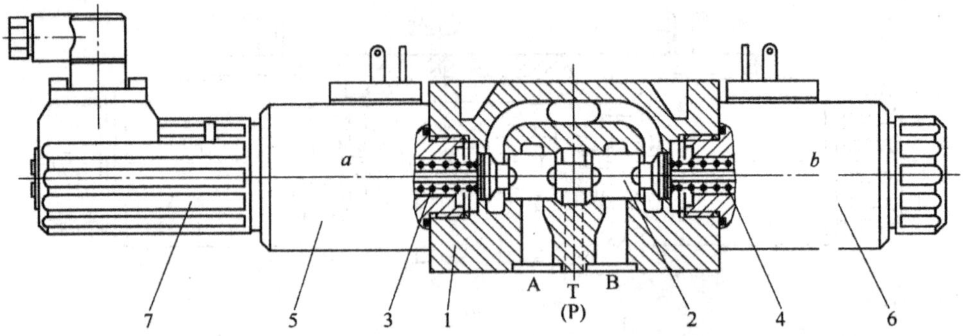

图 6-49　带阀芯位置反馈的直动式双比例方向阀

1—阀体；2—控制阀芯；3，4—弹簧；5，6—带中心螺纹的比例电磁铁；7—位移传感器

先导式的比例方向阀有两类。一类是从电液换向阀的基础上发展起来的，没有级间的反馈联系，优点是装配精度和制造要求较低，通用性好，调节方便；另一类是从伺服阀的简化基础上发展起来的，与伺服阀相似，级间可以有各种各样的反馈联系，动态和静态性能都较优。

6.5.3.1　级间无反馈的先导式电液比例方向阀

图 6-50 所示为级间无反馈的先导减压式二级比例方向阀的结构原理图。它的先导级是一双向比例三通减压阀，与一个液动式主阀叠加在一起，就构成一个先导式电液比例方向阀。无信号时，主阀芯 11 由一偏置的双向推拉式弹簧 1 保持在中位。也有些阀是用两个对称分布在阀芯两端的压力弹簧对中的。用一个偏置弹簧对中的优点，是减少了两个弹簧对中时，由于弹簧参数不尽相同或发生变化而引起阀芯偏离中位的可能性。主阀芯左移和右移时，弹簧 1 始终压紧在主阀芯 11 上。

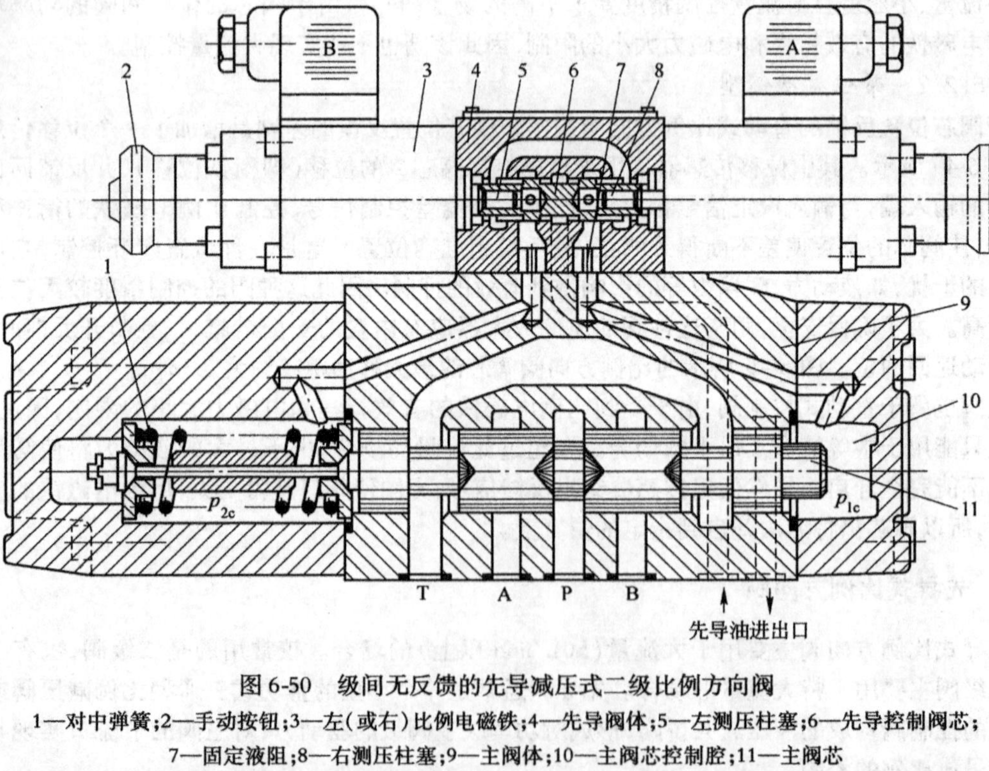

图 6-50　级间无反馈的先导减压式二级比例方向阀

1—对中弹簧；2—手动按钮；3—左（或右）比例电磁铁；4—先导阀体；5—左测压柱塞；6—先导控制阀芯；7—固定液阻；8—右测压柱塞；9—主阀体；10—主阀芯控制腔；11—主阀芯

当左边电磁铁B接收到控制电信号,主阀右端控制腔10得到一个与控制电信号成正比的控制压力 p_{1c},作用在主阀芯的右端面,推动主阀芯11左移,直至作用在主阀芯上液压作用力与弹簧1的弹簧力平衡为止,p 至A、B至T的阀口就有了一个与输入电信号成正比的开度。同样,右边电磁铁A有输入控制信号时,主阀芯右移,使 p 至B、A至T的阀口就有一个与输入电信号成正比的开度。

因此,这种先导式比例方向阀的主阀芯的移动方向是决定于哪一个电磁铁接收到控制电信号,移动的距离则决定于输入电信号的大小。依次预调两个比例电磁铁的输入信号,就可按需要设定执行元件的运动方向和运动速度。

主阀芯的移动速度可借助于电子放大器中的斜坡信号发生电路来调节,这样可使执行机构平稳启动和停止。例如,设信号从零增加到100%的额定电信号或相反,时间可以从0~5s范围内调节。在图6-50所示的比例节流阀中,主阀控制腔的进出油路上设置了固定液阻7,是为了减小阀的动态超调,提高阀的稳定性。

这种先导减压型比例方向节流阀的输出位移与先导级输入信号间或先导级的输出压力间均无级间反馈,是一种开环控制阀。因此,先导级或主阀级的阀芯上所受到的液动力、摩擦力等干扰力对阀的控制精度的影响无法得到抑制。但这种阀制造简单,调整方便,因此还是得到广泛的应用。

6.5.3.2 带内反馈的先导式二级比例方向阀

根据输出参量的检测与反馈方式的不同,带内部反馈闭环的二级比例方向阀有如下几种形式。

A 位置直接反馈型

位置直接反馈型二级比例方向阀的典型结构如图6-51所示。主级和先导级均采用四边滑阀结构,先导阀芯安装在主阀芯中,且由比例电磁铁1或2驱动,弹簧杆3作为位移-力转换元件。主阀芯外沉割槽中开有两组先导控制进、回油孔8和9,并有一对斜孔6和7通向主阀芯两端的控制容腔10和11。当无输入电信号时,先导阀芯在弹簧杆3的作用下居中,这时先导阀芯的四个控制边与主阀芯上的径向小孔对齐,主阀两端控制压力相等,主阀也处于中位。

当比例电磁铁2通过一定的电流,电磁力克服弹簧杆的弹簧力,推动先导阀芯向左移动。当电磁力与弹簧杆的弹簧力达到平衡时,先导阀芯便获得与输入电流大小成正比的确定位置。这时,主阀芯右端控制腔压力升高,左端控制腔压力降低,主阀芯在两端控制腔压差作用下也向左运动,直至使先导阀口重新关闭为止。这种阀的主阀芯位移就等于先导阀芯的位移,因而实现了主阀口开度与输入电信号成比例的关系。由于这种阀的主阀芯位移受到比例电磁铁行程的限制,因而仅适用于控制中、小流量的比例方向阀。

B 位移-力反馈型

位移-力反馈型二级比例方向阀的结构原理如图6-52所示,其先导级包括两个单边滑阀3、4和推动滑阀的比例电磁铁1、2。单边阀的控制边5、6形成的可变液阻分别与固定液阻 R_1、R_2 构成两个液压半桥,对主阀芯两端的控制腔压力进行控制。主阀芯为四边滑阀结构,两端装有对中弹簧9、10,主阀芯中部固定连接着反馈弹簧杆7,反馈弹簧杆顶端球头夹在两个先导阀芯的平头之间。

无输入电信号时,先导阀芯3、4居中,主阀芯两端控制容腔与通油箱的T阀口相通,主阀芯在对中弹簧9、10的作用下居中。当对电磁铁2输入一定的电信号,电磁力克服反馈杆弹簧杆7的弹簧力使先导阀芯向左移动,先导控制边6形成的阀口开启,先导油经此先导阀口后通过固定

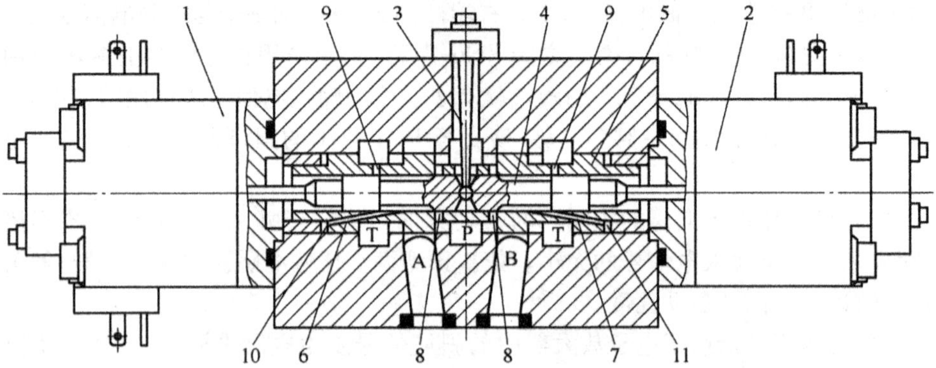

图 6-51　位置直接反馈型二级比例方向阀

1,2—比例电磁铁;3—对中弹簧;4—先导阀芯;5—主阀芯;6,7—斜孔;
8,9—先导控制油进出油孔;10,11—主阀控制腔

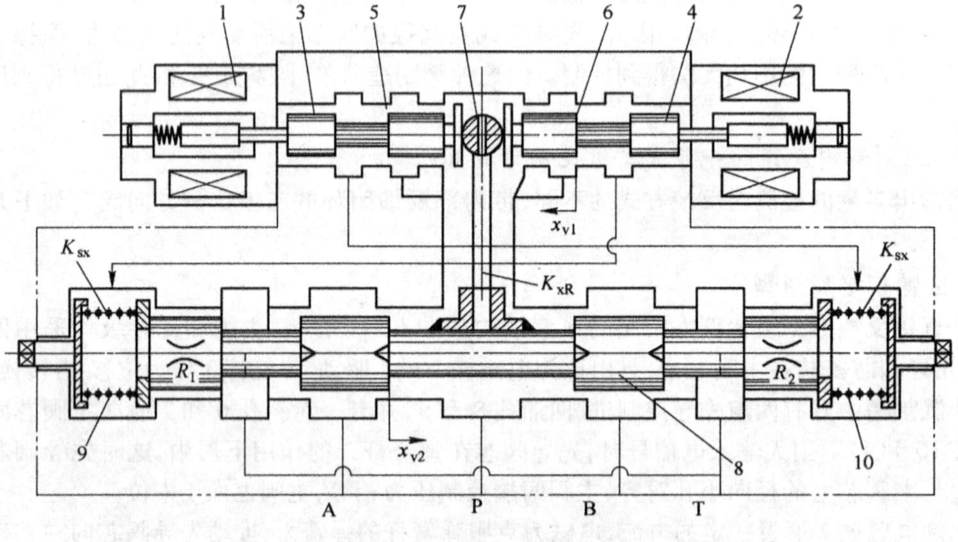

图 6-52　位移-力反馈型二级比例方向阀原理

1,2—比例电磁铁;3,4—单控制边滑阀芯;5,6—先导滑阀左、右控制边;
7—反馈弹簧杆;8—主阀芯;9,10—对中弹簧

液阻 R_1 回油箱。主阀左端先导控制腔油压升高,推动主阀芯右移,油口 P 与 B 相通,A 与 T 相通。主阀芯位移经反馈弹簧杆 7 转换为弹簧力,该弹簧力反馈至先导阀芯 4 上,与电磁力平衡,整个阀内部构成了位移-力反馈闭环控制系统,主阀芯位移与输入电信号成比例。主阀芯上的稳态液动力、摩擦力均位于反馈闭环内,有效抑制了这些干扰,使此类阀的控制精度较高。

带级间位移-力反馈的两级比例方向阀还可参考喷嘴挡板型位移-力反馈的两级伺服阀,采用喷嘴挡板为先导级的结构形式。这种比例方向节流阀与伺服阀一样,采用力矩马达作电-机械转换器,但与喷嘴挡板型伺服阀相比,喷嘴挡板型比例阀的喷嘴孔径较大,主阀芯和阀体也采用比例阀的结构,省略阀套,主阀控制边设计有较大的遮盖量。

C　位移-电反馈型

上述位移-力反馈型两级比例方向阀的反馈闭环范围,不包括比例放大器、比例电磁铁与先导级的液动力与摩擦力的作用点,故不能克服这些环节存在的干扰。为进一步提高阀的稳态控制精度,可以采用主阀芯带位移-电反馈的方案。比例方向阀采用电反馈方案后,不仅可以克服以上缺点,并使其反馈增益调节十分方便,若采用 PID 或各种反馈校正,可大幅度改善其静、动态特性,且阀内的结构也变得比较简单。

位移-电反馈型二级比例方向阀可分为主级带位移-电反馈型和双级(先导级和主级)位移-电反馈型两种。

a 主级带位移-电反馈比例方向阀

图 6-53 是先导阀为节流型比例方向阀、主阀带位移-电反馈的比例方向阀的结构原理图。该阀的先导级为正开口四边滑阀,组成四臂液压全桥,用以控制主阀芯的移动。位移传感器与主阀芯直接刚性地连接在一起,将检测到的主阀芯位移转换成电信号,反馈到比例放大器的输入端,构成一个位置闭环控制系统。这种阀扩大了位置控制闭环包围的范围,因此可较大幅度提高阀的综合性能。

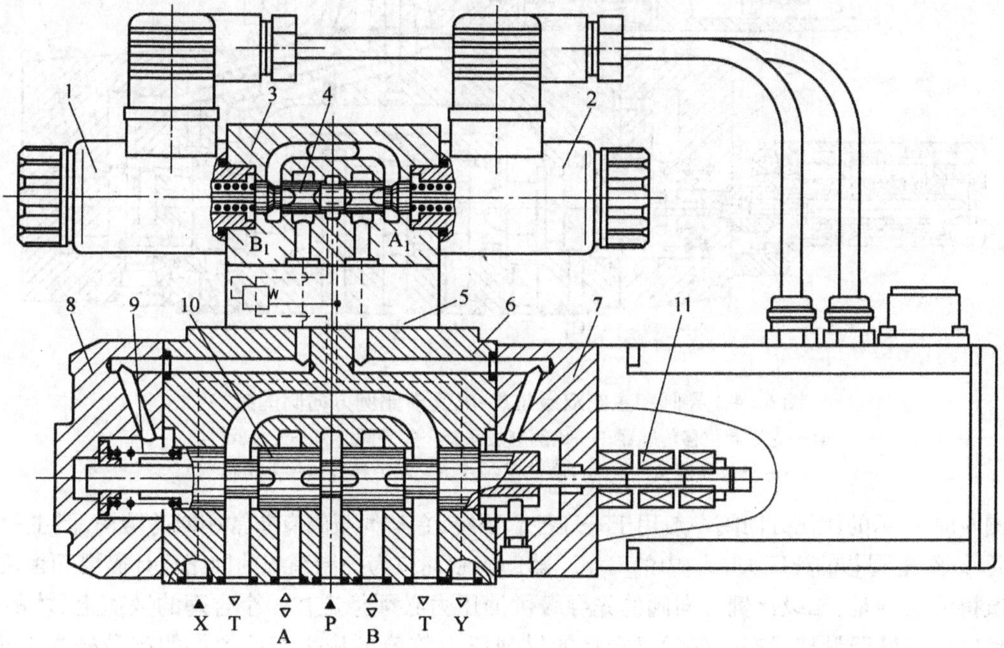

图 6-53 主级带位移-电反馈的两级比例方向阀

1,2—比例电磁铁;3—先导阀阀体;4—先导阀芯;5—减压阀(可选);6—主阀阀体;7,8—端盖;9—复位弹簧;10—主阀芯;11—电感式位移传感器

这种阀的位移传感器的信号线如果断开,则相当于一个一般的开关型电液换向阀,丧失了比例控制特性,故必须在闭环条件下才能正常工作。

b 先导阀和主阀双级位移-电反馈比例方向阀

以上主级带位移-电反馈的比例方向阀,其数学模型实际上相当于一个四通阀控双杆活塞油缸的位置闭环控制系统。由前电液位置伺服系统分析可知,对于这样的位置闭环系统,先导阀的控制特性是很重要的。这种四通滑阀相对其他形式的阀的压力增益是相当高的,这意味着,它对主阀两端的压力控制的灵敏度相当高。此外,这种先导阀的流量增益越大,越可以提高对主阀位置控制的精度,但会降低阀的稳定裕度。因此,在合理设计先导阀的控制阀口的基础上,采用电反馈的先导型节流阀,能在保证阀的控制精度的同时,有效提高整个阀的稳定裕度。

将图 6-53 中的先导阀改为直动式电反馈型比例方向节流阀,就可得到先导阀和主阀双级位移-电反馈比例方向阀，其典型结构如图 6-54 所示。这种比例方向阀的先导级采用单个比例电磁铁控制的结构形式，通电后，若输入信号为零，先导阀芯自动跳到中位。

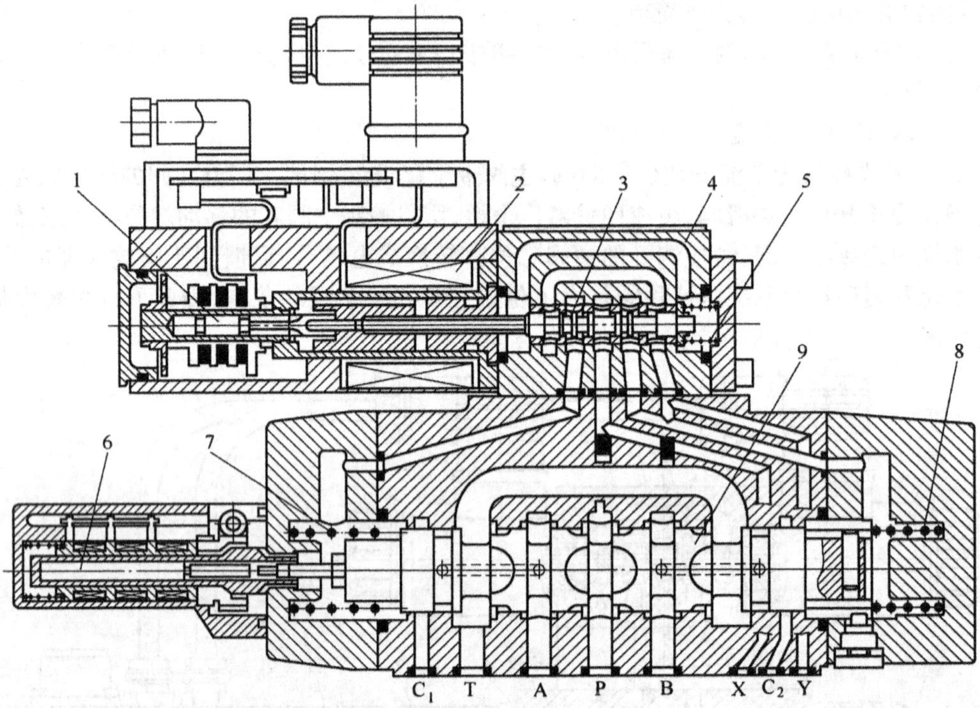

图 6-54　导阀和主阀双级位移-电反馈比例方向阀的结构

1—先导阀位移传感器；2—比例电磁铁；3—先导阀芯；4—先导阀体；
5—复位弹簧；6—主阀位移传感器；7，8—对中弹簧；9—主阀芯

图 6-54 所示的比例方向阀一般用于开环控制系统，它与伺服阀有非常相似的结构，但主阀芯构造不同，该阀主阀芯的死区大。图中的 C_1、C_2 辅助控制油口为控制系统的回路设计需要而留用。

值得注意的是，二级比例方向阀的先导级供油压力必须稳定在一个合理的数值上，才能保证阀的整体性能处于最佳状态。先导级合理的供油压力数值可从生产厂提供的产品样本上查到。当采用内控式阀的时候，如果供油压力过高，需要在主级和先导级之间叠加进一个定值减压阀，以降低并稳定供油压力。如果主阀供油压力低于比例方向阀稳定工作所需要的最低稳定压力，或负载变化大引起供油压力的大范围变化，则可选用外控式阀。这时，先导级的供油压力能单独控制在合理的数值上，不受负载变化的影响。

6.5.4　比例方向阀的 *I-q* 特性

6.5.4.1　流量公式

比例方向阀的控制阀口一般属于薄壁节流孔口型，与输入电信号成比例的是阀芯位移，故通过每个阀口的流量 q 为

$$q = C_d w x_v(i)\sqrt{\frac{2}{\rho}\Delta p} \tag{6-20}$$

式中　$x_v(i)$——滑阀阀口的开度，它与输入电流有关，可表示为

$$x_v = \lambda \cdot i \tag{6-21}$$

λ——比例方向阀芯的位移-电流增益。

其他参数同前。

由式(6-20)可以看出,比例方向(节流)阀的流量不仅与阀的输入电流 i 有关,还要受阀口两端的压力差的影响。

6.5.4.2 比例方向阀的 *I-q* 特性

比例方向阀的 *I-q* 特性是指其输出流量与输入信号之间的关系。图 6-55 所示为力士乐公司的 4WRE 型电反馈比例方向阀的两组控制特性曲线例。

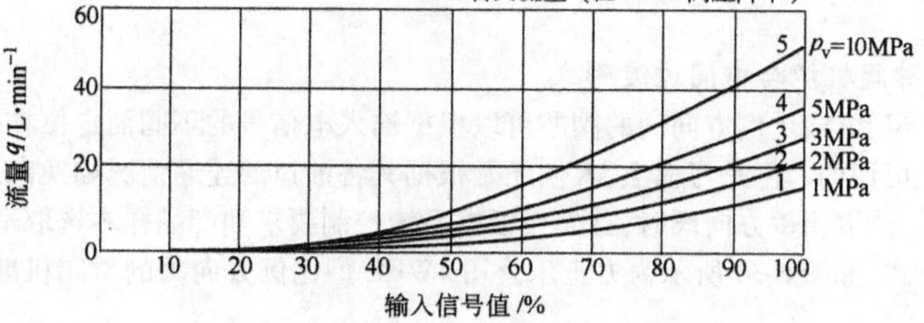

(a)

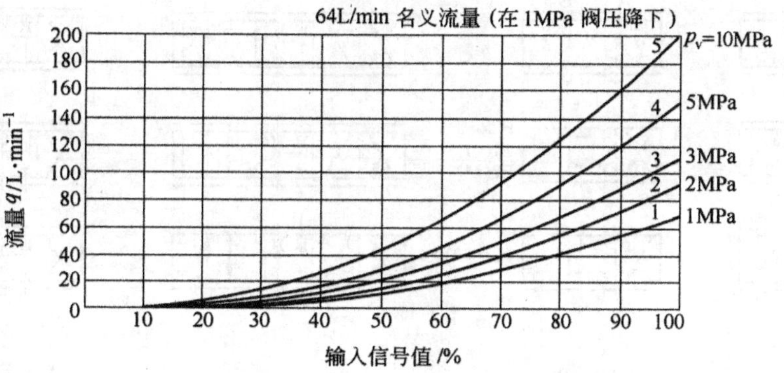

(b)

图 6-55 比例方向阀的流量特性曲线

(a)额定流量 16L/min;(b)额定流量 64L/min

由于比例方向阀是对进、回油同时进行节流控制的,因此,它的流量不仅受输入电流的控制,还要受整个阀压降的影响。为了获得确定的输出流量与输入信号之间的关系,规定比例方向阀的 *I-q* 特性必须在规定阀压降 p_v 的条件下进行测试。阀压降的定义与电液伺服阀类似,为两个阀口的压降之和,即

$$p_v = p_s - p_L - \Delta p_r - p_0$$

给定一组不同的 p_v,以输入信号的百分比为横坐标,以阀的输出流量为纵坐标,可测得图示的比例方向阀的流量特性曲线族。

同一种阀芯直径的比例方向阀不仅外形尺寸、连接尺寸相同,阀芯直径也是相同的,但面积梯度 w 可以做得不同,一般是通过改变同一直径阀芯上节流槽的数目和形状来改变 w。在同样输入电信号的条件下,同一阀芯直径的阀会得到不同的流量。因此,比例方向阀的额定流量(也称名义流量)规定为在最低阀压降(一般约定为 p_v =1MPa)时与最大输入信号对应的输出流量值。前述的电液比例节流阀的额定流量也是这样定义的。这一点与常规的开关式方向阀、节流阀均是定义最大通过流量为阀的额定流量的概念不同,在选择比例方向(节流)阀的规格时,要

充分注意这一点。

图 6-55 所示的两组控制特性曲线族就是相同通径、不同额定流量的两种比例方向阀的 *I-q* 特性曲线。

6.5.5　比例方向阀的选用

电液比例方向(节流)阀能够根据输入信号的变化成比例地控制阀的输出流量,但是它比电液伺服阀的结构简单、制造成本低廉,能耗低,对介质清洁度要求不高,还可简化液压系统,因此成为现代电液控制系统中最广泛应用的基础元件之一。选用这种比例方向阀时,需注意以下几个方面。

6.5.5.1　滑阀机能与中间过渡形式

从本质上来说,电液比例方向阀的阀芯可以根据输入电信号的不同而定位在任一位置上,即阀芯位置是无级可调的。但是习惯上,人们还是根据其各油口的连通情况如换向阀那样,将其划分为二位、三位。选取比例方向阀时,首先要根据系统控制要求和产品样本选取适当的滑阀机能及其中间过渡形式,如图 6-56 所示为力士乐公司 4WRE 型比例方向阀的滑阀机能与中间过渡形式示例图。

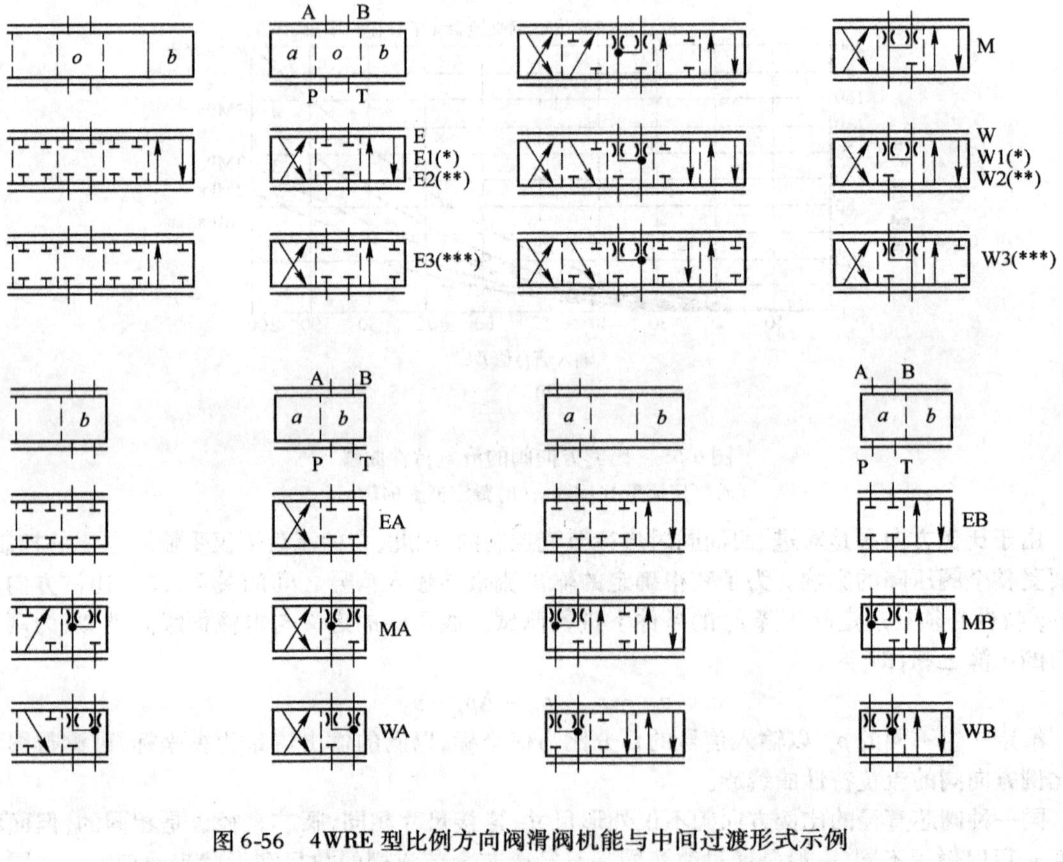

图 6-56　4WRE 型比例方向阀滑阀机能与中间过渡形式示例

(*)P→A　q=64L/min,B→T　q=32L/min,P→B　q=32L/min,A→T　q=64L/min

(**)P→A　q=32L/min,B→T　q=64L/min,P→B　q=64L/min,A→T　q=32L/min

(***)P→A　q=64L/min,P→B　q=64L/min,A→T　q=64L/min

图中 E(包括 E1、E2、E3)型阀为中闭型阀芯与阀套配合情况的三位阀(如沿用普通换向阀的习惯也称为 O 型机能)。如前所述,为减小泄漏和简化制造工艺,中位时阀芯与阀套有约 10% ~15% 的搭接量。M 型阀为阀在中位时 P、A、B 口阻尼地相通的三位阀(如沿用普通换向阀的习惯也称为 P 型机能)。W(包括 W1、W2、W3)型阀为阀在中位时 A、B、T 口阻尼地相通的三位阀(如沿用普通换向阀的习惯也称为 Y 型机能)。这两种阀在中位时的通流面积均为额定通流面积的 3%。这些三位阀中 E、M、W 型阀为对称型阀,这种阀在通入控制电流后,P→A 和 B→T 或 P→B 和 A→T的通流面积是相等的,通过的流量均为 q;E1、W1 与 E2、W2 型阀为非对称型阀,例 E1、W1 阀在通入控制电流后,P→A 的通流面积为 B→T 的 2 倍, A→T 的通流面积为 P→B 的 2 倍。E2、W2 见图 6-56(* *)。E3、W3 型阀也是一种非对称阀,在阀芯的一端圆周上与其他阀相同,均匀地开有节流槽,而另一端没有节流槽(如 6-47c),这种阀在左移时 B 与 T 口不相通。这两种阀主要用于差动连接回路。其应用例如图 6-57 所示。

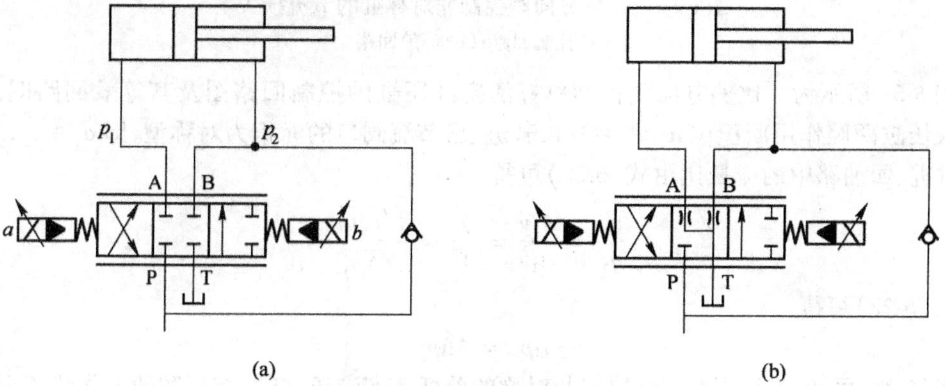

图 6-57 比例差动回路

(a)E3 型阀;(b)W3 型阀

EA、MA、WA、EB、MB、WB 为各种连通情况的二位比例方向阀。

从本质上说,由于电液比例方向阀的阀芯可以定位在任一位置上,即位置是无级可调的,它就不再局限于三位阀,其实,它可以成为四位阀、五位阀。例如,图 6-58 中阀的四个位置有四种不同的功能。当阀无信号电流输入时,阀芯处于 2 位,是自然中位,活塞不动。当控制电流较小时,阀芯的工作位置逐渐过渡到 3 位,这是全力工作阀位,这时液压缸得到较大的加速力,逐渐加大输入控制电流,使活塞尽快加速。当达到全流速度后,如果继续加大控制电流,则阀位就由 3 过渡到 4,这时 B 至 T 的油路被关闭,液压缸的回油通过单向阀回到 P 口,构成差动运动回路,液压缸运动速度增高,并且与输入信号电流成正比。当活塞运动到接近行程终端时,可减小电流,阀位又回到 3 阀位,逐渐减小控制电流,可使液压缸速度逐渐减小,平稳制动。若另一电磁铁有输入电流时,液压缸可以反向加速运动。

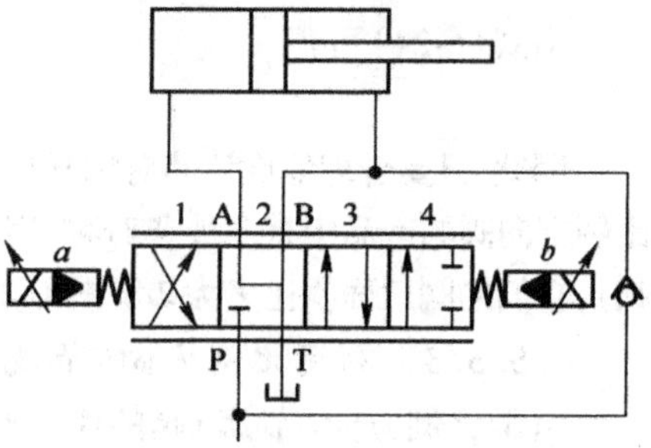

图 6-58 比例方向阀的特殊多位控制例

6.5.5.2 对称与非对称型节流阀口

电液比例方向阀对执行元件的进、出口同时进行节流控制,由此会带来一些新的问题。如果阀芯是对称的,即左、右两边节流面积相等,用于控制对称执行元件时,执行元件在任一速度下,两腔进、出油路上的流量是相等的,因而在阀的两个节流通道上产生的压力损失也是相等的。但控制单杆活塞液压缸这种非对称执行元件的情况就不同了。

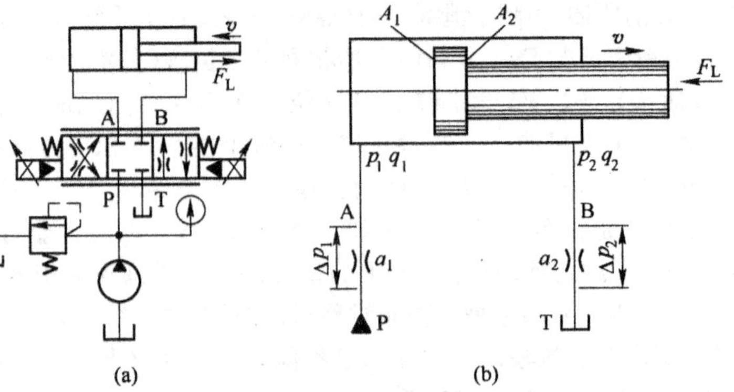

图 6-59　比例方向阀控制非对称缸的节流损失

(a)控制回路;(b)等效回路

如图 6-59 所示为一比例方向阀控制单杆活塞液压缸的控制回路图及其等效回路图。设单杆活塞液压缸两腔作用面积比 $A_1/A_2=2/1$，若进、出节流阀口的面积为对称型，即 $a_1=a_2$，在任一速度 v 时进、回油路中的流量比由式(6-20)可得

$$\frac{q_1}{q_2}=\frac{A_1 v}{A_2 v}=\frac{2}{1}=\frac{\sqrt{\Delta p_1}}{\sqrt{\Delta p_2}} \tag{6-22}$$

由式(6-22)可得

$$\Delta p_1 = 4\Delta p_2 \tag{6-23}$$

由式(6-23)可知，当采用对称阀控制非对称的单杆活塞液压缸时，有杆腔的工作背压大于 1/4 的供油压力时，就会因为系统无法对进油提供足够的压差而出现抽空现象，因而产生气穴，使系统控制性能大大变坏，甚至不能正常工作。如果将比例方向阀的阀芯设计成非对称节流阀口，对应于以上那种液压缸两腔的作用面积比，即使 $a_1/a_2=2/1$，则在任一速度 v 时，进、回油路中的流量比为

$$\frac{q_1}{q_2}=\frac{A_1 v}{A_2 v}=\frac{a_1}{a_2}\frac{\sqrt{\Delta p_1}}{\sqrt{\Delta p_2}}=\frac{2}{1} \tag{6-24}$$

由式(6-24)可得

$$\Delta p_1 = \Delta p_2 \tag{6-25}$$

因此，只要合理地设计非对称开口的阀芯，就能使非对称的单杆活塞缸得到有效的控制。现有的比例方向阀的产品中有多种非对称节流阀口供选择(如力士乐公司的 4WR 系列中的 W1、W2、E1、E2 阀)，它们的阀口面积比多为 2/1 或 1/2，也可有其他比例的，来适应不同面积比液压缸的控制要求。

6.5.5.3　利用比例方向(节流)阀的控制特性曲线确定阀的规格

由于比例方向(节流)阀的额定流量规定为在最低阀压降(一般约定为 $p_v=1\text{MPa}$)时与最大输入信号对应的输出流量。这与其他流量阀不同。其他流量阀的额定流量都是以通过的最大流量来定义阀的额定流量。从图 6-60 所示的曲线可以看出，在一定压力范围内，阀压降增大时，比例方向(节流)阀的实际输出流量可能比额定流量大得多。因此，在设计比例系统确定比例方向阀时，不能简单地将系统执行机构空载快速运动时所需的最大流量作为比例方向(节流)阀的额定流量来选择比例方向(节流)阀。正确的选择原则应是：使最大流量尽量与这种工况时阀压降下的最大流量相接近，使系统尽可能大地利用阀芯行程，以扩大调节范围，提高阀的控制性能。

例 6-1　一比例方向节流系统，已知系统的供油压力 $p_s=12\text{MPa}$，工进时负载压力 $p_{L1}=11\text{MPa}$，工进速度范围对应所需的流量为 $q_1=5\sim20\text{L/min}$，快进时负载压力 $p_{L2}=6\text{MPa}$，快进速度范围对应所需的流量为 $q_2=60\sim150\text{L/min}$。试选取合适的比例方向阀。

本题若按普通方向阀的选取方法,以最大流量 $q_2=150\text{L/min}$ 作为额定流量来选取的比例方向阀,如图 6-60 所示。这样的选取,表面上看已经满足了系统的要求,但从图中可以看出:

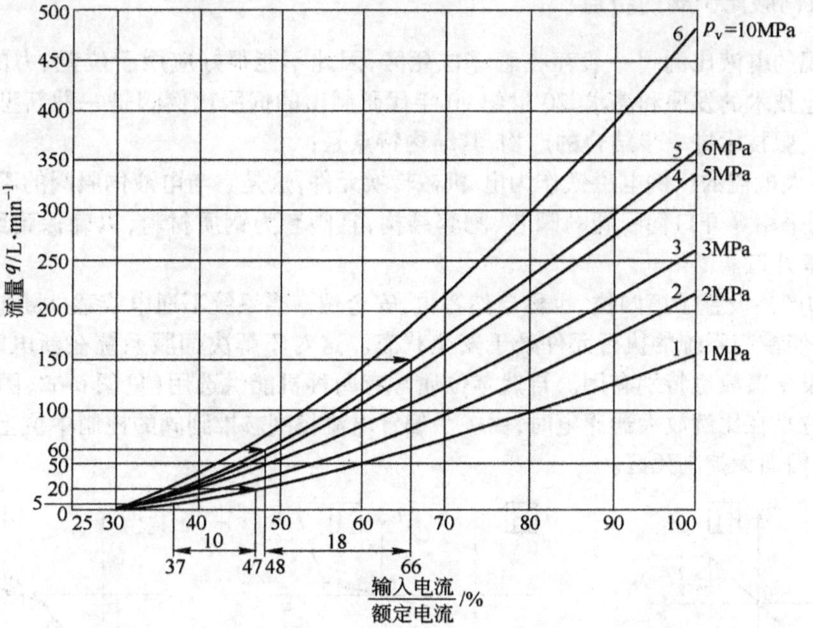

图 6-60 额定流量 150L/min 的比例方向阀的控制特性

快进时,实际阀压降 $p_v=p_s-p_{L2}=12-6=6\text{MPa}$,流量 $q_2=60\sim150\text{L/min}$ 对应的输入电流值为额定电流的 48% ~66%,调节范围仅达额定电流的 18%。

工进时,实际阀压降 $p_v=p_s-p_{L1}=12-11=1\text{MPa}$,流量 $q_1=5\sim20\text{L/min}$ 对应的输入电流值为额定电流的 37% ~47%,调节范围仅达额定电流的 10%。

一般阀的滞环为 1% ~3%,对应调节范围为 10% 的情况,则其滞环就相当于 10% ~30%,显然很难以这样差的分辨率来进行控制。

按正确原则来选取时,可选取额定流量为 64L/min 的比例方向阀(见图 6-61)。由图 6-61 可以看出,这样选取的阀,快进时的调节范围达 32%,工进时的调节范围达 19%,可调节范围较大,就有较好的分辨率,重复精度也得到了提高。

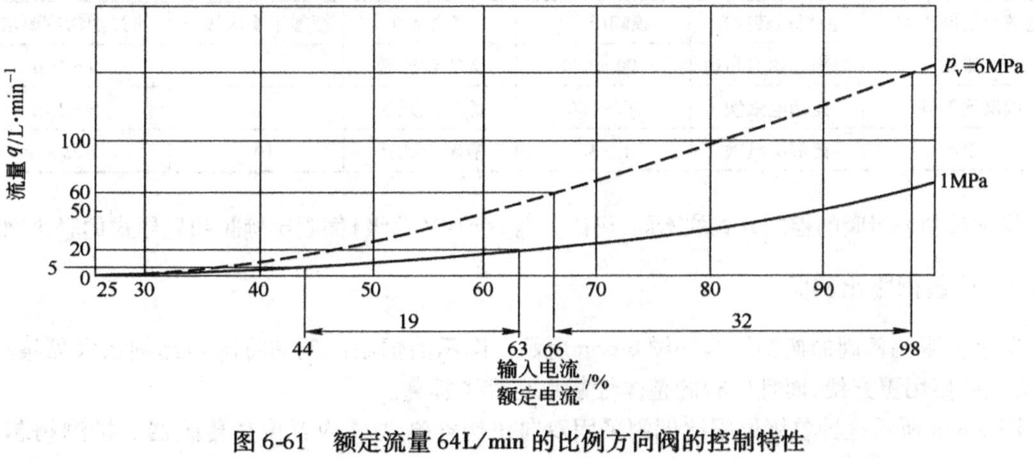

图 6-61 额定流量 64L/min 的比例方向阀的控制特性

6.6 电液伺服比例阀

6.6.1 电液伺服比例阀的特点

由于常规的电液比例阀一般存在着零位死区，因此不能很好应用于位置、力的闭环控制系统。随着工业技术的发展和需求，20 世纪 90 年代研制出的伺服比例阀是一种新型的比例阀，是比例技术与伺服技术进一步结合的产物，其结构特点是：

（1）利用大电流的比例电磁铁作为电-机械转换元件，这是它与电液伺服阀的不同点；

（2）主阀采用零开口伺服阀的阀芯、阀套结构，且阀套为钢质材料，以确保耐磨性和中位时阀口的精确零开口。

（3）有的产品设置了第四位，也称自然零位、安全位。当系统不通电或意外断电时，确保阀在自然零位，以使控制系统的执行元件处于安全状态。这对于解决伺服系统在断电时因零漂问题可能引起的设备事故也特别有用。自然零位通常有两种机能供选用（见图 6-62、图 6-63）。这种阀的控制中位是在比例放大器通电时，由一个偏置电流将阀芯推到阀的控制中位上，这时阀芯与阀套零搭接，因而无控制死区。

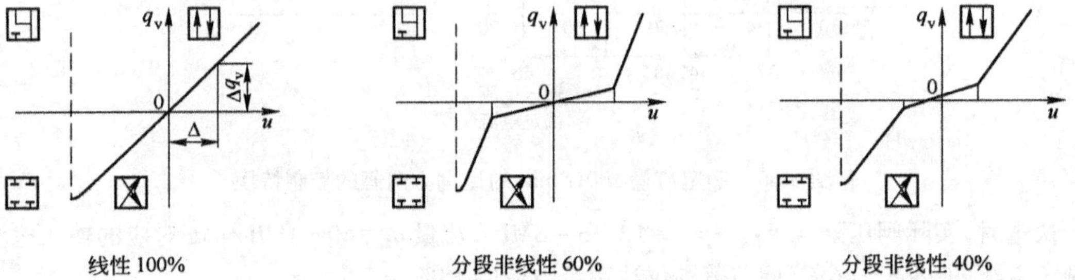

图 6-62　伺服比例阀的控制特性曲线例

（4）这种阀一般提供多种线性特征的控制特性曲线，如图 6-62 所示。其中，100% 线性特征适合于控制信号全程都要求同一线性的系统，分段非线性适合于小信号需要提高分辨率、大信号需要速度快的系统。

伺服阀、伺服比例阀和一般比例阀三种电液控制阀的特点及性能对照见表 6-1

表 6-1　三类电液控制阀特点及性能对比表

电液控制阀类型	电-机械转换器	频响(HZ)	零位特性	精加工要求级别	过滤精度要求
伺服阀	力矩马达力马达	100～500	无零位死区	μ	3～10μ
伺服比例阀	比例电磁铁	30～150	无零位死区	μ	3～10μ
比例阀	比例电磁铁	1～30	有零位死区	10μ	25μ

根据对功率级阀的控制方式的不同，可以分为直动式（单级）伺服比例阀和先导式伺服比例阀。

6.6.2 单级伺服比例阀

单级伺服比例阀的典型结构如图 6-63a 所示。图示的伺服比例阀将阀与比例放大器集成一体，不仅令使用更方便，而且使阀的整体性能也得到了提高。

图 6-63a 所示这种单级伺服比例阀采用双向比例电磁铁 6，内置位移传感器 7 检测阀芯（也

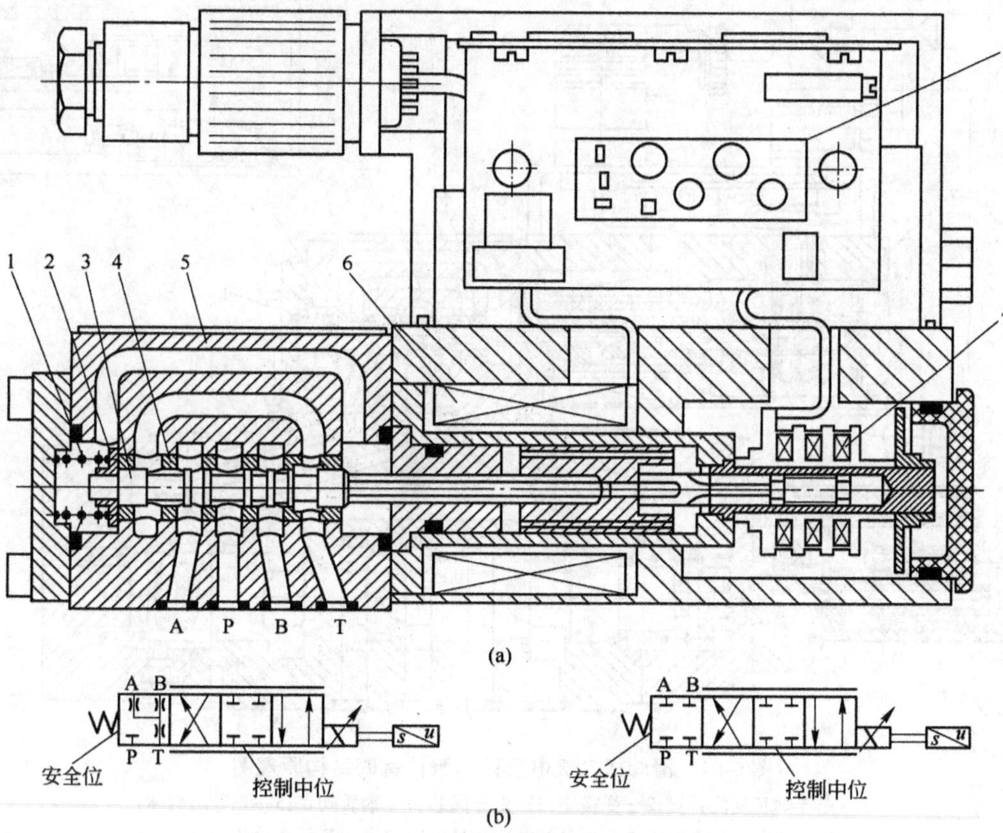

图 6-63 单级伺服比例阀

(a)结构图;(b)职能符号

1—阀芯复位弹簧;2—弹簧座;3—阀芯;4—钢质阀套;5—铸造阀体;
6—比例电磁铁;7—位移传感器;8—比例放大器

即衔铁)位置,反馈到比例放大器的输入端,构成阀芯位置的闭环控制。

单级伺服比例阀可用于小流量的闭环控制系统,也可作为两级伺服比例阀(先导式伺服比例阀)的先导级。

6.6.3 先导式电液伺服比例阀

两级先导式伺服比例阀有滑阀式和插装式两种类型。

6.6.3.1 滑阀式二级伺服比例阀

滑阀式二级电反馈伺服比例阀的典型结构如图 6-64 所示。它的结构与控制方式基本同图 6-54 所示的双级位移-电反馈的比例方向阀,只是其先导级采用一个小型的直动式伺服比例阀,主级采用零开口滑阀和耐磨的控制阀口(壳体用球墨铸铁)来保证。主阀芯位移由主阀芯位移传感器 8 检测并反馈回比例放大器的输入端,构成主级与先导级两个闭环回路的叠加。当先导级处于安全位时,主级阀芯可靠地处于中位。图中,先导级和功率级滑阀上的弹簧均为复位弹簧(刚度小),两级阀芯的对中都是由电反馈闭环实现。

两级伺服比例阀包含有先导级和功率级的位置电反馈功率级滑阀,相当于先导级控制的对称液压缸,功率级阀芯上的位置传感器 8 检测主阀芯 10 的位移。因此,对二级伺服比例阀的分析实际上与阀控液压缸的位置控制系统相似,其控制原理方框图如图 6-65 所示。

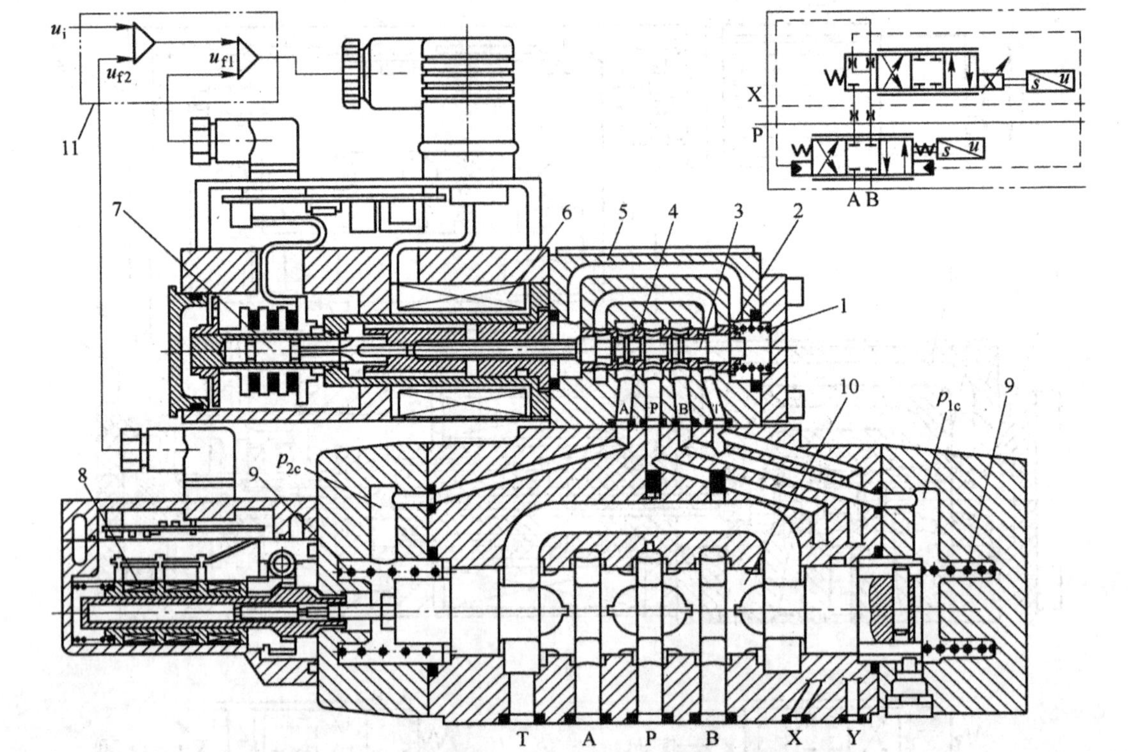

图 6-64　滑阀式二级电反馈伺服比例阀结构原理图

1—先导阀芯复位弹簧；2—弹簧座；3—先导阀芯；4—钢质阀套；5—先导级阀体；
6—双向比例电磁铁；7—先导阀芯位移传感器；8—主阀芯位移传感器；
9—主阀复位弹簧；10—主阀芯；11—比例放大器（内含双位置闭环）

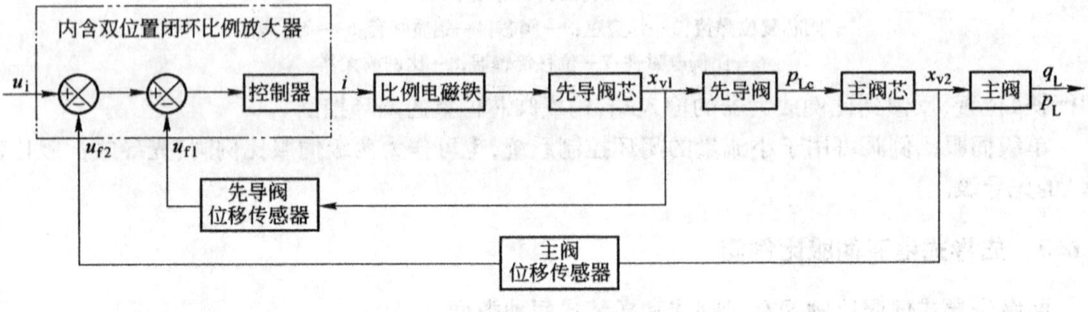

图 6-65　二级伺服比例阀控制方框图

由图 6-65 可见，单级和二级伺服比例阀采用的电反馈位置闭环包围了比例控制器、比例电磁铁、先导阀和功率级主阀，因此，这些环节的非线性、干扰、温漂等因素对阀控制性能的影响受到抑制。相对于功率级位移传感器构成的大闭环而言，先导级位移传感器构成的闭环只是一个局部闭环。由于位移传感器及其二次仪表的分辨率和频宽都可以做得很高，因此伺服比例阀分辨率高，线性度好，滞环和零漂小，阀的动态响应快。此外，电反馈方案为采用各种校正手段创造了条件，有利于进一步提高伺服比例阀的性能。这些都是伺服比例阀的性能接近甚至超过普通伺服阀的根本原因。

近年来，伺服比例阀在工业电液控制系统中的应用有不断扩大的趋势，一些原来采用伺服阀的系统也被改造成使用伺服比例阀的系统。

6.6.3.2 插装式二级伺服比例阀

插装式二级伺服比例阀的先导级采用外置的小型伺服比例阀(单级伺服比例阀),主阀为三通插装式结构,主阀芯位移由位移传感器5检测反馈,同样也构成主级与先导级两个闭环回路的叠加,对主阀芯的位移构成闭环控制。其结构和控制原理如图6-66所示。

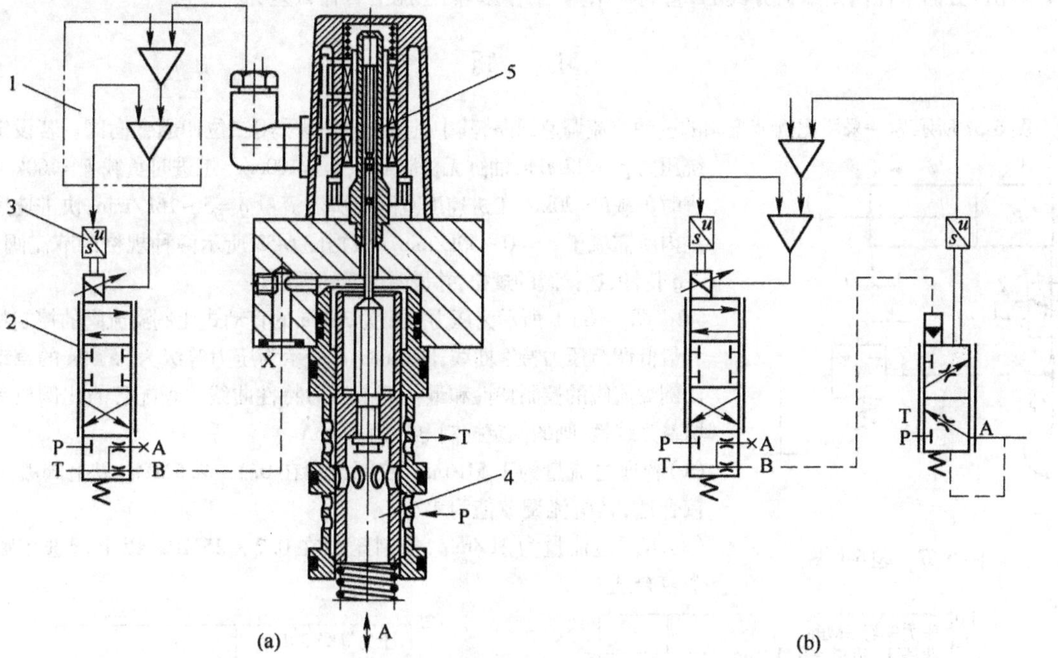

图6-66 插装式二级伺服比例阀主级结构及控制原理图

(a)结构图;(b)控制原理图

1—双位置闭环比例放大器;2—先导阀;3—先导阀位移传感器;4—主阀;5—主阀位移传感器

思 考 题

6-1 试述普通开关型电磁铁与比例电磁铁的吸力特性的差异及成因。

6-2 试述力控制型和行程控制型比例电磁铁在结构及工作原理、特性上有什么不同?

6-3 比较直动式电液比例溢流阀与手调式溢流阀在结构、工作原理、性能及应用原理上有什么异同点?

6-4 采用被控压力直接检测反馈的比例溢流阀、比例减压阀在工作原理、控制特性上与间接检测反馈式的有什么不同?

6-5 试述先导油来自阀进口的比例减压阀减压及保持出口压力稳定的原理。当阀的进口或出口压力波动时,试述阀稳定压力的原理及调节过程。

6-6 试分析说明比例减压阀和比例溢流阀稳态控制特性的差异。

6-7 三通型减压阀的工作原理是什么,它与二通型减压阀相比,有什么特点?

6-8 当一个系统要求压力无级调节范围为0.5~0.8MPa,可否选用调节范围为0.4~31.5MPa电液比例溢流阀,为什么,选用时应遵循什么原则?

6-9 直动式电液比例节流阀与普通手调式节流阀在结构、工作原理及使用性能上有什么异同点?

6-10 说明先导式比例节流阀的类型及其工作原理。它们的性能有什么不同?

6-11 二通型比例节流阀按反馈参数的不同,可以分为哪几类?它们的工作原理各是什么,在性能上有什么不同?

6-12 三通型比例流量阀与二通型比例流量阀相比,基本特点有哪些?

6-13 简述电液比例压力流量复合阀的工作原理及使用特点。

6-14 比例方向阀与普通电磁换向阀及电液伺服阀相比，在结构上与控制性能上有什么特点？

6-15 比例方向阀的滑阀机能与普通换向阀有什么不同？

6-16 为什么要设计非对称型的比例方向阀？

6-17 比例方向节流阀是如何分类的，它们在结构、工作原理、性能上有什么差异？

习 题

6-1 图6-67所示为一采用比例节流阀的进油节流调速回路，其中，比例节流阀采用二位四通方向阀。若设定系统压力 $p_p=12MPa$，油缸无杆腔面积 $A_1=100cm^2$，工进时负载 $F=100kN$，快进时负载 $F=20kN$，工进速度范围内所需流量 $q=5\sim16L/min$，快进速度范围内所需流量 $q=40\sim50L/min$。根据图6-55所示两种规格的节流阀的 $I-q$ 特性，选择阀的规格，并说明选择的理由。

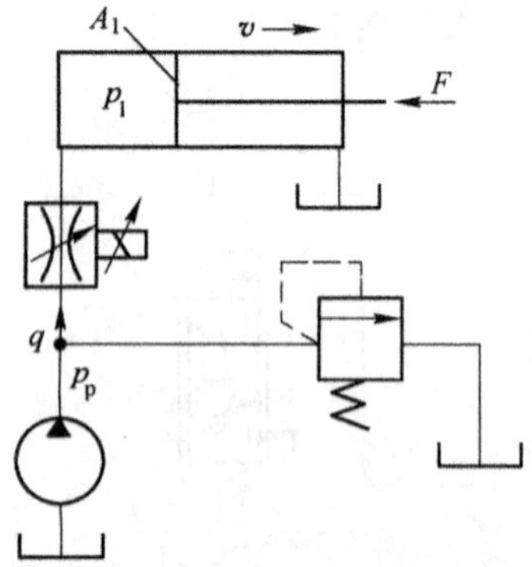

图6-67 题6-1图

6-2 图6-68a、b所示为压力等级为3MPa的直动式比例溢流阀的控制特性和最低调节压力特性曲线，图6-68c、d所示为压力等级为35MPa的直动式比例溢流阀的控制特性和最低调节压力特性曲线。阀配套的比例放大器增益为线性，阀的额定控制电流为800mA。

(1)若通过流量为1.5L/min，控制压力在0.1～2.5MPa，以上阀哪一个较合适，其电流调节值为多少？

(2)若通过流量为2L/min，控制压力在0.2～25MPa，以上阀选用哪一个较合适？

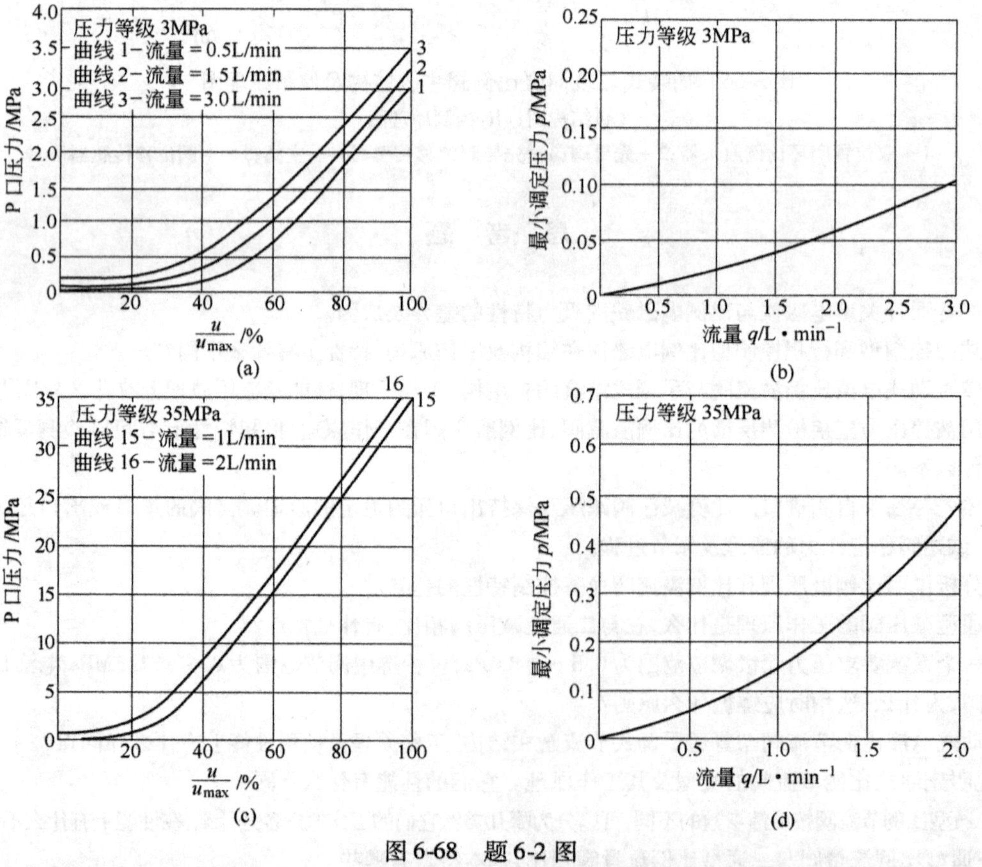

图6-68 题6-2图

7 电液比例容积控制元件

液压控制系统按其控制元件的不同,可以分为阀控式和泵控式。阀控式系统实际是利用节流的原理实现各种控制功能,具有结构简单、成本低廉、调节方便、响应快、控制精度高等优点,得到了广泛的应用。但这种系统一般都有各种节流和溢流损失,效率低,因此这种系统的功率一般不超过5kW。对于大功率的场合,以采用容积控制方式为好。但常用的手动变量泵或马达,只能实现一两种设定的工况,不能实现在负荷情况下连续、成比例的控制,因此还是常常会造成能量损失或性能不能满足要求,尤其是在大功率及控制复杂、要求高的场合,更是如此。电液比例和伺服式容积控制的变量泵和马达就能适应这种场合的要求,能在工作状态下使液压参数做连续、快速的变化,从而使节能效果和控制水平大大提高。另外,采用了电液比例容积控制后,可通过电器和控制技术进行各种补偿、校正、协调和适应控制,从而获得最大限度的性能提高和节能效果。

本章主要研究各种电液比例变量泵的结构原理及性能特点。电液比例控制泵按被控参数的不同,可分为比例排量、比例流量、比例压力和流量压力复合比例控制四大类,下面分别讨论。

7.1 电液比例排量变量泵

电液比例排量变量泵是使排量能随输入电信号连续地、成比例地得到控制的泵,而泵的排量是由其变量机构调节的位置决定的。因此,电液比例排量泵的本质是电液比例位置控制系统。

由于比例电磁铁输出力值有限,它不可能直接驱动泵的变量机构,因此常常需要通过液压放大元件对比例电磁铁的输出进行机-液转换和放大,再控制泵的变量机构向被控的位置运动,其输出位置由各种检测和反馈方法构成位置闭环控制系统。根据其反馈信号的不同,电液比例排量控制泵可以分为位置直接反馈式、位移-力反馈式和位移-电反馈式三类。

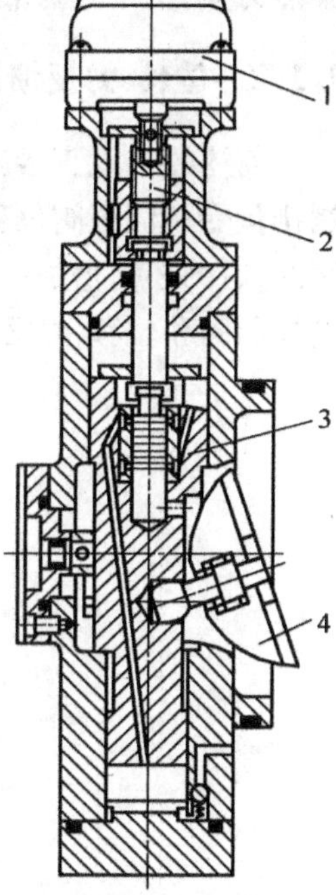

图 7-1 电液伺服变量机构
1—伺服电动机;2—螺旋机构;3—变量机构;4—斜盘机构

7.1.1 位置直接反馈式电液比例排量控制泵

位置直接反馈式电液比例排量泵是在手动伺服变量泵的基础上发展起来的。只要如图 3-16 所示那样,将电-机械转换、放大、控制元件与泵的手动变量机构相连,就能构成位置直接反馈式电液比例排量泵。按照电-机械转换、放大、控制元件的不同,常用的有伺服电机驱动和控制的与比例减压阀控制的位置直接反馈式电液比例排量泵。

7.1.1.1 伺服电机驱动的电液伺服排量控制泵

若图 3-16 中的电-机械转换、控制装置采用伺服电动机和机械传动装置,就构成了电液伺服排量控制泵。图 7-1 为其伺服变量机构。图中的伺服电动机 1 将输入的电信号转变为输出轴的旋转运动,伺服电动机输出的角位移通过螺旋机构 2 转变为变量机构中伺服阀阀芯的直线位移,实现对泵的排量控制(参见 3.5.4)。

这种变量泵的控制精度高，工作可靠，能利用电气自动化技术实现远程控制。但伺服电机的响应速度限制了比例排量变量泵的响应速度。

7.1.1.2　比例减压阀控制的电液比例排量泵

若将以上电－机械转换部分的伺服电机和螺旋机构改为比例电磁铁，从原理上来说也是可行的，但由于比例电磁铁的输出行程有限，因此可采用如图 7-2 所示的由比例减压阀来控制比例排量变量机构的比例排量泵。对比图 3-16 与图 7-2 可以看出，该变量调节机构只是在手动伺服变量机构的基础上，增设了电液比例三通减压阀 2、操纵缸 3 和平衡弹簧 6，变量差动活塞 4 与伺服阀 1 的阀套仍固连成一体，构成位置直接反馈。当比例电磁铁通以控制电流后，比例减压阀输出相应压力的压力油进入操纵缸 3，推动伺服阀 1 的阀芯移动。当阀芯上的平衡弹簧 6 的弹簧力与液压推动力平衡时，使伺服阀芯移动量为 x。液压泵来的压力油通过伺服阀进入变量差动活塞 4 控制腔（下腔），与差动活塞上腔的液压泵输出油压作用相比较，在差动压力的作用下，活塞 4 做跟随运动，使位移 $y=x$。这时斜盘也跟随有一个相应的调节倾角增量，使变量泵得到与输入电信号成比例的排量和流量控制。

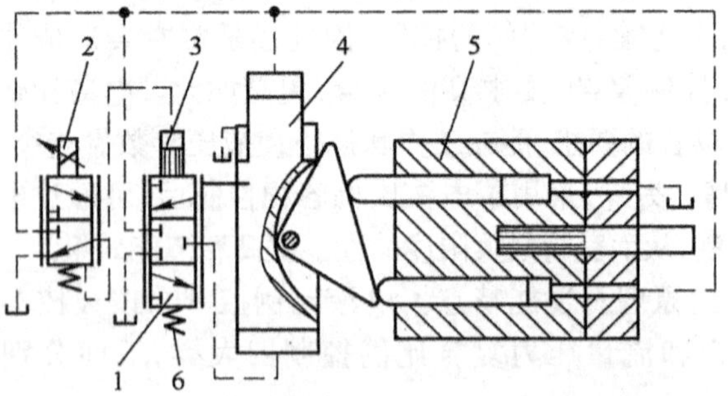

图 7-2　比例减压阀控制的电液比例排量泵
1—液动伺服阀；2—比例三通减压阀；3—操纵缸；
4—变量差动活塞；5—柱塞泵；6—平衡弹簧

这种电液比例排量控制变量泵在控制精度及灵敏度方面虽不如电液伺服变量泵，但其抗污染能力强，价格较低廉，工作可靠，对许多机械的远程控制还是很理想的选择。

7.1.2　位移-力反馈式电液比例排量控制泵

前述的位置直接反馈式比例变量泵，平衡时，变量活塞的位移 y 等于阀的位移 x，因此泵的控制排量受到伺服阀位移大小的限制。另外，采用的伺服阀的制造工艺要求很高，而且为了驱动伺服阀，有的还需增加一级先导级，这就又增加了结构的复杂性和成本。图 7-3 所示为一种采用比例控制阀和位移-力反馈式的电液比例排量泵排量控制机构原理图。当比例电磁铁无信号电流

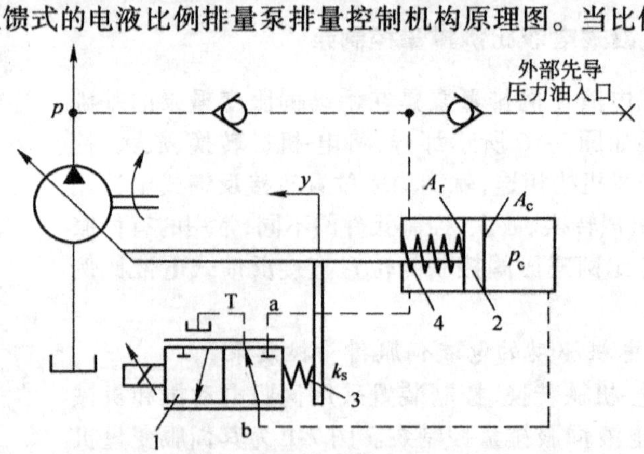

图 7-3　位移-力反馈式电液比例排量控制泵原理
1—电液比例控制阀；2—控制活塞液压缸；
3—反馈弹簧；4—复位弹簧

输入时，变量控制液压缸2活塞在复位弹簧4作用下返回原位，变量控制活塞处于排量最小的位置。当电液比例三通控制阀1有控制电流输入时，阀芯移动，阀口a、b接通，先导控制油液通过阀口a、b进入控制活塞液压缸2的无杆腔，使控制腔压力p_c升高，变量控制活塞向排量增大方向移动，进行排量调节。同时，控制活塞的移动又通过反馈弹簧3作用于控制阀1，使反馈弹簧力与电磁力相比较，使控制阀口关小，直至反馈弹簧力与电磁力平衡，构成位移-力反馈闭环控制，使变量活塞定位在一个与输入信号成正比的新平衡位置上，达到排量调节的目的。

以上所述的排量控制泵原理可用图7-4所示的框图表示。由以上分析可以看出，位移直接反馈排量调节与位移-力反馈排量调节之间的差别实质仅在于反馈比较环节的不同。

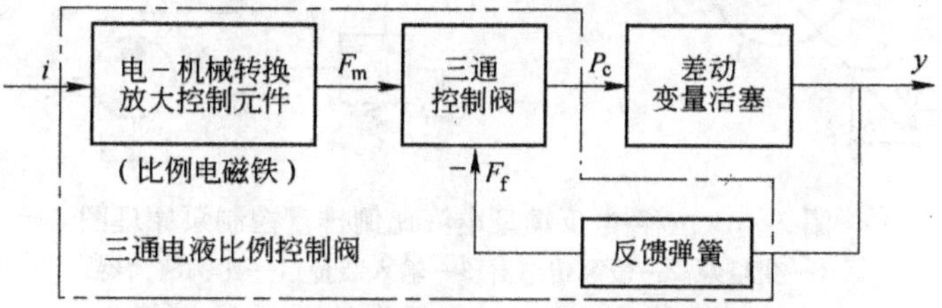

图7-4 位移-力反馈式电液比例排量控制泵原理方框图

位移-力反馈型比例排量控制泵的电流与排量间的控制特性如图7-5所示。由图可以看出，该泵的线性度相当好。但为消除先导阀的死区，以及使差动缸建立起初始的压力平衡，必须给比例电磁铁输入一定的电流。这个电流称为先导电流。该泵具有较大的先导电流(300mA左右)。

为了加大变量范围，在以上所述的位移-力反馈型电液比例排量控制泵中，需选用较软的反馈弹簧。而配以软弹簧的调节缸，其固有频率较低，这样将影响阀泵的响应速度，尤其是大流量的变量泵更是如此。对于大流量泵，应该采用液压力驱动。即在三通阀的左端加液压作用力，而该液压压力可由一电液比例压力阀来控制，使泵的排量与左端的控制压力成正比，亦即与比例压力阀的输入电流成正比，成为电液比例排量控制泵。由于篇幅限制，这里不作展开介绍。

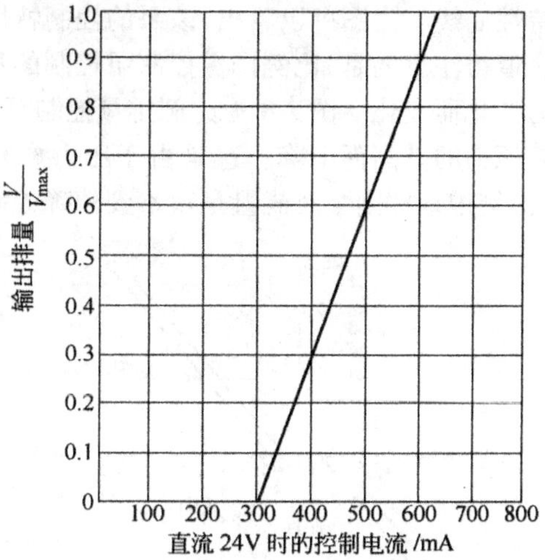

图7-5 位移-力反馈式电液比例排量控制泵控制特性

这种位移-力反馈型电液比例排量控制泵的先导控制油液可以来自泵的出口，也可以来自外部压力油源。但在下列两种情况下必须采用外控油源，即要求在排量为零时启动或泵在工作压力低于某一定值(例如4MPa)时启动。因为当泵在排量为零处启动，即使是在有控制信号的情况，泵也无法提供足够的控制流量和压力来改变排量。同样道理，如果泵的工作压力很低，用它做先导控制油源，差动控制活塞上得到的差动力也较小，将无法使变量机构移动，而无法达到变量控制的目的。

7.1.3 位移-电反馈型电液比例排量泵

图7-6所示为一种位移-电反馈型电液比例排量控制泵的原理图。代表泵的排量信息的变量活塞位移或斜盘倾角角位移，通过位移传感器2检测反馈回比例放大器4的输入端，与输入电

信号进行比较，得出偏差，产生调节信号，输出给电液比例方向阀 6，控制双向变量机构的控制活塞 5 向所需的排量变化方向运动，直至达到所需的排量控制。

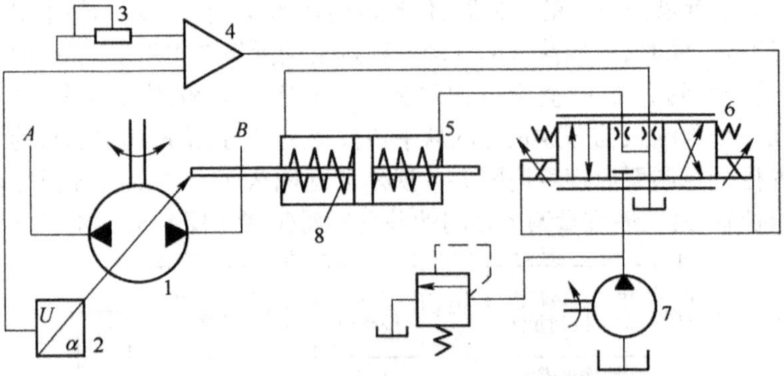

图 7-6　位移-电反馈型电液比例排量控制泵原理图
1—变量泵；2—位移传感器；3—输入装置；4—比例放大器；
5—控制活塞；6—比例方向阀；7—辅助泵；8—弹簧

因为该泵是双向变量泵，为了保证主泵在排量为零的情况下，变量机构仍能可靠工作，需要设置辅助先导泵 7。变量机构由弹簧 8 对中，电液比例换向阀采用 Y 型中位机能，以便控制失效时，变量控制活塞缸中两腔液体能迅速回零而达到平衡。

图 7-7 所示为位移-电反馈双向比例排量变量泵的控制电压与代表排量大小的斜盘倾角的控制特性曲线。由图可以看出，该泵的控制特性是基本线性的，但在控制中存在死区和滞环 $\Delta\alpha$。

值得注意的是，比例排量控制泵控制的只是排量，并不是泵的输出流量。泵的输出流量会因压力变化而变化。图 7-8 为比例排量控制泵的静态压力-流量特性曲线。曲线表明，该泵的流量随着压力的升高而下降。这是由于压力愈高，泄漏愈大，泵的泄漏流量基本与压力成正比。因此，比例排量控制泵对流量是得不到精确控制的。

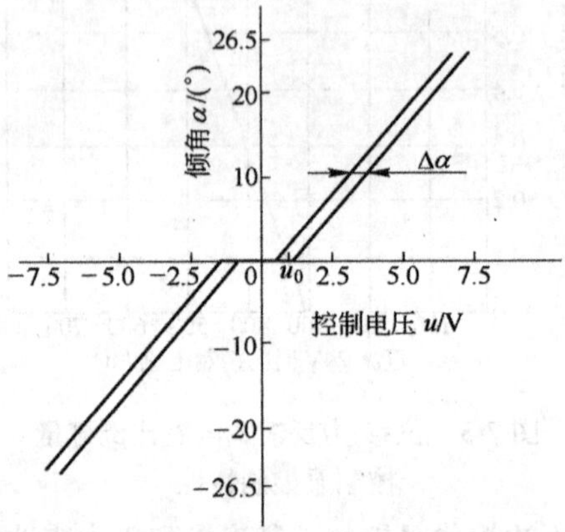

图 7-7　位移-电反馈比例排量控制泵的控制特性曲线

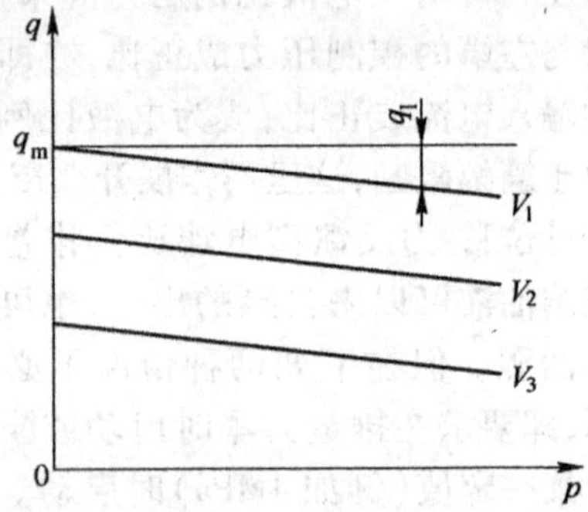

图 7-8　比例排量控制泵的静态压力-流量特性曲线

7.2　电液比例压力控制泵

电液比例压力控制泵是一种控制泵的出口压力成比例地跟随输入电信号变化的变量泵。这是一种带负载压力反馈的变量泵，它将检测到的负载压力作为反馈信号，与指令信号进行比较，构成闭环压力控制。

电液比例压力控制泵按其压力调节变量机构与控制方式的不同，可分为直接控制式和先导控制式两种。

7.2.1　直接控制式电液比例压力调节泵

直接控制式电液比例压力调节变量泵的压力控制调节原理如图 7-9 所示。该泵的调节压力由电液比例溢流阀 1 输入电流来设定。当系统压力 p_s 小于阀的设定压力 p_1 时，比例溢流阀 1 关闭，液阻 R 处无流量流过，控制压力 p_c 等于零。控制活塞 2 在弹簧力的作用下，使泵处于排量最大的位置，像定量泵一样工作，向系统输出最大流量。当系统压力 p_s 大于或等于阀的设定压力 p_1 时，比例溢流阀 1 开启，溢流阀口形成一可变液阻，与固定液阻 R 组成一液压半桥，从而形成对变量活塞控制腔压力 p_c 的控制。p_c 作用直接与控制活塞液压缸中的弹簧力相比较，使变量活塞 2 产生对泵的调节动作，泵和液桥的流量迅速减小到仅能维持各处的内、外泄漏，且维持设定压力不变。这种泵的出口压力由比例电磁铁的控制电流来设定，而且完全消除了流量过剩，因而有很好的节能效果。适当选择液阻 R，就可将控制压力 p_c 限制在低压范围，从而使参比弹簧刚度减小，以使泵在做流量适应调节过程中，压力基本保持在调节的设定值。

尽管如此，直接控制式压力控制泵的特性仍具有较大的调压偏差，如图 7-10 所示。当泵在输出最大流量时，变量活塞处于排量最大的位置，这时其弹簧处于压缩量最小的情况；而当泵在保压工况下工作时，变量活塞弹簧处于排量最小的位置，其弹簧处于压缩量最大的情况。因此，变量活塞在全行程范围内，弹簧力有一个相当大的增量，因而使调压偏差较大。

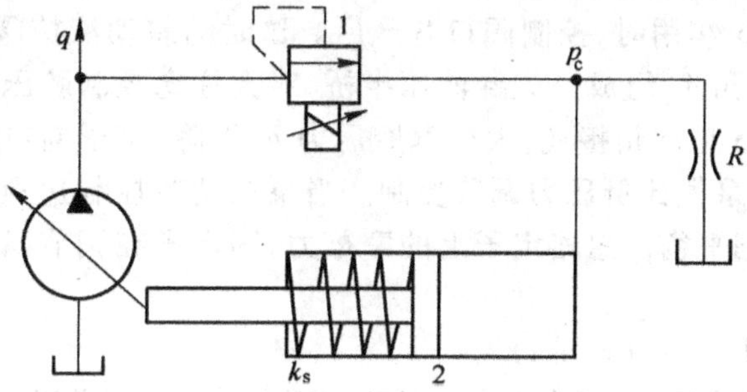

图 7-9　直接控制式电液比例压力调节泵原理图

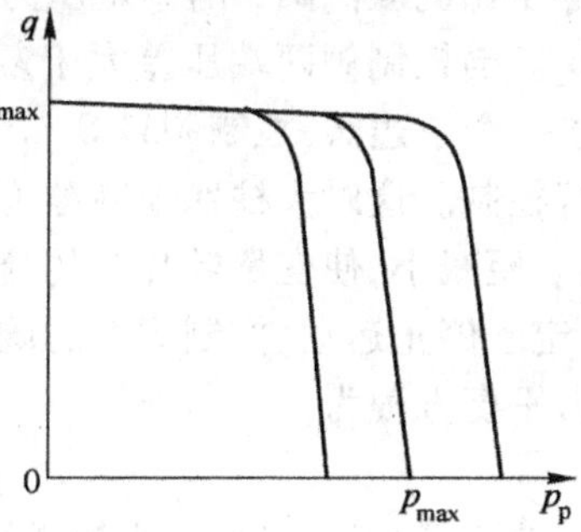

图 7-10　直接控制式比例压力调节泵调节特性

7.2.2　先导式电液比例压力控制泵

要使压力控制泵具有较小的调压偏差，必须尽量采用弱刚度的弹簧。这就需要采用差动的原理，即用压差作用与弹簧力平衡，来控制变量机构。先导式电液比例压力控制变量叶片泵工作原理如图 7-11 所示。变量叶片泵的定子环由两个控制柱塞缸控制，利用两柱塞腔中的压力差的作用来推动定子环，达到压力调节的目的。其中较大的一个控制柱塞由软弹簧（刚度为 k_{s1}）6 支持，其有效作用面积 A_2 为较小控制柱塞面积 A_1 的两倍，弹簧 6 的推力应在零压力时足以克服各种摩擦力，将定子推至最大偏心的位置，使泵能给出最大流量。

泵的输出压力油 p 直接与小柱塞腔相通，而大柱塞腔的压力 p_c 由一个小型的差动液控阀 1 控制。当泵的工作压力 p 小于电液比例溢流阀 5 的设定压力 p_1 时，比例溢流阀关闭。差动液控阀 1 两端的控制压力相等，控制阀在其复位弹簧 3 的作用下使控制阀口 S 关闭。大柱塞

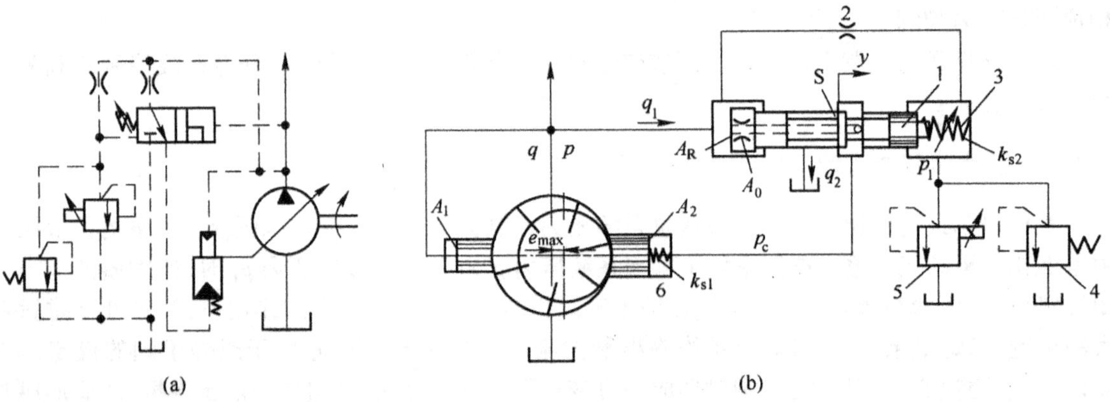

图 7-11　先导式电液比例压力控制叶片泵工作原理图

(a)职能符号;(b)半结构原理图

1—差动液控阀;2—固定节流孔;3—复位弹簧;4—安全阀;5—电液比例溢流阀;6—复位弹簧

腔不通回油。大柱塞腔通过差动液控阀 1 中的固定液阻 A_0、中心孔与泵的出口压力油相通，大、小柱塞腔压力相等。但大柱塞作用面积大，再加上复位弹簧 6 的作用，定子处于最左位置，转、定子间偏心距最大，泵排量最大，输出最大流量。这种情况下，泵是定量泵工况，不控制泵的出口压力。

当泵的工作压力 p 大于比例溢流阀 5 的设定压力 p_1 时，比例溢流阀开启，控制阀右端的压力等于比例溢流阀 5 的调定压力 p_1。但由于固定节流孔 2 的作用，使控制阀 1 左端的压力 p 大于 p_1。当控制阀两端压差大于复位弹簧 3 作用时，控制阀口 S 开启。这时的差动液控阀 1 相当于一个单边阀，控制阀口 S 与固定阻尼孔 A_0 组成一先导液压半桥，对大柱塞控制腔压力 p_c 进行控制。这时大柱塞控制腔通过阀口 S 与油箱接通，大柱塞腔压力 p_c 下降，定子向右移动，偏心距减小，使变量叶片泵的流量减小，泵做比例压力调节控制。当泵在调节控制达到平衡时，定子停止运动，控制阀 1 的阀芯也达到平衡。忽略定子上的摩擦力，则定子在调节稳定时的力平衡方程为

$$pA_1 - p_cA_2 = k_{s1}(x_0 + x)$$

式中，x 为定子的移动量，x_0 为软弹簧 6 的预压缩量，k_{s1} 为软弹簧 6 的弹簧刚度。因为该弹簧力是与二柱塞腔压力差作用平衡，因此弹簧刚度 k_{s1} 可以很小。因此由上式有

$$p_c \approx \frac{A_2}{A_1}p = p/2 \tag{7-1}$$

当忽略控制阀 1 的阀芯上所受到的液动力和摩擦力时，阀芯的力平衡方程为

$$(p - p_1)A_R = k_{s2}(y + y_0) \tag{7-2}$$

式中，p_1 为比例溢流阀的调定压力，A_R 为控制阀 1 两端的液控压力作用面积，k_{s2} 为控制阀 1 的弹簧 3 的弹簧刚度。y_0 为弹簧 3 的预压缩量，y 为阀芯的移动量。一般情况有 $y \ll y_0$，由上式可得

$$p \approx \frac{k_{s2}}{A_R}y_0 + p_1 \tag{7-3}$$

由式(7-1)和式(7-3)可以看出，在比例溢流阀开启工作时，这种电液比例压力调节变量泵的变量控制压力 p_c 与泵的控制压力 p 成比例关系，而泵的输出压力 p 是完全可以跟随电液比例溢流阀的设定压力 p_1 而变化，即跟随电液比例溢流阀的输入电信号而变化。

这种泵的变量机构由于采用了两个柱塞腔的压差作用和弹簧平衡，所以这个弹簧可以采用

软弹簧。在对泵的流量做适应控制的过程中，泵的输出压力变化很小，因而调压偏差很小，如图 7-12 所示。

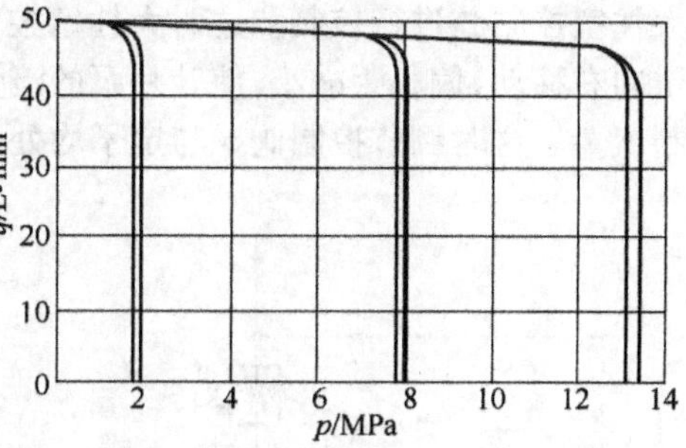

图 7-12　电液比例压力控制叶片泵的特性曲线

以上所述的电液比例控制压力调节变量泵的压力调节控制原理可用图 7-13 所示的框图表示。从图中可以看出，泵的输出压力 P 的反馈闭环回路包括了除比例溢流阀外的其他环节，因此这些环节引入的干扰影响都将得到有效的抑制。泵的输出流量作为干扰影响也得到了抑制，有效地改善了泵的调压偏差。

这种泵的流量是自动适应压力控制的需要值，无多余流量，因此无需设置溢流阀，但应加入安全阀 4 来确保系统安全。

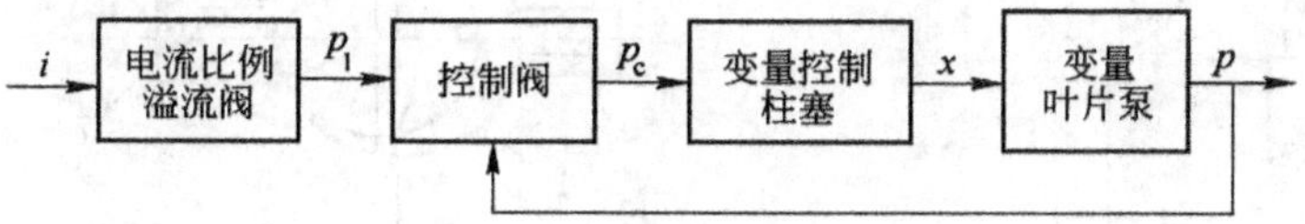

图 7-13　电液比例控制压力调节变量泵工作原理方框图

7.3　电液比例流量控制变量泵

前面所述的比例排量控制变量泵，可以通过控制排量对泵的输出流量进行比例控制，但它的被控量毕竟是泵的排量，而不是流量。它能控制泵的排量与输入电信号成正比，但输出流量仍会由于负载变化所引起的泄漏等因素而发生变化，无法得到自动补偿。本节介绍的电液比例流量控制泵，是以流量作为被控量，它能在负载等因素变化时，在作压力适应的同时，自动进行流量变化的补偿，维持流量稳定，并与输入电信号成正比。

7.3.1　电液比例流量控制变量泵的流量控制与调节

图 7-14 所示为电液比例流量控制泵的职能符号和半结构原理图。该泵由单作用式变量叶片泵 1、安全阀 2、电液比例节流阀 3 及调节控制阀 5 等组成。变量泵输出的流量由电液比例节流阀调节控制，电液比例节流阀的开口量与输入电流成正比。节流阀进、出口的压力分别作用于调节控制阀 5 的两端。调节控制阀 5 实际是一特殊的定差溢流阀。通过它的调节，一方面能保持比例节流阀两端的压差基本不变；另一方面产生调节压力，控制变量叶片泵的变量机构，起调节作用，自动适应比例节流阀的调节流量。变量叶片泵的定子环由两个控制柱塞缸控制。泵的输出压力油 p 直接与小柱塞腔相通，较大的一个控制柱塞由一复位软弹簧 7 支持，其有效作用面积 A_2 为较小控制柱塞面积 A_1 的两倍，弹簧 7 的推力应在零压力时足以克服各种摩擦力，将定子推至最大偏心的位置，使泵在启动时能给出最大流量。大柱塞腔的压力 p_c 由控制阀 5 的阀口 S 与固定阻尼孔 4 组成的先导液压半桥控制。当泵在最初启动时，系统压力未建立起来，还不足以克服调节控制阀 5 右端的复位弹簧 6 的预压缩力，因此阀口 S 关闭。大柱塞腔不通回油，大、小柱塞腔压力相等，但大柱塞作用面积大，再加上复位软弹簧的作用，定子处于最左位置，泵排量最大，输出最大流量。然后，由于节流阀的节流作用，使泵的出口压力 p 很快升高，并在节流阀两端产生压力差。控制阀 5 在这个压力差的作用下，克服其右端的弹簧力向右运动，阀口 S 开启，对

大柱塞控制腔进行控制。这时大柱塞控制腔通过阀口 S 与油箱接通，大柱塞腔压力 p_c 下降，定子向右移动，偏心距减小，使叶片泵的流量减小，最终使泵的输出流量自动适应比例节流阀的控制流量。这时调节控制阀 5 与定子均处于某一平衡状态。

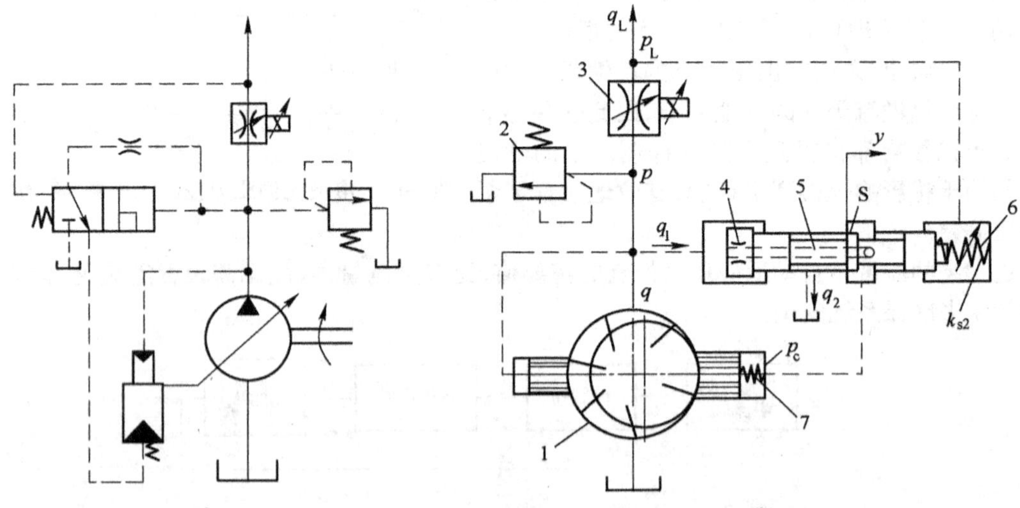

图 7-14　电液比例流量控制变量泵的工作原理图

(a) 职能符号；(b) 半结构原理图

1—变量叶片泵；2—安全阀；3—比例节流阀；4—固定阻尼孔；

5—调节控制阀；6—调节控制阀复位弹簧；7—变量泵复位弹簧

忽略液动力的影响，控制阀 5 处于平衡状态时其阀芯上的力平衡方程为

$$(p - p_L)A_R = k_{s2}(y_0 + y) \tag{7-4}$$

式中　p——泵的出口压力，也即节流阀 3 的进口压力；

p_L——节流阀 3 出口的负载压力；

A_R——控制阀 5 两端作用面积；

k_{s2}——控制阀 5 的调节弹簧刚度；

y_0——控制阀 5 的弹簧预压缩量；

y——控制阀 5 的阀芯位移量。

一般情况，$y \ll y_0$，由式(7-4)可以看出，当控制阀 5 平衡时

$$p - p_L \approx \frac{k_{s2}y_0}{A_R} \tag{7-5}$$

由式(7-5)可以看出，当控制阀 5 右端弹簧预压缩量调定的情况下，$(p - p_L)$ 基本为一定值。也就是说，控制阀 5 保证了节流阀的进、出口压力差基本为一定值，不受负载压力变化的影响。因此，当比例节流阀的输入电流设定时，通过节流阀的流量与设定电流成正比，不受负载压力变化的影响。这时泵的流量则自动适应比例节流阀的控制流量，即泵的流量等于节流阀的控制流量，无多余的流量。

因此，当比例节流阀 5 的输入电流设定时，这种比例泵的输出流量只与比例节流阀的输入电流成正比，并且不受负载变化的影响。

7.3.2 电液比例流量控制变量泵的静特性

泵的静态特性曲线如图 7-15 所示。它的纵坐标为泵的输出流量，横坐标为泵的出口压力。图中每一条曲线表示在比例节流阀一定的通流截面积（对应一定的设定电流）情况下，泵的出口流量与压力之间的关系。从特性曲线可以看出，曲线可以分为两段。当泵的输出压力大于 p_{min} 时，曲线近似水平。这是泵的流量受控阶段，泵的输出流量由比例节流阀的设定电流和控制阀 5 调定的压力差决定。正常工作时，就是利用这一段。这时控制阀 5 处于力平衡和阀口开启状态。在压力小于 p_{min} 时，这是如泵刚启动时那种情况，系统压力还未建立起来，控制阀 5 的阀口处于关闭状态，泵的定子在控制柱塞与复位弹簧的作用下，处于最大偏心的位置，因此泵输出最大流量。随着流量的输出，泵的出口压力很快升高，流量调节开始起作用，很快进入流量稳定值。

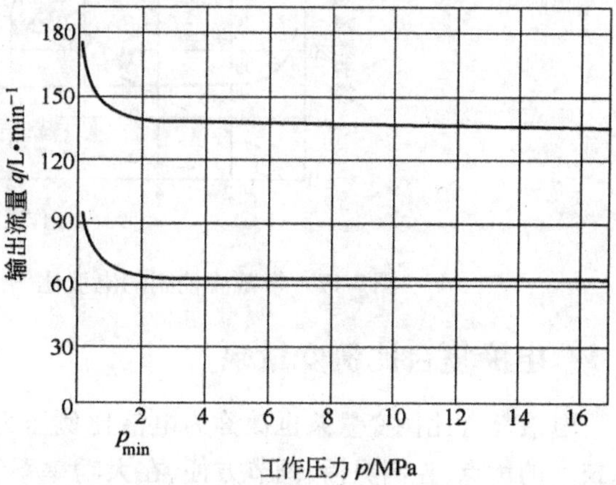

图 7-15 电液比例控制流量调节变量泵的静态特性

曲线的拐点压力就是这个 p_{min}，即控制阀 5 开启后正常工作所需的压力差。由式 7-5 可知，$p_{min}=p-p_L=k_{s2}y_0/A_R$，可见，最小工作压力由调节弹簧 6 的预紧力来调整。这个最小压力 p_{min} 同时也是节流阀口前后的压力差，亦是变量泵工作所需的最低压力。

这种电液比例流量控制泵的控制流量能不受负载变化的影响，自动保持比例节流阀进出油口的压力差不变。也就是说，随着负载的增大，p_L 将增大，泵的出口压力 p 也会随之增大。因此，设置一个安全阀是必要的，但这种泵不存在截流情况，即泵不会回到零流量处。

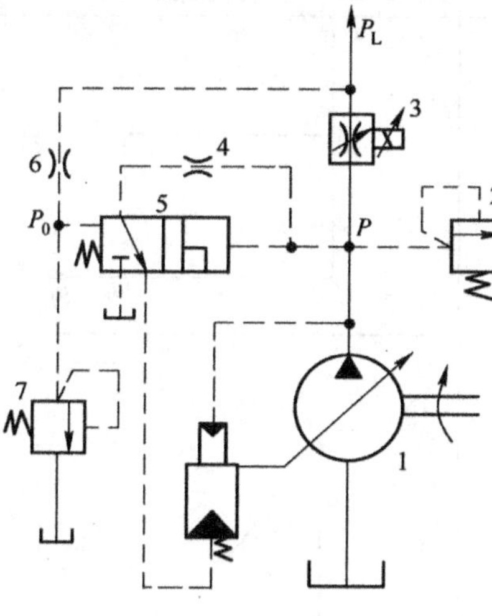

图 7-16 带截流控制的电液比例流量控制泵
1—变量叶片泵；2—安全阀；3—电液比例节流阀；
4—固定阻尼孔；5—控制阀；6—固定阻尼孔；
7—溢流阀

7.3.3 带截流控制的电液比例流量控制泵

带截流控制的电液比例流量控制泵，是在前面图 7-14 所示的电液比例流量控制泵的基础上，增加了一个溢流阀 7 和固定液阻 6 构成，如图 7-16 所示。当节流阀的负载压力 p_L 低于溢流阀 7 的调整压力 p_0 时，溢流阀 7 关闭，泵的工况如前面所述的电液比例流量控制泵。当节流阀的负载压力 p_L 高于溢流阀 7 的调整压力 p_0 时，溢流阀 7 开启。溢流后，控制阀 5 弹簧腔的压力就被固定在溢流阀 7 的调定压力 p_0 上，控制阀 5 失去了保持恒压差的性质。当系统压力继续升高时，控制阀 5 的阀芯左移，并最终使泵的大腔通过控制阀 5 与油箱完全相通，大腔压力为零。在小腔压力推动下，变量泵偏心距减小，处于零流量的位置，实现截流。

带截流控制的电液比例流量控制泵的静特性曲线如图 7-17 所示。曲线明显分为三个部分，水平段

前是非控制段 a；中间段为近似水平的比例流量调节的控制段 b；当工作压力增大超过拐点压力后，进入 c 段，这时，流量逐渐减小，最后截流。在截流压力处，泵的输出流量减少到仅能维持内部泄漏的需要。这一阶段称为截流流量适应阶段。

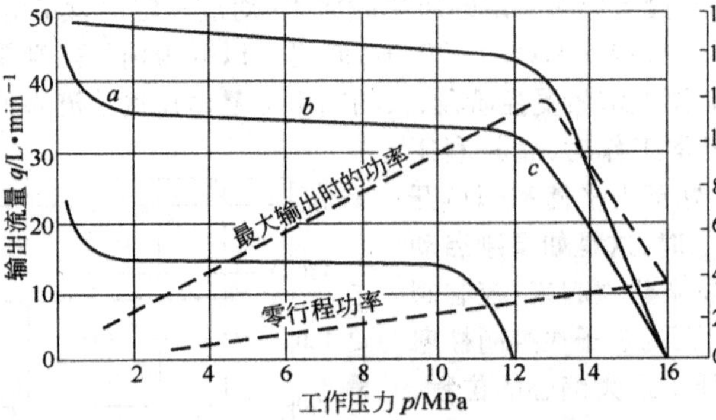

图 7-17　带截流控制的电液比例控制流量调节变量泵静特性曲线

7.4　电液复合比例变量泵

电液复合比例变量泵也被称为电液比例压力和流量控制泵（p-q 泵），能充分地利用电液比例技术的优点，控制灵活，调节方便，在大功率系统中节能效果十分明显。它只要分别给定输入电信号，就能实现压力和流量的调节。特别是与电子装置相配合，就能灵活地完成各种功率调节或特殊的流量-压力曲线的调节。复合比例变量泵可能实现的复合功能是通过信号处理来实现的。这样流量和压力两个基本参数的控制信号并非完全独立，有时要利用一个算出另一个或限制另一个的取值范围。各种比例复合控制功能及变量取值范围见表 7-1。

表 7-1　比例复合控制功能与变量取值范围

控制形式	压力、流量取值范围	控制信号的取值范围	特性曲线
$q-p$	q 调节 $0 \leqslant p_L < p_N(i_p)$ $q_L = q_N(i_q)$ p 调节 $p_L = p_N(ip)$ $q_L = 0 \sim q_N$	$i_p = i_{pN} = i_{pm} \sim i_{pM}$ ① $i_q = i_{qN} = i_{qm} \sim i_{qM}$ ②	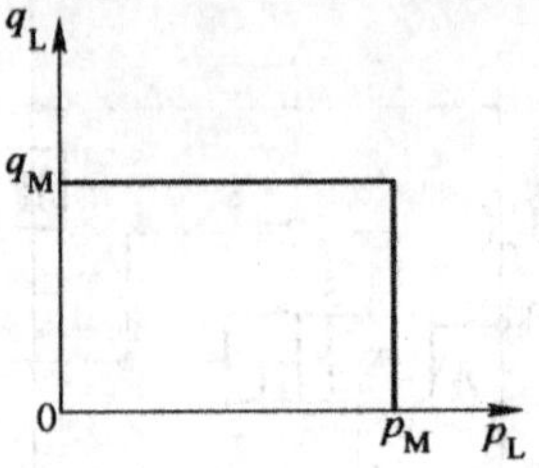
N－p	定量泵 $p_L < p_1(ip)$ $q_L = q_M$ N 调节 $p_1 \leqslant p_L < p_N(i_p)$ $q_1(i_q) \leqslant q_L < q_M$ p 调节 $p_L = p_N(i_p)$ $q_L \leqslant q_1$	$i_p = i_{p1}, i_q = i_{qM}$ $\begin{cases} i_p = i_{p1} \sim i_{pN} \\ i_p \cdot i_q = 常数 \end{cases}$ $\begin{cases} i_q = i_{q1} \sim i_{qM} \\ i_p \cdot i_q = 常数 \end{cases}$ $i_p = i_{pN}$ $i_q = i_{q1}$	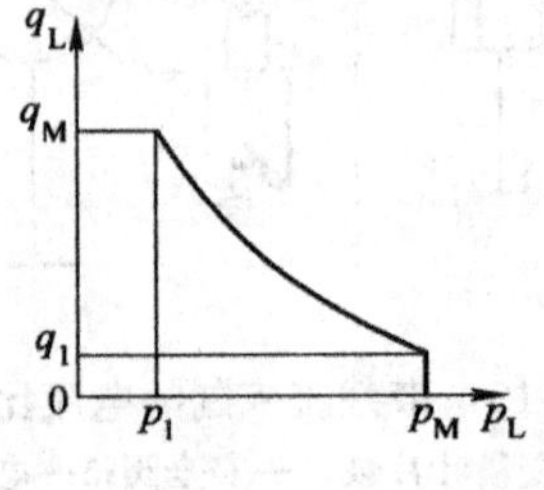

续表 7-1

控制形式	压力、流量取值范围	控制信号的取值范围	特性曲线
$q-N$	q 调节 $0\leqslant p_L<p_1(i_p)$ $q_L=q_N(i_q)$ N 调节 $p_1\leqslant p_L\leqslant p_M$ $q_L=0\sim q_N$	$i_p=i_{p1}$ $i_q=i_{qm}\sim i_{qM}$ $\begin{cases}i_p=i_{p1}\sim i_{pM}\\ i_p\cdot i_q=常数\end{cases}$ $\begin{cases}i_p\cdot i_q=常数\\ i_q=i_{qm}\sim i_{qN}\end{cases}$	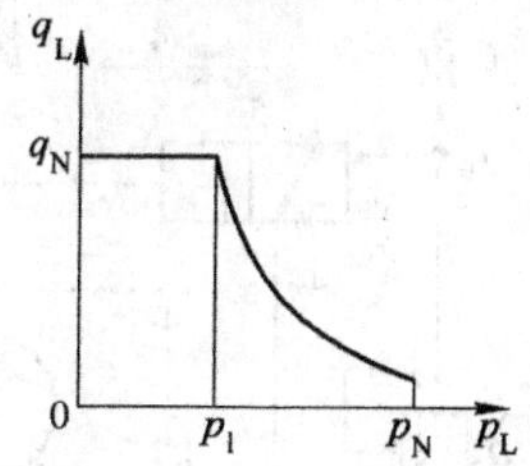
$q-N-p$	q 调节 $0\leqslant p_L<p_1(i_p)$ $q_L=q_N(i_q)$ N 调节 $p_1\leqslant p_L<p_N$ $q_L=q_1\sim q_N$ p 调节 $p_L=p_N(i_p)$ $q_L=0\sim q_1$	$i_p=i_{p1}$ $i_q=i_{qm}\sim i_{qM}$ $\begin{cases}i_p=i_{p1}\sim i_{pN}\\ i_p\cdot i_q=常数\end{cases}$ $\begin{cases}i_q=i_{q1}\sim i_{qN}\\ i_p\cdot i_q=常数\end{cases}$ $i_p=i_{pN}$ $i_q=i_{q1}$	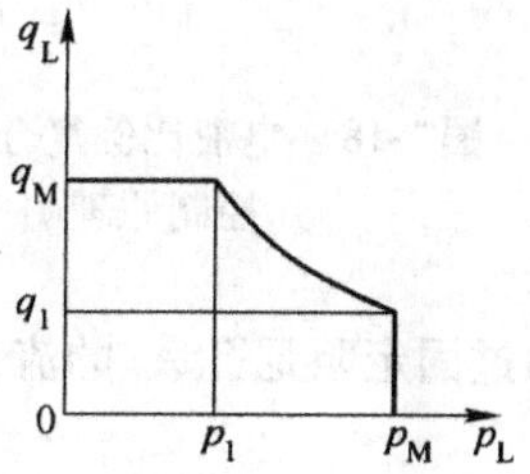

①i_p 表示压力调节控制电信号。第二下标的意义为：N—某一固定任意工作点；m—最小控制值；M—最大控制值。
②i_q 表示流量调节控制电信号。第二下标意义同上。

电液复合比例变量泵大致可分为压力补偿型和电反馈型两种。

7.4.1　压力补偿型电液比例复合控制泵

7.4.1.1　压力补偿型电液比例复合控制泵的控制原理

将图 7-16 中带截流控制的电液比例流量控制泵中的手动溢流阀 7 换成电液比例溢流阀，就构成了一种压力补偿型电液比例复合控制泵，其工作原理如图 7-18 所示。当比例溢流阀 7 不溢流时，处于比例流量调节工况。比例节流阀 3 前后的压力差由差动控制阀 5 调节固定。节流阀前后的压力差由它的调节弹簧（刚度为 k_{s2}）的预紧力调定。当这个预紧力调定后，泵的输出流量只决定于比例节流阀的输入电流，并与之成正比。当比例溢流阀 7 溢流时，差动液动控制阀 5 失去了定压差的功能，它固定了液动控制阀 5 左边弹簧腔的压力 p_0。如果泵的工作压力 P_L 升高，系统压力 p 也随之升高，阀 5 的阀芯将被推向左方，使大变量柱塞腔控制压力 p_c 降低，定子做调节运动，使变量机构的偏心减小，泵的输出流量跟随做适应变化的同时，使泵出口压力做比例调节控制。当负载压力 p_L 继续升高时，变量机构向偏心为零的方向变化，最终截流。

7.4.1.2　电液比例复合控制泵的静特性分析

图 7-19 所示为这种电液比例复合变量泵的静特性曲线。由图 7-19 可以看出，这种泵具有较大的流量调节偏差和压力调节偏差。在比例流量调节阶段，流量随工作压力的增加而减小；在比例压力调节阶段，压力随流量的减小而增加。

在流量调节阶段，比例溢流阀 7 关闭，工况如图 7-14。由图 7-14 可知，忽略稳态液动力的影响，稳态时调节控制阀芯 5 的力平衡方程式(7-4)可得

$$pA_R = p_LA_R + k_{s2}(y_0 + y) \tag{7-6}$$

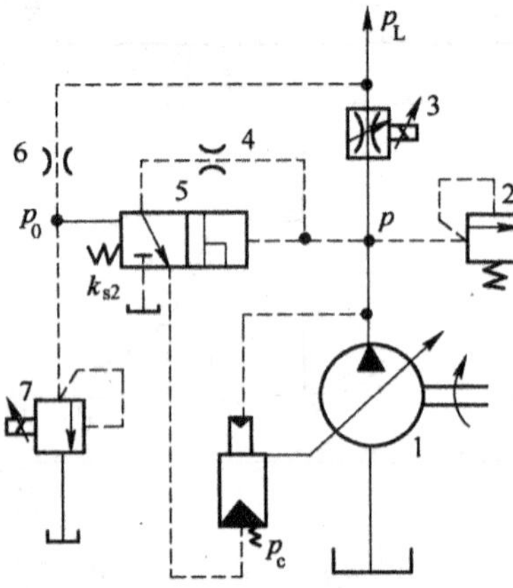

图 7-18　电液比例复合控制泵的控制原理图

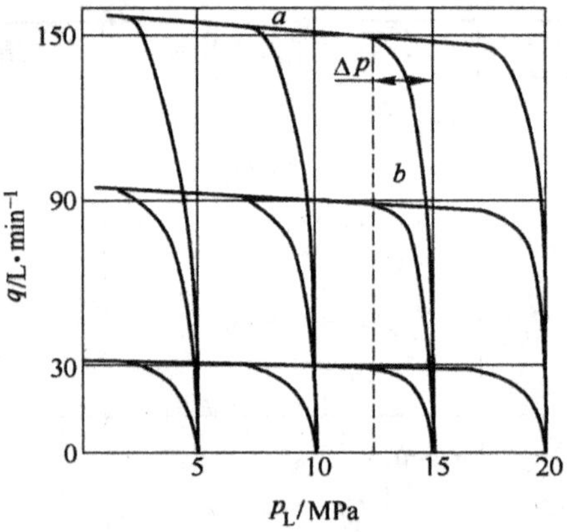

图 7-19　共用一个压力补偿阀的电液复合比例变量泵 p-q 调节特性

通过固定阻尼孔 A_0 的流量 q_1

$$q_1 = C_d A_0 \sqrt{\frac{2}{\rho}(p - p_c)} \tag{7-7}$$

通过节流口 S 的流量 q_2

$$q_2 = C_d w y \sqrt{\frac{2}{\rho} p_c} \tag{7-8}$$

由连续性原理 $q_1 = q_2$，利用式(7-7)和式(7-8)可得

$$y = \frac{A_0}{w} \sqrt{\frac{p}{p_c} - 1} \tag{7-9}$$

由式(7-9)可以看出，当泵的出口压力 p 增大时，阀口 S 的开口 y 会增大，因而 p_c 会下降，叶片泵的转、定子间的偏心距会减小，造成泵的输出流量减小，因而造成在流量调节阶段，泵的流量-压力特性出现负偏差。为了减小这种流量偏差，应使 p_c 降得少一些，就是使控制阀 5 的位移调节量 y 小一些，则由式(7-6)可以看出，应采用弹簧刚度 k_{s2} 大一些的弹簧。

在压力调节阶段，比例溢流阀 7 开启。压力调节工况如图 7-11 所示。差动控制阀弹簧腔的压力被固定为 p_0，由差动控制阀阀芯的力平衡方程(7-2)可得

$$p = \frac{k_{s2}}{A_R} y_0 + p_1 + \frac{k_{s2}}{A_R} y \tag{7-10}$$

式中的 p_1 为比例溢流阀的调定压力，其最后一项实际即为调压偏差。它是由于控制阀的移动所引起的。变量泵在压力调节过程实际是依靠差动控制阀的移动，决定阀口 S 的开口大小，从而控制柱塞控制腔的压力 p_c，通过泵的排量调节来调节变量泵的输出压力，因此这一项调压偏差也是不可避免的。由式(7-10)可以看出，要减小这个调压偏差，采用弹簧刚度 k_{s2} 小一些的弹簧为宜。

由以上分析可知，这种压力流量复合控制泵，在压力调节和流量调节过程中，对差动控制阀的调节弹簧刚度的要求是矛盾的。在压力调节阶段，为了使泵的流量在小压力增量情况下，能迅速降下来，则要求弹簧刚度较小为好；而在流量调节阶段，为了使特性曲线平坦些，则相反希望采用刚度较大的弹簧为好。因为泵共用一个差动压力补偿调节阀，设计时只能兼顾取值，因此造成这种泵的流量调节偏差和压力调节偏差较大。为了克服以上缺点，可以采用两个压力补偿阀，分别进行流量和压力的调节补偿。

7.4.1.3 采用两个补偿阀的电液比例复合泵

图7-20所示为采用两个补偿控制阀的电液比例复合泵的半结构原理图及其职能符号。它是比例压力调节泵和比例流量控制泵的组合。当泵的工作压力小于比例溢流阀8的设定值时，电液比例溢流阀8关闭，不溢流。电液比例节流阀2调节泵的输出流量，由流量调节控制阀4保持节流阀2进、出口压力差基本恒定，并控制调节泵的排量，使泵的输出流量自动适应节流阀所调定的流量。此时泵工作在流量调节阶段。当泵的输出压力超过比例溢流阀8的设定值时，电液比例溢流阀8开启，在溢流的同时固定了压力调节控制阀5右端的压力。由于固定节流孔6的作用，使控制阀5两端产生压力差，在压差的作用下向右移动，打开阀口S(见图7-20a)，使泵的大柱塞腔控制压力 p_c 得到调节，从而调节泵的排量，使泵的输出压力跟随比例溢流阀设定压力的变化而变化。若系统的负载压力继续升高，将使阀5继续右移，最后使泵的控制大柱塞腔压力为零，使变量机构回到排量接近零的位置，导致截流。

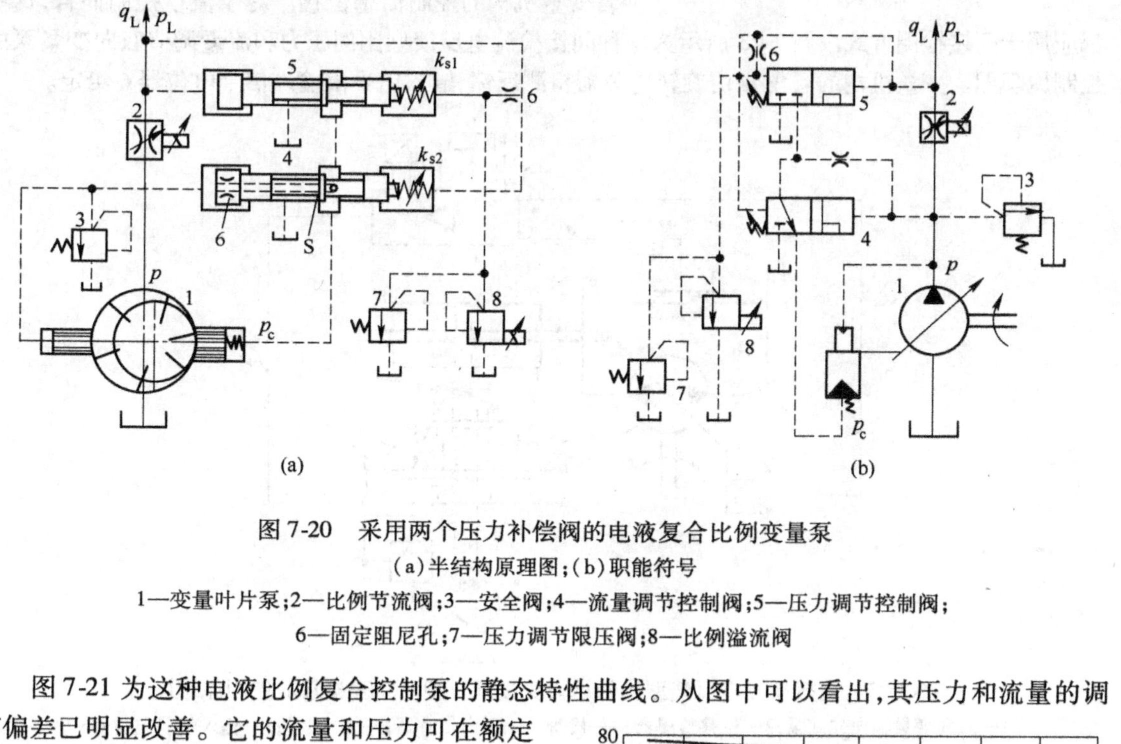

图7-20 采用两个压力补偿阀的电液复合比例变量泵

(a)半结构原理图；(b)职能符号

1—变量叶片泵；2—比例节流阀；3—安全阀；4—流量调节控制阀；5—压力调节控制阀；6—固定阻尼孔；7—压力调节限压阀；8—比例溢流阀

图7-21为这种电液比例复合控制泵的静态特性曲线。从图中可以看出，其压力和流量的调节偏差已明显改善。它的流量和压力可在额定值范围内随意设定来满足不同的工况要求。但在压力调节时存在着滞环，在流量调节中存在最小控制压力，泵在启动和低压阶段存在一段流量不稳定阶段。

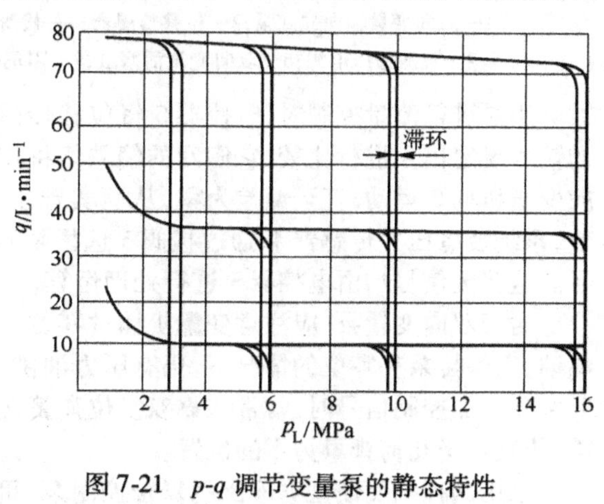

图7-21 p-q 调节变量泵的静态特性

7.4.2 电反馈型电液比例复合控制泵

电反馈型电液比例复合控制泵是将压力和流量信号通过传感器转换为电信号，并反馈回输入端，与设定的输入电信号相比较。任何偏差都由电控器进行处理，得出排量改变的控制信号，通过改变排量来控制输出流量、压力，使

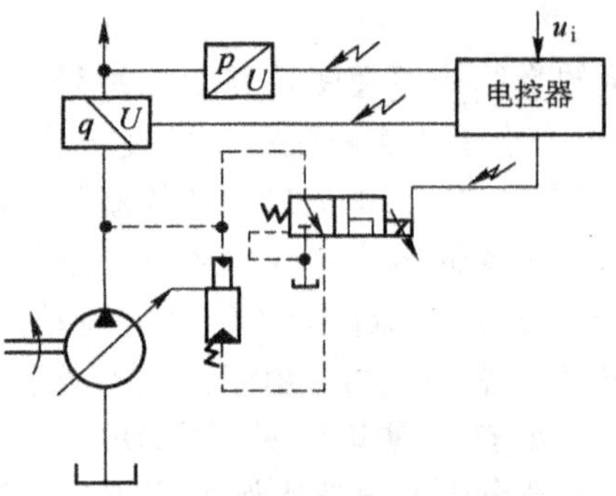

图 7-22 直接检测式电反馈型电液比例复合控制泵原理图

其符合工作要求。图 7-22 为这类泵的工作原理图。电控器输入的电压信号是泵需要控制的输出流量、压力或功率的设定值。该泵的出口油路上串联了一个流量传感器，并联安装有压力传感器，同时对泵的输出流量和压力进行检测和反馈，依靠电控器进行 p-q 函数的运算处理，就可以实现如表 7-1 所列举的各种控制功能。这种泵无须节流阀，因此消除了节流损失，是完全的比例容积控制。

泵的流量反馈常常是通过排量控制实现的。它常利用电位器等元件对变量机构的倾角或变量活塞位置进行检测。旋转型电位器轴可通过无间隙的万向联轴节与泵的变量机构的摆动轴相接，直线型电位器的输入信号可取自变量机构的控制活塞位移。对于流量控制而言，这些都应属于间接检测方式。图 7-23 所示为这种间接检测电反馈型比例压力和流量调节双向变量泵的控制原理图。变量机构的倾角 α 由旋转电位器检测反馈，输入信号由输入信号电位器 6 给定。

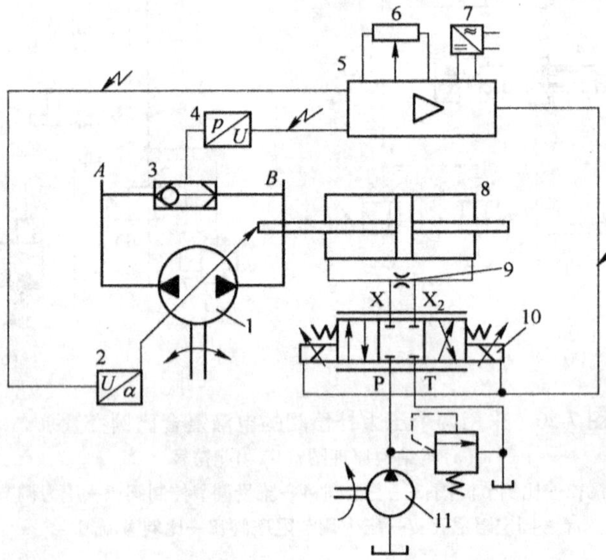

图 7-23 间接检测电反馈型比例压力流量调节型双向变量泵的控制原理图

1—双向变量轴向柱塞泵；2—位移传感器；3—梭阀；4—压力传感器；5—电控器；6—输入信号电位器；7—直流稳压电源；8—双向变量活塞缸；9—阻尼孔；10—三位四通比例换向阀；11—先导压力油源

当泵进行流量控制时，电控器 5 将位移传感器 2 传来的反馈电压信号与输入信号电位器 6 的输入设定信号进行比较，它们间的偏差值将作为比例方向节流阀 10 的输入信号，控制泵的双向变量机构 8 运动，直至偏差为零，从而实现了比例流量（排量）调节。为了实现压力和功率调节，系统装有压力传感器 4，通过梭阀 3 选择泵的出口压力来检测，产生与出口压力成正比的电信号。这些电信号均由电控器 5 进行处理运算，得出需要的排量调节信号。

对于双向变量泵，应注意变量机构过零位时的动力问题。这里采用辅助先导油源向比例阀供油，以保持泵在零位的情况下，仍有压力油供给比例阀完成换向和变量控制过程。另外，控制活塞在不加控制信号时，常常依靠双复位弹簧，使其自动返回，并可以通过调零螺钉实现准确调零，使其处于几何排量为零的位置。

采用这种电反馈型电液比例复合控制泵，可以构成电液比例控制流量（排量）泵、电液比例恒压泵、电液比例恒功率泵以及 p、q、N 之间的复合控制。由于这种复合比例泵的复合功能是通过信号处理来实现的，因此可以使泵的变量机构简化，只要采用相应的传感器，增减电控器中的相应单元，就可以保证功能的实现。一般在电控器内还设置了 PID 调节单元及系数修正和补偿单元，以提高变量泵的控制性能。

图 7-24 所示为这种类型泵的静特性曲线。其中曲线 1 为比例排量调节时，控制电压与泵缸体倾角的关系曲线。由于先导阀口的搭叠量、先导阀芯上的摩擦力等因素影响，曲线上可见约有 ±(10～15)% 的死区，因而需要用起始控制电压 u_0 来克服死区的影响。图中滞环 $\Delta\alpha$ 约为最大倾角的 3%，重复精度约为 2%。曲线 2 是通过反馈的倾角位移信号及压力信号经过运算后实现的恒功率控制的情况。曲线 3 是实现恒压控制时的压力与倾角之间的关系曲线。由曲线可以看出，随着倾角 α（排量 V）的增大，压力稍有下降。曲线 4 是 q-N-p 型调节特性。

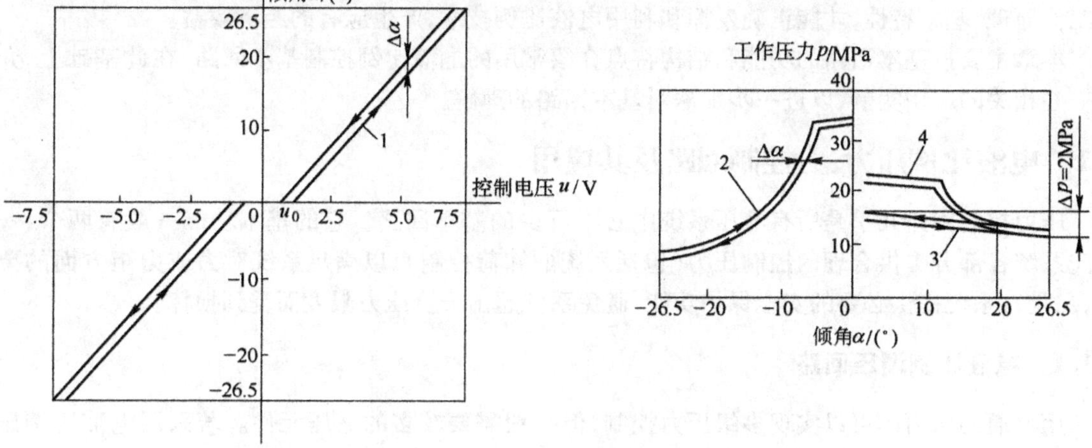

图 7-24　位移及压力电反馈比例 p-q 调节变量泵的静特性

由以上分析可见，电反馈型比例压力和流量调节变量泵比普通的压力和流量反馈控制更具灵活性，一泵多能，能够适应不同的工况，在大流量的条件下还具有很好的节能效果。

思　考　题

7-1　试述你所了解的位置直接反馈式电液比例排量控制泵的类型及其主要构成、工作原理、特点，它们与传统的手动式伺服变量泵相比，有什么特点？

7-2　电液比例排量控制泵有哪些类型，它们的工作原理、结构及性能上有什么异同点？

7-3　解释直动式与先导式压力控制泵压力调节特性的差异的原因。

7-4　图 7-11 所示的电液比例压力控制泵的出口 p 直接接一液压缸无杆腔，液压缸有杆腔压力油直接回油箱，液压缸的负载力从零增加到最大，比例溢流阀 5 给定一恒定的设定电流，该系统能使压力 p 恒定吗？液压缸的运动情况又应是怎样的，为什么？

习　　题

7-1　利用图 7-20 所示的电液复合比例变量泵控制一系统的流量与压力，要求流量-压力特性曲线如图 7-25 所示，应如何控制？

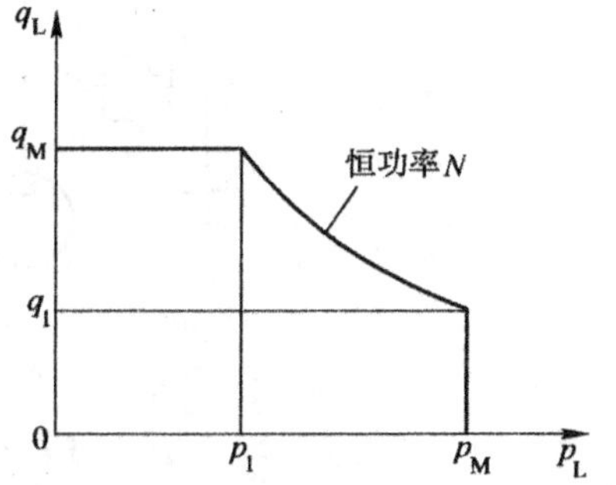

图 7-25　习题 7-1 图

8 电液比例控制基本回路及应用

在液压技术中，将若干个液压元件构成、且能完成某一特定基本功能的液压回路称为液压基本回路。若在液压基本回路中含有液压比例控制元件，则该基本回路被归为电液比例控制基本回路。一个液压系统中含有了电液比例控制基本回路，则该系统可归为电液比例控制系统。液压系统是由多个基本回路组成，完成系统所需要的各种功能。而实现某一种功能，可能有多种基本回路，它们的回路组成、工作原理和性能可能有很大的差别。因此，了解和熟悉各种比例控制基本回路，是正确应用电液比例技术和设计电液比例控制系统的基础。只有深入理解这些回路的工作原理、基本特性，才能正确发挥和利用电液比例技术，产生应有的经济效益。

本章主要按基本回路的功能和结构特点介绍常用的电液比例控制基本回路，在此基础上，介绍一些相关的应用实例，以进一步加深对基本回路的理解。

8.1 电液比例压力、力控制回路及其应用

压力控制回路几乎是所有液压系统中必不可少的基本回路。它的基本功能一般有两个：一是向系统各部分提供合理的控制压力（包括系统的卸荷控制），以满足系统对力或力矩方面的要求；二是对系统提供必要的安全保护功能，避免系统超出安全压力限度而受到损坏。

8.1.1 电液比例调压回路

用普通的压力阀可以实现多级压力控制，但一般需要较多的液压元件。若采用电液比例压力控制回路（如图 1-12 所示的回路），不仅可以简化回路，还可通过改变输入电流，实现多级调压甚至无级调压，使控制质量有一个质的提高。电液比例调压回路可以分为采用比例溢流阀和采用比例压力控制泵两类。

8.1.1.1 采用比例溢流阀的电液比例调压回路

A 采用直动式比例溢流阀的调压回路

图 8-1a 和 b 所示为两种采用直动式比例溢流阀的调压回路。为了防止过电流等故障造成的超载等安全问题，比例溢流阀的调压回路通常都要加入限压的安全阀。图 8-1a 所示为直动式比例溢流阀2加安全阀1的方案，它适用于小流量的情况。图8-1b的方案适用于大流量的情况。它地在

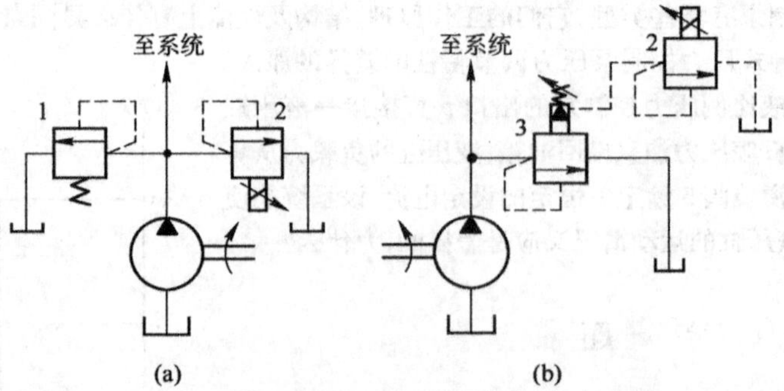

图 8-1 采用直动式比例溢流阀的调压回路

1—安全阀；2—直动式比例溢流阀；3—先导式溢流阀

普通先导式溢流阀的远程控制口接一个小型的直动式比例溢流阀,由比例溢流阀作远程调压阀,控制先导式溢流阀3的主阀溢流。溢流阀3的先导阀还兼作系统的安全阀使用。这种回路中的比例溢流阀2仅需通过溢流阀3的先导流量,因此采用一个小型的直动式比例溢流阀即可。

B 采用先导式比例溢流阀的调压回路

图8-2所示的两种方案均采用先导式比例溢流阀来调压,这类回路与图8-1b的方案具有相同的调压功能。比例溢流阀在电流为零时可以使系统自动卸荷。但为预防输入过大的故障电流而引起过高压力对系统造成伤害,与采用直动式比例溢流阀一样,设置安全阀是必要的。图8-2a是先导式比例溢流阀1中不带限压安全阀,因此在阀的远程控制口外接安全阀2。图8-2b是在先导式比例溢流阀3内部带有限压的安全阀。

8.1.1.2 采用电液比例压力控制泵的调压回路

采用电液比例压力控制泵的调压回路如图7-11所示。如对其内置的比例溢流阀输入一固定电流时,该泵就是一个电液比例恒压泵。在负载压力还没有达到比例溢流阀的设定压力时,泵以最大流量向系统供油,这时供油压力随负载而变化,比例泵并没有开始调压。当泵的工作压力达到比例溢流阀的设定值时,比例溢流阀开始溢流,比例压力控制泵开始调节,使泵保持在恒压状态工作。该比例压力调节泵的特性曲线如图7-12所示。这种泵也能根据输入电流的变化,有级或无级地来调节系统压力。压力调节时泵的流量自动适应负载要求。

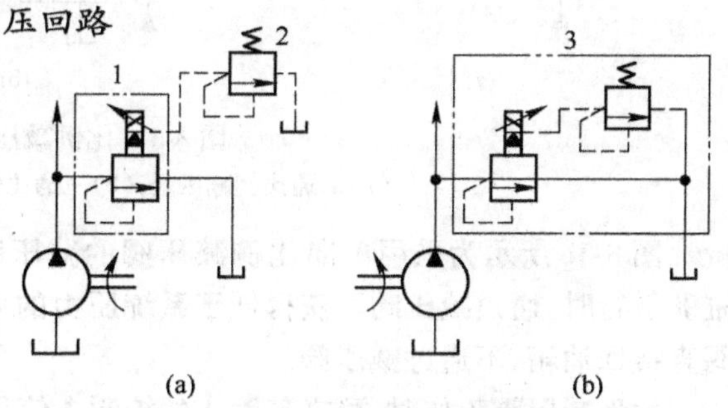

图8-2 采用先导式比例溢流阀的调压回路
1—先导比例溢流阀;2—安全阀;
3—带限压阀的比例溢流阀

从前面章节分析可以看出,这种采用电液比例压力控制泵的压力调节设定虽然也是通过比例溢流阀来设定的,但实际调压原理是完全不同的。采用电液比例压力控制泵的压力调节属于容积调压。它是利用压力升高信息作为有多余流量的反映,自动调整泵的变量机构,减小输出流量,使输出压力保持在设定值上。在压力控制段内,若压力有所降低,它又能控制调整,增加泵的输出流量,仍使泵的输出压力保持在设定值上。这种泵没有多余的流量,显然是较节能的。这种调压回路适用于流量需要变化但需要油源压力保持恒定的系统。

由图7-12可以看出,该泵的截流压力即为溢流阀电流设定的压力,截流压力时泵的流量仅维持泄漏的需要,所以截流时功耗很小。因此这种泵也适用于带保压工序或需多级调压的系统。

8.1.2 电液比例减压回路

在单泵供油的液压系统中,当某个支路所需的工作压力低于溢流阀设定的系统压力时,或要求支路有可调的较低压力时,就可采用比例减压阀组成比例减压回路。比例减压阀可在不影响主油路的情况下,对某一支路实现多级低压或复杂的低压波形曲线控制。

图8-3所示为采用比例减压阀的基本回路。图8-3a采用的是二通型比例减压阀的比例减压回路,这是一种常用的比例减压回路。但采用这种比例减压阀组成的减压回路,一个问题是无法解决负载腔压力过高的问题;另一个问题是二通型比例减压阀在控制压力上升时是足够快的,但用它来控制压力下降时,由于结构的原因,使二次压力油回油须经过细小的通路,因此响应较慢。采用三通型比例减压阀可以解决这个问题,如图8-3b所示。这种阀的二次压力过高时,它可以经三通减压阀的另一回油通道,与油箱接通而保持控制压力与设定值相适应。三通型比例减压阀压力上升和下降的时间基本相同,另外,这种三通型减压阀可在液压缸活塞双向运动时保持恒

压控制，因此该回路可用于开环的加载控制系统。

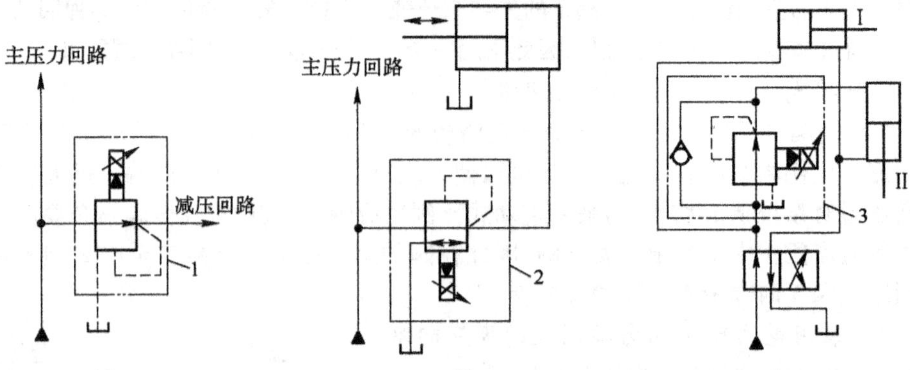

图 8-3　比例减压阀的基本回路

(a)二通比例减压阀；(b)三通比例减压阀；(c)单向比例减压阀

图 8-3c 所示为采用单向比例减压阀的减压回路。图中液压泵同时可向缸Ⅰ和缸Ⅱ供油。缸Ⅱ下行时，通过减压阀可获得低于系统压力的多种低压值；而回程时，缸Ⅱ上腔的回油经单向阀直接回油箱，不通过减压阀。

比例减压阀工作时，可在其输入的控制电信号中加入颤振信号，这样可以减少和避免减压阀的液压卡紧现象，提高阀工作的可靠性。

作为这种回路的应用实例，如图 8-4 所示。这是双动薄板冲压机中的压边缸压力控制回路。双动冲压液压机是冲压汽车覆盖零件的大型设备。在冲压形状不对称零件时，要求四角四个压边缸的压力具有不同的数值，并且由于板料被压边的面积随着拉伸行程而不断减小，因而也要求压边力随主滑块拉伸行程的增加而减小。如果采用比例溢流阀来实现上述要求，则需要配置四套泵组。现采用比例减压阀来实现上述功能，只需配置一套泵组，大大简化了系统。由于压边缸是在逐渐降压和保压状态下工作，因此采用三通型比例减压阀是较为合理的。它不仅能及时跟上降压控制的需要，而且能保持在小流量甚至零流量时的良好控制性能。

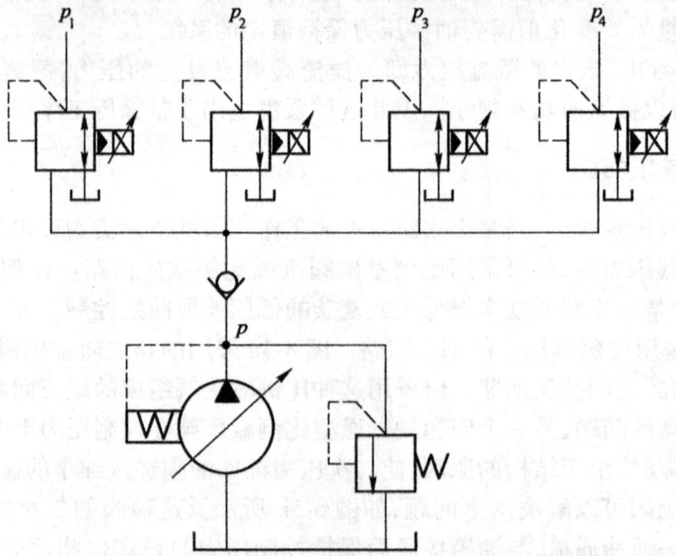

图 8-4　双动薄板冲压机压边缸比例压力控制回路

8.1.3 闭环电液比例压力(力)控制回路和系统应用

前面所述的比例压力控制回路多为开环控制。由于开环控制容易受环境变化和外来干扰的影响,压力控制精度取决于阀的调压偏差等性能,其压力控制精度较低。当采用间接压力检测式的普通溢流阀调压时,其调压偏差最大可达15%。对系统的工作压力进行闭环控制,就可抑制由环境变化和外来干扰所引起的影响,提高压力控制的精度(调压偏差可达0.5%以下)。

压力控制的目的常常是为了控制力。闭环的电液比例压力(力)控制回路和系统是在开环控制的基础上增加对输出量的检测和反馈而构成。检测元件通常是力传感器或压力传感器。按检测反馈的参数是压力还是力,可以分为闭环压力控制系统和闭环力控制系统。两种系统的共同特点是通过调节比例压力元件的控制信号来改变系统的工作压力,达到控制目的。

在力控制系统中,按力的指令信号与负载运动参数的关系可分为主动式力控制系统与被动式力控制系统。若力指令信号与负载运动量无关,则称为主动式力控制系统;若力指令信号是负载运动量的函数,则称为被动式力控制系统,简称加载系统。

8.1.3.1 *电液比例压力闭环控制回路及其系统应用*

图8-5所示为一比例闭环比例压力控制回路系统,回路中检测和反馈量是液压缸工作腔的压力。当检测到的压力信号与比例压力阀(图中回路是采用比例溢流阀)的给定信号间产生偏差时,控制比例溢流阀向压力偏差减小的方向调节,直至相等。

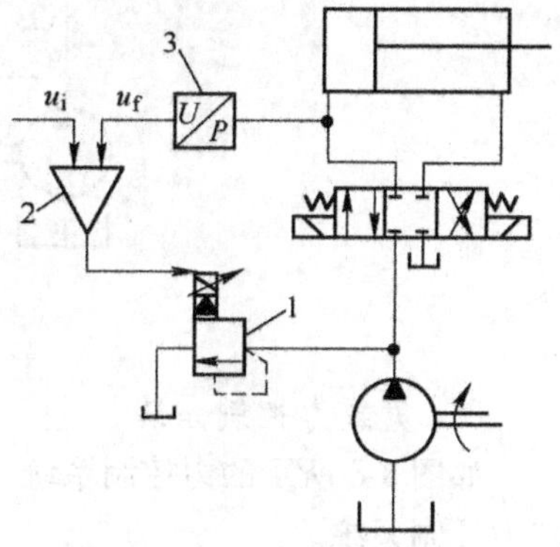

图8-5 闭环比例压力控制回路
1—比例溢流阀;2—比例放大器;
3—压力传感器

图8-6为一个闭环比例压力控制系统的应用实例,是压力容器在进行疲劳寿命试验的液压控制系统的原理图。为了对压力容器进行疲劳试验,需对压力容器施加不同频率和波形的负载压力。为了达到这个目的,系统通过信号发生器产生所要求的信号,加到比例放大器的输入端。在压力容器的入口处安装一压力传感器,检测压力容器中的被控压力,并反馈回比例放大器,与输入信号进行比较,若有偏差信号时产生控制信号,经放大后,再加到三通比例减压阀的比例电磁铁上,对压力容器中的压力进行调节控制,使实际压力向减少偏差方向调节,直至误差消除,使被试压力容器中压力跟随输入信号的变化。

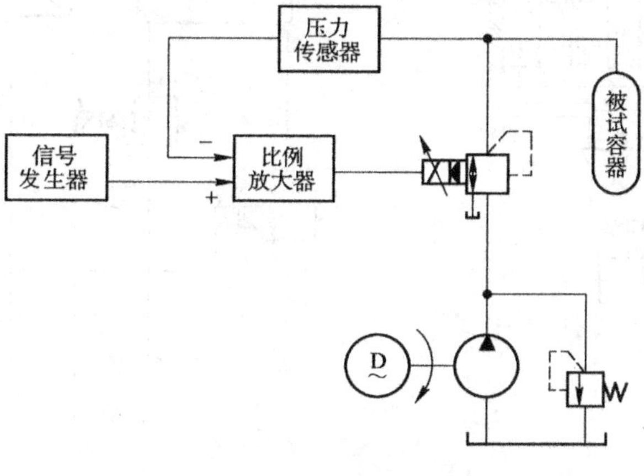

图8-6 压力容器疲劳试验的液压控制系统原理图

8.1.3.2　主动式闭环力控制系统

在主动式力控制系统中，根据力传感器安放位置的不同，检测反馈的力不同，可以分为驱动力控制系统和负载力控制系统。

A　驱动力控制系统

图 8-7 所示的力控制系统将力传感器安放在活塞杆的输出端与负载之间，力传感器检测到的力 F_g 是液压缸的总驱动力，它将克服负载惯性力、摩擦力、弹性力和任意外加负载力。因此，用这个力反馈回输入端，控制的是液压缸对负载的总驱动力。这种闭环力控制系统称为驱动力控制系统。

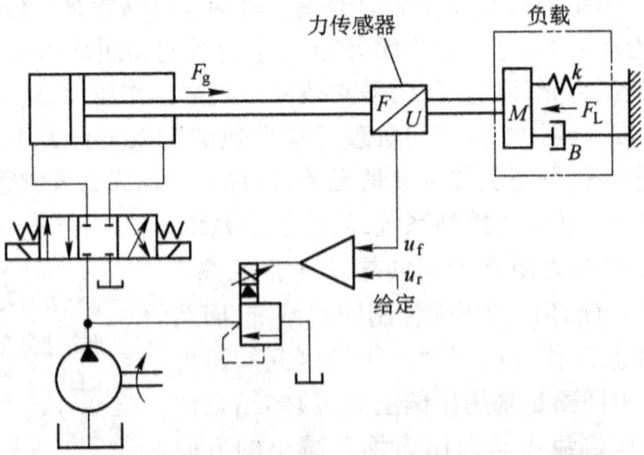

图 8-7　闭环驱动力控制系统

B　负载力控制系统

如图 8-8 所示的力控制系统中力传感器检测到的是作用在 M 上的净外负载力，因此称为负载力控制系统。

8.1.3.3　被动式闭环力控制系统

被动式闭环力控制系统简称加载系统。图 8-9 所示为一个双向加载系统，由一个恒定压力源供油，通过两个三通减压阀控制加载缸两腔压力。图中的驱动装置驱动系统双向运动，在运动

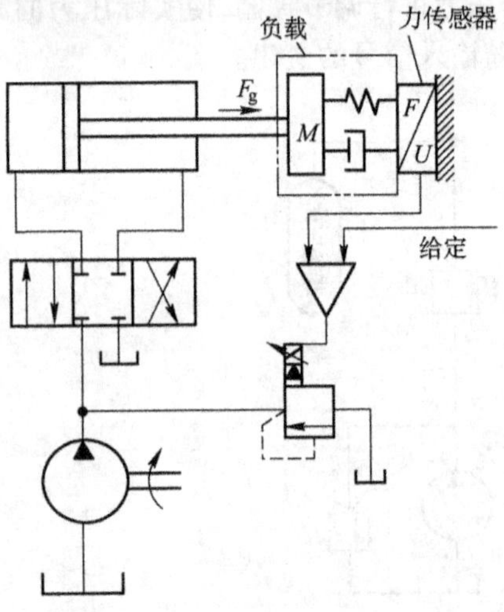

图 8-8　闭环负载力控制系统

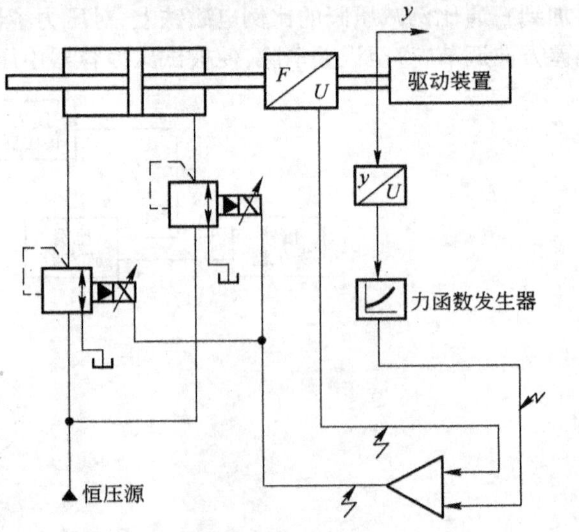

图 8-9　闭环电液比例双向加载力控制系统

时加载液压缸被动运动而加载。驱动装置的运动规律由位移传感器检测，并由函数发生器根据负载运动量 y、$\dot{y}$ 或 $\ddot{y}$ 构造加载函数信号，加到比例放大器的输入端。力传感器对实际加载力进行检测，并反馈回输入端与加载函数信号进行比较，得出控制信号经放大后分别控制加载缸两侧的比例三通减压阀，产生一定的压差，对驱动装置实现按加载力函数规律加载。

8.1.3.4 电液比例闭环力控制系统实例——陶瓷制品合模力控制系统

图 8-10 为间接负载力控制（实为压力控制）的一个例子，是一台陶瓷制品液压机的合模力控制系统简图。工作时，压机首先将模具闭合，作用在模具上的预压力不得超过工艺总压力的 15%。合模后，开始将 60% 水加 40% 的泥釉注入模型。在注入过程中，要求压机逐渐增加压力，以平衡泥釉作用于模腔的撑开力，并使模具始终保持原有的预压力不变。这个预压力不能过小，以保证在工作过程中，即使泥釉作用在模腔的撑开力等某些条件有所变化时，也能保证良好的合模状态，但也不能过大，否则会损坏模具。因而在压机系统中，在主缸上腔旁设置一个比例溢流阀，而在模腔中设置了压力传感器。将测得的泥釉压力，反馈到比例放大器，经过运算形成对液压主缸压制力的闭环控制。随着模腔压力的增加，使主缸压力相应地增加，并保持模具间的原预压力不变。

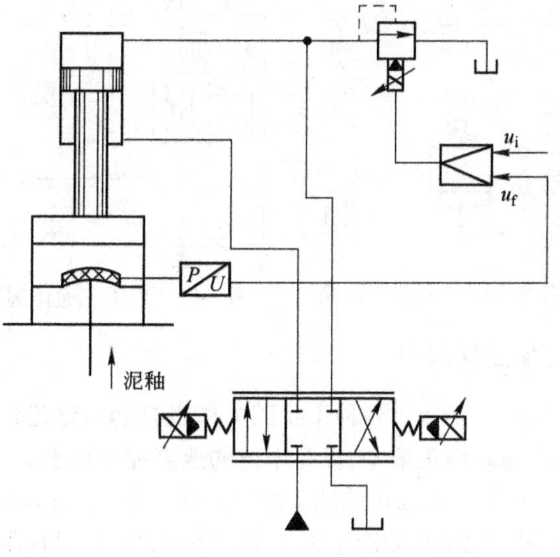

图 8-10 陶瓷制品合模力控制系统

8.2 电液比例速度控制回路与系统应用

8.2.1 开环比例节流速度控制回路

开环比例节流速度控制回路是采用比例节流阀（包括比例方向阀）或带各种内部反馈和补偿的比例流量阀对系统速度进行控制的回路，一般采用定量泵供油。与普通流量控制阀不同的是，一个比例流量控制阀能根据输入电流的变化对系统流量及速度实现多级与无级的控制，因此利用一个比例节流阀就可以对单执行元件进行多级速度控制，也能对多个执行元件分别进行速度控制。与普通节流调速回路一样，比例节流调速可以有进油、回油、旁路节流调速之分，连接方法也和相应的回路完全相同。图 8-11 所示为一进油节流调速回路例子。它只利用一个比例节流阀与换向阀配合就能对两个以上执行元件的前进、后退速度分别进行控制。在这一实例中，如果每一个液压缸在前进、后退的两个方向上各需要两种工作速度，用普通节流阀来实现时，需要

8 个节流阀或流量阀。此外，还需要增加若干个用于快速运动与工作速度间、两种工作速度间换接的电磁阀等。现在只需用一个比例节流阀即可实现，大大简化了系统的回路结构，而且还可增加系统平稳性控制等其他功能。比例节流调速回路适用于在工作循环中速度需要经常转换的场合，尤其是对速度转换和停止有特殊要求的场合。

采用比例节流阀调速时，系统速度要受负载变化的影响，因此它只适合于负载变化不大，或对速度控制精度要求不高的情况。为了使系统运动速度不受负载变化的影响，可改用带各种压力补偿或流量反馈的比例流量控制阀。图 8-12 所示的回路是采用带压力补偿的三通型比例流量控制阀来进行速度控制的。

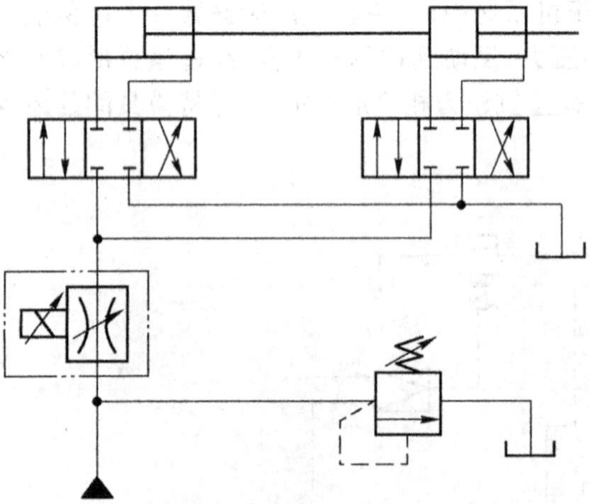

图 8-11　采用比例节流阀的比例节流调速回路

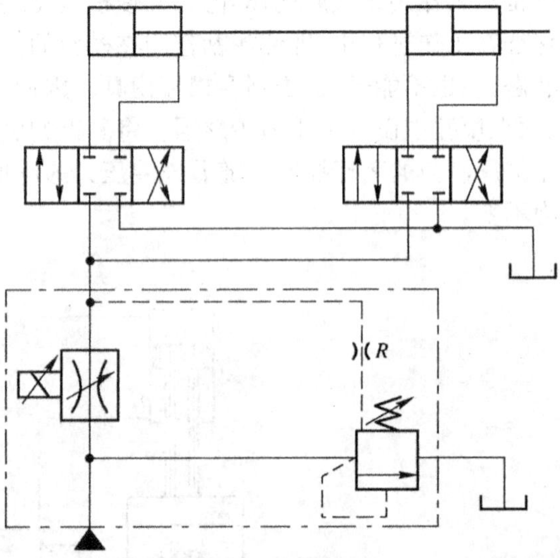

图 8-12　采用三通比例流量阀的比例节流调速回路

8.2.2　闭环比例节流速度控制回路

开环的速度控制系统，由于不能对各种干扰因素作出自动的修正和补偿，因而控制精度受到影响。采用闭环控制，就能随时纠正偏差，提高系统的速度控制精度。

图 8-13 所示为一闭环阀控液压马达的速度控制系统。单向液压马达 7 所驱动的负载 6 的运动速度由速度传感器 5 检测，并转换成电信号，反馈回输入端，通过比较器 3，与给定电位计 4 给出的给定信号进行比较，得出其偏差信号。通过比例放大器 2 对这偏差信号进行处理和放大后，对比例方向节流阀进行控制。由前面阀控速度伺服控制系统分析可知，这是一个有差系统，对应一个偏差信号应有一个确定的控制速度。

该系统与伺服阀控马达相比，主要差别是比例阀的中位死区大。因为是单向调速，其中位死区可以通过起始工作电流（或称先导电流）予以消除。这样，只要在控制电流上叠加起始电流即可以把它看成零开口滑阀，利用伺服速度控制系统的分析方法，对系统的性能进行分析估算和校正。由速度伺服系统的分析可知，这种系统为了速度控制系统的稳定，也为了提高阶跃速度输入和等速度控制时的精度，在比例放大器中可串接一个积分环节。

8.2.3　比例容积速度控制回路

这里的比例容积速度控制回路，主要指采用比例排量或流量控制泵来对执行元件进行速度控制的回路。这种回路的主要优点是效率较高，适用于大功率控制的情况。

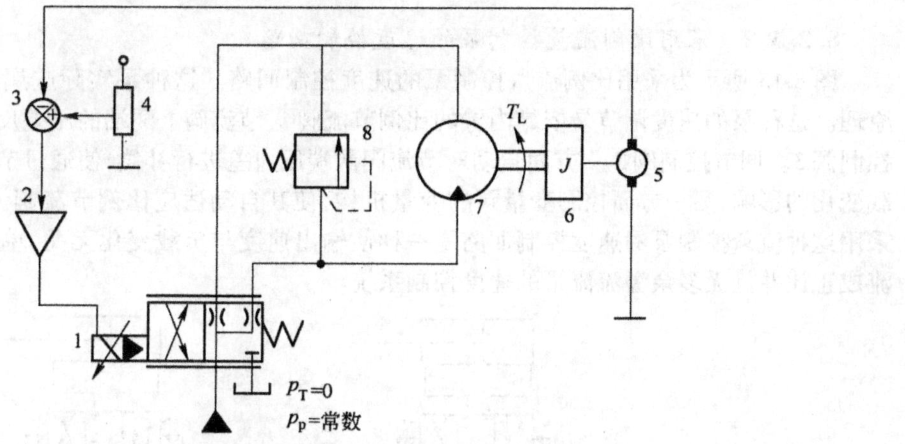

图 8-13 阀控液压马达闭环比例节流速度控制原理图

1—二位四通比例方向阀；2—比例放大器；3—比较器；4—给定电位计；
5—速度传感器；6—负载；7—单向液压马达；8—安全阀

8.2.3.1 采用比例排量泵的速度控制回路

采用比例排量泵的速度控制回路如图 8-14 所示。它通过控制比例排量泵 1 的排量来改变进入执行元件的流量，达到控制速度的目的。由于无节流和溢流损失，因此效率较高，适用于速度变化较多和大功率的场合。

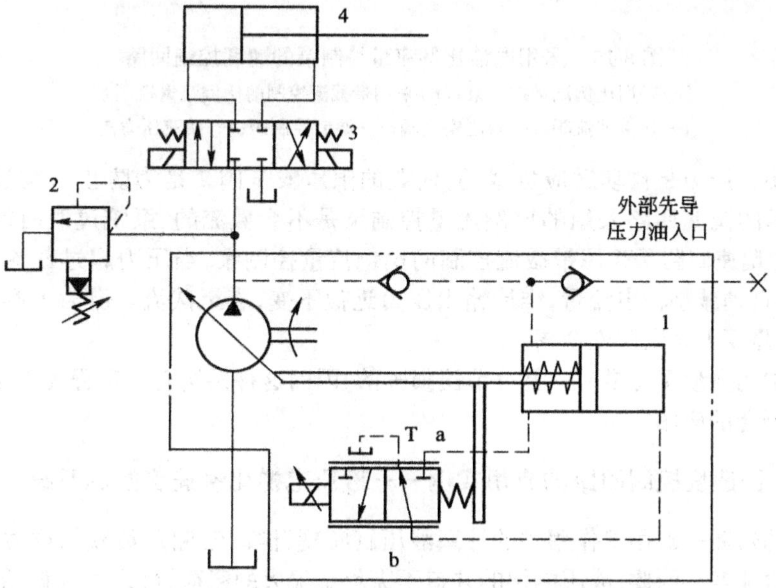

图 8-14 采用比例排量泵的速度控制回路

1—比例排量泵；2—安全阀；3—电磁换向阀；4—液压缸

这种回路中的比例排量泵在调速时，供油压力是与负载相适应的，设置一个流量足够大的安全阀 2 是需要的。

由于泵的工作压力随负载而变化，因此泵和系统的泄漏将会影响系统的速度控制精度。当然，可以在负载变化时通过改变输入控制信号大小的方法来进行补偿。但这会增加系统控制的复杂性。

8.2.3.2　采用比例流量控制泵的速度控制回路

图 8-15 所示为采用比例流量控制泵的速度控制回路。这种泵实际应属于容积节流型调速原理。这种泵的速度调节是依靠内置的比例节流阀 1，节流阀 1 两端的压差反馈控制内部的调节控制阀 3。调节控制阀 3 一方面自动对节流阀两端压力差进行补偿，使通过节流阀的流量不受负载变化的影响；另一方面控制变量泵的变量机构，使其自动适应比例节流阀调节的流量。因此，采用这种流量控制泵的速度控制回路是一种使输出速度与负载变化无关、单一地与输入控制电流成正比并且无多余溢流流量的速度控制系统。

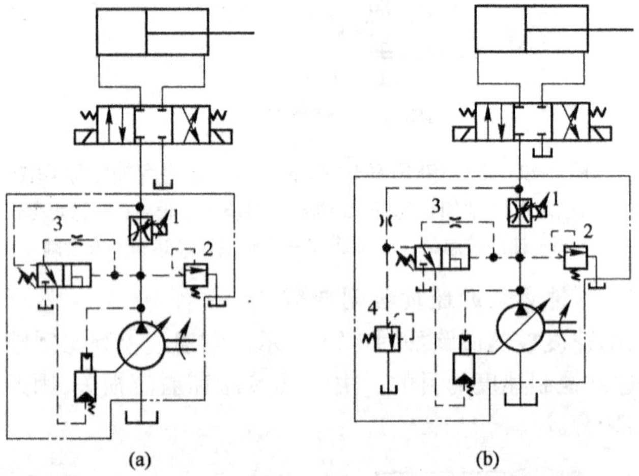

图 8-15　采用电液比例流量控制泵的速度控制回路
(a)采用比例流量控制泵；(b)采用带截流控制的比例流量控制泵
1—比例节流阀；2—限压安全阀；3—调节控制阀；4—截流压力阀

这种泵的出口压力是自动适应负载的，内置的限压安全阀 2 是为防止系统过载而设置的。但图 8-15a 所示的调速回路采用的比例流量控制泵是不会截流的，系统过载时能量损失很大。图 8-15b 所示的调速回路是采用带截流控制的比例流量控制泵，当压力超过截流压力阀 4 的调定压力时，泵会自动减小输出流量，维持输出压力近似不变，直至截流。但为了避免变量活塞的频繁移动，仍然需要上述限压安全阀 2。

这种回路中的变量泵还是有一部分节流损失的，因而这种系统有一定程度的发热，限制了它在某些大功率场合的应用。

8.2.4　电液比例速度控制回路的应用实例——液压电梯比例速度控制系统

液压电梯的轿厢一般用单作用式的柱塞液压缸实现升降，轿厢及负载的重力及惯性均由液压缸直接传递给地基。因此，液压电梯的井道不需承受很大的载荷，可采用轻型结构。其顶部也不需要如传统电气传动的电梯那样设置牵引机房，从建筑设计的观点来看是比较有利的，故自20 世纪 80 年代以来液压电梯发展甚为迅速，但升举高度受液压缸长度所限，一般只适用于十层以下的建筑物。

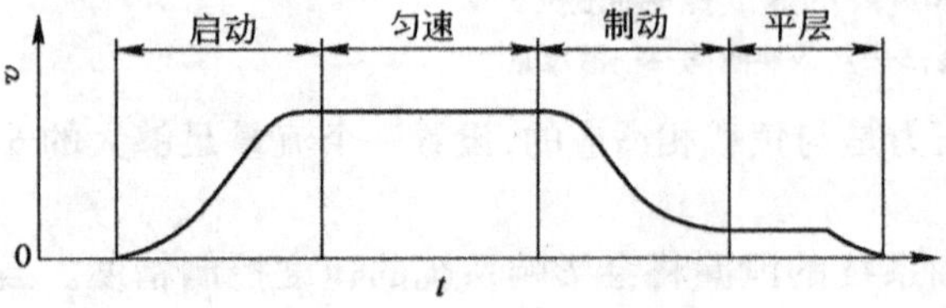

图 8-16　液压电梯运行速度曲线

电梯运行要求特定的启动加速和制动减速曲线，如图 8-16 所示，以求乘载的舒适性和快捷性的统一。图 8-17 所示为电梯运行电液比例速度控制系统,它采用了两个比例流量阀分别控制升降速度。三通调速阀(定差溢流节流补偿型)1 用于控制升程速度,并自动实现与负载压力匹配,可大大节约能耗。下降时,电机可以停转,液压泵停止供油,轿厢靠自重下落。二通型(定差减压压力补偿型)比例调速阀 2 对下降行程实现回油节流调速控制。阀 4 为电液控制安全止回阀,直接装在液压缸端盖上,可防止因阀 2 失控或油管意外事故时造成轿厢自由下滑事故,并能保证轿厢在任意位置停止,不滑落。

电梯所要求的速度控制规律均可直接由输入电信号设定。由于二通和三通型调速阀均具有负载压力补偿功能,故输入信号变化曲线给定后,电梯升降过程的速度和加速度变化规律不受其负载变化的影响。

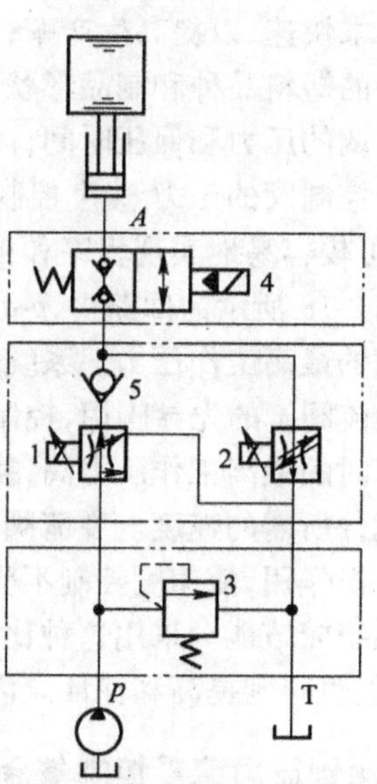

图 8-17 电梯运行电液比例速度控制系统
1—三通型比例调速阀;2—二通型比例调速阀;
3—溢流阀;4—二位二通安全止回阀;
5—单向阀

8.3 电液比例压力-速度控制回路

一般来说,将前面介绍的比例调压和比例调速回路按需要组合起来,就能构成多种能够同时对系统的压力和速度进行比例控制的回路。但这样构成的回路所需元件多,管路系统复杂,综合性能也不高。本节主要讨论采用专用于此目的的压力和流量比例复合控制元件构成电液比例控制回路和系统。压力和流量比例复合控制元件可使系统更简洁,性能也会得到提高。这类回路有采用比例压力流量控制复合阀的压力-速度控制回路和采用比例压力流量控制复合泵的压力-速度控制回路。

8.3.1 比例压力流量复合控制阀的压力-速度控制回路

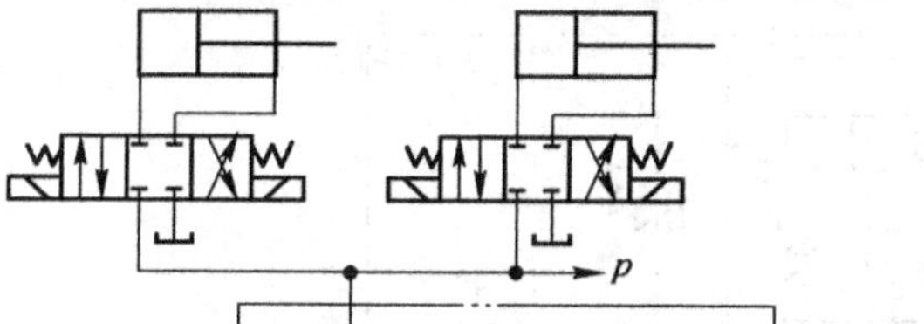

图 8-18 电液压力流量复合阀压力/速度控制回路
1—先导式溢流阀;2—比例溢流阀;3—比例节流阀

采用比例压力流量复合控制阀的压力-速度控制回路的原理图如图 8-18 所示。它由定量泵供油,方向阀进行执行元件运动方向的选择。这种回路既可对多个执行元件进行多级压力控制,又可对多个执行元件进行多级速度控制。利用电气遥控进行调压、调速,使系统变得非常简单,而且控制性能也相当好。

这种回路在注塑机中得到较广泛的应用。一般注塑机由合模部件、注射部件、注射座整体移动部件、顶出机构、调模机构等组成。它的工艺过程大致为:合模→增压锁模→注射座前进→注射→保压补塑→减压(放气)→预塑进料→注射座后退→开模→系统卸荷。整个工艺过程复杂,而且对过程中的速度和压力要求也较复杂。如系统对开、合模速度要求可调,一般要求系统的开、合模速度为慢→快→慢的规律变化。

空程时要求快速，以提高生产率；合模时要求慢速，以免撞坏模具和制品，并减少振动和噪声。为适应不同的塑料品种和制品形状及模具的浇注系统，注射时要求速度和压力可调。塑料注射完后要求可调的压力和保压时间，以保证塑料紧贴模腔，获得精确的制品形状。采用这种比例压力流量复合控制阀的压力-速度控制回路，就可利用电气遥控进行调压、调速，配上 PLC 可编程控制技术，就可较容易地实现程序和自动控制。

在图 8-18 所示的回路中，*p-q* 阀中的先导式溢流阀 1 的先导阀作系统的安全阀用，调整压力高于系统的最高工作压力。系统调压时，给 *p-q* 阀中的比例节流阀 3 通以恒定的电流，比例溢流阀 2 作溢流阀 1 的先导阀用，控制各阶段的实际工作压力。调速阶段，将比例溢流阀 2 的压力调得比调速时的最高工作压力高，换向阀控制决定执行元件的启停和运动方向，用比例节流阀调节各执行元件所需的速度。溢流阀 1 的主阀与比例节流阀一起构成三通型调速阀，溢流阀的主阀起压力补偿作用，使速度控制不受负载变化的影响，而且使泵的工作压力跟随负载压力而变化，这样使系统较节能。采用这种比例压力流量控制复合阀不仅可使系统得到简化，而且令使用更方便，性能也得到提高和保证。因此，这种回路在中高档注塑机中获得了较广泛的应用。

8.3.2　比例压力流量控制复合泵的压力-速度控制回路

在以上采用比例压力流量控制复合阀的压力-速度控制回路系统中，系统在调速过程中，液压泵供油压力能自动与负载压力相适应，具有较高的系统效率，能量损耗较少。在负载变化大且低负载工况时间比例大的情况，节能效果尤为明显。但它毕竟是由定量泵供油，在调速调压过程中总有一定的溢流损失。若采用电液比例压力流量复合泵，效果将更佳。由它实现的调压调速回路如图 8-19 所示。它可以实现比例压力和流量复合控制，还可实现流量和压力自适应，系统没有多余的溢流流量，压力自动适应负载变化，系统更节能，是较理想的供油系统（参见 7.4.1）。

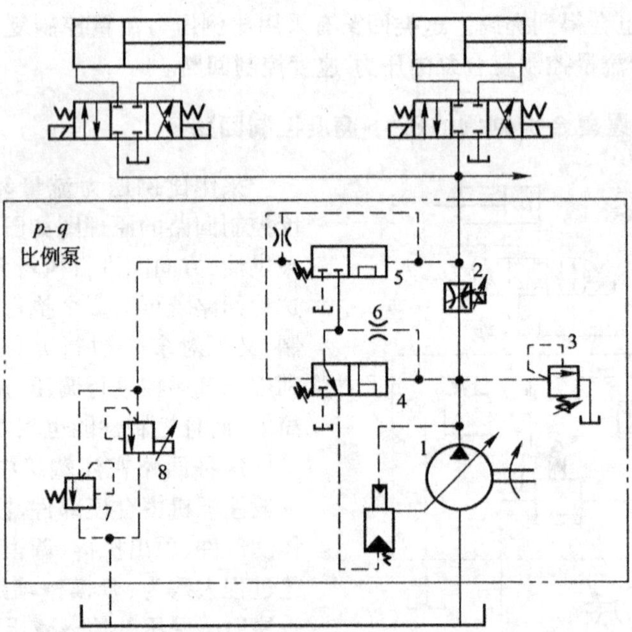

图 8-19　电液比例压力流量控制复合泵供油的调压调速回路

1—变量泵；2—比例节流阀；3—安全阀；4—流量调节器；5—压力调节器；
6—固定阻尼；7—截流限压阀；8—比例溢流阀

当然,这种复合泵的结构较复杂,因此,在高档的大型注塑机上得到应用。

8.4 比例方向及速度控制回路

电液比例方向阀具有液流方向控制及比例节流的功能,用于控制负载的运动方向和速度。使用比例方向阀的回路,可省去节流调速元件,能迅速、准确地实现工作循环,避免压力尖峰的影响,满足切换性能的要求,延长元件和设备的使用寿命。

常见的比例方向阀有二位四通和三位四通两种。由于比例方向阀是进、出口同时节流控制,由此带来种种特殊的问题与普通换向阀回路不同。另外,为了适应对称液压执行元件、非对称液压执行元件和差动控制的需要,比例方向阀的两条通道的开口面积有对称的和非对称的;三位四通阀的中位机能,即无信号状态下自然位置上各油口的连通情况也有多种形式,它们有着与普通换向阀不同的特点,对回路的性能也有十分重要的影响。

8.4.1 对称执行元件的比例方向与速度控制回路

这里介绍的对称执行元件包括液压马达、面积相等的双杆活塞液压缸以及面积比接近1:1的单杆活塞液压缸。这类执行元件可由对称开口的中闭型O型和加压型P型以及泄放型Y型的比例方向阀来进行控制。Y型的比例方向阀既可用于对称执行元件,也可用于非对称执行元件。这里先重点介绍O型和P型阀的工作原理和应用上的特点。

8.4.1.1 封闭型O型比例方向阀换向回路

这种回路的特点是阀处于中位时,执行器的进出油口全封闭,活塞或马达被锁住。但当惯性负载较大,阀芯转换较快时,会使回油腔的压力过分升高,而进油腔的压力过分降低,出现抽空或空穴。这两种现象都会使运动不稳定。因此,使用这种回路时应注意执行元件在制动和换向时的高压保护,以及防止空穴产生的措施。尽量使比例阀芯较缓慢地返回中位是一种比较有效的方法,它可以避免出现空穴,以及消除因惯性引起的压力峰值。图8-20所示的回路也是一种较好的设计方案。执行元件可以是液压马达或对称液压缸。溢流阀1用于吸收压力冲击时的压力峰值,其调整压力应大于系统最高工作压力。两个单向阀2为高压腔溢流通道。两个补油单向阀3用于出现真空时补油,它的开启压力应在0.05MPa以下。如果这个液压马达回路只是整个液压系统的一部分,那么其他部分的回油可与补油单向阀的进油口相连,并加上调整压力为0.3MPa左右的背压阀4,就可使防止真空的措施更为理想。

8.4.1.2 加压型P型比例方向阀换向回路

P型比例方向阀在中位时,与普通P型换向阀不完全相同,它的A、B油口与P油口是几乎关闭的,只允许小流量通过,并对两腔加压。而T油口是完全关闭的。这种阀一般只适用于对称的液压执行元件。它能在中位时提供小量油流,以补偿执行元件的泄漏,也可减少换向过程产生的空穴,以免机器受到损坏。但是,这种P型比例方向阀只能补偿小惯性下出现的真空。对于大惯量系统而言,为防止出现冲击和空穴,可在执行器两端跨接两个限压溢流阀,如图8-21所示。

应当指出,这种跨接式溢流阀只适用于对称执行元件。对于单杆活塞液压缸,若跨接溢流阀,当活塞杆外伸时,有杆腔的流量可能会经跨接溢流阀向无杆腔泄油,但往往不足以补充为防止真空或空穴出现大腔所需的流量。同样,当活塞杆缩回时,小腔不足以收容大腔来的油液,因而也不能提供足够的压力保护。因此,跨接式溢流阀用于压力保护时,只推荐用于对称执行元件。P型阀用于单杆活塞液压缸,当阀处于中位时,还有可能使液压缸产生缓慢的移动。

另外,当选用的液压马达的泄漏不是直接向外排出,而是从内部排向低压腔时,也应注意慎用P型阀。因为P型阀中位时是两边加压,此压力有可能导致马达密封损坏。

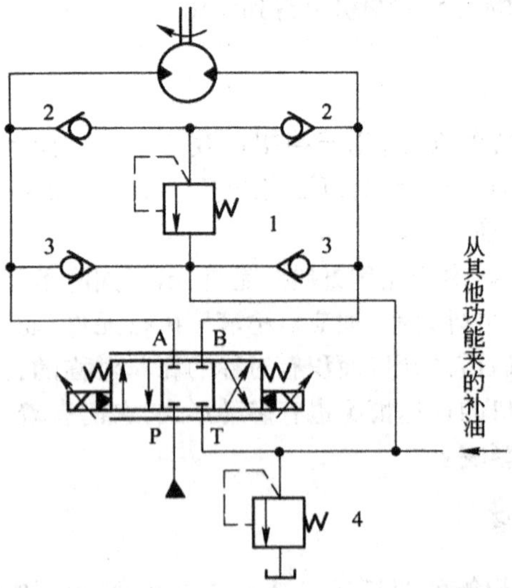

图 8-20　O 型阀控对称执行元件的方向速度控制回路
1—溢流阀；2—单向阀；3—补油单向阀；4—背压阀

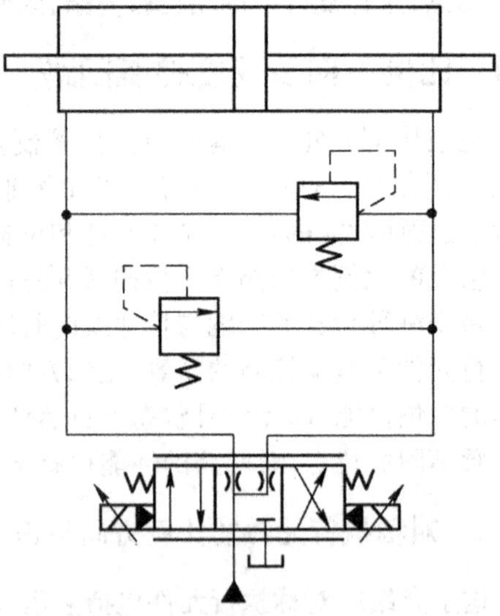

图 8-21　带限压溢流阀的 P 型比例方向和速度控制回路

8.4.2　非对称执行元件的电液比例方向与速度控制回路

这里的非对称执行元件指面积比为 2∶1 或近似于 2∶1 的单出杆液压缸。它可用由开口面积比为 2∶1 的泄放型 Y 型的比例方向阀来控制，如图 8-22a 所示（也可用 O 型阀）。

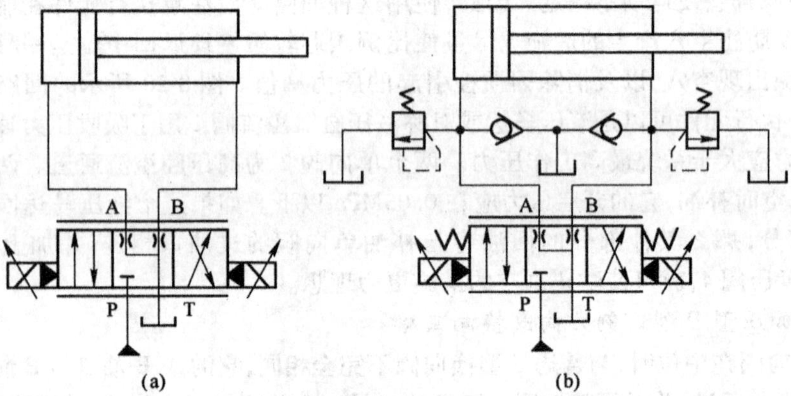

图 8-22　Y 型比例换向阀控制的差动缸的换向及速度控制回路
（a）换向及速度控制回路；（b）Y 型比例方向阀控制非对称缸的压力保护

Y 型阀处在中位（自然位置）时，供油口封闭，而两工作油口通过节流小孔与油箱相连。因此，阀处于中位时，不会在两腔建立起高压。

由于结构上的不同，Y 型比例方向阀与普通的 Y 型方向阀在使用性能上也有所不同。普通的 Y 型方向阀在中位时，其控制的液压缸是可以浮动的。Y 型比例方向阀处于中位时，因连通两工作腔与回油口 T 的开口很小，不能很方便地使液压缸浮动。

另外，在制动和换向时，因为小孔的阻尼作用，有时还是会产生压力峰值和真空空穴现象。为了防止真空的出现和由惯性引起的压力峰值，增加适当的元件是必要的。图 8-22b 是适用于避免真空状态和惯性压力冲击产生的典型回路。图中两个单向阀用于真空时补油，它们的开启压力应很低，同时要注意考虑补油管的尺寸大小、补油点连接的位置以及补油的压头等细节问题，以便真空时能及时吸油。为了防止压力峰值，图 8-22b 中是采用了两个溢流阀旁路溢流的方式。

8.4.3　电液比例差动控制回路

在电液比例差动控制回路中使用的差动缸面积比常常是 2∶1 的，且比例阀的两条主油路的开口面积比也是 2∶1。电液比例差动控制回路不像传统的差动回路，只有一种差动速度。比例差动回路可以对差动速度进行无级调节。实现差动控制常用的比例换向阀是 Y 型和 Y3 型。图 8-23 是两种典型的电液比例差动回路。图 a 是利用 Y1 型阀实现差动控制的。左电磁铁通电时，是液压缸差动向右运动工况，右电磁铁通电是返回工况。与普通方向阀有所不同，在两个方向上速度是连续可调的。差动速度的调节是控制从 P 到 A 的开口面积变化来实现的。由于在换向阀的 B 油口接上单向阀，使阀在中位时不具有 Y 型阀的机能。为此，可以用一个节流小孔与单向阀并联，如图中虚线所示。也可以利用 Y3 型比例方向阀来实现差动控制。实际上，Y3 型阀芯是专门用来实现差动回路的，如图 8-23b 所示。它只需使用一个单向阀即可。

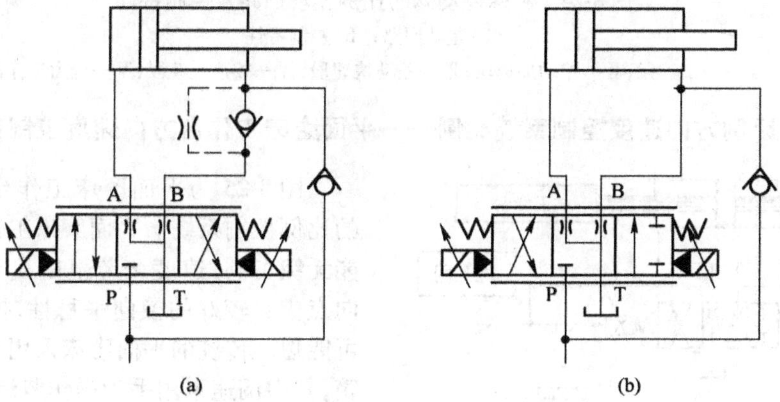

图 8-23　电液比例差动控制回路
(a)采用 Y1 型阀的比例差动控制回路；(b)采用 Y3 型阀的比例差动控制回路

显然，这种系统回路想要获得大推力，可在有杆腔出口处加一个二位三通电磁阀，使液压缸的回油腔断开差动连接，直接通油箱。也可以采用特殊的阀芯设计来实现，如图 8-24a 所示。这是一个四位阀，控制回路可以对外伸运动实现连续的无级调速，其较大速度段为差动回路，因而增加了调速范围。差动连接可平滑地过渡到最大推力连接，而且使回路大为简化。因此，这种差动型比例方向阀的控制回路有一定的推广使用价值。

图 8-24 所示回路活塞随输入电流变化的外伸动作过程是：当输入控制信号为零时，阀在 2 位是自然中位，活塞停止不动。当从放大器来的控制电流信号较小时，阀芯的工作位置逐渐过渡到 3 的位置，这是全力工作模式（见图 b 行程段Ⅰ），液压缸提供最大的推力，使活塞尽快加速。如果继续增大控制电流，则阀位由 3 过渡到 4 的位置，此时是差动工作模式。这时由于 B 到 T 的油路被关闭，使油液通过单向阀与 P 会合，形成最大流量，此时活塞的运动速度加大，并与输入电流信号成比例。在电流不断增加的过程中，活塞的运动处于差动加速阶段（见图 b 行程段Ⅱ）。当控制电流增加到一定程度并恒定在一定值时，活塞也恒定在一定的速度上运动，这是活塞的差动快速运动阶段（见图 b 行程段Ⅲ）。在活塞行程接近工作行程时，控制信号电流逐渐减小，阀芯又逐渐回复到全力工作模式，活塞的运动速度与输入控制电流成比例地逐渐下降，直至工作行程所

需控制的速度(见图 b 行程段Ⅳ),完成所需要的工作循环。图 8-24b 所示为四位差动比例阀在工作过程中的控制电流与行程、液压缸的速度与行程的关系曲线。从图中曲线可以看出,两种工作模式可以平滑转换。其突出的优点是:启动时可获得大的加速力,在空行程中可获得可调的差动快速度,且在工作行程中又可获得所需速度的大推力。

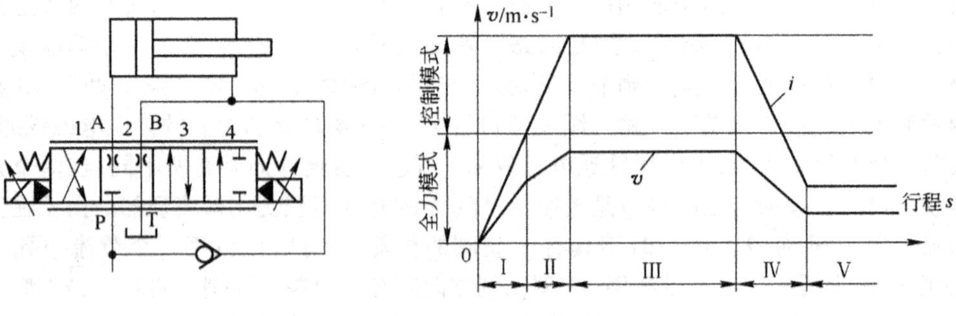

(a)　　　　(b)

图 8-24　特殊差动阀的比例差动回路及控制特性

(a)差动回路;(b)控制特性

Ⅰ—力加速段;Ⅱ—差动加速段;Ⅲ—差动快速段;Ⅳ—减速过渡段;Ⅴ—全力工作段

8.4.4　电液比例方向速度控制系统实例——平面磨床工作台方向速度控制系统

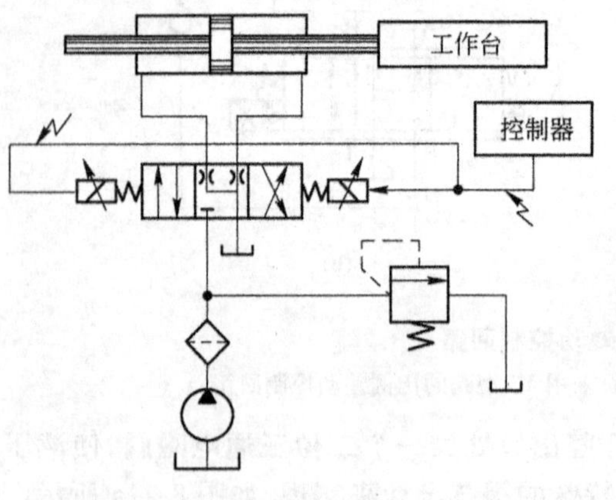

图 8-25　平面磨床工作台比例

图 8-25 为平面磨床工作台往复进给速度的比例控制系统。平面磨床工作台进给速度需能无级可调,速度调节范围接近 1∶10,左右换向点应有较好的换向平稳性,换向行程要求尽可能短。传统的平面磨床采用专用的液压操纵箱,其中调速采用手动操作节流阀控制,换向采用机液动式换向机构,结构复杂。如采用图 8-25 所示的电液比例方向阀的方向速度控制系统,则可显著简化液压系统,对上述诸项技术要求的实现只需改变控制器的输入控制电信号即可做到。

8.5　比例方向阀节流调速的压力补偿控制回路

前面所讨论的采用比例方向阀的方向与速度控制回路,主要是通过控制比例方向阀的阀芯位移来控制液流的方向、流量,从而控制执行元件的运动方向和速度。但通过比例方向阀的流量要受其节流阀口两端压力差的影响,即系统所控制的速度要受负载变化的影响。因此,这种速度控制只能适用于负载变化不大或对速度控制精度要求不高的场合。如果要求控制速度不受负载变化的影响,就要保证节流阀口两端的压差基本不变,即要对节流阀口的压力进行补偿。

压力补偿原理是利用节流阀口两端压差的反馈,利用定差溢流阀或定差减压阀的调整来保证节流阀口两端的压差基本不变。按是对比例方向阀的进油节流口还是对回油节流口进行压力补偿,可分为进油节流压力补偿和回油节流压力补偿。按补偿阀的结构来分,又可分为叠加阀式和插装阀式两种。本节重点介绍叠加阀式补偿阀回路。

8.5.1 比例方向阀的进油节流压力补偿控制回路

8.5.1.1 进油节流压力补偿阀及其控制回路

进油节流压力补偿阀是专用于对比例方向阀的进油节流口进行压力补偿的阀。它有单向压力补偿和双向压力补偿两种。压力补偿元件有二通定差减压阀、三通定差减压阀和定差溢流阀。图 8-26 为叠加式单向压力补偿阀的结构及其补偿原理图。图中压力补偿阀是一叠加式三通定差减压阀。使用时将用一外接油管将 A 口的反馈压力信号接入油口 X 口，如图 a 所示。压力补偿阀用作使 p 至 p_1 的减压同时使节流通道 p_1 至 A 两端压差保持基本不变。图 b 为这种叠加式三通定差减压阀的结构图。节流通道的进口压力 p_1 经固定节流孔 3 作用在阀芯 4 的左端，节流通道出口 A 的压力 p_A 通过外接管道，经油口 X 和弹簧腔作用在阀芯 4 右端，当 $p_1 - p_A < 0.8\text{MPa}$ 时，调节弹簧 6 使阀芯 4 处于最左端、p_1 与 p 全通的位置。如果 $p_1 - p_A > 0.8\text{MPa}$ 时，滑阀向右移动，逐渐关小 p 至 p_1 的阀口，使 p 至 p_1 的减压作用加强，或使 p_1 口与 T 口接通，p_1 降低直至建立起压力平衡。忽略阀芯上受到的摩擦力、液动力等，稳定时阀芯上的力平衡方程为

$$p_1 - p_A = \frac{k(x_0 + x)}{A_K} \approx \frac{kx_0}{A_K} \quad (x \ll x_0) \tag{8-1}$$

式中 k——调节弹簧刚度；

x_0、x——分别为调节弹簧预压缩量及阀芯移动量；

A_K——阀芯端部作用面积。

由式(8-1)可以看出，这种补偿阀能保证节流阀口两端压差基本恒定。其他补偿阀的结构有所不同，但补偿原理也大致如此。

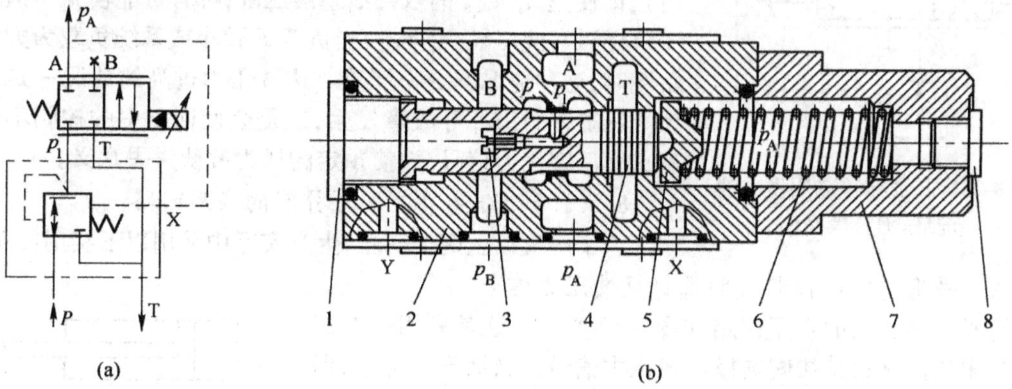

图 8-26 叠加式单向进油节流压力补偿阀原理及其结构图

(a)单向压力补偿原理图；(b)叠加式单向压力补偿阀结构图

1—堵塞；2—阀体；3—节流孔；4—阀芯；5—推板；6—调节弹簧；7—端盖；8—堵头

对于对两个方向的运动均要进行压力补偿的比例方向阀，就需用双向压力补偿阀。叠加式双向压力补偿阀工作原理图如图 8-27 所示。双向压力补偿阀与单向压力补偿阀的差别仅在于它增加了一个梭阀。梭阀的作用是自动选择 A、B 口的高压侧作为反馈压力。双向进油节流压力补偿回路可根据采用的压力补偿阀的不同，分为采用二通型定差减压阀(见图 8-28)、三通型定差减压阀(见图 8-27a)和采用定差溢流阀(见图 8-27b)的压力补偿回路。定差减压型无论是二通型还是三通型，其减压阀的进出口与节流阀进出口是串联的油路；而定差溢流型其溢流阀的进口与节流进口是并联的油路。

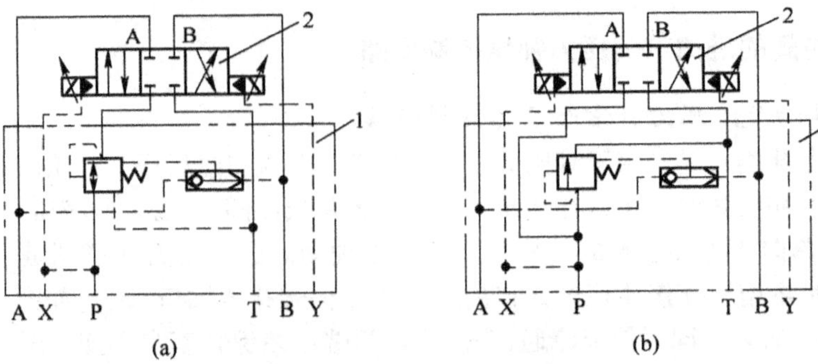

图 8-27 双向压力补偿原理图

(a)定差减压型(三通型);(b)定差溢流型(三通型)

1—双向压力补偿阀;2—比例方向阀

8.5.1.2 进油节流压力补偿方式存在的问题

图 8-28 所示为一二通定差减压型进油节流压力补偿回路,液压缸两腔的压力取决于负载的大小和方向。若液压缸无杆腔进油、有杆腔回油,该回路中回油腔压力 p_B 为

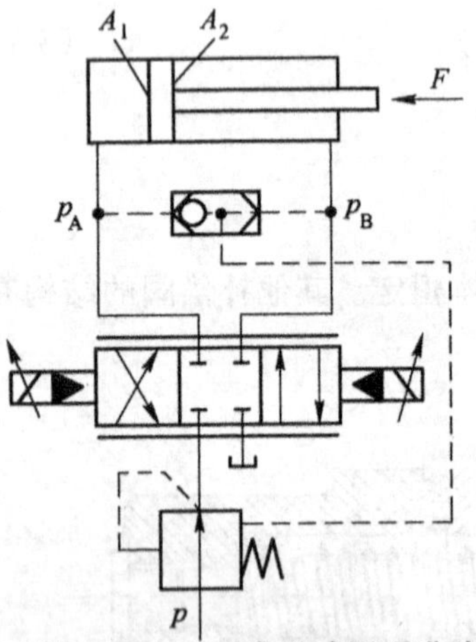

图 8-28 二通定差减压型进油节流压力补偿回路

$$p_B = \frac{A_1}{A_2}p_A - \frac{F}{A_2} \tag{8-2}$$

式中 F——液压缸总负载,方向如图 8-28 所示;

其他符号如图。

由式(8-2)可以看出,当负载 F 为负负载时(如减速制动时),即使是 $A_1 = A_2$ 的双杆活塞液压缸,都有可能使 $p_B > p_A$。对于单杆活塞液压缸,$A_1 > A_2$,当负载 F 较小或系统负载为大惯量负载时,这种情况就更为严重。这种压力过高的情况一是会导致液压缸密封破坏等故障发生,二是会使回路中的梭阀不能正确选择反馈压力信号,而使预定的压力补偿失去意义。

8.5.1.3 进油节流压力补偿的实用回路

为了解决以上两个问题,生产实际中采用以下实用回路。

A 采用电磁阀代替梭阀选择反馈压力信号

这种补偿方法的实用回路如图 8-29 所示。这是利用一个二位三通电磁阀来代替梭阀选择反馈压力信号。当活塞外伸时,保持 1DT 不通电,减压阀弹簧腔感受到的压力只能是 A 腔的压力。而当活塞缩回时,1DT 和 3DT 同时通电,这时的反馈压力一定是 B 腔压力。这样,不管 A 腔和 B 腔压力如何变化,均能保证获得正确的反馈压力,从而起到正确的进油压力补偿作用。

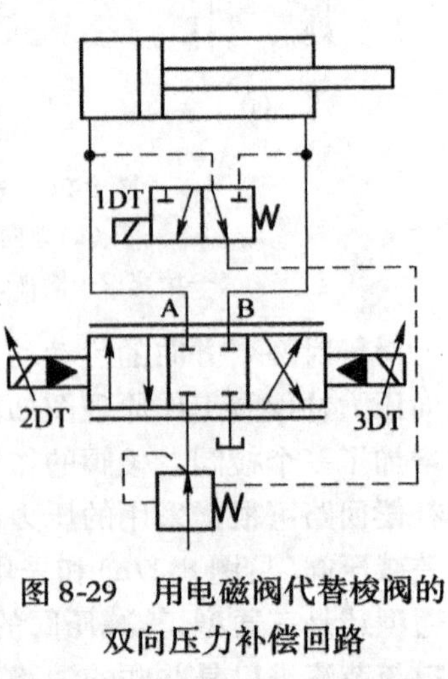

图 8-29 用电磁阀代替梭阀的双向压力补偿回路

这种回路对于大惯量负载制动场合仍可能产生压力峰值与空穴现象。

B 带压力保护的双向压力补偿

带压力保护的双向压力补偿回路如图 8-30 所示。这种回路在液压执行元件的进出管路上分别安装了单向阀 1 和背压阀 2。由于单向阀的截流作用及背压阀的旁路溢流作用,使液压执行元件的回油经背压阀回油。这样使液压缸的回油压力由背压阀调定，不会再升高。比例换向阀的一侧通道成为进油节流通道，而另一侧通道不与油缸回油腔相通，只与油箱相通。因此，无论比例方向阀在左位还是在右位，梭阀都只能选择液压缸进油腔的压力作为反馈压力信号，因而能达到正确的压力补偿的目的。这种回路适当调节背压阀 2，不仅能有效防止制动时出现的过高背压，而且能承受一定的负负载，提供重力平衡作用。

C　带制动阀的双向进油节流压力补偿

为了保证进油节流压力补偿阀的正常功能，使传动装置平稳地制动，可采用图 8-31 所示的带制动阀的双向进油节流压力补偿回路。

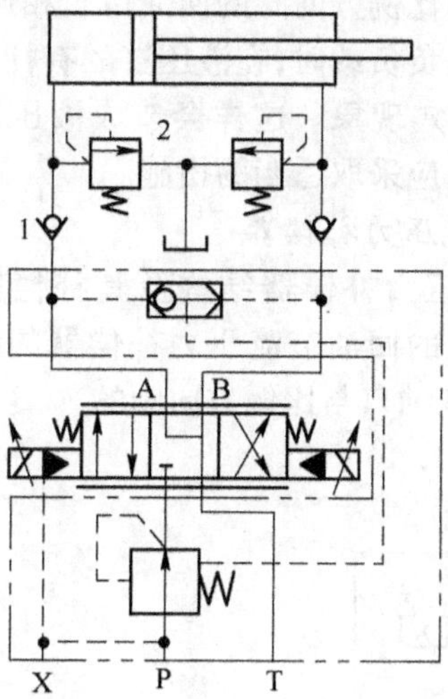

图 8-30　带压力保护的双向压力补偿回路
1—单向阀；2—背压阀

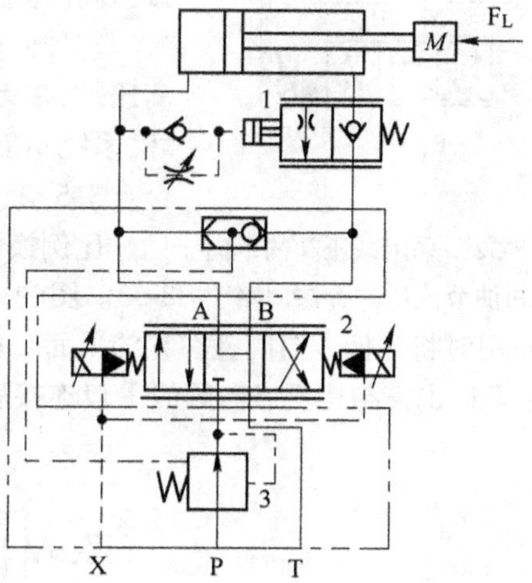

图 8-31　带制动阀的双向进油节流压力补偿回路
1—制动阀；2—比例换向阀；3—压力补偿阀

回路中的制动阀有三个作用：

(1)保证双向进油节流压力补偿在各种情况下均能正确选择反馈压力信号。例如，当比例方向阀向液压缸的无杆腔供油时，高压油的作用同时使液压缸活塞及制动阀 1 阀芯向右移，液压缸的有杆腔回油通过制动阀节流阻尼后，再通过比例方向阀回油节流口流回油箱。这样，比例方向阀 B 口的压力仅决定于回油液流通过阀口时的压力损失，因此 B 管压力不会过分升高，保证了梭阀在任何工况下都能正确选择反馈压力信号，使双向进油节流压力补偿正常进行。

(2)使系统平稳制动。正因为制动阀的作用，使进油节流压力补偿功能得以正常实现，使通过比例方向阀的流量单一地受输入电流的控制。系统在减速制动过程中，比例方向阀通过控制逐渐减小的电流，使阀口逐渐关小，进入执行元件的流量逐渐减小，速度逐渐减小；同时，在制动过程中，进油腔压力的下降，导致制动阀在弹簧作用下左移，关小节流口，直至完全制动。因此，整个制动过程能连续平稳减速制动。

(3)制动阀具有支撑作用。由于该制动阀复位时，具有可控的单向截止阀的功能，配上比例换向阀的 Y 型中位机能，液压缸即使有重力负载作用，也能可靠地截止住液压缸有杆腔油液的泄漏，锁住油缸位置，对重力负载起支撑作用。液压缸反向运动时，制动阀起单向阀作用，使油液无阻尼地通过进入有杆腔。

8.5.2　比例方向阀的回油节流压力补偿控制回路

对比例方向阀进行回油节流压力补偿时，可采用定压减压阀和专用的回油节流压力补偿器的两种压力补偿回路。

8.5.2.1　采用减压阀的回油节流压力补偿

由于比例方向阀的回油节流通道的出口通油箱，因此只要在阀的回油节流口前（如 B 口）加一定压减压阀，就能使节流口前后压力差恒定，就是对回油节流进行了压力补偿。图 8-32 所示为采用一先导式减压阀的单向回油节流压力补偿回路。这种回路的特点是通过比例方向阀的回油节流口的压差可由减压阀来调整。这样可在较低的压差下获得准确的控制流量与速度。显然，如需要在两个方向上进行精确调速，即可在油口 A 侧同样串入一个单向减压阀。减压阀的先导泄油与比例方向阀的回油口 T 相连。

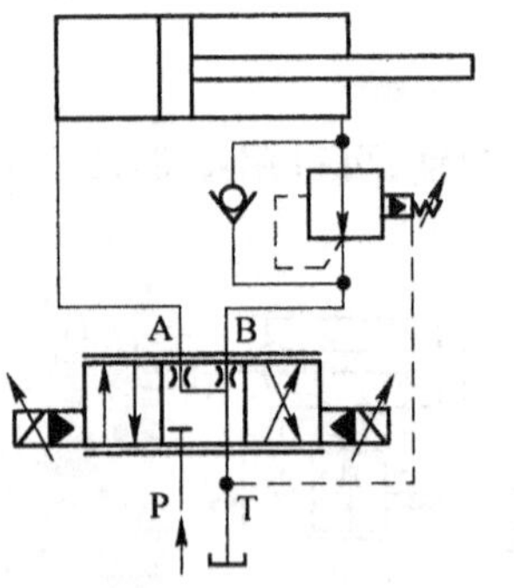

图 8-32　采用减压阀的单向回油节流压力补偿回路

这种回路在小负载特别是负负载时，在液压缸的有杆腔会产生高压，而在无杆腔可能产生空穴现象。这样会造成液压缸密封破坏，系统不能正常工作的情况，应采取适当的措施。

8.5.2.2　采用回油节流压力补偿器

比例换向阀的回油节流压力补偿器结构及其补偿原理见图 8-33。图的中间部分为叠加式的回油节流压力补偿器的结构原理图，使用时将比例方向阀叠在它的上面。压力补偿器的 A、B 油口与比例方向阀的 A、B 油口对应相连，T 口也需与比例方向阀的 T 口连接后回油箱。

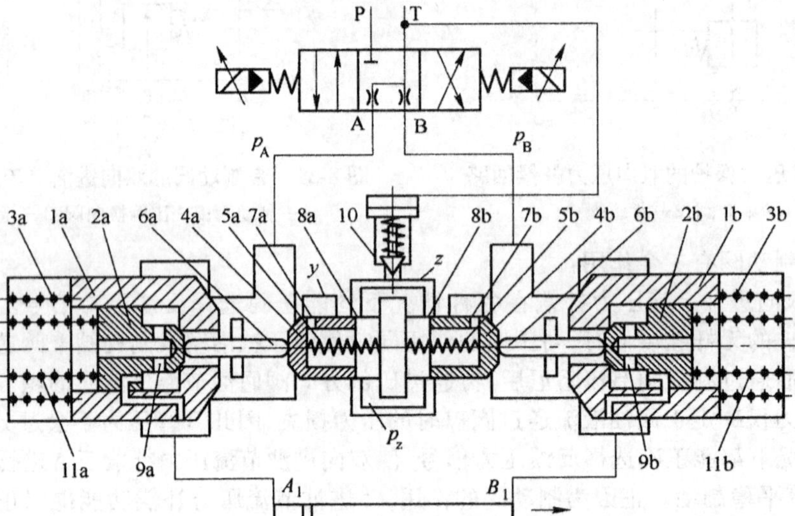

图 8-33　回油节流压力补偿回路结构原理图

1—主锥阀；2—卸载阀；3—主锥阀复位弹簧；4—流量稳定器；5—复位弹簧；6—控制活塞杆；7—固定阻尼孔；8—可变节流口；9—径向孔；10—溢流阀；11—卸载阀复位弹簧

比例方向阀选用 Y 型中位机能，阀在中位时 A、B 管道卸压，使主锥阀 1a、1b 的前腔压力为零，主锥阀 1a、1b，在其两端弹簧作用下复位。同时由负载形成的油缸背压经主锥阀 1a、1b 上的孔道、卸载阀 2a、2b 上的径向孔 9a、9b 及轴向孔进入主锥阀两端的弹簧腔，这个液压作用力与弹簧 3a、3b、11a、11b 的作用，将主锥阀与卸载阀压紧在阀座上。由于锥阀的密封性，可以做到无泄漏，使液压缸的活塞位置被锁住。

当比例换向阀切换到使液压缸活塞伸出的位置时，由液压泵来的压力油从比例方向阀的P口进入，经节流后通过主锥阀1a的阀口流向液压缸A_1腔，这时主锥阀1a相当于一个单向阀。与此同时，来自液压泵经比例方向阀节流后的压力油将流量稳定器4a向右推，打开环形通道y，然后压力油经固定阻尼孔7a和可变节流口8a进入z腔，从溢流阀10（或固定阻尼小孔）流回油箱。固定阻尼孔7a和可变节流口8a构成一个液压半桥，控制流量稳定器4a右端压力。稳态时作用在流量稳定器4a两端的油液压力差与弹簧5a的作用力相平衡。由于弹簧5a是一个软弹簧，因此在流量稳定器4a的调节过程中，能保证4a两端的油液压力差，即固定阻尼孔7a进出口压力差基本不变，通过固定阻尼孔7a的流量基本恒定。也使通过溢流阀10（或小孔）的流量为恒定值，因而z腔的压力也是一个较恒定值。一般使z腔压力设定为1.2MPa左右。

z腔的压力又通过通道8b作用在右边的流量稳定器4b的端面上，通过控制活塞杆6b克服卸载阀2b弹簧腔的压力，使卸载阀2b向右移动（忽略卸载阀复位弹簧的作用，弹簧腔与液压缸右腔相通时最大压力可达31.5MPa。），使卸载锥阀2b开启。卸载锥阀开启后，一方面切断了右弹簧腔与B_1的通路，另一方面使右弹簧腔压力油通过卸载阀2b的阀口流向比例方向阀的B通道，这样使主锥阀1b处于压力平衡状态，即右弹簧腔卸载状态。流量稳定器4b的继续右移，使右主锥阀1b在z腔压力油的作用下，克服弹簧3b的作用力，打开主锥阀口。这时液压缸有杆腔的油液通过主锥阀口、比例方向阀的B口，回油节流从T口流回油箱。这时在节流阀B口形成背压。此背压同时作用在流量稳定器4b的右端，使流量稳定器4b带动主阀口向关闭方向移动。流量稳定器在平衡时的力平衡方程为

$$(p_z - p_B)A = F_s$$

因此比例方向阀B口压力p_B为

$$p_B = p_z - F_s/A \tag{8-3}$$

式中 A——阀芯4b端面压力作用面积；

p_z——z腔压力，由上知p_z=1.2MPa；

F_s——弹簧3b的作用力，设计时一般使F_s/A=0.4MPa，基本恒定。因此，B腔压力p_B也是B口至T口节流阀口的压降为0.8MPa左右，保持为一个常数。弹簧11b的作用力很小，分析中可略去不计。

由以上分析可以看出，这种出口节流压力补偿器能使比例方向阀回油节流口压降保持恒定常数，与负载变化引起的B_1腔压力的变化无关。

对于比例换向阀切换到使液压缸活塞缩回的位置时，A口的压力补偿情况与前述情况相似。这种回油节流压力补偿控制回路的原理可用图8-34表示。

8.5.3 比例方向阀节流调速压力补偿应用实例

8.5.3.1 钻床进给速度比例控制系统

图8-35所示为一立式多轴钻床的进给速度比例控制系统。立式多轴钻床不仅需要实现快速接近工件，低速钻削进给和快速回程，而且往往需实现多级进给速度以满足钻、铰、锪等不同的工艺要求。采用电液比例控制，不仅可以在较大程度上简化液压系统，而且借助电气控制可十分方便地实现各种复杂的工艺程序。系统采用比例方向阀进行进给速度和方向的控制。采用二通型定差减压阀和梭阀组成的进油节流压力补偿器对比例方向阀的进油节流通道进行双向压力补偿，使被控速度不受负载变化的影响。阀3为单向平衡阀，用以平衡动力头的自重。

8.5.3.2 造纸厂堆垛机液压系统

堆垛机是一种垂直起重设备。起重时系统需有足够的起重力，上升和下降时要求速度可控，

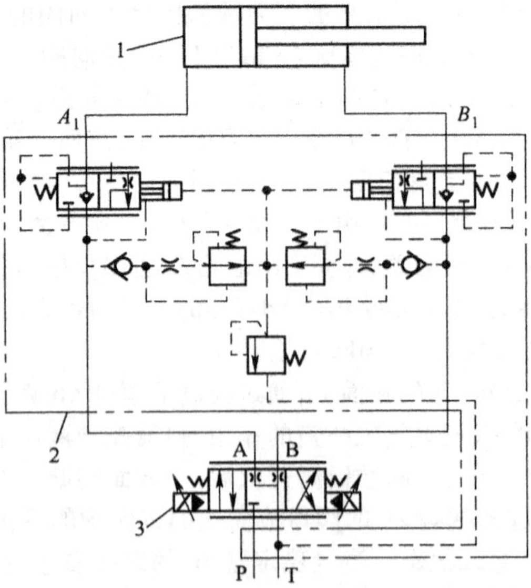

图 8-34　出口节流压力补偿器控制原理图
1—液压缸；2—双向压力补偿器；3—比例方向阀

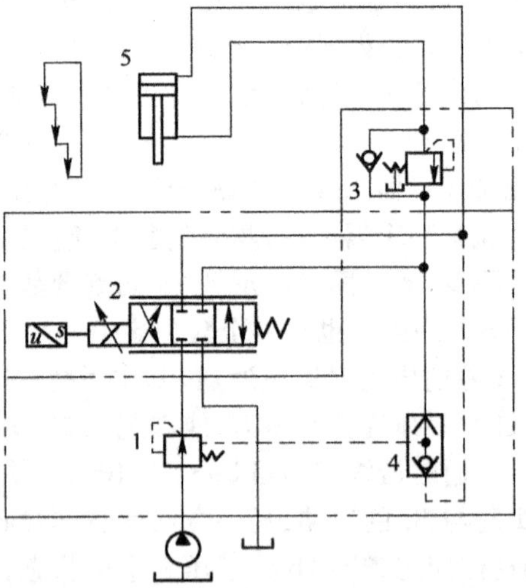

图 8-35　钻床进给电液速度比例控制系统
1—定差减压阀；2—比例方向阀；3—支撑阀；
4—梭阀；5—进给液压缸

堆剁机能可靠地停止在某一位置。堆垛机的液压系统原理如图 8-36 所示。该系统的上、下运动速度由比例方向阀 1 控制，采用带制动阀的双向进油节流压力补偿回路。其中定差减压阀 2 和梭阀 4 配合对其进油节流口压力变化进行补偿，使其所控制的速度不受负载变化的影响。堆垛机在下降行程时存在重力负负载，液压缸的下腔压力可能超过上腔压力。制动阀 3 使梭阀 4 能正确选择补偿的反馈压力。另外，制动阀 3 与 Y 型比例方向阀相配合，使堆垛机能实现平稳制动和在停止时，对活塞与重物起支撑作用，并使其可靠地锁定在某一个位置上，即能可靠地停止在某一个位置上。

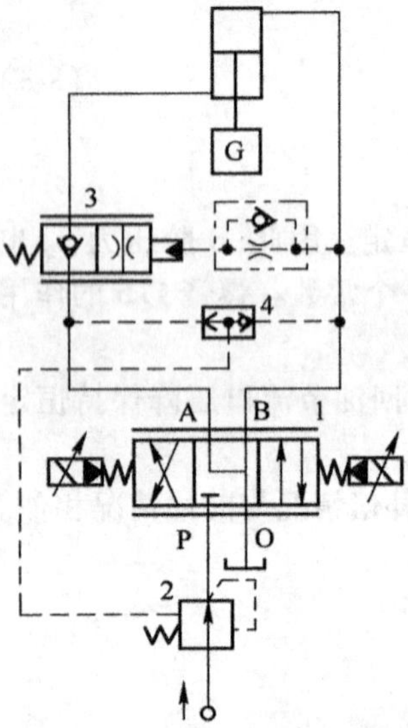

图 8-36　堆垛机液压系统
1—比例方向阀；2—定差减压阀；
3—制动阀；4—梭阀

8.6　电液比例位置控制回路与系统

8.6.1　采用比例节流阀控制的开环减速定位控制系统

在工程应用中，存在着不少开环位置控制系统，但这种位置控制系统与自动控制意义中的位置控制是有差别的。自动控制意义上的位置控制是一种闭环控制，它能在全行程范围内，按指令信号准确移动、停止，并能连续控制在相应的位置上。而比例开环位置控制一般是采用比例节流阀（包括比例方向阀），用开环的速度控制来实现定位控制的。更严格地说，这是一种位置控制中的定位控制系统。

采用比例节流阀的开环减速定位控制系统如图 8-37 所示。它是通过适当的机械-电气控制，以开环速度控制的方法使控制对象能在有限个特定位置上定位。其定位的基本原理是使控制对象到达目的位置后，速度减为零。这种回路的组成实际同比例速度控制回路一样，只是其控制目的及要求不同。在用做速度控制回路时，人们关心的是其运动速度与给定的一致性，以及运行时速度的平稳性。而作为定位位置控制时，人们主要关心的是定位过程的性能，如速度平稳及快速地制动，以及速度为零时对象的停留位置与希望位置间的偏差。

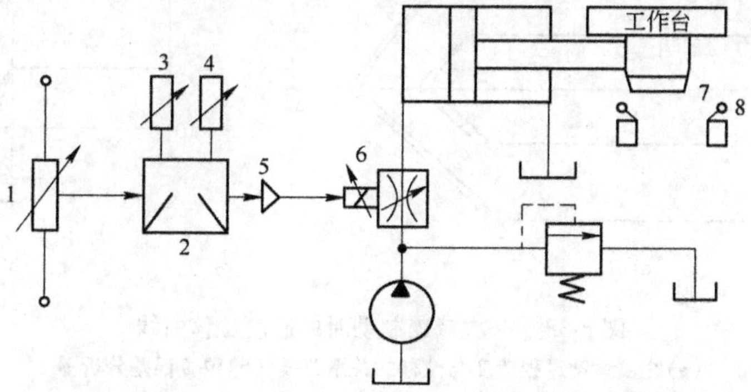

图 8-37 采用比例节流阀的开环电液比例减速定位控制系统
1—给定电位器；2—斜坡信号发生器；3—斜坡信号上升时间调节器；4—斜坡信号下降时间调节器；5—比例放大器；6—比例节流阀；7—挡铁；8—行程开关

对定位控制系统的基本要求一般为：

(1)满足系统对定位精度的要求，包括同速定位精度和异速定位精度；

(2)平稳而快速的制动；

(3)调整方便。

减速定位位置控制一般利用行程开关发出停止或换向信号，然后使控制对象按预调的斜坡信号匀减速直至停止。下面以图 8-37 所示的系统为例来说明速度控制及利用速度控制实现较准确的位置定位控制的方法及特点。

图 8-37 中的比例节流阀 6 可以通过电气装置对执行元件运动速度进行控制。当给定电位器 1 给出控制电压以后，经斜坡信号发生器 2 处理，变成斜坡上升信号，上升时间由斜坡信号上升时间调节器 3 调定。工作台按斜坡上升信号斜率加速右行。当速度上升到 u_1 或 u_2(见图 8-38)以后保持不变，工作台则以稳定速度运动。当执行元件以一定速度到达指定位置时，挡铁 7 压下行程开关 8，行程开关 8 发出停止信号，断开给定电压，工作台根据调节器 4 设定的减速时间按斜坡信号斜率进行减速运动直至完全停止。在新的给定信号到来之前，工作台保持在该位置上。

以上启动加速、匀速运动、减速停止(包括反向运动过程)的整个过程可用图 8-38a 表示。图中，纵轴表示工作台的运动速度，横轴表示位移，s_1 和 s_2 表示往返运动时行程开关的触发位置。图 8-38b 为位置误差分析图。由图 8-38b 可见，为了控制停止时的位置精度，就要控制制动滑行距离 c(或 c')。而这个制动滑行距离与初速度 v、摩擦力、运动部件质量、制动时间等因素有关。图 8-38b 中，a 表示同速定位误差，b 代表异速定位误差。由图 8-38b 可见，对于给定的控制对象，系统的同速定位精度较高，即在同一速度运行制动时，其停留位置间的偏差 a 并不大；但这种系统的异速定位精度较低，即异速定位误差 b 较大。

在需要进一步提高定位精度时，可以采用二次减速制动控制的方法。二次减速制动控制要用两个行程开关发信。当第一个行程开关被压下时，发出第一次减速的信号，进行预制动。这时，不管原来速度如何，都将被降低为同一个低速度，即到达第二个行程开关前，其速度是相同的；然后，在第二个行程开关被压下时，发出第二次减速信号，实现终制动。因此，在终制动时，其定位精度有明显提高。二次减速制动控制时的速度-位移曲线如图 8-39 所示。在这种系统中，为了使工作台速度为最大时有足够的时间降到终制动前设定的慢速，两个行程开关要分开足够的

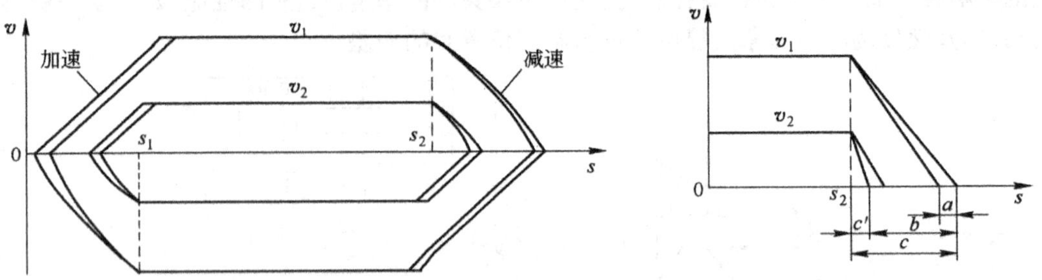

(a)　　(b)

图 8-38　一次减速制动时的速度位移曲线

(a)往复运动过程速度与位移的关系曲线；(b)位置误差分析图

a—同速定位偏差；b—异速定位偏差；c、c'—最大、最小制动距离

距离。减速定位位置控制常用于机床的往复运动中的换向位置和制动位置控制、电梯的平层定位控制等方面。

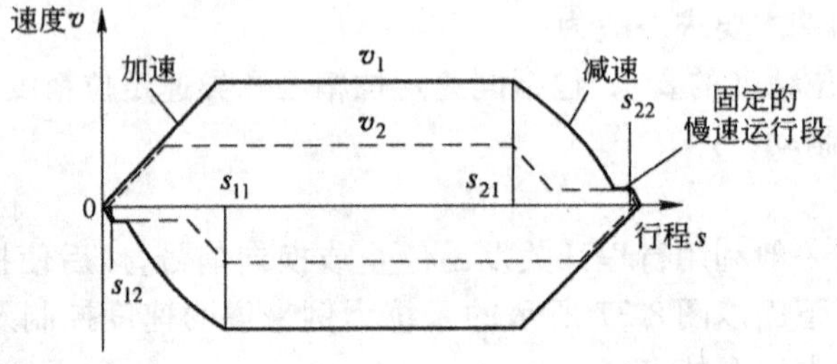

图 8-39　二次减速制动时的速度位移曲线

8.6.2　闭环比例位置控制回路

图 8-40 所示为一种采用比例节流阀的闭环位置控制系统原理图，这种系统的位置控制原理可用框图 8-41 来表示。图中电磁换向阀用来控制执行元件运动方向。液压缸的运动位移由位移传感器检测并反馈回比例放大器的输入端，与输入电信号 u_i 相比较，得出的偏差信号经放大后再来控制比例节流阀的开度，使液压缸向偏差减小的方向运动，直至偏差为零。这时液压缸的输出位移 y 与输入电信号 u_i 相对应，并且与输入电信号成正比。这种比例位置控制系统用于单向位置控制时，只要消除比例阀的死区，就可用电液位置伺服控制系统的类似分析方法对系统进行分析。由于执行元件的非对称性，而且也不容易做到比例节流阀与电磁阀同时为零，因此这种系统在双向控制时，不容易做到精确的连续控制。上述闭环位置控制在多缸位置同步系统中得到了广泛应用。

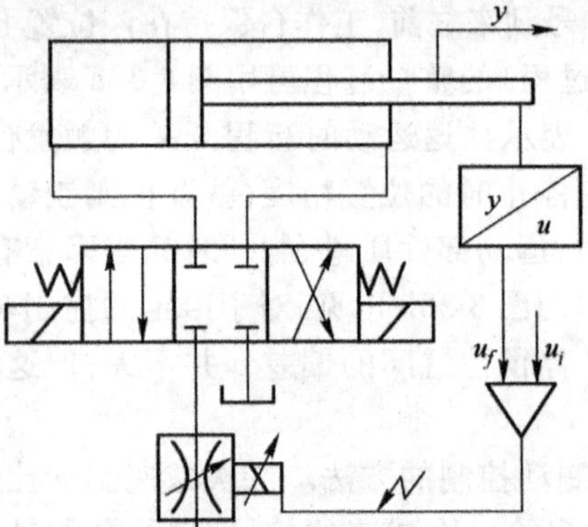

图 8-40　采用比例节流阀的闭环位置控制系统

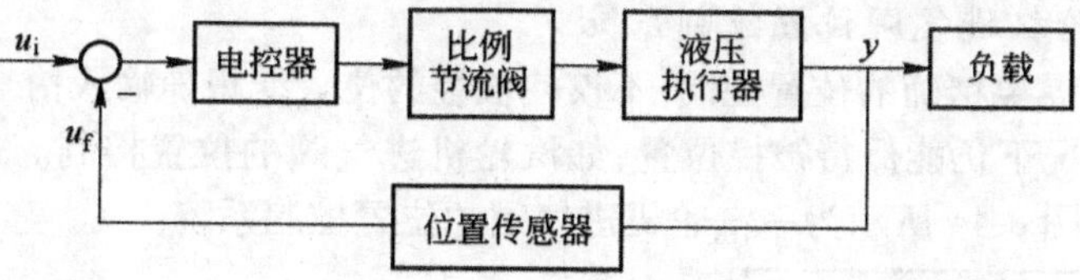

图8-41 采用比例节流阀的闭环位置控制系统控制原理框图

8.6.3 电液比例位置控制应用实例

8.6.3.1 冶金厂大型设备运输车液压系统

冶金厂有许多大型设备,其中的零部件常常需要维修和更换。例如转炉衬壁易于磨损,经常需要更换维修,因此必须将转炉运送到炉衬检修处。运输车用4个液压马达驱动;运输车加转炉的总重量达120t,运行速度为15m/min;启动与停止需有加(减)速控制,不能出现冲击现象;运输车停止的位置精度为±30mm。对于这样的重型车辆,需要较精确的减速定位控制。

运输车的液压系统工作原理如图8-42所示。该系统的4个液压马达的运行速度和方向由比例方向阀1控制,在其通道A、B上都装有出口单向定差减压阀2,它与压力阀3组成先导式单向减压阀,用以对比例方向阀1的出口节流通道进行压力补偿,以补偿轨道摩擦等负载变化对调节速度的影响。当车辆停止运行时,由于液压马达的旋转惯性还要继续运转,产生少量的前冲。这时液压马达的原回油腔会产生高压,而原进油腔会形成真空。两个安全阀4是为限制回油腔的高压而设置的。两个单向阀5的作用是为液压缸形成真空时及时从油箱吸油补充,避免空穴现象产生。运输车的停止位置可通过电气信号控制减速制动控制。

8.6.3.2 升降平台液压系统

图8-43所示为一升降平台的液压系统。升降平台采用两个单作用式液压缸驱动,升降平台的升降速度及其方向由比例方向阀1控制。其上升行程采用定差溢流阀3进行进口节流压力补偿,使比例方向阀阀口保持1MPa的恒定压差,运动速度不受负载不同的影响。另一方面,由于定差溢流阀的压力适应功能,使系统压力能适应负载变化,系统具有较高的效率。压力阀5可保证即使升降台负载很小时,定差溢流阀3仍有定差压力补偿功能。系统同时又配置了支撑阀2和电磁球阀7。当平台由自重下降时,电动机泵停止运转,以节约能量。电磁球阀7通电,由平台自重在油缸下腔产生的压力油通过阀7进入比例方向阀的P口,通过阀1向阀2提供控制压力油。支撑阀2的节流作用在油缸下腔产生背压,与重力相平衡;当重力作用使平台加速下降时,液压缸下腔压力下降,支撑阀2能自动关小节流口,阻止平台加速下降,使平台平稳下降。升降台要停止制动时,可通过电气信号控制减速制动控制。当方向阀在中位,升降台停止运动时,支撑阀2使升降台得到可靠支撑并锁定。另外定差溢流阀和其他阀配合还有一些附加功能。先导压力阀4可限制泵的最高压力。电磁阀6通电时可使定差溢流阀3实现压力补偿功能,断电时可使系统卸荷以节约能量。

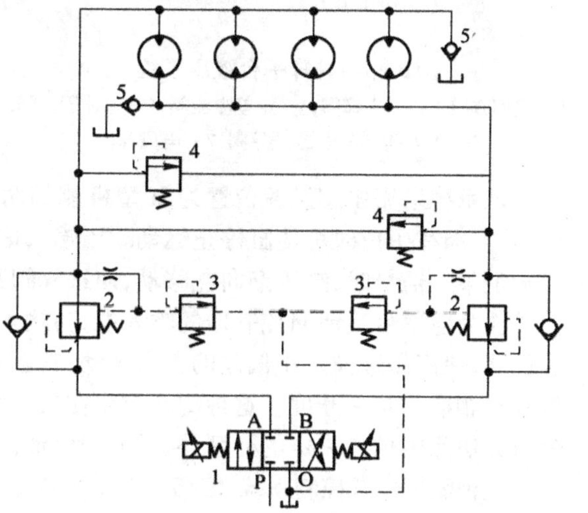

图8-42 大型设备运输车的液压系统原理图

8.6.3.3　汽轮机进气阀位置控制系统

很多工作机构需要精确的位置控制，不仅使被控的位置能跟随输入信号变化，而且使系统在复杂的负载变化情况下仍能保持被控位置，如汽轮机进气阀的位置控制。这就需要采用比例位置闭环控制系统。图 8-44 所示为一汽轮机进气阀的位置控制系统。

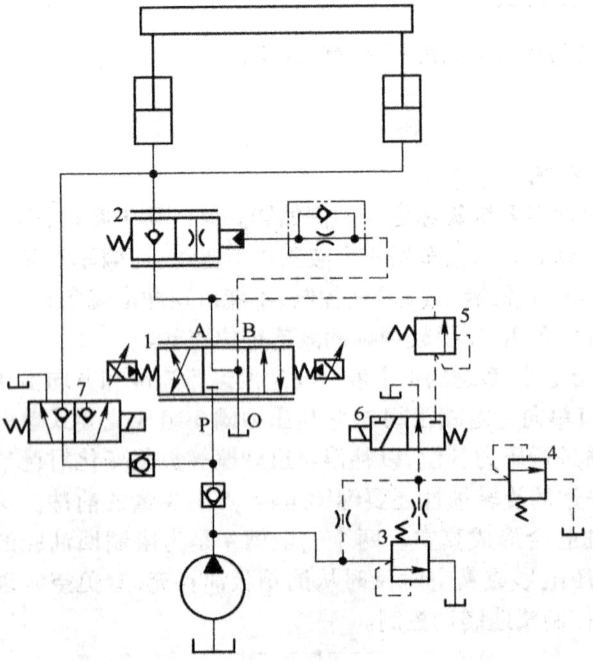

图 8-43　升降平台液压系统

1—比例方向阀；2—支撑阀；3—定差溢流阀；4—先导压力阀；
5—压力阀；6—电磁先导阀；7—电磁球阀

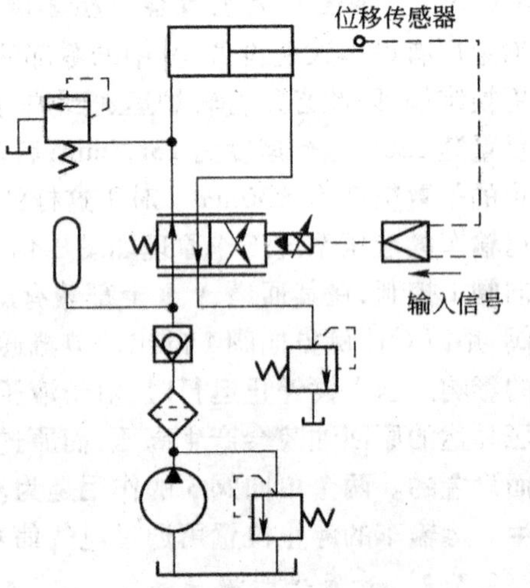

图 8-44　汽轮机进气阀位置控制系统

该系统采用中间过渡位置为 H 型机能的两位四通比例方向阀控制液压缸的运动方向与速度，并且阀在中位时可使缸停止运动。当输入信号为零时，缸处于最右端，使汽轮机进气阀关闭。当给定某一信号时，缸逐渐向左移动，使进气阀开启。同时，位移传感器实时检测液压缸的位置，并转换为电信号反馈回控制器的输入端，与输入信号相比较，用这偏差信号控制比例方向阀的阀芯位移，使液压缸向减小偏差的方向运动，直至偏差为零，液压缸在相应位置停止运动，使进气阀打开至相应的某一开度。这种闭环控制在负载发生变化时仍能自动保持阀的给定开度。系统的分析方法除中位有一定的死区外，类似于电液位置伺服系统。

这种闭环位置控制系统，位移传感器的精度将直接影响系统的位置控制精度。因此，在这种系统中，常采用精度较高的数字式位移传感器，如感应同步器、光栅、磁栅或光电主轴脉冲发生器等。

8.7　电液比例同步控制回路系统

在一些机构中，有时需要两个或两个以上的执行元件在工作过程中同步运动，即具有相同的位移或相同的速度。普通液压传动系统中的同步回路，由于各执行元件的负载不同、摩擦阻力不同、缸径制造尺寸上的差异、泄漏的不同等因素影响，使它们不能达到较高的同步精度。比例同步回路就能在一定程度上克服上述影响，达到较高精度的同步效果。它们通常以其中一个执行器的位置作为参考量，改变进入其他执行器的流量来达到位置跟随而实现同步。可见同步回路本质上属于位置控制系统，因为控制变量的信息来自对位置误差的检测。

对于比例同步回路，位置误差的检测都是利用位移传感器来进行的，因而位置同步精度高，且容易实现双向同步。根据选用的比例元件的不同，可分为比例调速阀同步回路、比例方向阀同步回路和比例变量泵同步回路。前两者属于节流控制型，后者属于容积控制型。

8.7.1 采用比例调速阀的同步回路及其应用

采用比例调速阀实现节流型比例同步回路的例子见图8-45。这种回路的特点是双向调速和双向同步。

上升行程为进口节流，下降行程为回油节流。回油节流有助于防止因自重下滑时的超速运行。因此，设计这种回路时选用的比例调速阀2和手动调速阀4不能过大，否则要采用其他阻尼措施。回路中液控单向阀3的作用是在液压泵突然停转或阀在中位时，可将液压缸锁紧。并且液压缸顶起的重物重量越大，液压缸下腔压力越高，阀3关得越紧，其密封性能越好，能将重物长时间地停留在空中某一位置而不滑下，有较好的平衡效果。另外，以四个单向阀为一组（共两组），构成桥式整流回路，使正反向行程通过调速阀的流量流向一致。

这种回路的同步速度先由手动调速阀4调节，两个位置传感器1随时检测活塞的移动位移，反馈回控制器进行比较，得出位置偏差信号，对比例调速阀2进行控制，最后消除偏差，获得高精度的同步控制。

这种同步回路也可采用双比例调速阀。图8-46所示为汽车纵梁冲压液压机同步控制系统的原理图。

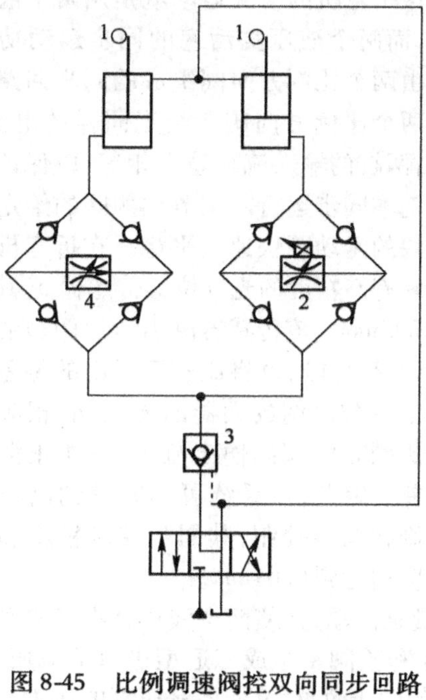

图8-45 比例调速阀控双向同步回路

1—位置传感器；2—比例调速阀；3—液控单向阀；4—手动调速阀

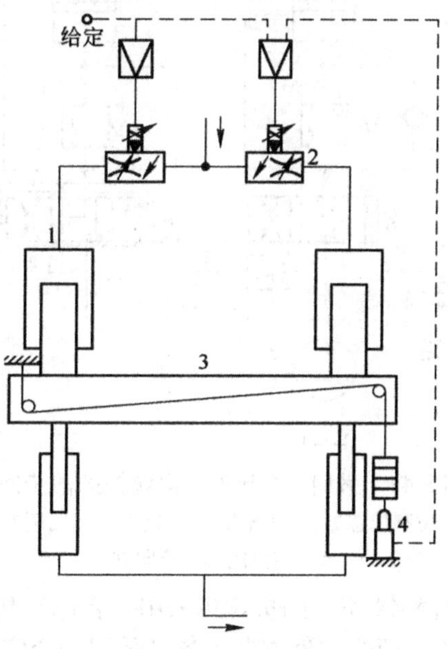

图8-46 汽车纵梁冲压液压机同步控制系统原理图

1—液压缸；2—比例调速阀；3—横梁偏斜测量机构；4—位移传感器

图中的两个比例调速阀给定同样的电流，控制左、右两缸的输入流量基本相等，以初步保证压机横梁同步运行。调节比例阀的给定值可以调节压机的运行速度。若不装横梁偏斜量测量反馈机构，则系统是一个开环同步控制系统。该系统的同步控制精度取决于比例调速阀的等流量特性和液压缸泄漏量的大小，其同步精度一般可达0.5mm/m左右。若在横梁上安装上钢带式横梁偏斜测量机构3，并在横梁偏斜测量机构3的钢带末端连接上位移传感器4，就可构成闭环同步控制系统。当横梁同步下行时，虽然钢带从右滚轮上端移到左滚轮下端，但横梁左右两端下行距离相等，因而位移传感器4维持零位不变，不输出信号电压。当横梁左右两端不能同步下行时，则位移传感器将按横梁偏斜的情况输出相应的电压信号，反馈到比例调速阀2的比例放大器输入端，相应地控制比例阀2的输出流量，从而纠正横梁所产生的偏斜。这种闭环同步控制系统的同步控制精度可提高到0.2mm/m。

8.7.2　采用电液比例方向阀的同步回路及其应用

图8-47所示为采用电液比例方向阀的同步回路。位移传感器1和2检测两液压缸的运动位移输入比例放大控制器3。当两液压缸出现位置偏差时，比例放大控制器就得到一个偏差控制信号，进而调整比例阀4的开口，使开口朝减小偏差的方向变化，直至偏差完全消失，达到两缸位置和速度同步的目的。这种同步控制系统实际上也是位置闭环控制系统，其控制精度主要取决于位移传感器的检测精度与电液比例阀的响应特性。图中的换向阀6用于控制运动方向，手动节流阀5调节液压缸的上下运动速度。

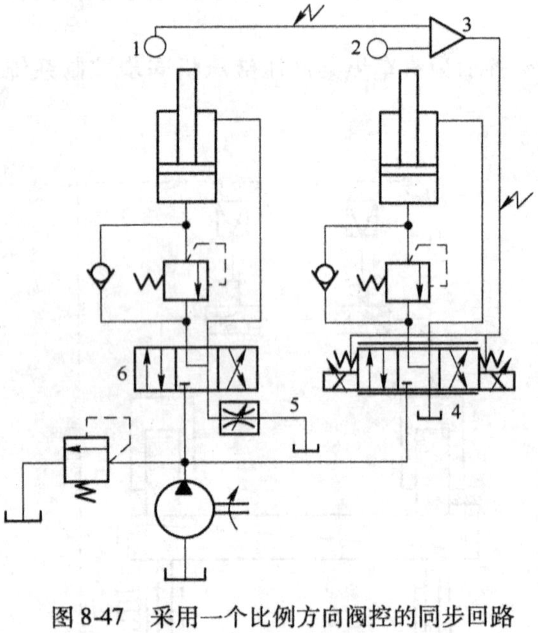

图8-47　采用一个比例方向阀控的同步回路
1,2—位移传感器；3—比例放大控制器；4—比例方向阀；5—节流阀；6—换向阀

若将以上系统中换向阀和节流阀的功能换成一比例方向阀来控制，就可组成完全电控的系统。图8-48所示即为一折弯机的电液控制系统。该折弯机的滑块运动就是用两个液压缸驱动的，而两个液压缸活塞的同步运动功能就是采用由两个比例方向阀组成的同步回路来完成的。两个比例方向阀2给定同样的电流，控制左、右两缸的输入流量基本相等，以保证折弯机滑块基本同步运行。调节比例阀的给定值就可使滑块的运动既快速又平稳。在折弯机滑块两边安装有高精度的光栅位移传感器5，其分辨率为0.005mm。该传感器测出滑块两边的位移实际值，进行比较，再将比较后得出的偏差值反馈到其中一个比例放大器的输入端，相应地控制这个比例方向阀的输出流量，以纠正滑块的位移偏差。因此，该系统可同时得到高精度的位置控制和同步控制，其同步控制精度和位置控制精度均达到0.01mm。

图8-48所示的折弯机采用一台电动机驱动双定量泵传动，并使两个液压缸有各自独立的传动系统。两个比例方向阀各自采用一个定差溢流阀3和梭阀4组成三通型进口节流压力补偿，既使两个液压缸运动速度不受负载的影响，获得初步的同步效果，又使各液压泵的压力与各自控制的液压缸的负载相适应，不互相干扰，以使整个系统不受偏载影响。比例溢流阀1可用来精确控制板料的折弯力。

8.7.3　采用比例流量变量泵的比例同步回路

图8-49所示为容积控制型的比例同步回路。比例元件需采用比例排量控制泵或比例流量

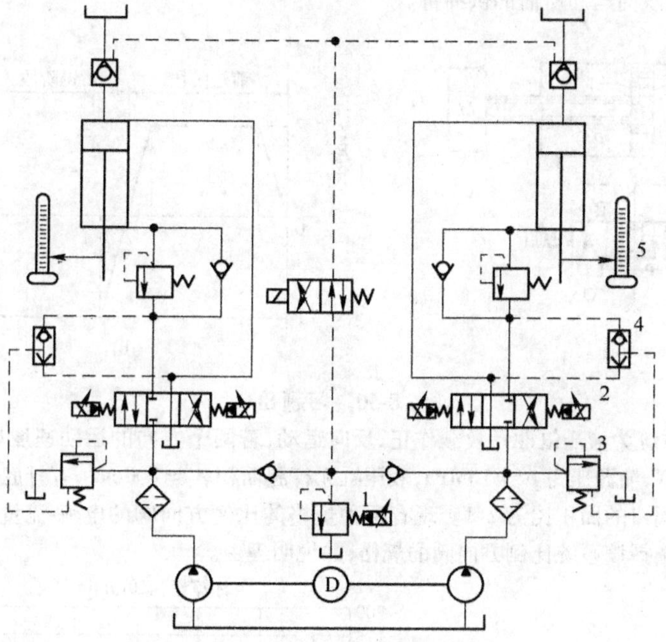

图 8-48　折弯机电液控制系统

1—比例溢流阀;2—比例方向阀;3—定差比例溢流阀;4—梭阀;5—光栅位移传感器

控制泵。它也是一种具有双向调速、双向同步功能的回路。速度控制采用电气遥控设定,位置反馈控制原理同采用两个比例方向阀的同步控制原理。由于是容积控制,没有节流损失和溢流损失,效率较高,适用于大功率系统和高速的同步系统。由图可见,两个执行器的供油液压系统完全独立,因而特别适用于两液压缸相距较远又要求同步精度较高的场合。

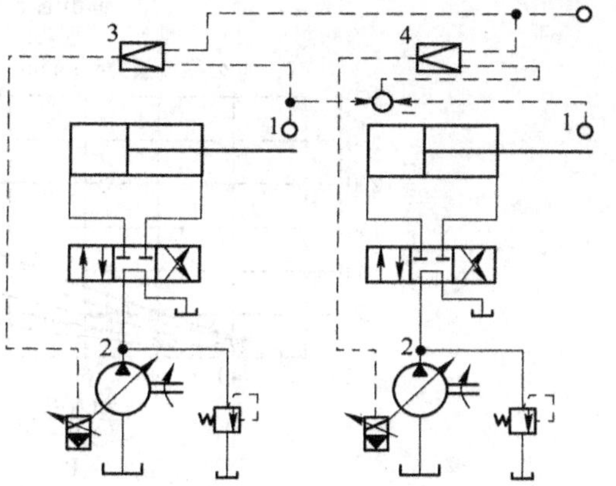

图 8-49　采用比例流量控制变量泵的同步回路

1—位置传感器;2—比例流量控制变量泵;3,4—比例放大器

习　题

8-1　一往复运动速度控制系统如图 8-50a 所示,若已知质量 $m=700\text{kg}$,单向外负载 $F_L=3500\text{N}$,双向速度均为 $v=2\text{m/s}$,加、减速时间均为 $t_0=0.25\text{s}$,液压缸内径 $D=50\text{mm}$,活塞杆直径 $d=36\text{mm}$。采用比例方向节流阀进行速度及方向控制,两个节流通道的最小压差为 $\Delta p_1=\Delta p_2=0.5\text{MPa}$。试确定泵的压力 p_p

及流量 q_p，油缸双向运动所需的供油量。

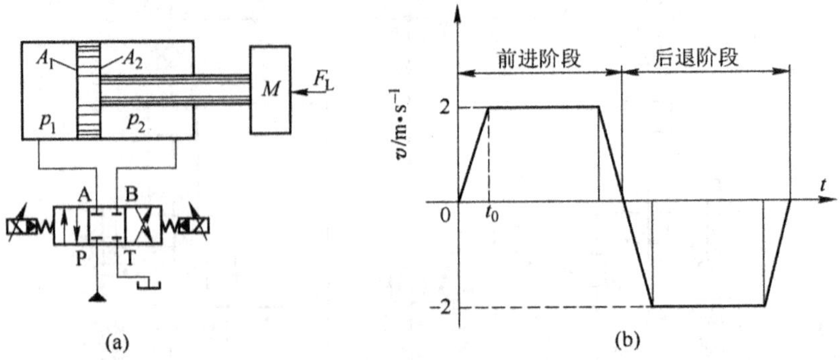

图 8-50　习题 8-1 图

8-2　图 8-51a 所示系统为液压缸驱动负载作正、反向运动，若两个方向的运动速度均为 5m/min，负载为正负载 $F=45000$N，油源压力 $p_p=10$MPa，液压缸无杆腔面积 $A_1=200\text{cm}^2$，有杆腔面积 $A_2=100\text{cm}^2$，比例方向阀两节流阀口的面积比为 2∶1。现有两种规格的比例方向阀的电流-流量特性曲线如图 8-52b、c 所示。试计算选择该系统比例方向阀的规格，并说明理由。

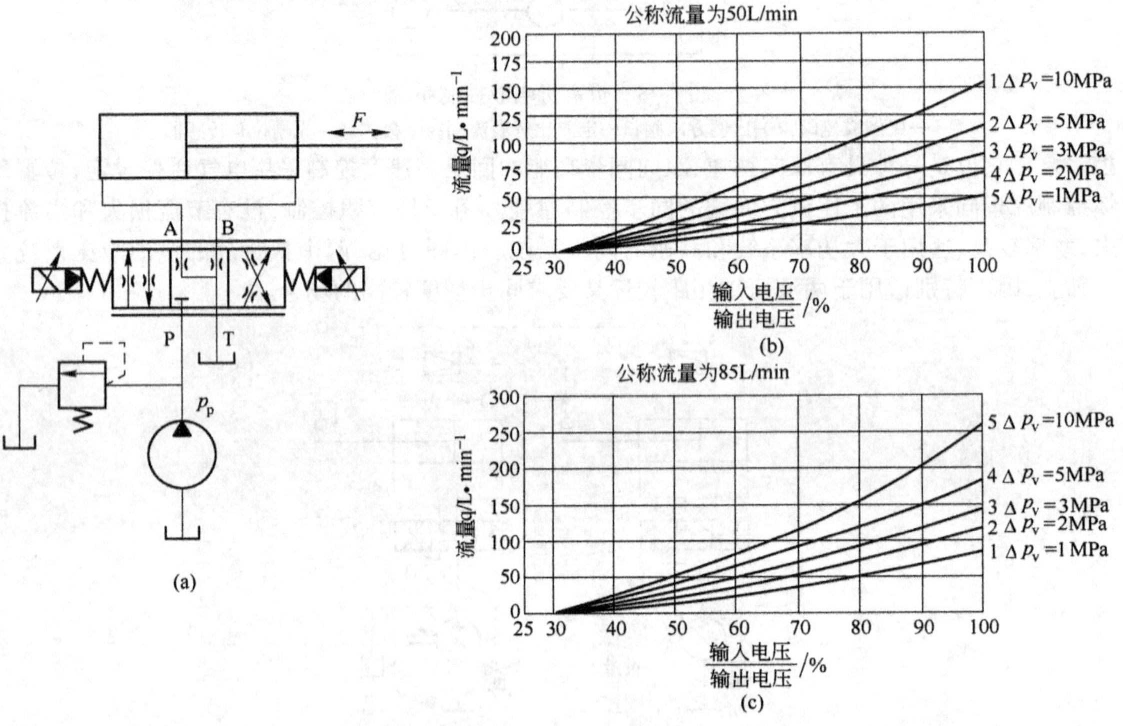

图 8-51　习题 8-2 图

8-3　试述电液比例节能控制的工作特点。

9 放 大 器

9.1 概述

放大器是用来控制电液伺服阀和电液比例阀的电子装置。按照被控元件是伺服阀还是比例阀,放大器可分为伺服放大器或比例放大器,两者之间有共同点也有区别。目前使用较多的伺服阀和比例阀的放大器有板式和集成式两种,板式放大器由一块符合 EURO 标准或 DIN 标准的印刷电路板和一个电路板保持架组成,主要用于工业控制,其特点是控制性能好,参数调节方便,但需安装在机箱中;集成式放大器与阀做成一体,结构紧凑,不需另行安装,但参数调节较困难,大多数参数在阀出厂时已调整设定完毕,用户无法更改。

伺服和比例放大器所使用的电源有 220V、50Hz 的交流电源,也有用直流电源的,一般多为 DC20~36V。放大器的输入控制信号均采用标准信号:0~±5V、0~±10V、0~20mA、4~20mA 等。输出信号为与阀所匹配的电压或电流信号。

伺服放大器主要用于由伺服阀所组成的伺服系统中,因此该放大器的输入信号由给定信号端和反馈输入端所构成;比例放大器用来控制比例阀,有单输入(仅指令信号输入)和多输入(指令信号和反馈信号输入)两种,可用于控制无内置反馈传感器和有内置反馈传感器的比例阀。从放大器中传递的信号类型来分,有模拟式和数字式两种,目前使用较多的是模拟式,即放大器中传递、运算的信号均为模拟信号;穆格(MOOG)和力士乐(Rexroth)公司都出品了数字式放大器,即放大器中的指令信号可由计算机直接以数字量的形式给出,但由于现在的伺服阀和比例阀多为模拟信号(如连续的电流信号)控制,因此放大器中的部分运算和最后的输出仍为模拟量形式。

作为放大器,伺服放大器和比例放大器具有相同的基本电路结构,都由输入电路、调节电路、功率放大电路和颤振电路等组成。

9.2 放大器中主要基本电路

9.2.1 输入电路

一般模拟量的输入采用差分输入电路,如图 9-1 所示。

差分输入电路中有两个输入信号:u_1 和 u_2。一般 u_1 为指令输入电压信号,u_2 为反馈输入电压信号,若 $R_1 = R_1'$、$R_2 = R_2'$,则回路的输出电压

$$u_o = -\frac{R_2}{R_1}(u_1 - u_2) = -\frac{R_2}{R_1}\Delta u \qquad (9\text{-}1)$$

式(9-1)表示,回路的输出电压 u_o 和偏差信号 Δu 成正比,闭环控制系统正是以这种偏差值来对系统进行控制的,电阻值的大小可用于调节回路增益。

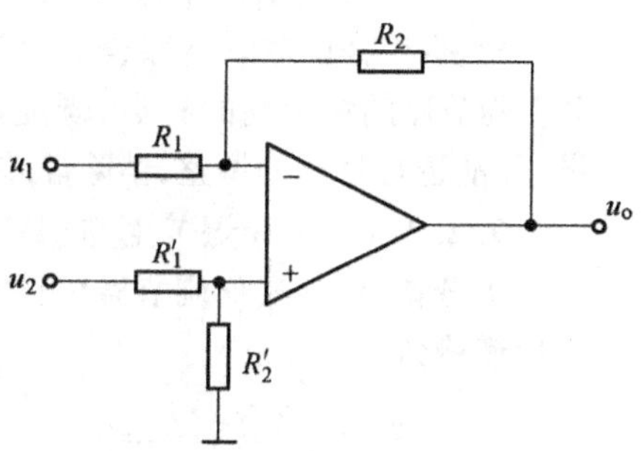

图 9-1 差分输入电路

9.2.2 电压调节电路

为了获得较好的输出信号品质,需要各种电压调节电路对输入信号进行处理,使阀或系统具有较好的动态控制性能和工作稳定性。电压调节回路可分为 P、I、D 型以及他们的组合。

9.2.2.1　比例调节电路(P)

比例调节电路(P 调节器)见图 9-2,则回路的输出电压为

$$u_o = -\frac{R_2}{R_1}u_i = K_p u_i \qquad (9\text{-}2)$$

式(9-2)表示,回路的输出量 u_o 与输入量 u_i 成正比,比例增益 K_p 取决于电阻值 R_1、R_2 的大小。P 调节器具有结构简单、增益调整容易等优点,但比例增益调节过大,易引起系统产生自激振荡。

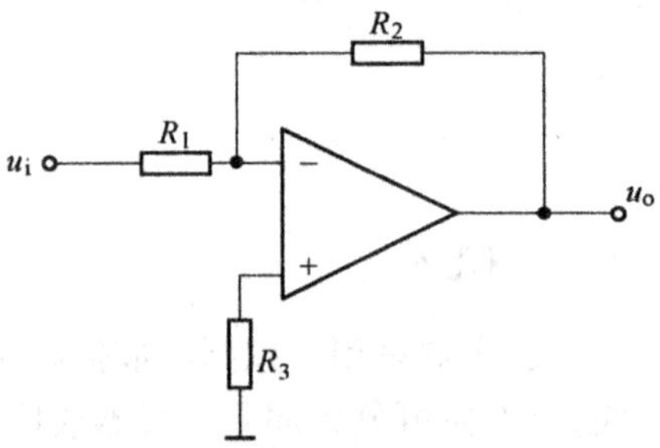

图 9-2　P 调节电路

9.2.2.2　积分调节电路(I)

积分调节电路(I 调节器)见图 9-3。则回路的输出电压为

$$u_o = -\frac{1}{T}\int_0^t u_i \mathrm{d}t \qquad (9\text{-}3)$$

式中　T——积分时间常数,$T = R_1C$。

式(9-3)表示,回路的输出量 u_o 为输入量 u_i 对时间的积分。时间常数 T 表示积分速度的大小,T 的值越大,则积分速度越慢,积分作用越小。

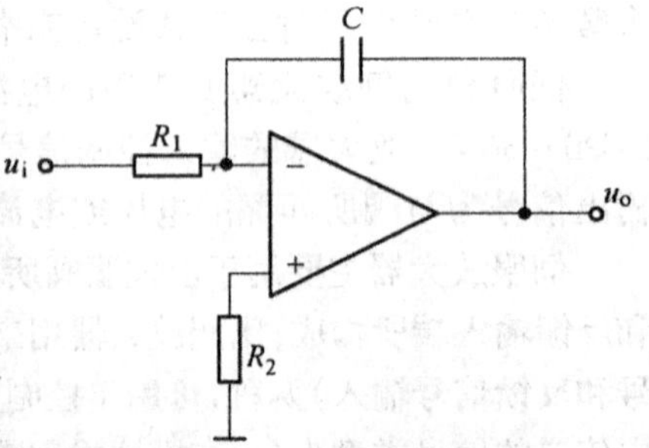

图 9-3　I 调节电路

积分电路的特点在于只要输入量不为零,输出量就不断变化,直到输入量为零,输出量才保持在某一数值上。I 调节器原则上能完全消除任何调节偏差,但需要的调整时间较长,且当调节量变化时,反应较慢,有可能出现较大的超调量。

9.2.2.3　比例-积分调节电路(PI)

比例-积分调节电路(PI 调节器)见图 9-4。则回路的输出电压为

$$u_o = -K\left(u_i + \frac{1}{T}\int_0^t u_i \mathrm{d}t\right) \qquad (9\text{-}4)$$

式中　K——放大增益,$K = R_2/R_1$;

T——积分时间常数,$T = R_2C$。

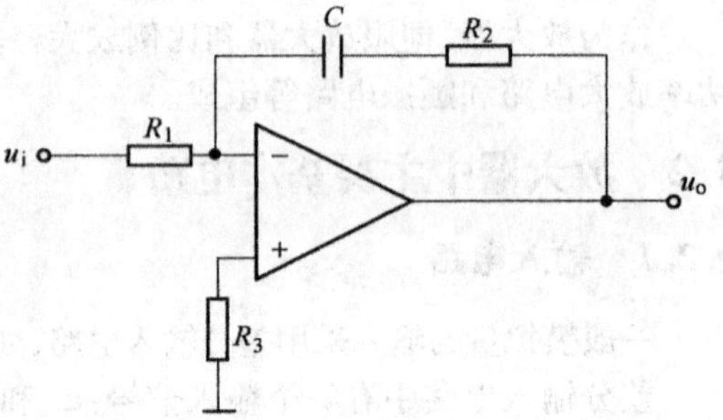

图 9-4　PI 调节电路

比例-积分调节电路综合了 P 调节器的快速性和 I 调节器的精确性的特点,既能快速地抑制干扰量,又能进行精确的调整,消除静差。

9.2.2.4　微分调节电路(D)

微分调节电路(D 调节器)见图 9-5。则回路的传递函数为

$$W(s) = \frac{u_o(s)}{u_i(s)} = -\frac{T_2 s}{1 + T_1 s} \qquad (9\text{-}5)$$

式中　T_1、T_2——时间常数,$T_1 = R_1C$,$T_2 = R_2C$。

式(9-5)表示,图 9-5 所示的微分调节电路为一实际微分环节,是纯微分环节和惯性环节的组合。当时间常数 T_1 较小时,D 调节器就接近于理想的纯微分环节。微分调节器的输出电压

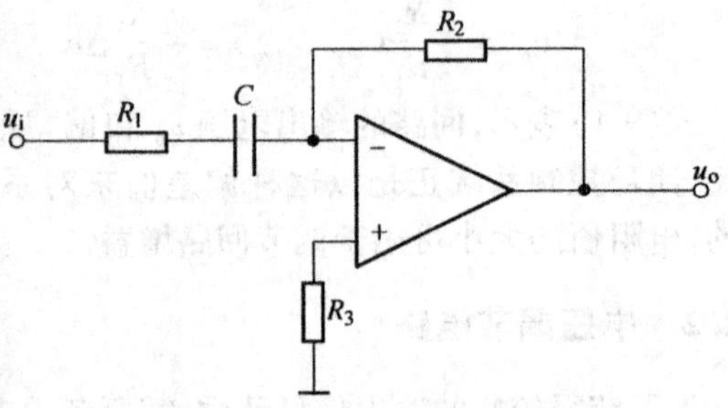

图 9-5　D 调节器

正比于输入电压对时间的微分，T_2 越大，微分作用越强。它只对有变化的输入量产生反应，对固定不变的输入，不会有微分作用输出，因此不能消除静差，通常只能和其他类型的调节器配合使用。

9.2.2.5 比例-微分调节电路(PD)

图9-6为比例-微分调节电路(PD调节器)。其传递函数为

$$W(s)=\frac{u_o(s)}{u_i(s)}=-K_p(1+Ts) \tag{9-6}$$

式中 K_p——比例系数，$K_p=(R_2+R_3)/R_1$；

T——时间常数，$T=R_2R_3C/(R_2+R_3)$。

PD调节器中的微分部分影响到调节偏差的变化速度，可加速调节过程。但PD调节器存在一个静态调节偏差。

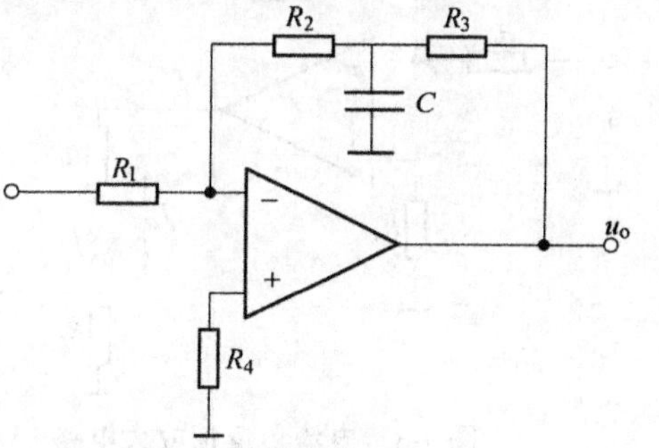

图9-6 PD调节电路

9.2.2.6 比例-积分-微分调节电路(PID)

PID调节电路见图9-7。它综合了三种类型的特性，具有良好的初特性，并能消除静态控制偏差，是用得较多的一种调节器。图9-7为实际应用较多的PID调节电路，其传递函数为

$$W(s)=K_p\left(1+\frac{1}{T_Is}+\frac{T_Ds}{1+\frac{T_D}{K_D}}\right) \tag{9-7}$$

式中 K_p——PID调节器的放大增益，$K_p=\frac{R_{10}}{R}\left(\frac{R_f+R_{11}}{R_f'+R_{11}}\right)$；

T_I——I调节电路的时间常数，$T_I=\left(\frac{R_1+R_4}{R_I'+R_4}\right)R_5C_1$；

T_D——D调节电路的时间常数，$T_D=(R_D'+R_8)C_2$；

K_D——D调节电路的比例增益，$K_D=\frac{R_D'+R_8}{R_7}$。

PID调节电路可以有多种电路结构，图5-27也是一种实用电路。

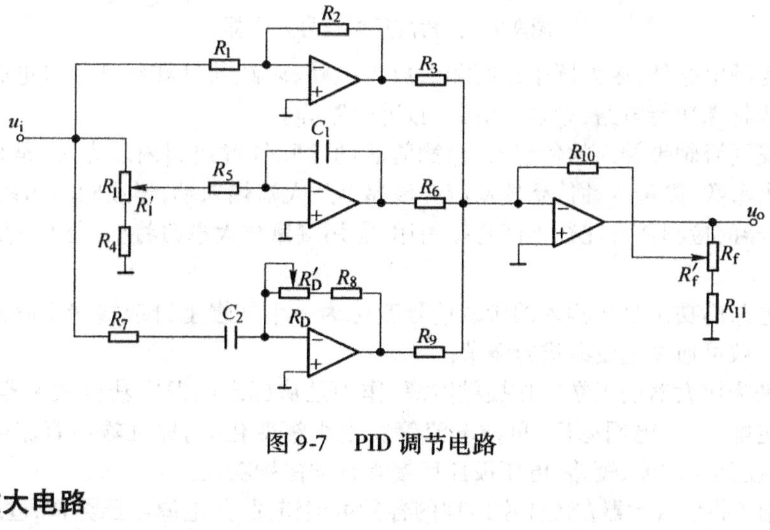

图9-7 PID调节电路

9.2.3 功率放大电路

目前应用较多的是模拟式功率放大电路。图9-8为电流负反馈放大电路。电路中 L_c 为电-

机械转换器的控制线圈电感，R_c 为控制线圈和放大器内阻。

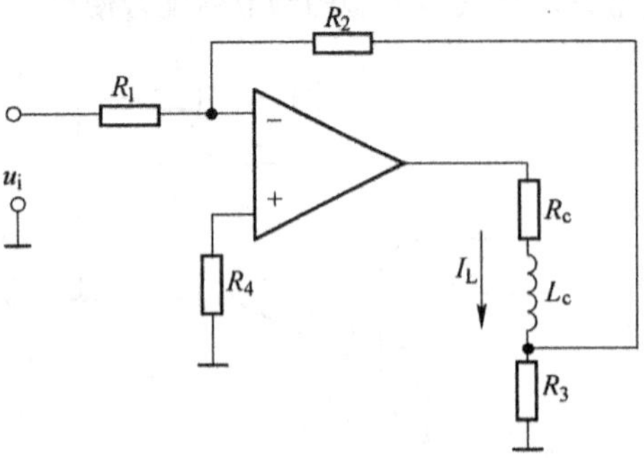

图 9-8　电流负反馈放大电路

一般情况下，$R_2 \gg R_3$，则放大电路的增益为：

$$K = \frac{I_L}{u_i} = \frac{R_2}{R_1 R_3} \tag{9-8}$$

式(9-8)表示，该电路具有较大的输出阻抗，输出接近于恒流源，即电流负反馈的输出电流基本不受负载电阻变化的影响。

模拟式功率放大电路技术较为成熟，结构简单，稳态控制性能好，缺点是功耗较大。

9.2.4　颤振电路

为了提高电液伺服阀和电液比例阀的灵敏度，往往采用在控制信号上叠加一颤振信号的方法。在放大器中，一般颤振幅值和颤振频率可调，以满足各阀的控制需要。图 9-9 所示为三角波颤振信号发生器，通过调节 P_1，可改变颤振信号的频率；调节 P_2，可改变颤振信号的幅值。

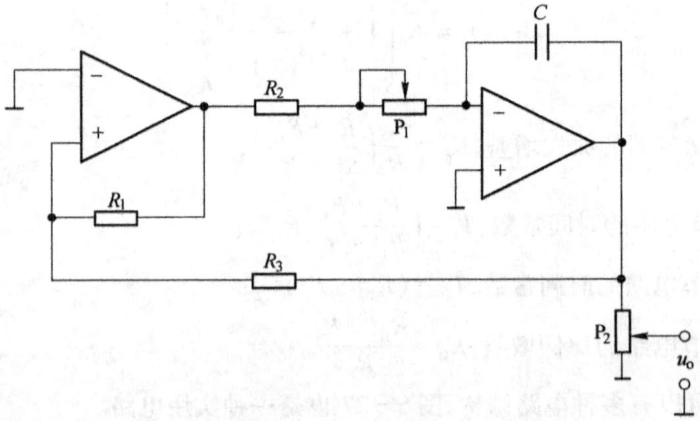

图 9-9　三角波颤振信号发生器

除了以上各种电路外，放大器中还有测量放大电路、阶跃信号和斜坡信号电路、电源电路等基本电路和一些特殊功能电路，如显示电路、报警电路等。

若比例阀或伺服阀带阀内的传感器，检测阀芯的实际位置或阀内压力，或是系统中的位移、压力等实际输出参数，需经各种传感器检测并传递至放大器输入端，形成阀内和系统的闭环反馈控制，这时传感器的检测信号往往不能直接引用，需用测量放大电路将检测到的信号进行相应的处理放大。

斜坡信号电路的功用是将输入的阶跃信号变化为一个缓慢上升或缓慢下降的连续信号，信号的变化速率一般可通过电位器进行调节。

电源电路是为放大器的正常工作提供能源，作用是从标准电源中获得放大器正常工作所需的各种直流稳定电源，当电网电压、负载电流等发生小幅变化时，保证输出直流电源的稳定性。同时，电源电路还具有过流、短路、电压极性反接等自动保护功能。

报警电路用于指示放大器在工作中出现的各种可能错误，如电源电压异常、过载、输入信号超出范围、传感器检测信号出错等。一般放大器中以各指示灯的点亮与否表示其工作情况是否正常。

9.3 伺服放大器

伺服放大器一般用于控制电液伺服阀，它将输入信号与反馈信号进行比较，并将比较后得出的偏差信号加以运算和放大，输出一个与偏差信号电压成一定函数关系的控制电流，进入伺服阀的力(矩)马达线圈中。故伺服放大器多运用在闭环控制系统当中。对伺服放大器的基本要求一般为：

(1)具有较高的输出/输入线性增益，零点和增益调节方便；

(2)具有足够的输出功率，输出特性具有饱和(限幅)特性，能将输出至伺服阀的电流限制在一个合适的范围内；

(3)零漂和噪声小；

(4)具有较高的响应速度和较强的抗干扰能力。

下面以 MOOG 公司较为通用的 MOOG G122 -202 伺服放大器为例，介绍较为通用的伺服放大器的结构原理和典型应用。

9.3.1 结构原理

MOOG G122 -202 是带 PID 的通用型模拟伺服放大器，适用于驱动电液伺服阀或电液比例阀，其结构原理见图 9-10。

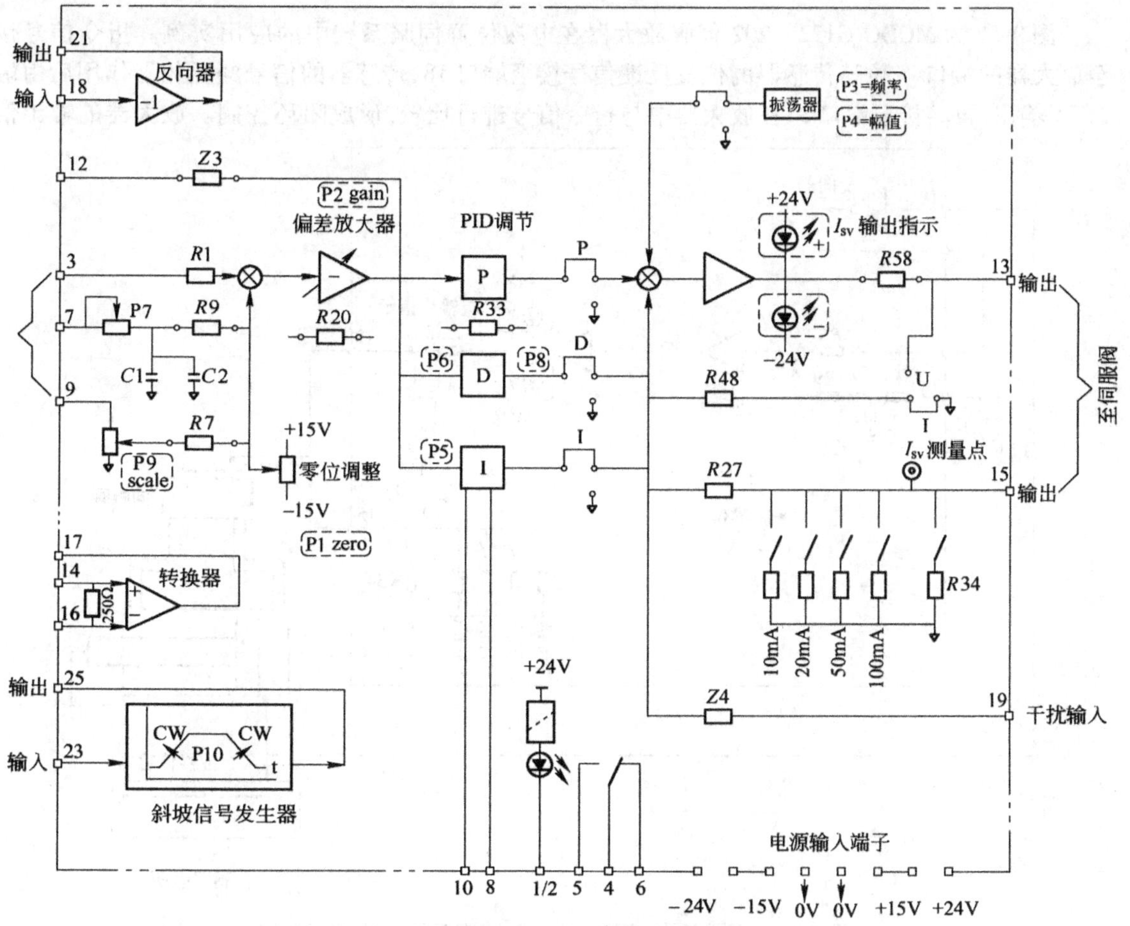

图 9-10 MOOG G122-202 伺服放大器原理图

端口 7 为给定信号输入点，调节电位器 P7 可对给定信号的幅值进行调整。端口 3 接反馈信号，注意反馈信号必须与给定信号反向，也可通过反相器的 18、21 端口将反馈信号极性取反后接入端口 3。端口 9 用于高反馈电压信号，利用电位器 P9 对高反馈电压进行幅值调节。端口 19 可作为干扰信号输入点，将端口 19 接 + 15V 或 - 15V 电源，并在 Z4 处焊上一电阻，在放大器输出端将产生 20% ~50% I_{svn}（额定电流）的干扰信号。端口 13、15 为放大器的信号输出点，若将输出端的跳接线接 U，则将在端口 13、15 处产生电压信号输出至伺服阀；若跳接线接 I，则产生电流信号输出。电流信号的量程有 5 档：10mA、20mA、50mA、100mA、自选档，分别由 5 个不同阻值大小的电阻来确定。颤振信号发生器可产生约为 25V_{pp}的方波信号，电位器 P3 和 P4 分别调节颤振信号的频率和幅值，颤振信号多用于速度控制回路中。电位器 P1 用于补偿系统中的零漂。

该放大器有 PID 调节功能，P（比例）环节的增益固定为 1，放大系数实际由偏差放大器 P2 的调节来控制，I（积分）环节增益由电位器 P5 调节，D（微分）环节的时间常数由电位器 P6、P8 调整。使用 I（积分）环节时，将端口 8、4 相连，端口 10、6 相连，并将端口 1 接 +5 ~ +24V，利用继电器钳住积分器。

G122 - 202 型伺服放大器还有产生斜坡信号、转换电流电压信号等功能。在转换器的 14、16 端口输入 4 ~ 20mA 电流，则在端口 17 处产生 0 ~ 10V 的电压输出。

9.3.2 典型应用

图 9-11 为 MOOG G122 - 202 伺服放大器在电液位置伺服系统中的应用实例。指令信号接至放大器的端口 7，位移传感器的位置反馈信号接至端口 18，传感器的信号经反相器作用后由端口 21 输出，再转接至端口 3，在放大器中与指令信号进行比较，形成闭环控制。放大器的输出信

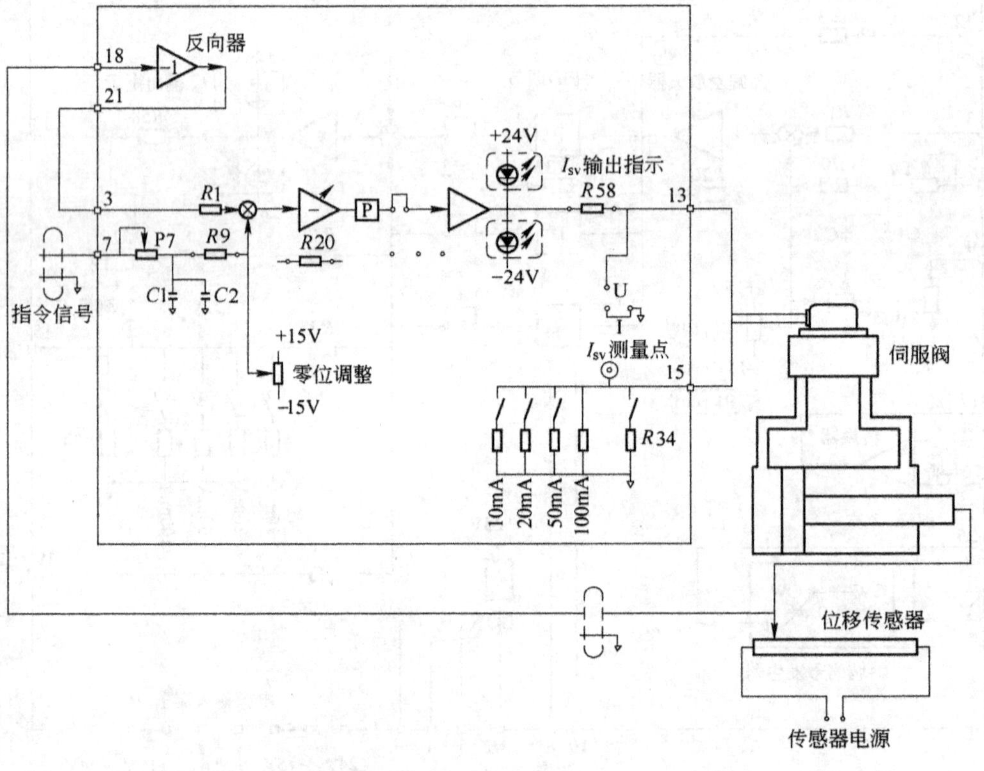

图 9-11　伺服放大器在电液位置伺服系统中的应用实例

号由端口13、15接至电液伺服阀。要注意的是，必须根据不同型号伺服阀的额定电流值选择不同的输出电流量程，如图中的伺服阀的额定电流为100mA。接线无误后，可通过各电位器的调节来获得伺服阀和伺服系统的最佳工作状态。

9.4 比例放大器

比例放大器一般用于控制电液比例阀。它可根据控制要求，为电液比例阀提供特定性能要求的控制电流，并可对电液比例阀或电液比例控制系统进行开环或闭环控制。对比例放大器的基本要求一般为：

(1)具有较好的输出/输入线性增益；

(2)良好的稳态控制性能；

(3)动态响应快，频带宽；

(4)抗干扰能力强，有较好的稳定性和可靠性；

(5)最好具有死区补偿功能。

下面以Vickers公司的EEA-PAM-5 * *-A-32比例放大器为例，介绍一般比例放大器的结构原理和典型应用。

9.4.1 结构原理

Vickers的EEA-PAM-5 * *-A-32比例放大器如图9-12所示。该放大器有5个电压信号输入端和1个电流信号输入端，具有斜坡输入信号调节功能、死区补偿调节、阀芯位移反馈检测控制等功能。

该放大器为带反馈控制型，可用于控制带阀内传感器的比例方向阀。工作电源电压为24V，通过内部电源可产生±10V和±15V的信号电源电压。Z6为0～20mA信号输入端，b6、b8、b10、Z8、Z10为0～±10V电压输入端；Z28和Z26、b28和b26为两对比例阀驱动信号输出端；b18为指令信号检测点，Z18为输出信号检测点；Z14和Z16为比例阀先导级位移传感器反馈信号输入端；b14和b16为比例阀功率级阀芯传感器反馈信号输入端。调节放大器面板上的电位器可对输入信号的斜坡时间、增益、死区补偿进行调整，斜坡时间调节范围为50ms～5s，增益调节范围为2.5～10%/V。由于比例阀常常带有一定量的死区，该放大器在使用时可通过两个电位器A、B分别对双向死区(P→A和P→B)进行补偿，死区补偿调节范围为0～50%(最大阀芯行程)。放大器的输出控制信号叠加颤振信号。

9.4.2 典型应用

9.4.2.1 对带阀芯位置反馈的直动式双比例电磁铁方向阀的控制

比例放大器对带阀芯位置反馈的直动式双比例电磁铁方向阀的控制如图9-13所示。比例阀的指令电压信号可以正、负电压形式或差分形式输入，由b6、b8、b10、Z8和Z10端接入；比例放大器的输出端Z28和Z26、b28和b26分别接比例阀的两个比例电磁铁，Z22端提供比例换向阀的主阀芯位移传感器用电源，传感器的输出接b14和b16端，将主阀芯的实际位移检测出并反馈至放大器。

9.4.2.2 对导阀和主阀双级位移-电反馈比例方向阀的控制

比例放大器对导阀和主阀双级位移-电反馈比例方向阀的控制应用实例如图9-14所示。液动主阀芯由一个比例方向阀控制，因此将放大器的输出信号Z28和Z26接电液比例先导级比例电磁铁，先导级比例阀的位移传感器将先导阀阀芯位置信号反馈至放大器的Z14和Z16端，主阀芯位移传感器把主阀芯的位置信号反馈至放大器的b14和b16端，形成该比例阀的阀芯位置闭环控制。

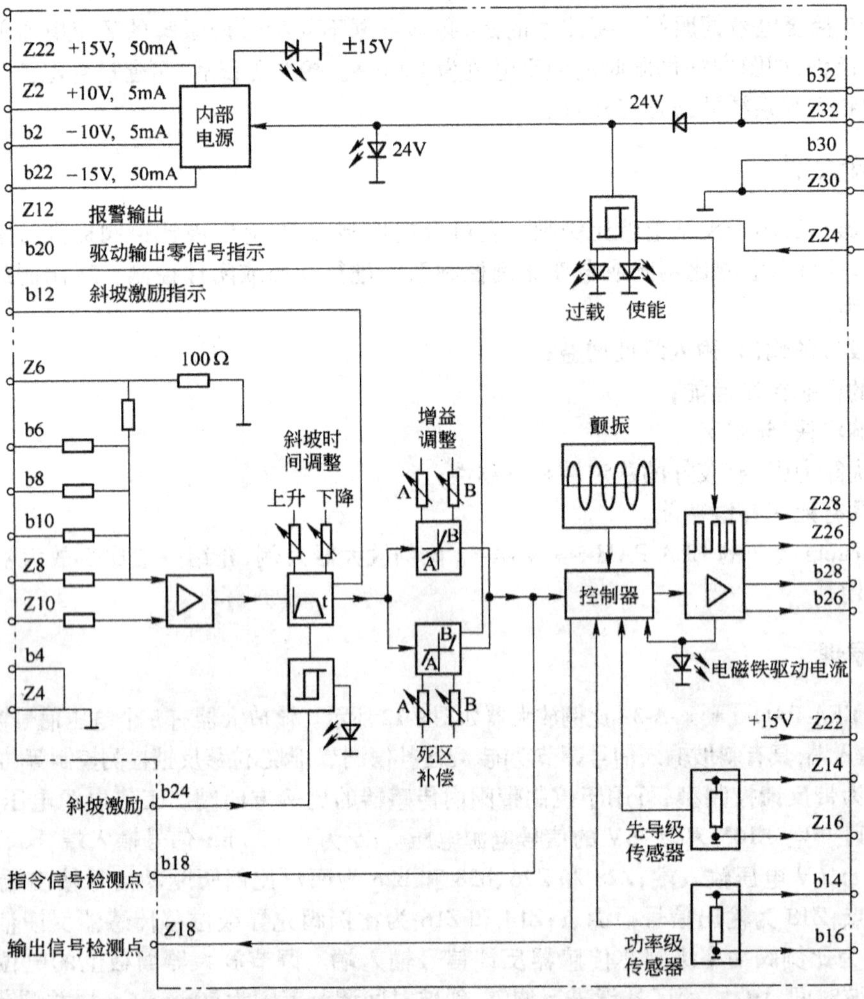

图 9-12　Vickers EEA-PAM-5 * * -A-32 比例放大器原理图

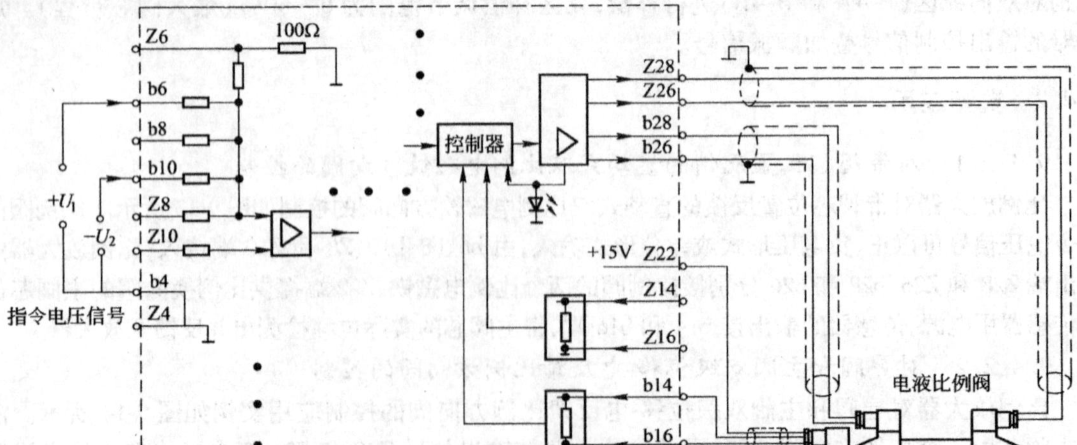

图 9-13　比例放大器对带阀芯位置反馈的直动式双比例电磁铁方向阀的控制应用实例

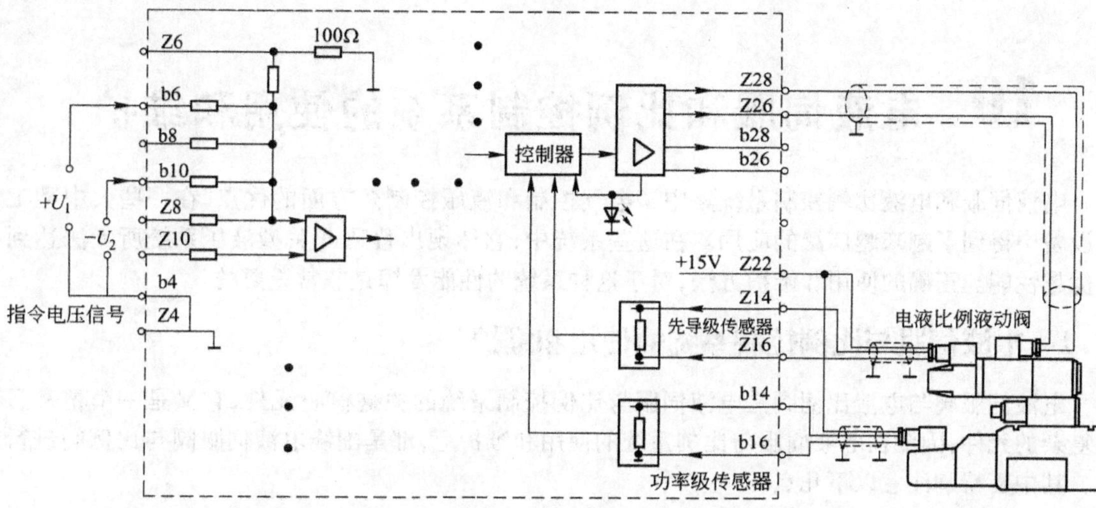

图 9-14 比例放大器对导阀和主阀双级位移-电反馈比例方向阀的控制应用实例

9.5 放大器的使用

伺服或比例放大器在使用前需进行可靠安装(板式放大器),按电路图连接好控制器与放大器、放大器与阀之间的线路,并按要求使用屏蔽电缆。线缆连接准确无误后,对放大器进行适当的参数调整:

首先是零位调整:为减小伺服阀的零偏和比例阀的死区,必须对阀的零位进行反复测试和调整参数,尤其是比例阀的死区比较明显,零位调整非常重要。

灵敏度调整:若放大器中有灵敏度电位器,则将放大器的控制输入设定为额定值,然后调节灵敏度电位器,使阀的输出量达到所需的最大值。

斜坡时间调整,按照控制系统对输入信号的缓变要求,调节斜坡时间。

颤振信号调整:理论上颤振信号可以进行幅值和频率的调节,但阀在出厂时制造商已根据阀的结构情况设定了相应的参数,故使用者不必改变。

PID 参数调节:一般情况下不必调节,若有改变需要,目前使用较多的是 P 调节,有时也会用到 I 调节,可根据实际工况决定。在许多系统中,PID 调节环节是放在系统控制器中完成的。但在调节参数时,要注意系统性能的变化,如为了减小系统的误差而将放大器的 P 值调节过大,会造成系统不稳定、撞缸等现象。

另外,在使用伺服阀和比例阀之前,必须对阀在所需的工作压力范围内进行标定,检查阀的输出特性,如线性度、分辨率、滞环、放大器参数调节效果等,并利用线性化方法得出满足误差要求的阀线性化方程,在以后的系统控制过程中就可使用此方程。但系统使用了一段时间后,或是工况发生较大变化后,应重新进行伺服阀或比例阀的标定,确定新的阀线性化方程。

思 考 题

9-1 伺服放大器和比例放大器的作用是什么?

9-2 伺服放大器和比例放大器的区别有哪些?

9-3 在使用伺服阀和比例阀之前,为何要对其进行标定?

10 电液伺服和比例控制系统的使用和维护

电液伺服和电液比例控制系统集中了电气控制和液压控制两方面的优点，在一些大中型工业设备中得到了越来越广泛的应用。在这些系统中，它体现出普通开关型液压系统所无法达到的优越性能。正确的使用和维护方法，对于这种系统的性能发挥是非常重要的。

10.1 电液伺服与比例控制系统的使用和维护

电液伺服阀与电液比例阀是电液伺服与比例控制系统的关键核心元件，它又是一个精密且较复杂的元件，因此在电液伺服与比例系统的使用和维护上，都是围绕电液伺服阀与比例阀进行的。其中要特别注意以下几点：

(1)伺服与比例阀的安装底座或安装块。

伺服与比例阀的安装底座或安装块应有足够的刚性。安装表面的粗糙度应小于 R_a 0.8μm，表面平面度不大于0.025μm。不允许用磁性材料制造安装座，伺服与比例阀的周围也不允许有明显的磁性干扰。

(2)伺服与比例阀的装卸。

伺服与比例阀在安装前，首先应确认安装面无污粒附着，供油和回油管路连接正确，底面各油口的密封圈齐全，定位销孔位正确，固定螺钉应按样本给的一定要求选取。伺服与比例阀从液压系统卸下时，必须将阀灌满清洁的工作液，装上运输护板，妥善保护好安装座上各油口，以免污物侵入。

(3)伺服与比例放大器的配置。

一般伺服与比例放大器的配置都是与阀配套的，这样才能保证控制性能。伺服与比例阀的外接导线应屏蔽，并良好地接地。阀的极性应按厂家给出的使用说明书规定连接。放大器接线应仔细检查，确保无误。

(4)伺服与比例控制系统的使用环境。

要保证伺服与比例控制系统的正常工作，还需经常注意维护伺服与比例控制系统的使用环境：

1)保持油温恒定　为防止工作介质长期在较高或极低温度下工作产生氧化、油液黏度变化等不利因素，系统须远离热源，并控制油液温度。应使自然散热环境好，油箱的散热面积应足够大，必要时增设冷却装置。电液伺服和比例控制系统的工作环境温度要求 -20～60℃，工作介质温度为30～50℃；

2)减少液压元件的腐蚀　选用的工作介质对液压元件的腐蚀性须较小，尽量不要选用酸性液体或酸度较高的油液；

3)在恒压源系统中，尽量减少油源压力脉动以及负载流量变化对油源压力的影响，保持油源压力恒定；

4)防止空气混入　油液中混入空气后，易造成系统工作不稳定并使系统的快速性降低，必要时可使用加压油箱以防止空气混入；

5)避免磁场的相互干扰影响　电液伺服阀、比例阀和系统控制器等应尽量远离其他会产生强磁场的元件或系统。

(5)伺服阀与比例阀的使用和维护。

阀在未供油压的情况下,尽量避免输入交变电信号。阀的输入电流不允许超过制造厂规定的允许值。伺服阀需做定期的维护,定期返回制造厂做调整。在有些伺服与比例阀中的内部滤油器,应按产品说明书的规定,定期更换或清洗;伺服阀的外调零机构,也应按产品说明书的规定,根据使用的实际情况调节伺服阀的零偏。用户不得分解伺服阀,如有故障,应返回制造厂所或这些单位设立的维修中心进行修理、排障和调整。制造厂家往往通过对故障阀进行各项测试,利用阀的静、动态特性曲线确定阀的受损情况,并做出相应的处理。例如,由阀的零位泄漏特性可以确定阀的磨损程度,阀的空载流量特性曲线表达了流量增益、滞环、线性度、对称度等性能参数情况。

(6)液压伺服与比例系统的管路。

液压伺服与比例系统的管路应采用冷拔钢管、铜管或不锈钢管制成,应尽量避免采用焊接管路。伺服阀与执行机构中的管路不能太长、太细,应将比例阀尽量直接安装在液压执行元件的进出口和需要控制处,尽可能将伺服阀直接安装在执行机构的壳体上,避免外接油管。

首次使用伺服阀时,液压管路必须要经过严格清洗。新安装的液压系统管路或更换原有的管路时,推荐用下列步骤清洗:

1)在管路预装后进行拆卸、酸洗、磷化。

2)组装后进行管路冲洗 管路冲洗时,先不安装伺服阀,在伺服阀的安装底座上,装上特制的冲洗板。油箱注入足够的冲洗油液,启动液压油源,运转冲洗。冲洗液的温度升高到略高于使用时的最高温度。开始冲洗后,每隔几分钟检查一次滤油器,如发生堵塞,应及时更换滤芯,清洗后继续冲洗,直到油液污染度符合要求,或看不到滤油器滤芯污染为止。排出冲洗油液,清洗油箱,更换或清洗滤油器,再通过5~10μm工程过滤精度的滤油器向油箱注入新工作油液。启动油源,再冲洗24h,然后更换或清洗滤油器,最后卸下冲洗板,装上伺服阀。

(7)液压伺服与比例系统的工作液污染度控制及系统的过滤。

液压伺服与比例系统的工作可靠性及元件寿命与工作液的污染度有着密切的关系。工作液不清洁,轻则影响产品性能、缩短元件与系统寿命,重则使系统不能工作。因此,对系统工作液污染度应予以特别的重视。除在安装伺服与比例阀时必须进行彻底清洗液压系统外,还应注意系统的过滤应能达到高于伺服阀说明书规定的工作液污染等级要求。在阀的进油口前,应配置10μm(对于喷嘴挡板式伺服阀)或20μm(对于动圈式伺服阀、比例阀)的滤油器,这些滤油器应是全流量非旁通型的。油箱应该密封。建议系统工作液污染度达到有关的国际标准。在条件许可的情况下,应定期检查工作液的污染度。

10.2 电液伺服与比例控制系统的常见故障

电液伺服与比例控制系统长期连续运转后会出现一些故障,造成系统故障的原因有很多,这些故障有来自系统的电气控制系统、液压控制系统及电液伺服比例阀的。因此,首先要正确判断出发生故障的部位及原因,才能找出正确的排除方法。

10.2.1 电气控制系统故障

电气控制系统是电液伺服和比例控制系统的神经系统,它起着产生控制指令、监测、信号传递、功率放大等作用。其中的微机控制单元更是起到了数据采集、计算、交换、输出等功能。电气控制系统分为硬件和软件两部分。

10.2.1.1　硬件设备故障

硬件设备故障主要有接线端松动，连接线接触不良甚至断开，接地不良，因冲击电流造成信号发生器、功率放大器、控制器硬件烧毁、焊点脱落，因过载电流使焊点融化而造成短路、断路等。硬件故障易发生在工作条件恶劣，长期有过载或冲击载荷的情况下，但硬件故障的查找比较复杂，需逐点排除。由于现在的放大器、控制器、信号放大器等均为集成电路制造，因此一旦发生故障（部分烧毁），要送到专业厂家进行维修或更换。

另外，要注意控制信号与电源信号、功率驱动信号间的隔离也是非常重要的，否则可能会出现控制信号中叠加了交流信号或其他干扰信号。

10.2.1.2　软件故障

软件一般是指控制程序。软件故障可能会是控制程序运行出错，如飞程序、死循环、运行超时、中断响应出错等，也可能是程序运行所需内存开销庞大而造成微机内存容量不足，或是有病毒入侵造成死机等。

10.2.2　液压系统故障

这里所指的液压系统故障是指除伺服阀和比例阀之外的其他液压元件所组成的系统所造成的运行出错问题。

液压系统在连续长期运行后，易出现各液压元件的损坏，由此使伺服或比例控制系统不能正常工作。较为常见的液压系统故障有：

（1）换向阀圆柱阀芯的磨损，使阀芯与阀套间隙过大形成泄漏；

（2）工作介质中的颗粒状污物将阀芯卡死；

（3）主阀芯对中弹簧或复位弹簧疲劳损坏，使主阀芯在无电信号作用时不能回到中位或封住进出油口，或使压力阀不能正常工作；

（4）电磁阀的电磁铁失磁，不能产生有效的电磁力推动阀芯；

（5）长期高压、大流量工况下，可能会产生集成块块体内流道受冲击损坏，造成不该相交的流道沟通；

（6）工作介质受污染或变质，堵住滤油器的过滤网孔，使进出过滤器的油液压差增大，直至造成系统不能在正常调定压力下工作；

（7）压力阀调定压力有误，或由于其他原因造成伺服或比例控制系统工作压力过低，致使系统的输出性能变差；

（8）液压系统的负载变化过大，如负载突然变大，致使液压系统尤其是液压动力元件的响应速度变慢，不能完全满足伺服或比例控制系统的控制要求，系统的输出性能变差。

液压系统产生故障的原因很多，但由于各伺服、比例控制系统的运行要求和工况不同，液压部分故障所表现出来的形式也各有不同。在发生系统故障时，应通过检查、分析判断故障发生在普通的液压系统中还是伺服阀或比例阀上，再进行相应的故障排除。

10.2.3　电液伺服阀和电液比例阀的故障

电液伺服和电液比例控制系统的核心元件就是电液伺服阀和电液比例阀，伺服阀和比例阀本身产生的故障将会严重影响控制系统的工作性能，甚至造成系统瘫痪。两种阀都是电－液转换元件，它们的作用和基本组成部分有很多相似的地方，但电液伺服阀从机械结构、电气控制等方面的精度要求一般比电液比例阀要高，也容易受到损坏。因此，这里重点对电液伺服阀可能产生的故障做一些介绍。

10.2.3.1 阀的电气故障

电液伺服阀与比例阀的电气部分故障常常是由于伺服放大器或比例放大器、线圈、检测传感器等损坏造成的。如放大器的短路、断路、电子元件受损，阀的电-机械转换部分的线圈因通过的电流过大而烧坏，检测传感器出错或损坏，电气插头脱焊等原因造成的调节参数变化或系统不能工作。除此之外，伺服阀的永久磁铁在长期使用或受到外磁场干扰后，易造成磁性退化，甚至失磁，使力矩马达（或力马达）的输出力矩（或输出力）特性变差，如输出力矩（力）减小、滞环增大、线性度变差等，从而影响阀的（功率级阀芯的）开口量和频宽等工作性能。

10.2.3.2 阀的机械故障

由于电液伺服阀的构造较一般开关阀复杂，且安装精度要求较高，故通常情况下，当伺服阀产生故障后，应由制造公司协助进行维修或更换其中的零件。但作为使用方，了解伺服阀的故障和产生故障的原因，并采取相应的措施以减少故障的发生率，是非常必要的。

制造公司往往通过对故障阀进行各项测试，利用阀的静、动态特性曲线来确定阀的受损情况，并做出相应的处理。比如阀的空载流量特性曲线表达了阀的零位特性（阀的开口形式、阀芯阀套的配合）、流量增益、滞环、线性度、对称度等。

电液伺服阀的机械故障主要有以下几种形式：

（1）阀的各种节流孔口堵塞。如阀中的喷嘴挡板阀堵塞（或射流管射流孔堵塞）、阀内节流孔堵塞、阀内过滤器滤芯堵塞。喷嘴挡板式力反馈二级电液伺服阀是目前使用较多的伺服阀形式，由于其喷嘴口直径很小，且喷嘴与挡板间的间距为数十微米，若油液长期使用受污染后，极易造成油污颗粒堵塞喷嘴口或卡在喷嘴与挡板间。目前在一些工作环境不太良好的工况中，如冶金行业，较多地采用射流管式电液伺服阀，虽然射流管阀的抗污染性比喷嘴挡板阀强，但射流孔或射流管与接收器的间隙中，有时也会被较大的污物颗粒堵塞。另外，若油液污染严重，可能会导致伺服阀内的节流孔或过滤器堵塞。无论以上哪个小孔完全被堵，伺服阀都将完全失去工作能力；若孔口部分被堵，则空载流量特性曲线表现出严重的非线性、零偏加大，同时压力增益下降、稳定性下降等现象。

（2）圆柱阀芯节流边磨损。一般按零开口形式进行制造的伺服阀，长期使用后，尤其是长期高压工况下，或是曾经有污物卡住圆柱阀芯的节流口后，易造成节流边磨损，即阀芯凸肩工作边变为圆角。磨损使得开口形式发生变化，阀芯与阀套间变为部分正开口，致使流量增益有突变，零位泄漏量增大等。

（3）圆柱阀芯与阀套间有磨损。伺服阀的阀芯和阀套间的径向间隙很小，但经过油液污物的摩擦后，径向间隙增大，造成阀的泄漏量增大、压力增益降低。

（4）圆柱阀芯卡死、卡滞。圆柱阀芯卡死、卡滞主要由油液中的颗粒污染物造成。主阀芯一旦完全卡死，伺服阀将失去功能。主阀芯卡滞，则表现为圆柱阀芯运动不畅，若污物被冲走，则阀芯可继续顺利运行，但阀芯、阀套表面会留下磨损刻痕，造成泄漏量增大；若污物不能被冲走，则阀芯的运动仍旧不顺，阀的流量增益和压力增益将发生恶变。

（5）反馈杆小球的磨损。喷嘴挡板力反馈式二级电液伺服阀中的反馈杆小球是联系反馈杆和主阀芯的受力元件，长期使用后小球受磨损，磨损严重时会使得流量增益发生跳变，尤其是在零位附近。

（6）阀套磨损。在长期高压大流量工况下，阀套的密封处受到交变压力作用，密封件失去弹性进而产生裂纹，引起大流量泄漏、流量增益和压力增益严重恶化等后果。

（7）工作介质的腐蚀。一些特殊系统中，并不采用普通的液压油，由此可能造成工作介质对阀件的腐蚀。如汽轮机中往往采用磷酸酯（EH 油），它能水解，且水解后会产生酸性物质。

该酸性物质对水的吸附力很强，尤其是在长期运行后，EH 油对液压元件的腐蚀性较强，如圆柱阀芯的凸肩、喷嘴口、节流口处的腐蚀尤为严重。同时，酸性物质对阀内橡胶密封件的腐蚀也较强。

除此之外，可能还会发生阀的安装密封圈受损、阀的四芯插头脱落等故障，且由于不同的阀故障所造成的系统运作状态可能相似或有多种表现形式，故在伺服和比例控制系统运行过程中须注意监控，并采用相应的防范措施。

参考文献

[1] H. E. 梅里特著,陈燕庆译．液压控制系统[M]．北京:科学出版社,1976.

[2] C. R. 柏劳斯,黄明慎译．液压气动伺服机构[M]．北京:国防工业出版社,1978.

[3] Taco J. Viersma, Analysis, Synthesis and Design of Hydraulic Servosystems and Pipelines, Elsevier Scientific Publishing Company, 1980.

[4] J. F. 布拉克伯恩等．液动气动控制[M]．北京:科学出版社,1976.

[5] 绪方胜彦著,卢伯英等译．现代控制工程[M]．北京:科学出版社,1976.

[6] 李洪仁．液压控制系统[M]．北京:国防工业出版社,1981.

[7] 王占林,李培滋．飞机液压传动与伺服控制[M]．北京:国防工业出版社,1980.

[8] 孙文质．液压控制系统[M]．北京:国防工业出版社,1985.

[9] 顾瑞龙．控制理论及电液控制系统[M]．北京:机械工业出版社,1984.

[10] B. A. 列申科．仿形和数控机床液压随动装置[M]．北京:机械工业出版社,1981.

[11] 刘长年．液压伺服系统的分析与设计[M]．北京:科学出版社,1985.

[12] 李连升．雷达伺服系统[M]．北京:国防工业出版社,1983.

[13] W. 巴克,周文译．液压阻力回路系统学[M]．北京:机械工业出版社,1980.

[14] 张仲升,朱德孚编译．液压伺服机构[M]．北京:国防工业出版社,1975.

[15] 路甬祥．液压气动技术手册[M]．北京:机械工业出版社,2003.

[16] 吴根茂,邱敏秀,王庆丰等．实用电液比例技术[M]．杭州:浙江大学出版社,1993.

[17] BOSCH 公司．电液比例技术与电液闭环比例技术的理论与应用,HP/VEK2 – USY013/3 汉．博世上海代表处,1997.

[18] BUCHER. Safety for Hydraulics"Cindy"Leak—Free Load Control Valves, Manifold Mounting Design, Reference:300-P-9050013-E02/03,04:BUCHER 2002.

[19] REXROTH. 液压传动教程:第二册,比例阀与伺服阀技术(RC 00393)．香港:力士乐(中国)有限公司,1987.

[20] REXROTH. 液压传动教程:第一册(RC 00301),第 3 版．香港:力士乐(中国)有限公司,1993.

[21] BOSCH 公司．液压技术和应用 K6/VKD2. 博世上海代表处,1997.

[22] REXROTH 公司．行走机械液压培训教材,RC00315. 香港:力士乐(中国)有限公司,1985.

[23] 成大先．机械设计手册:第 4 卷,第 4 版[M]．北京:化学工业出版社,2002.

[24] 许益民．卷取机液压系统的分析与改进[J]．液压与气动,2004,156(8):72 ~ 73.

[25] 许益民．电液比例控制系统分析与计算[M]．北京:机械工业出版社,2005.

[26] 黎啟柏．电液比例控制与数字控制系统[M]．北京:机械工业出版社,1997.

[27] 吴根茂等．新编实用电液比例技术[M]．杭州:浙江大学出版社,2006.

[28] 关景泰．机电液控制技术[M]．上海:同济大学出版社,2003.

[29] 路甬祥．电液比例控制技术[M]．北京:机械工业出版社,1988.

[30] 王春行．液压控制系统[M]．北京:机械工业出版社,1999.

冶金工业出版社部分图书推荐

书　　名	作　者	定价(元)
电气传动系统综合实训教程	王华斌	29.00
PLC 综合实训教程	黄　超	39.00
大中型 PLC 实训教程	郭利霞　罗　妤	35.00
PLC 控制技术与程序设计	王鹏飞　李　旭	46.00
电力系统微机保护(第 3 版)	张明君　伦淑娴　王　巍　等	48.00
电子封装技术实验	王善林　陈玉华	32.00
Multisim 虚拟工控系统实训教程	王晓明　沈明新	20.00
智能控制理论与应用	李鸿儒　尤富强	69.90
工业自动化生产线实训教程(第 2 版)	李　擎　阎　群　崔家瑞　等	39.00
电机与电气控制技术项目式教程	陈　伟	39.80
传感器技术与应用项目式教程	牛百齐	59.00
遥感实验教程	况润元　李海翠　艾云婵　等	38.00
电路基础	谢　扬　吉志敏　李伟欣	49.00
电气控制技术与 PLC	刘　玉	45.00
自动控制原理及应用项目式教程	汪　勤	39.80
Python 程序设计基础项目化教程	邱鹏瑞　王　旭	39.00
智造创想与应用开发研究	廖晓玲　徐文峰　徐紫宸	35.00